电力行业职业技能鉴定考核指导书

用电监察员

国网河北省电力有限公司人力资源部　组织编写
《电力行业职业技能鉴定考核指导书》编委会　编

中国建材工业出版社

图书在版编目(CIP)数据

用电监察员/国网河北省电力有限公司人力资源部组织编写. --北京：中国建材工业出版社，2018.11

（电力行业职业技能鉴定考核指导书）

ISBN 978-7-5160-2210-8

Ⅰ.①用… Ⅱ.①国… Ⅲ.①用电管理—职业技能—鉴定—自学参考资料 Ⅳ.①TM92

中国版本图书馆 CIP 数据核字（2018）第 061748 号

内 容 简 介

为提高电网企业生产岗位人员理论和技能操作水平，有效提升员工履职能力，国网河北省电力有限公司根据电力行业职业技能鉴定指导书、国家电网公司技能培训规范，结合国网河北省电力有限公司生产实际，组织编写了《电力行业职业技能鉴定考核指导书》。

本书包括了用电监察员职业技能鉴定五个等级的理论试题、技能操作大纲和技能操作考核项目，规范了用电监察员各等级的技能鉴定标准。本书密切结合国网河北省电力有限公司生产实际，鉴定内容基本涵盖了当前生产现场的主要工作项目，考核操作步骤与现场规范一致，评分标准清晰明确，既可作为用电监察员技能鉴定指导书，也可作为用电监察员的培训教材。

本书是职业技能培训和技能鉴定考核命题的依据，可供劳动人事管理人员、职业技能培训及考评人员使用，也可供电力类职业技术院校教学和企业职工学习参考。

用电监察员

国网河北省电力有限公司人力资源部　组织编写

《电力行业职业技能鉴定考核指导书》编委会　编

出版发行：中国建材工业出版社

地　　址：北京市海淀区三里河路1号

邮　　编：100044

经　　销：全国各地新华书店

印　　刷：北京鑫正大印刷有限公司

开　　本：787mm×1092mm　1/16

印　　张：34.25

字　　数：800千字

版　　次：2018年11月第1版

印　　次：2018年11月第1次

定　　价：98.00元

本社网址：www.jccbs.com，微信公众号：zgjcgycbs

请选用正版图书，采购、销售盗版图书属违法行为

本书如有印装质量问题，由我社市场营销部负责调换，联系电话：（010）88386906

《用电监察员》编审委员会

前　言

为进一步加强国网河北省电力有限公司职业技能鉴定标准体系建设，使职业技能鉴定适应现代电网生产要求，更贴近生产工作实际，让技能鉴定工作更好地服务于公司技能人才队伍成长，国网河北省电力有限公司组织相关专家编写了《电力行业职业技能鉴定考核指导书》（以下简称《指导书》）系列丛书。

《指导书》编委会以提高员工理论水平和实操能力为出发点，以提升员工履职能力为落脚点，紧密结合公司生产实际和设备设施现状，依据《电力行业职业技能鉴定指导书》《中华人民共和国职业技能鉴定规范》《中华人民共和国国家职业标准》和《国家电网公司生产技能人员职业能力培训规范》所规定的范围和内容，编制了职业技能鉴定理论试题、技能操作大纲和技能操作项目，重点突出实用性、针对性和典型性。在国网河北省电力有限公司范围内公开考核，统一考核标准，进一步提升职业技能鉴定考核的公开性、公平性、公正性，有效提升公司生产技能人员的理论技能水平和岗位履职能力。

《指导书》按照国家劳动和社会保障部所规定的国家职业资格五级分级法进行分级编写。每级别中由“理论试题”和“技能操作”两大部分组成。理论试题按照单选题、判断题、多选题、计算题、识图题等题型进行选题，并以难易程度顺序组合排列。技能操作包含“技能操作大纲”和“技能操作项目”两部分内容。技能操作大纲系统规定了各工种相应等级的技能要求，设置了与技能要求相适应的技能培训项目与考核内容，其项目设置充分结合了电网企业现场生产实际。技能操作项目中规定了各项目的操作规范、考核要求及评分标准，既能保证考核鉴定的独立性，又能充分发挥对培训的引领作用，具有很强的系统性和可操作性。

《指导书》最大程度地力求内容与实际紧密结合，理论与实际操作并重，既可作为相关人员技能鉴定的学习辅导教材，又可作为技能培训、专业技术比赛和相关技术人员的学习辅导材料。

因编者水平有限和时间仓促，书中难免存在错误和不妥之处，我们将在今后的再版修编中不断完善，敬请广大读者批评指正。

《电力行业职业技能鉴定考核指导书》编委会

编 制 说 明

国网河北省电力有限公司为积极推进电力行业特有工种职业技能鉴定工作，更好地提升技能人员岗位履职能力，更好地推进公司技能员工队伍成长，保证职业技能鉴定考核公开、公平、公正，提高鉴定管理水平和管理效率，紧密结合各专业生产现场工作项目，组织编写了《电力行业职业技能鉴定考核指导书》（以下简称《指导书》）。

《指导书》编委会依据电力行业职业技能鉴定指导书、中华人民共和国职业技能鉴定规范、中华人民共和国国家职业标准和国家电网公司生产技能人员职业能力培训规范所规定的范围和内容进行编写，并按照国家劳动和社会保障部所规定的国家职业资格五级分级法进行分级。

一、分级原则

1. 依据考核等级及企业岗位级别

依据国家劳动和社会保障部规定，国家职业资格分为5个等级，从低到高依次为初级工、中级工、高级工、技师和高级技师。其框架结构如下图。

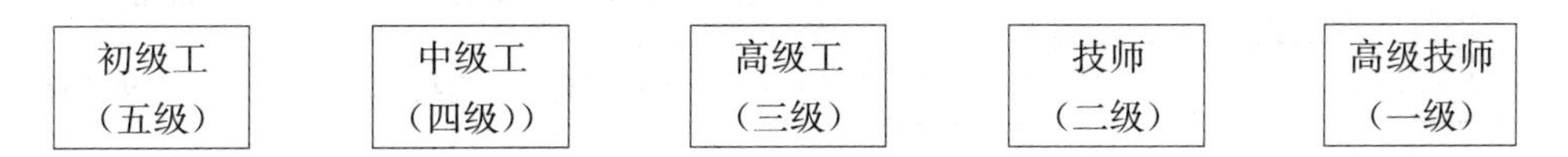

个别职业工种未全部设置5个等级，具体设置以各工种鉴定规范和国家职业标准为准。

2. 各等级鉴定内容设置

每级别中由“理论试题”“技能操作”两大部分内容构成。

理论试题按照单选题、判断题、多选题、计算题、识图题五种题型进行选题，并以难易程度顺序组合排列。

技能操作含“技能操作大纲”和“技能操作项目”两部分。技能操作大纲系统规定了各工种相应等级的技能要求，设置了与技能要求相适应的技能培训项目与考核内容，使之完全公开、透明，其项目设置充分考虑到电网企业的实际需要，充分结合电网企业现场生产实际。技能操作项目规定了各项目的操作规范、考核要求及评分标准，既能保证考核鉴定的独立性，又能充分发挥对培训的引领作用，具有很强的针对性、系统性、操作性。

目前该职业技能知识及能力四级涵盖五级；三级涵盖五、四级；二级涵盖五、

四、三级；一级涵盖五、四、三、二级。

二、试题符号含义

1. 理论试题编码含义

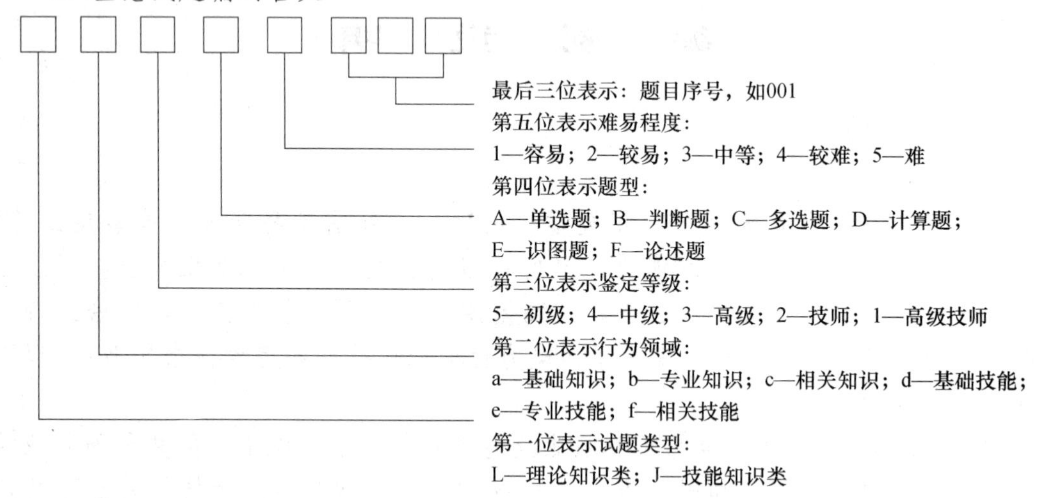

2. 技能操作试题编码含义

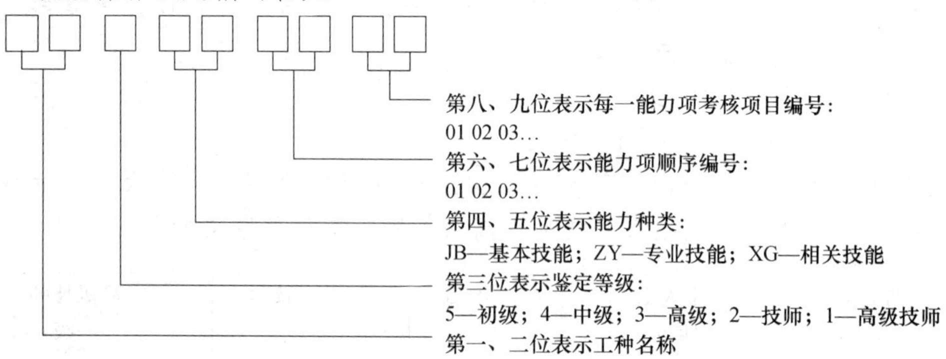

其中第一、二位表示具体工种名称，如：GJ—高压线路带电检修工；SX—送电线路工；PX—配电线路工；DL—电力电缆工；BZ—变电站值班员；BY—变压器检修工；BJ—变电检修工；SY—电气试验工；JB—继电保护工；FK—电力负荷控制员；JC—用电监察员；CS—抄表核算收费员；ZJ—装表接电工；DX—电能表修校工；XJ—送电线路架设工；YA—变电一次安装工；EA—变电二次安装工；NP—农网配电营业工配电部分；NY—农网配电营业工营销部分；KS—用电客户受理员；DD—电力调度员；DZ—电网调度自动化运行值班员；CZ—电网调度自动化厂站端调试检修员；DW—电网调度自动化维护员。

三、评分标准相关名词解释

1. 行为领域：d—基础技能；e—专业技能；f—相关技能。

2. 题型：A—单项操作；B—多项操作；C—综合操作。

3. 鉴定范围：对农网配电营业工划分了配电和营销两个范围，对其他工种未明确划分鉴定范围，所以该项大部分为空。

目　录

第一部分　初　级　工

第二部分　中　级　工

第四部分 技 师

第五部分 高级技师

第一部分　初　级　工

1 理论试题

1.1 单选题

La5A1001 习惯上规定（ ）的运动方向为电流的方向，即电流的实际方向。

（A）负电荷；（B）电子；（C）电荷；（D）正电荷。

答案：D

La5A1002 电压的实际方向是（ ）。

（A）电流的实际方向；（B）电位升高的方向；（C）电位降低的方向；（D）与参考方向一致。

答案：C

La5A1003 磁性是指能吸引（ ）的性质。

（A）铁、钴、镍等物质；（B）金、银、铜、铝等物质；（C）所有金属物体；（D）所有物质。

答案：A

La5A1004 任何磁体都具有（ ）磁极。

（A）一个；（B）两个；（C）多个；（D）任意个。

答案：B

La5A1005 周期电流和周期电压是指（ ）的电流和电压。

（A）只有大小随时间作周期性变化；（B）只有方向随时间作周期性变化；（C）大小和方向都随时间作周期性变化；（D）大小和方向都随时间作随机性变化。

答案：C

La5A1006 我们平常所说的交流电流、电压和交流电动势的数值，如无特别声明，都是指（ ）。

（A）最大值；（B）有效值；（C）平均值；（D）瞬时值。

答案：B

La5A1007 对称三相电动势是指最大值相等、角频率相同、相位互差（ ）的三相电动势。

（A）30°；（B）60°；（C）90°；（D）120°。

答案：D

La5A1008 三相电动机、三相电炉等对称负载，均采用（　　）供电。

（A）三相四线制；（B）三相三线制；（C）三个单相；（D）三相四线制或三相三线制。

答案：B

La5A2009 理想的电源元件在将其他形式的能量转换为电能的过程中（　　）。

（A）本身不消耗能量；（B）本身消耗能量；（C）恒流源的电流随外接负载而变化；（D）恒压源的端电压随外接电路的不同而不同。

答案：A

La5A2010 理想电路元件是指（　　）。

（A）优质的电路器件；（B）廉价的电路器件；（C）反映单一电磁性质的抽象电路元件；（D）反映多种电磁性质的抽象电路元件。

答案：C

La5A2011 我们常用的白炽灯的电流一般在（　　）之间。

（A）0.1～0.5A；（B）10～50mA；（C）1～5A；（D）5～10A。

答案：A

La5A2012 （　　）的电流通过人体的心脏，就会危及人的生命安全。

（A）500mA；（B）5mA；（C）1A；（D）50mA。

答案：D

La5A2013 四个电阻串联，已知 $R_1>R_2>R_3>R_4$，接通电流后，电阻（　　）的电压最大。

（A）R_1；（B）R_2；（C）R_3；（D）R_4。

答案：A

La5A2014 电源没有能量损耗时，其端电压大小（　　）电动势大小。

（A）大于；（B）小于；（C）等于；（D）无法确定。

答案：C

La5A2015 金属导体的电阻随着温度的升高而（　　）。

（A）减小；（B）增大；（C）不变；（D）无法确定。

答案：B

La5A2016　在（　　）的范围内，电阻温度系数几乎是常数，因而可由温差计算出温度变化后的电阻值。

（A）0～1000℃；（B）0～100℃；（C）0～30℃；（D）0～200℃。

答案：B

La5A2017　欧姆定律只适用于（　　）电路。

（A）电感；（B）电容；（C）电阻；（D）线性。

答案：D

La5A2018　串联电路的总电压（　　）各电阻分电压之和。

（A）大于；（B）等于；（C）小于；（D）近似等于。

答案：B

La5A2019　电阻串联时，其等效电阻（　　）各个电阻之和。

（A）大于；（B）等于；（C）小于；（D）近似等于。

答案：B

La5A2020　扩大直流电压表量程用的是（　　）原理。

（A）串联电阻分流；（B）串联电阻分压；（C）并联电阻分流；（D）并联电阻分压。

答案：B

La5A2021　串联电路消耗的总功率（　　）各电阻消耗的功率之和。

（A）大于；（B）等于；（C）小于；（D）近似等于。

答案：B

La5A2022　并联电阻电路的总电流 I（　　）各分支路电流之和。

（A）大于；（B）等于；（C）小于；（D）近似等于。

答案：B

La5A2023　并联电阻电路中各电阻上消耗的功率与各电导率的大小（　　）。

（A）无确定关系；（B）成反比；（C）成正比；（D）成非线性。

答案：C

La5A2024　并联电阻电路中各电阻上消耗的功率与各电阻的大小（　　）。

（A）无确定关系；（B）成反比；（C）成正比；（D）成非线性。

答案：B

La5A2025　磁铁 N、S 极的确定方法是（　　）。

（A）悬挂的磁体处于静止状态时，指北的磁极是N极，指南的磁极是S极；（B）任意指定；（C）使用仪器测定；（D）人造磁铁开始制作时就已确定好。

答案：A

La5A2026 相互作用的磁极并没有直接接触，它们之间的作用力是通过（　　）来传递的。

（A）空气；（B）磁场；（C）气场；（D）电场。

答案：B

La5A2027 在磁体外部，磁力线从（　　）；在磁体内部，从（　　）。

（A）N极至S极，S极至N极；（B）N极至S极，N极至S极；（C）S极至N极，S极至N极；（D）S极至N极，N极至S极。

答案：A

La5A2028 磁通 $\Phi=BS$，其中面积 S（　　）于磁场方向。

（A）垂直；（B）平行；（C）倾斜30°；（D）任意倾斜。

答案：A

La5A2029 载流长直导体空间各点磁感应强度的大小和（　　）成反比。

（A）通过该点磁力线的周长；（B）周围介质的磁导率；（C）导体内通过的电流；（D）导体两端的电压。

答案：A

La5A2030 磁滞是（　　）特有的现象，它反映了材料保留磁性能力的大小。

（A）顺磁物质；（B）铁磁物质；（C）逆磁物质；（D）导电物质。

答案：B

La5A2031 交流电流是指电流的大小和方向都随时间作周期性变化，且在一个周期内平均值（　　）的电流。

（A）大于零；（B）小于零；（C）等于零；（D）随机。

答案：C

La5A2032 正弦量的初相位角，规定其绝对值（　　）。

（A）$\leqslant\pi$；（B）$\geqslant\pi$；（C）$<\pi$；（D）$>\pi$。

答案：A

La5A2033 日常生活中照明电压为220V，它的最大值是（　　）V。

（A）380；（B）311；（C）400；（D）242。

答案：**B**

La5A2034　交流电气设备铭牌上所标出的额定电压值和额定电流值是指（　　）。
（A）最大值；（B）有效值；（C）平均值；（D）瞬时值。
答案：**B**

La5A2035　对称三相电动势瞬时值的和（　　）。
（A）$=0$；（B）<0；（C）>0；（D）$\neq 0$。
答案：**A**

La5A2036　星形连接的对称三相电路的中点电压（　　）。
（A）$=0$；（B）<0；（C）>0；（D）$\neq 0$。
答案：**A**

La5A2037　对称三相负载星连接时，线电压大小等于相电压的（　　）倍。
（A）2；（B）3；（C）$\sqrt{3}$；（D）$\sqrt{2}$。
答案：**C**

La5A2038　对称三相负载三角形连接时，线电流等于相电流的（　　）。
（A）2；（B）3；（C）$\sqrt{3}$；（D）$\sqrt{2}$。
答案：**C**

La5A2039　对称三相负载三角形连接时，线电流滞后于相应的相电流（　　）。
（A）$30°$；（B）$45°$；（C）$60°$；（D）$90°$。
答案：**A**

La5A2040　一台三相电动机，每组绕组的额定电压为220V，接到线电压为380V的三相电源上，则电动机三相绕组应采用（　　）。
（A）星形连接，不接中性线；（B）星形连接，接中性线；（C）A、B均可；（D）三角形连接。
答案：**A**

La5A2041　（　　）工作前要对工作班成员进行危险点告知，交待安全措施和技术措施，并确认每一个工作班成员都已知晓。
（A）工作票签发人；（B）工作负责人；（C）工作许可人；（D）专责监护人。
答案：**B**

La5A2042　三相短路接地线，应采用多股软铜绞线制成，其截面应符合短路电流的要求，但不得小于（　　）mm^2。

（A）10；（B）20；（C）25；（D）35。

答案：C

La5A3043　直流电源两端的电压 U 与电动势 E 的参考方向一致时，U 和 E 的关系式为（　　），U 和 E 的参考方向相反时，两者关系式为（　　）。

（A）$U=E$，$U=-E$；（B）$U=-E$，$U=E$；（C）$U=E$，$U=E$；（D）$U=-E$，$U=-E$。

答案：B

La5A3044　将一根电阻值等于 R 的电阻线对折起来双股使用时，它的电阻等于（　　）。

（A）$2R$；（B）$R/2$；（C）$R/4$；（D）$4R$。

答案：C

La5A3045　铂的电阻温度系数（　　），熔点又（　　），因而铂丝适宜于制成电阻温度计。

（A）较小，低；（B）较大，高；（C）较小，高；（D）较大，低。

答案：B

La5A3046　串联的各电阻的电压与其阻值（　　）。

（A）无确定关系；（B）成反比；（C）成正比；（D）成非线性关系。

答案：C

La5A3047　并联电路中各电阻的电流与其电导（　　）。

（A）无确定关系；（B）成反比；（C）成正比；（D）成非线性。

答案：C

La5A3048　两个电阻 R_1、R_2 并联，$R_1:R_2=5:6$，通电时两电阻的电流之比 $I_1:I_2=$（　　）。

（A）5∶6；（B）6∶5；（C）1∶1；（D）无法确定。

答案：B

La5A3049　铁芯接近饱和时，导磁能力（　　）。

（A）大大减弱；（B）大大增强；（C）不变；（D）稍微减弱。

答案：A

La5A3050　在波形图上，初相位角 $\Psi=0$ 时，曲线的起点在原点，$\Psi>0$ 时，曲线的起点在原点（　　），$\Psi<0$ 时，曲线的起点在原点（　　）。

（A）左侧，右侧；（B）左侧，左侧；（C）右侧，右侧；（D）右侧，左侧。

答案：A

La5A3051　各种器件和电气设备的绝缘水平——耐压值，是指交流电压的（　　）。

（A）最大值；（B）有效值；（C）平均值；（D）瞬时值。

答案：A

La5A3052　有一电阻 $R=10\Omega$，通过 $\dot{I}=20\angle 30°$A，则其端电压 $\dot{U}=$（　　）V。

（A）$200\angle 30°$；（B）$200\angle 90°$；（C）$200\angle 60°$；（D）$200\angle 0°$。

答案：A

La5A3053　正弦交流电路中电阻元件所吸收的瞬时功率频率是电压频率的（　　）并（　　）。

（A）一倍，恒为正值；（B）两倍，恒为正值；（C）两倍，恒为负值；（D）两倍，一半负值一半正值。

答案：B

La5A3054　三相负载星形连接时，相电流（　　）线电流。

（A）$=$；（B）$<$；（C）$>$；（D）$\neq$。

答案：A

La5A3055　三相负载三角形连接时，相电压（　　）线电压。

（A）$=$；（B）$<$；（C）$>$；（D）$\neq$。

答案：A

La5A3056　日常生活中，照明线路的接法为（　　）。

（A）星形连接三相三线制；（B）星形连接三相四线制；（C）三角形连接三相三线制；（D）既可为三线制，又可为四线制。

答案：B

La5A3057　对称三相负载三角形连接，电源线电压 $\dot{U}_{uv}=220\angle 0°$V，如不考虑输电线上的阻抗，则负载相电压 $\dot{U}_{uv}=$（　　）V。

（A）$220\angle -120°$；（B）$220\angle 0°$；（C）$220\angle 120°$；（D）$220\angle 150°$。

答案：B

La5A3058　一台三相电动机绕组星形连接，接到线电压为 380V 的三相电源上，测得线电流为 10A，则电动机每组绕组的阻抗为（　　）Ω。

（A）38；（B）22；（C）66；（D）11。

答案：B

La5A3059 低压接地线和个人保安线其截面积不得小于（ ）mm^2。

（A）8；（B）10；（C）16；（D）25。

答案：C

La5A3060 在工作中如遇雷、雨、大风或其他情况并威胁工作人员的安全时，（ ）可下令临时停止工作。

（A）工作许可人；（B）工作票签发人；（C）工作负责人；（D）单位领导。

答案：C

La5A3061 有两个正弦量，其瞬时值的表达式分别为 $u=220\sin(\omega t-20°)$ V，$i=5\sin(\omega t-50°)$ A。那么（ ）。

（A）电流滞后电压70°；（B）电流滞后电压30°；（C）电压滞后电流70°；（D）电压滞后电流30°。

答案：B

La5A4062 同一根导线的交流电阻（ ）直流电阻。

（A）大于；（B）小于；（C）等于；（D）无法确定。

答案：A

La5A4063 有一只内阻为0.5MΩ、量程为250V的直流电压表，当它的读数为100V时，流过电压表的电流是（ ）mA。

（A）0.3；（B）0.2；（C）0.5；（D）1.5。

答案：B

La5A4064 额定电压为6V，电阻为10Ω的灯泡，要接到24V的电压时，必须串接（ ）Ω的电阻才能使灯泡正常工作。

（A）30；（B）40；（C）20；（D）10。

答案：A

La5A4065 在正常工作时，220V、25W的灯泡电阻是220V、100W灯泡电阻的（ ）倍。

（A）1/4；（B）1/8；（C）8；（D）4。

答案：D

La5A4066 在关联参考方向下，三角形连接的电源或负载三相对称时，线电流有效值等于相电流有效值的（　　）倍，在相位上，线电流（　　）于相应相电流 30°。

(A) $\sqrt{3}$，滞后；(B) $\sqrt{2}$，滞后；(C) $\sqrt{3}$，超前；(D) $\sqrt{2}$，超前。

答案：A

La5A4067　对称三相电路负载三角形连接，电源线电压为 380V，负载复阻抗为 $Z=(8-j6)\ \Omega$，则线电流为（　　）A。

(A) 38；(B) 22；(C) 0；(D) 65.82。

答案：D

La5A4068　安全带试验周期为（　　）试验一次。

(A) 一年；(B) 半年；(C) 两年；(D) 三年。

答案：B

La5A5069　a、b、c 为一组对称三相电压，已知 a＝220∠60°V，则 B 相电压的瞬时值表示式为 U_b＝（　　）。

(A) $220\sqrt{2}\sin(314t-60°)$ V；(B) $220\sin(314t-60°)$ V；(C) $220\sin(314t+60°)$ V；(D) $220\sin(314t+180°)$ V。

答案：A

Lb5A1070　对架空输电线路一般采用（　　）。

(A) 钢芯铝绞线；(B) 铝芯钢绞线；(C) 钢绞线；(D) 铝绞线。

答案：A

Lb5A1071　电流互感器的二次额定电流一般为（　　）。

(A) 10A；(B) 100A；(C) 5A；(D) 0.5A。

答案：C

Lb5A1072　电流互感器文字符号用（　　）标志。

(A) PA；(B) PV；(C) TA；(D) TV。

答案：C

Lb5A1073　单相插座的接法是（　　）。

(A) 左零右火；(B) 右零左火；(C) 左地右火；(D) 均可以。

答案：A

Lb5A1074　隔离开关应有（　　）装置。

(A) 防误闭锁；(B) 锁；(C) 机械锁；(D) 万能锁。

答案：A

Lb5A1075　时间继电器在继电保护装置中的作用是（　　）。

（A）计算动作时间；（B）建立动作延时；（C）计算保护停电时间；（D）计算断路器停电时间。

答案：B

Lb5A1076　电器设备的金属外壳接地属于（　　）。

（A）保护接地类型；（B）防雷接地类型；（C）工作接地类型；（D）工作接零类型。

答案：A

Lb5A1077　变压器油中含微量气泡会使油的绝缘强度（　　）。

（A）不变；（B）升高；（C）增大；（D）下降。

答案：D

Lb5A1078　变压器正常运行时的声音是（　　）。

（A）时大时小的嗡嗡声；（B）连续均匀的嗡嗡声；（C）断断续续的嗡嗡声；（D）咔嚓声。

答案：B

Lb5A1079　影响绝缘油的绝缘强度的主要因素是（　　）。

（A）油中含杂质或水分；（B）油中含酸值偏高；（C）油中氢气偏高；（D）油中含氮或氢气高。

答案：A

Lb5A1080　Y，yn0 接线的配电变压器中性点引线的截面应不小于绕组引线截面的（　　）%。

（A）25；（B）15；（C）40；（D）50。

答案：A

Lb5A1081　变压器变比与匝数比（　　）。

（A）不成比例；（B）成反比；（C）相等；（D）无关。

答案：C

Lb5A1082　变压器的最高运行温度受（　　）耐热能力限制。

（A）绝缘材料；（B）金属材料；（C）铁芯；（D）电流。

答案：A

Lb5A1083　变压器空载时一次绕组中有（　　）流过。

（A）负载电流；（B）空载电流；（C）冲击电流；（D）短路电流。

答案：B

Lb5A1084 在下列计量方式中，考核用户用电量需要另计入变压器损耗的是（ ）。

（A）高供高计；（B）高供低计；（C）低供低计；（D）高供高计和低供低计。

答案：B

Lb5A1085 异步电动机的电源电压远远低于额定电压时，则会产生（ ）后果。

（A）铁芯损耗增加、效率下降、功率因数减小；（B）铜损增加、效率下降、功率因数减小；（C）停转、发热甚至烧坏；（D）铜损增加、通风条件提高、功率因数减小。

答案：C

Lb5A1086 （ ）是将高压系统中的电流或低压系统中的大电流改为低压的标准小电流（5A或1A），供测量仪表、继电保护自动装置、计算机监控系统用。

（A）电流互感器；（B）断路器；（C）隔离开关；（D）避雷器。

答案：A

Lb5A1087 熔断器的额定电压应（ ）于所在线路的额定电压。

（A）不低于；（B）不高于；（C）高于；（D）低于。

答案：A

Lb5A1088 大功率三相电机直接启动时将不会导致（ ）。

（A）电流增大；（B）电压波动；（C）电压正弦波畸变；（D）电网三相电压不平衡。

答案：D

Lb5A1089 有些绕线型异步电动机装有炭刷短路装置，它的主要作用是（ ）。

（A）提高电动机运行的可靠性；（B）提高电动机的启动转矩；（C）提高电动机的功率因数；（D）减少电动机的摩擦损耗。

答案：D

Lb5A1090 电动机变频调速优点有（ ）。

（A）调速范围较大、平滑性高，可实现恒转矩或恒功率调速；（B）调速范围宽、效率高，可用于大功率电动机；（C）调速平滑性高、效率高、节能效果明显；（D）可适用于任何电动机、费用低、节能效果明显。

答案：A

Lb5A1091 三相异步电动机直接启动的特点是（ ）。

（A）启动转矩大，启动电流小；（B）启动转矩小，启动电流小；（C）启动转矩大，启动电流大；(D) 启动转矩小，启动电流大。

答案：D

Lb5A1092 3～10kV 的配电变压器，应尽量采用（ ）来进行防雷保护。

(A) 避雷线；(B) 防雷接地；(C) 避雷器；(D) 火花间隙。

答案：C

Lb5A1093 电力线路上安装避雷器能有效地消除（ ）。

(A) 直击雷过电压；(B) 感应雷过电压、行波过电压；(C) 内部过电压；(D) 感应雷过电压、操作过电压。

答案：B

Lb5A2094 装设接地线必须（ ），且应接触良好。

(A) 先装导体端，后接接地端；(B) 同时装接地端和导体端；(C) 先装接地端，后接导体端；(D) 以上答案都不对。

答案：C

Lb5A2095 架空低压配电线路的导线在绝缘子上的固定，普遍采用（ ）法。

(A) 金具连接；(B) 螺栓压紧；(C) 绑线缠绕；(D) 线夹连接。

答案：C

Lb5A2096 10kV 电力电缆绝缘电阻应不低于（ ）MΩ。

(A) 200；(B) 300；(C) 400；(D) 500。

答案：A

Lb5A2097 电流互感器的作用是（ ）。

(A) 升压；(B) 降压；(C) 调压；(D) 变流。

答案：D

Lb5A2098 电流互感器相当于普通变压器（ ）运行状态。

(A) 开路；(B) 短路；(C) 带负载；(D) 空载。

答案：B

Lb5A2099 配电电气设备电气图中被称为主接线图的是（ ）。

(A) 一次接线图；(B) 二次接线图；(C) 平面布置图；(D) 设备安装图。

答案：A

Lb5A2100 电力变压器的中性点接地属于（ ）。

（A）保护接地类型；（B）防雷接地类型；（C）工作接地类型；（D）工作接零类型。

答案：C

Lb5A2101 电压互感器与电力变压器的区别在于（ ）。

（A）电压互感器有铁芯、变压器无铁芯；（B）电压互感器无铁芯、变压器有铁芯；（C）电压互感器主要用于测量和保护变压器，用于连接两电压等级的电网；（D）变压器的额定电压比电压互感器高。

答案：C

Lb5A2102 电压互感器文字符号用（ ）标志。

（A）PA；（B）PV；（C）TA；（D）TV。

答案：D

Lb5A2103 低压断路器是由（ ）三部分组成。

（A）主触头、操作机构、辅助触头；（B）主触头、合闸机构、分闸机构；（C）感受元件、执行元件、传递元件；（D）感受元件、操作元件、保护元件。

答案：C

Lb5A2104 隔离开关的主要作用是（ ）。

（A）将电气设备与带电的电网隔离，改变运行方式，接通和断开小电流电路；（B）将电气设备与带电的电网隔离，改变运行方式，接通和断开大电流电路；（C）将电气设备与带电的电网隔离，接通和断开电流电路；（D）改变运行方式，接通和断开电流电路，保证有明显的断开点。

答案：A

Lb5A2105 交接验收中，在额定电压下对空载线路应进行（ ）次冲击合闸试验。

（A）1；（B）2；（C）3；（D）4。

答案：C

Lb5A2106 交流接触器的选用项目主要是（ ）。

（A）型式、控制电路参数和辅助参数；（B）型式、主电路参数、控制电路参数和辅助参数；（C）型式、主电路参数、控制电路参数、辅助参数、寿命和使用类别；（D）型式、电路参数、寿命、使用场合。

答案：C

Lb5A2107 接地装置是指（ ）。

（A）接地引下线；（B）接地引下线和地上与应接地的装置引线；（C）接地体；（D）接地引下线和接地体的总和。

答案：D

Lb5A2108　（　　）绝缘子应定期带电检测“零值”或绝缘电阻。

（A）棒式；（B）悬式；（C）针式；（D）蝴蝶式。

答案：B

Lb5A2109　变压器的温升是指（　　）。

（A）一、二次绕组的温度之差；（B）绕组与上层油面温度之差；（C）变压器上层油温与变压器周围环境的温度之差；（D）绕组与变压器周围环境的温度之差。

答案：C

Lb5A2110　变压器在额定电压下，二次开路时在铁芯中消耗的功率为（　　）。

（A）铜损；（B）无功损耗；（C）铁损；（D）热损。

答案：C

Lb5A2111　非晶合金变压器与S9变压器比，最大的优越性体现在（　　）。

（A）空载损耗大大降低；（B）负载损耗大大降低；（C）阻抗电压大大提高；（D）散热性能大大提高。

答案：A

Lb5A2112　25号变压器油中的25号表示（　　）。

（A）变压器油的闪点是25℃；（B）油的凝固定点是−25℃；（C）变压器油的耐压是25kV；（D）变压器油的相对密度是25。

答案：B

Lb5A2113　变压器不能使直流变压原因（　　）。

（A）直流大小和方向不随时间变化；（B）直流大小和方向随时间变化；（C）直流大小可变化而方向不变；（D）直流大小不变而方向随时间变化。

答案：A

Lb5A2114　变压器的铁芯一般用导磁性能很好的（　　）制成。

（A）锡钢片；（B）硅钢片；（C）铜片；（D）铸铁。

答案：B

Lb5A2115　变压器短路电压和（　　）相等。

（A）空载损耗；（B）短路损耗；（C）短路阻抗；（D）短路电流标幺值。

答案：C

Lb5A2116 变压器绝缘油使用条件不包括（　　）。

（A）绝缘强度高；（B）化学稳定性好；（C）黏度大；（D）闪点高。

答案：C

Lb5A2117 变压器上层油温不宜超过（　　）。

（A）85℃；（B）95℃；（C）100℃；（D）105℃。

答案：A

Lb5A2118 变压器上层油温要比中下层油温（　　）。

（A）低；（B）高；（C）不变；（D）在某些情况下进行。

答案：B

Lb5A2119 变压器是（　　）电能的设备。

（A）生产；（B）传递；（C）使用；（D）既生产又传递。

答案：B

Lb5A2120 变压器温度升高时绝缘电阻值（　　）。

（A）降低；（B）不变；（C）增大；（D）成比例增大。

答案：A

Lb5A2121 变压器着火时，应立即（　　），停运冷却器，并迅速采取灭火措施，防止火势蔓延。

（A）启用灭火器；（B）报告；（C）断开电源；（D）增加人员。

答案：C

Lb5A2122 国产变压器油的牌号是用油的（　　）来区分和表示的。

（A）凝固点；（B）温度；（C）绝缘强度；（D）水分。

答案：A

Lb5A2123 配电变压器的大修又称（　　）。

（A）故障性检修；（B）吊心检修；（C）不吊心检修；（D）突击检修。

答案：B

Lb5A2124 三绕组降压变压器绕组由里向外的排列顺序是（　　）。

（A）高压、中压、低压；（B）低压、中压、高压；（C）中压、低压、高压；（D）低压、高压、中压。

答案：B

Lb5A2125 下列因素中（ ）对变压器油的绝缘强度影响最大。

（A）水分；（B）温度；（C）杂质；（D）相对密度。

答案：A

Lb5A2126 选项（ ）所代表的变压器，选用的是非晶合金导磁材料。

（A）S11－200/10；（B）SCB10－315/10；（C）SH11－80/10；（D）S9－160/10。

答案：C

Lb5A2127 油枕顶部有一个小油孔，它的作用是（ ）。

（A）给变压器加油用；（B）给变压器取油样用；（C）给变压器呼吸用；（D）释压。

答案：A

Lb5A2128 关于电力变压器能否转变直流电的电压，下列说法中正确的是（ ）。

（A）变压器可以转变直流电的电压；（B）变压器不能转变直流电的电压；（C）变压器可以转变直流电的电压，但转变效果不如交流电好；（D）以上答案皆不对。

答案：B

Lb5A2129 某计量装置由于互感器离表计距离较远，二次负载超标导致计量不准确。下列措施中不正确的做法是（ ）。

（A）换用额定二次负载较大的互感器；（B）换用线径较粗的铜导线；（C）换用准确度等级较高的互感器。

答案：C

Lb5A2130 弧垂过大或过小的危害是（ ）。

（A）弧垂过大易引起导线碰线，弧垂过小因导线受拉应力过大而将导线拉断；（B）弧垂过大易引起导线拉断，弧垂过小影响导线的载流量；（C）弧垂过小易引起导线碰线，弧垂过大因导线受拉应力过大而将导线拉断；（D）弧垂过小易引起导线拉断，弧垂过大影响导线的载流量。

答案：A

Lb5A2131 《电能计量装置管理规程》DL 448—2016 中规定：Ⅲ类计量装置应装设的有功表和无功表的准确度等级分别为（ ）级。

（A）0.5、1.0；（B）1.0、3.0；（C）0.5s、2；（D）2.0、3.0。

答案：C

Lb5A2132 用电检查的主要范围是（ ）。

（A）用户受（送）电装置；（B）用户主变；（C）用户配电屏（柜）；（D）用户配电间。

答案：A

Lb5A2133 电力网按其在电力系统中的作用不同分为（ ）。

（A）输电网和配电网；（B）输电网、变电网和配电网；（C）高压电网、中压电网和低压电网；（D）中性点直接接地电网和非直接接地电网。

答案：A

Lb5A2134 采取无功补偿装置调整系统电压时，对系统来说（ ）。

（A）调整电压的作用不明显；（B）既补偿了系统的无功容量，又提高了系统的电压；（C）不起无功补偿的作用；（D）调整电容电流。

答案：B

Lb5A2135 电动机温升试验的目的是考核电动机的（ ）。

（A）额定输出功率；（B）转子的机械强度；（C）绕组的绝缘强度；（D）导线的焊接质量。

答案：A

Lb5A2136 异步电动机电源电压升高，产生的后果是（ ）。

（A）电动机铁芯损耗增加、效率下降、功率因数减小；（B）电动机铜损增加、效率下降、功率因数减小；（C）电动机停转甚至烧坏；（D）电动机铜损增加、通风条件提高、功率因数减小。

答案：A

Lb5A2137 电动机的电源频率与额定频率之差不应超过（ ）。

（A）±1%；（B）±5%；（C）±10%；（D）±15%。

答案：A

Lb5A2138 三相异步电动机长期使用后，如果轴承磨损导致转子下沉，则带来的后果是（ ）。

（A）无法启动；（B）转速加快；（C）转速变慢；（D）电流及温升增加。

答案：D

Lb5A2139 异步电动机最好不要空载或轻载运行，因为（ ）

（A）定子电流较大；（B）功率因数较低；（C）转速太高；（D）转子电流过小。

答案：B

Lb5A2140 与电容器组串联的电抗器起（ ）作用。

（A）限制短路电流；（B）限制合闸涌流和吸收操作过电压；（C）限制短路电流和合闸涌流；（D）限制合闸涌流。

答案：C

Lb5A2141 开启式负荷刀开关的安装方向应为合闸时手柄（　　），不准倒装或平装，以防误操作。

（A）向左推；（B）向右推；（C）向下推；（D）向上推。

答案：D

Lb5A3142 低压绝缘接户线跨越人行道时，其对地最小距离为（　　）。

（A）3.5m；（B）5.5m；（C）7.5m；（D）9m。

答案：A

Lb5A3143 瓷质熔断器在金属底板上安装时，其底座应垫（　　）。

（A）铜封垫；（B）绝缘封垫；（C）硬封垫；（D）软封垫。

答案：D

Lb5A3144 有熔断指示器的熔断器，其指示器应装在（　　）。

（A）内侧；（B）外侧；（C）便于观察一侧；（D）上侧。

答案：C

Lb5A3145 钢芯铝绞线的代号表示为（　　）。

（A）GJ；（B）LGJ；（C）LGJQ；（D）LGJJ。

答案：B

Lb5A3146 当电流互感器一、二次绕组的电流 I_1、I_2 的方向相反时，这种极性关系称为（　　）。

（A）减极性；（B）加极性；（C）正极性；（D）同极性。

答案：A

Lb5A3147 电流互感器额定一次电流的确定，应保证其在正常运行中负荷电流达到额定值的60%左右，当实际负荷小于30%时，应采用电流互感器为（　　）。

（A）高准确度等级电流互感器；（B）S级电流互感器；（C）采用小变比电流互感器；（D）采用大变比电流互感器。

答案：B

Lb5A3148 用于连接测量仪表的电流互感器应选用（　　）。

（A）0.1级和0.2级；（B）0.2级和0.5级；（C）0.5级和3级；（D）3级以下。

答案：B

Lb5A3149 当运行中电流互感器二次侧开路后，一次侧电流仍然不变，二次侧电流等于零，则二次电流产生的去磁磁通也消失了。这时，一次电流全部变成励磁电流，使互感器铁芯饱和，磁通也很高，将在电流互感器（　　）产生危及设备和人身安全的高电压。

（A）高压侧；（B）二次侧；（C）一次侧；（D）初级线圈。

答案：B

Lb5A3150　电流互感器二次侧不允许（　　）。

（A）开路；（B）短路；（C）接仪表；（D）接保护。

答案：A

Lb5A3151　低压电流互感器，至少每（　　）年轮换或现场检验一次。

（A）5；（B）10；（C）15；（D）20。

答案：D

Lb5A3152　电流互感器二次侧接地是为了（　　）。

（A）测量用；（B）工作接地；（C）保护接地；（D）节省导线。

答案：C

Lb5A3153　有绕组的电气设备在运行中所允许的最高温度是由（　　）性能决定的。

（A）设备保护装置；（B）设备的机械；（C）绕组的绝缘；（D）设备材料。

答案：C

Lb5A3154　运行中的电容器在运行电压达到额定电压的（　　）倍时应退出运行。

（A）1.05；（B）1.10；（C）1.15；（D）1.20。

答案：B

Lb5A3155　电压互感器二次短路会使一次（　　）。

（A）电压升高；（B）电压降低；（C）熔断器熔断；（D）电压不变。

答案：C

Lb5A3156　断路器最高工作电压是指（　　）。

（A）长期运行的线电压；（B）长期运行的最高相电压；（C）长期运行的最高线电压；（D）故障电压。

答案：C

Lb5A3157　高压断路器的最高工作电压，是指（　　）。

（A）断路器长期运行线电压；（B）断路器长期运行的最高相电压；（C）断路器长期运行的最高线电压的有效值；（D）断路器故障时最高相电压。

答案：C

Lb5A3158 校验熔断器的最大开断电流能力应用（　　）进行校验。

（A）最大负荷电流；（B）冲击短路电流的峰值；（C）冲击短路电流的有效值；（D）额定电流。

答案：C

Lb5A3159 熔断器熔体应具有（　　）。

（A）熔点低，导电性能差；（B）熔点高，导电性能好；（C）易氧化，熔点低；（D）熔点低，导电性能好，不易氧化。

答案：D

Lb5A3160 隔离开关（　　）灭弧能力。

（A）有；（B）没有；（C）有少许；（D）不一定。

答案：B

Lb5A3161 电压互感器（　　）加、减极性，电流互感器（　　）加、减极性。

（A）有，无；（B）无，有；（C）有，有；（D）无，无。

答案：C

Lb5A3162 使用电流互感器和电压互感器时，其二次绕组应分别（　　）接入被测电路之中。

（A）串联、并联；（B）并联、串联；（C）串联、串联；（D）并联、并联。

答案：A

Lb5A3163 交流耐压试验加至试验标准电压后的持续时间，凡无特殊说明者为（　　）。

（A）30s；（B）45s；（C）60s；（D）90s。

答案：C

Lb5A3164 变压器低压侧熔丝按（　　）进行选择。

（A）低压侧额定电流的2～3倍电流；（B）低压侧额定电流的1.5～2倍电流；（C）低压侧额定电流；（D）高压侧额定电流。

答案：C

Lb5A3165 变压器的接线组别表示是变压器的高压，低压侧（　　）间的相位关系。

（A）线电压；（B）线电流；（C）相电压；（D）相电流。

答案：A

Lb5A3166 变压器各绕组的电压比与它们的线圈匝数比（　　）。

（A）成正比；（B）相等；（C）成反比；（D）无关。

答案：B

Lb5A3167 变压器绕组的感应电动势 E，频率 f，绕组匝数 N，磁通 F 和幅值 Φ_m 的关系式是（　　）。

（A）$E=4.44fN\Phi_m$；（B）$E=2.22fN\Phi_m$；（C）$E=4.44fN\Phi_m$；（D）$E=fN$。

答案：A

Lb5A3168 变压器铁芯应在（　　）的情况下运行。

（A）不接地；（B）一点接地；（C）两点接地；（D）多点接地。

答案：B

Lb5A3169 变压器运行会有“嗡”的响声，主要是（　　）产生的。

（A）整流、电炉等负荷；（B）零、附件振动；（C）绕组振动；（D）铁芯片的磁滞伸缩。

答案：D

Lb5A3170 变压器正常运行时正常上层油温不超过（　　）℃。

（A）95；（B）85；（C）75；（D）105。

答案：B

Lb5A3171 当露天或半露天变电所供给一级负荷用电时，相邻的可燃油浸变压器的防火净距不应小于（　　）m。

（A）5；（B）10；（C）12；（D）15。

答案：A

Lb5A3172 将变压器身、开关设备、熔断器、分接开关及相应辅助设备进行组合的变压器叫（　　）。

（A）组合式变压器；（B）预装箱式变压器；（C）开闭所；（D）开关站。

答案：A

Lb5A3173 铭牌标志中5（20）A的5表示（　　）。

（A）标定电流；（B）负载电流；（C）最大额定电流；（D）工作电流。

答案：A

Lb5A3174 三相电力变压器并联运行的条件之一是变比相等，实际运行中允许相差（　　）%。

（A）±0.5；（B）±5；（C）±10；（D）±2。

答案：A

Lb5A3175 新型变压器按 R10 系列组合，该组合的变压器额定容量不可能为（ ）。

（A）50kV·A；（B）80kV·A；（C）180kV·A；（D）315kV·A。

答案：C

Lb5A3176 一般变压器的上层油温不能超过（ ）。

（A）85℃；（B）95℃；（C）105℃；（D）75℃。

答案：A

Lb5A3177 由高压开关设备、电力变压器、低压开关设备、电能计量设备、无功补偿设备、辅助设备和连接件等元件被事先组装在一个或几个箱壳内，用来从高压系统向低压系统输送电能的成套配电设备叫（ ）。

（A）组合式变压器；（B）预装箱式变压器；（C）开闭所；（D）开关站。

答案：B

Lb5A3178 柱上变压器台底部距地面高度不应小于（ ）。

（A）1.8m；（B）2.2m；（C）2.5m；（D）2.8m。

答案：C

Lb5A3179 熔丝熔断时，应更换（ ）。

（A）熔丝；（B）相同容量熔丝；（C）大容量熔丝；（D）小容量熔丝。

答案：B

Lb5A3180 变压器的冷却装置是起（ ）的装置，根据变压器容量大小不同，采用不同的冷却装置。

（A）绝缘作用；（B）导电作用；（C）散热作用；（D）保护作用。

答案：C

Lb5A3181 电力变压器按冷却介质可分为（ ）和干式两种。

（A）油浸式；（B）风冷式；（C）自冷式；（D）水冷式。

答案：A

Lb5A3182 变压器中性点接地属于（ ）。

（A）工作接地；（B）保护接地；（C）保护接零；（D）故障接地。

答案：A

Lb5A3183 按照无功电能表的计量结果和有功电能表的计量结果就可以计算出用电的（　　）。

（A）功率因数；（B）瞬时功率因数；（C）平均功率因数；（D）加权平均功率因数。

答案：D

Lb5A3184 10kV干式电力变压器做交接试验时，交流耐压试验电压标准为（　　）。

（A）20kV；（B）24kV；（C）28kV；（D）42kV。

答案：B

Lb5A3185 DL 448—2000《电能计量装置管理规程》中规定：电能计量用电压和电流互感器的二次导线最小截面积为（　　）。

（A）1.5mm^2、2.5mm^2；（B）2.5mm^2、4mm^2；（C）4mm^2、6mm^2；（D）6mm^2、2.0mm^2。

答案：B

Lb5A3186 送电线路中杆塔的水平档距为（　　）。

（A）相邻档距中两弧垂最低点之间距离；（B）耐张段内的平均档距；（C）杆塔两侧档距长度之和的一半；（D）杆塔两侧档距长度之和。

答案：C

Lb5A3187 并联电容器补偿装置的主要功能是（　　）。

（A）增强稳定性，提高输电能力；（B）减少线路电压降，降低受电端电压波动，提高供电电压；（C）向电网提供可阶梯调节的容性无功，以补偿多余的感性无功，减少电网有功损耗和提高电网电压；（D）向电网提供可阶梯调节的感性无功，保证电压稳定在允许范围内。

答案：C

Lb5A3188 单台电动机的专用变压器，考虑启动电流的影响，二次熔丝额定电流可按照变压器额定电流的（　　）倍选用。

（A）1.3；（B）1.5；（C）2.0；（D）2.5。

答案：A

Lb5A3189 三相鼠笼式异步电动机运行时发生转子绕组断条后的故障现象是（　　）。

（A）产生强烈火花；（B）转速下降，电流表指标来回摆动；（C）转速下降，噪声异常；（D）转速下降，三相电流不平衡。

答案：B

Lb5A3190 低压架空线路的接户线绝缘子角铁宜接地，接地电阻不宜超过（　　）。

（A）10Ω；（B）15Ω；（C）4Ω；（D）30Ω。

答案：D

Lb5A4191 低压熔断器的额定电流应（　　）熔断体的额定电流。

（A）大于；（B）等于；（C）小于；（D）都不对。

答案：A

Lb5A4192 中性点不接地系统的配电变压器台架安装要求（　　）的接地形式。

（A）变压器中性点单独接地；（B）中性点和外壳一起接地；（C）中性点和避雷器一起接地；（D）中性点、外壳、避雷器接入同一个接地体中。

答案：D

Lb5A4193 当电流互感器一次电流不变，二次回路负载增大（超过额定值）时（　　）。

（A）其角误差增大，变比误差不变；（B）其角误差不变，变比误差增大；（C）其角误差减小，变比误差不变；（D）其角误差和变比误差均增大。

答案：D

Lb5A4194 在一般的电流互感器中产生误差的主要原因是存在着（　　）所致。

（A）容性泄漏电流；（B）负荷电流；（C）激磁电流；（D）容性泄漏电流和激磁电流。

答案：C

Lb5A4195 “S”级电流互感器，能够正确计量的电流范围是（　　）I_b。

（A）10%～120%；（B）5%～120%；（C）2%～120%；（D）1%～120%。

答案：D

Lb5A4196 电流互感器的二次侧应（　　）。

（A）没有接地点；（B）有一个接地点；（C）有两个接地点；（D）按现场情况，接地点数目不确定。

答案：B

Lb5A4197 一只变比为100/5的电流互感器，铭牌上规定1s的热稳定倍数为30，不能用在最大短路电流为（　　）A以上的线路上。

（A）600；（B）1500；（C）2000；（D）3000。

答案：D

Lb5A4198 发现电流互感器有异常声响，二次回路有放电声且电流表指示较低或到零，可判断为（　　）。

（A）二次回路断线；（B）二次回路短路；（C）电流互感器绝缘损坏；（D）电流互感器内部故障。

答案：A

Lb5A4199　电压互感器二次负载变大时，二次电压（　　）。

（A）变大；（B）变小；（C）基本不变；（D）不一定。

答案：C

Lb5A4200　运行中电压互感器发出臭味并冒烟应（　　）。

（A）注意通风；（B）监视运行；（C）放油；（D）停止运行。

答案：D

Lb5A4201　断路器额定电压指（　　）。

（A）断路器正常工作相电压最大值；（B）断路器正常工作相电压有效值；（C）断路器正常工作线电压有效值；（D）断路器正常工作线电压最大值。

答案：C

Lb5A4202　具有电动跳、合闸装置的低压自动空气断路器（　　）。

（A）不允许使用在冲击电流大的电路中；（B）可以作为频繁操作的控制电器；（C）不允许作为频繁操作的控制电器；（D）允许使用在冲击电流大的电路中。

答案：C

Lb5A4203　选择断路器遮断容量应根据其安装处（　　）来决定。

（A）变压器的容量；（B）最大负荷；（C）最大短路电流；（D）最小短路电流。

答案：C

Lb5A4204　互感器二次侧负载不应大于其额定负载，但也不宜低于其额定负载的（　　）。

（A）10%；（B）25%；（C）50%；（D）5%。

答案：B

Lb5A4205　在低压电气设备中，属于E级绝缘的线圈允许温升为（　　）。

（A）60℃；（B）70℃；（C）80℃；（D）85℃。

答案：C

Lb5A4206　安装于变压器室的一台800kV·A油浸变压器，其外廓与变压器室的门之间最小净距应为（　　）m。

(A) 0.6；(B) 0.8；(C) 1.0；(D) 1.2。

答案：B

Lb5A4207 变压器呼吸器作用（ ）。

(A) 用以清除吸入空气中的杂质和水分；(B) 用以清除变压器油中的杂质和水分；(C) 用以吸收和净化变压器匝间短路时产生的烟气；(D) 用以清除变压器各种故障时产生的油烟。

答案：A

Lb5A4208 变压器铜损（ ）铁损时最经济。

(A) 大于；(B) 小于；(C) 等于；(D) 不一定。

答案：C

Lb5A4209 变压器一、二次绕组的匝数之比为25，二次侧电压为400V，一次侧电压为（ ）。

(A) 10000V；(B) 35000V；(C) 15000V；(D) 12500V。

答案：A

Lb5A4210 变压器油枕的作用（ ）。

(A) 为使油面能够自由地升降，防止空气中的水分和灰尘进入；(B) 通过油的循环，将绕组和铁芯中发生的热量带给枕壁或散热器进行冷却；(C) 起贮油和补油作用，使变压器与空气的接触面减小，减缓了油的劣化速度；(D) 防止因温度的变化导致箱壳内部压力迅速升高。

答案：C

Lb5A4211 变压器中传递铰链磁通的组件是（ ）。

(A) 一次绕组；(B) 二次绕组；(C) 铁芯；(D) 金属外壳。

答案：C

Lb5A4212 变压器中主磁通是指在铁芯中成闭合回路的磁通，漏磁通是指（ ）。

(A) 在铁芯中成闭合回路的磁通；(B) 要穿过铁芯外的空气或油路才能成为闭合回路的磁通；(C) 在铁芯柱的中心流通的磁通；(D) 在铁芯柱的边缘流通的磁通。

答案：B

Lb5A4213 电源电压低于变压器额定电压，产生的后果是（ ）。

(A) 使绕组电动势最大值提高，可能破坏变压器绕组的绝缘；(B) 增加变压器的铁损；(C) 可能使电气设备过负荷或发生绝缘击穿甚至烧毁；(D) 在电流不超过额定电流的情况下，对变压器本身没有危害，只是满足不了用户对电压的需求。

答案：D

Lb5A4214 三相变压器容量计算公式为（ ）。

（A）$S=3UI$；（B）$S=\sqrt{3}UI$；（C）$S=UI$；（D）$S=2UI$。

答案：B

Lb5A4215 油浸变压器的主要部件有绕组、油箱、呼吸器、散热器、绝缘套管、分接开关和（ ）等。

（A）风扇；（B）油泵；（C）铁芯；（D）支撑瓷瓶。

答案：C

Lb5A4216 低压配电装置上的母线，在运行中允许的温升为（ ）。

（A）30℃；（B）40℃；（C）50℃；（D）60℃。

答案：A

Lb5A4217 配电变压器台架安装时，要求在安装跌落式熔断器时其熔丝管轴线与地垂线有（ ）的夹角。

（A）5°～10°；（B）10°～15°；（C）1°～5°；（D）15°～30°。

答案：D

Lb5A4218 隔离开关作用之一是（ ）。

（A）隔离电源；（B）隔离电流；（C）隔离电场；（D）隔离电磁场。

答案：A

Lb5A4219 配电变压器容量在100kV·A以下时，接地电阻不大于（ ）Ω。

（A）4；（B）6；（C）5；（D）10。

答案：D

Lb5A4220 配电变压器容量在100kV·A以上时，接地电阻不大于（ ）Ω。

（A）4；（B）6；（C）5；（D）10。

答案：A

Lb5A4221 新安装的电气设备在投入运行前必须有（ ）试验报告。

（A）针对性；（B）交接；（C）出厂；（D）预防性。

答案：B

Lb5A4222 下列关于计量电能表安装要点的叙述中错误的是（ ）。

（A）装设场所应清洁、干燥、不受振、无强磁场存在；（B）2.0级有功电能表正常工作的环境温度要在0°～40°之间；（C）电能表应在额定的电压和频率下使用；（D）电能表必须垂直安装。

答案：B

Lb5A4223 高低压线路同杆架设的线路排列规定是（ ）。

（A）高压在上；（B）低压在上；（C）高、低压在同一横线上；（D）高、低压在同一水平线上垂直排列。

答案：A

Lb5A4224 鼠笼式异步电动机的降压启动，仅适用于（ ）的场合。

（A）电动机轻载和空载启动；（B）电动机重负载启动；（C）电源电压偏高启动；（D）电动机额定负载启动。

答案：A

Lb5A4225 定子绕组为三角形接法的鼠笼式异步电动机，采用Y－△减压启动时，其启动电流和启动转矩均为全压启动的（ ）。

（A）$1/\sqrt{3}$；（B）1/3；（C）$1/\sqrt{2}$；（D）1/2。

答案：B

Lb5A4226 异步电动机按结构不同可分为（ ）。

（A）鼠笼式和凸极式；（B）隐极式和凸极式；（C）鼠笼式和线绕式；（D）线绕式和隐极式。

答案：C

Lb5A4227 在低压电力系统中，优先选用的电力电缆是（ ）。

（A）油浸纸绝缘电缆；（B）橡胶绝缘电缆；（C）聚氯乙烯绝缘电缆；（D）聚丙烯绝缘电缆。

答案：C

Lb5A4228 高压设备发生接地时，室内不得接近故障点4m以内，室外不得接近故障点（ ）m以内。

（A）4；（B）6；（C）8；（D）10。

答案：C

Lb5A4229 变压器三相负载不对称时将出现（ ）电流。

（A）正序、负序、零序；（B）正序；（C）负序；（D）零序。

答案：D

Lb5A5230 在载流量不变损耗不增加的前提下，用铝芯电缆替换铜芯电缆，铝芯截面积应为铜芯截面积的（　　）。

（A）1倍；（B）1.5倍；（C）1.65倍；（D）2.2倍。

答案：C

Lb5A5231 电压互感器二次回路有人工作而互感器不停用时应防止二次（　　）。

（A）断路；（B）短路；（C）仪表烧坏；（D）开路。

答案：B

Lb5A5232 限流断路器的基本原理是利用（　　）来达到限流的目的。

（A）短路电流所产生的电动力迅速使触头斥开；（B）断路器内的限流电阻；（C）瞬时过电流脱扣器动作；（D）断路器内的限流线圈。

答案：A

Lb5A5233 变压器净油器的作用是（　　）。

（A）运行中的变压器因上层油温与下层油温的温差，使油在净油器外循环；（B）油中的有害物质被净油器内的硅胶吸收，使油净化而保持良好的电气及化学性能，起到对变压器油再生的作用；（C）净油器是一个充有吸附剂的金属容器，吸附油中水分和二氧化碳；（D）油的循环由上而下以渗流方式流过净油器，能延长变压器油的使用寿命。

答案：B

Lb5A5234 10kV连接组别标号为Yyn0、Dyn11、Yzn11的双绕组变压器套管排列顺序位置为：站在高压侧看变压器低压侧从左到右为（　　）。

（A）o、a、b、c；（B）a、o、b、c；（C）a、b、o、c；（D）a、b、c、o。

答案：A

Lb5A5235 变压器绕组最高温度为（　　）℃。

（A）105；（B）95；（C）75；（D）80。

答案：A

Lb5A5236 变压器投切时会产生（　　）。

（A）操作过电压；（B）大气过电压；（C）雷击过电压；（D）系统过电压。

答案：A

Lb5A5237 变压器油在变压器内的作用为（　　）。

（A）绝缘、冷却；（B）灭弧；（C）防潮；（D）隔离空气。

答案：A

Lb5A5238 当测得变压器的吸收比与产品出厂值相比无明显差别，在常温下不小于（　　）时，就可以认为设备的绝缘是合格的。

（A）1.2；（B）1.3；（C）1.5；（D）2.0。

答案：B

Lb5A5239 三相变压器高压侧线电动势 E_{AB} 超前于低压侧线电动势 E_{ab} 的相位为 120°，则该变压器连接组标号的时钟序号为（　　）。

（A）8；（B）4；（C）3；（D）5。

答案：B

Lb5A5240 160kV·A 配电变压器低压侧中性点的工作接地电阻一般不应大于（　　）。

（A）4Ω；（B）10Ω；（C）20Ω；（D）30Ω。

答案：A

Lb5A5241 三级用电检查员仅能担任（　　）kV 及以下电压受电的用户的用电检查工作。

（A）0.4；（B）10；（C）0.22；（D）35。

答案：A

Lb5A5242 电力系统中能作为无功电源的有（　　）。

（A）同步发电机、调相机、并联补偿电容器和变压器；（B）同步发电机、并联补偿电容器和调相机；（C）同步发电机、调相机、并联补偿电容器和互感器；（D）同步发电机、调相机、并联补偿电容器和电抗器。

答案：B

Lb5A5243 变压器的并列运行是指将两台或多台变压器（　　），同时向负载供电的运行方式。

（A）原、副边绕组分别接到公共的母线上；（B）原边绕组接到公共的母线上；（C）副边绕组接到公共的母线上；（D）中性点连接到一起。

答案：A

Lb5A5244 多台电动机启动时，应（　　）。

（A）按容量从大到小逐台启动；（B）任意逐台启动；（C）按容量从小到大逐台启动；（D）可以同时启动。

答案：A

Lb5A5245 当电动机电源频率高于其额定值时，对改善电机的功率因数、效率和（　　）是有益的。

(A) 铁损；(B) 铜损；(C) 通风冷却；(D) 安全。

答案：C

Lb5A5246 电动机的实际电压与额定电压之差不超过（　　）是允许的，对电动机的运行不会有显著影响。

(A) ±1%；(B) ±5%；(C) ±10%；(D) ±15%。

答案：B

Lb5A5247 接在电动机控制设备侧电容器的额定电流，不应超过电动机励磁电流的（　　）倍。

(A) 0.8；(B) 1.0；(C) 1.5；(D) 0.9。

答案：D

Lb5A5248 线路拉线应采用镀锌钢绞线，其截面积应按受力情况计算确定，且不应小于（　　）。

(A) 16mm²；(B) 25mm²；(C) 35mm²；(D) 50mm²。

答案：B

Lc5A1249 《供电营业规则》规定：供电企业对查获的窃电者，应予制止，并可当场中止供电。窃电者应按所窃电量补交电费，并承担补交电费（　　）倍的违约使用电费。

(A) 2；(B) 3；(C) 5；(D) 7。

答案：B

Lc5A1250 《供电营业规则》规定：私自迁移、更动和擅自操作供电企业的用电计量装置、电力负荷管理装置、供电设施以及约定由供电企业调度的用户受电设备者，属于居民用户的，应承担每次（　　）元的违约使用电费；属于其他用户的，应承担每次（　　）元的违约使用电费。

(A) 500，500；(B) 500，5000；(C) 5000，500；(D) 5000，5000。

答案：B

Lc5A1251 《供电营业规则》规定：未经供电企业同意，擅自引入（供出）电源或将备用电源和其他电源私自并网的，除当即拆除接线外，应承担其引入（供出）或并网电源容量每千瓦（千伏安）（　　）元的违约使用电费。

(A) 50；(B) 500；(C) 5000；(D) 10000。

答案：B

Lc5A1252 《供电营业规则》规定：用户在供电企业规定的期限内未交清电费时，

应承担电费滞纳的违约责任。电费违约金从逾期之日起计算至交纳日止。当年欠费部分，居民用户每日按欠费总额的（　　）计算。

（A）1‰；（B）2‰；（C）3‰；（D）5‰。

答案：A

Lc5A1253　《供电营业规则》规定：用户在供电企业规定的期限内未交清电费时，应承担电费滞纳的违约责任。电费违约金从逾期之日起计算至交纳日止。其他用户当年欠费部分，每日按欠费总额的（　　）计算；跨年度欠费部分，每日按欠费总额的（　　）计算。电费违约金收取总额按日累加计收，总额不足1元者按1元收取。

（A）1‰，2‰；（B）2‰，3‰；（C）3‰，4‰；（D）4‰，5‰。

答案：B

Lc5A1254　《供电营业规则》规定：在电价低的供电线路上，擅自接用电价高的用电设备或私自改变用电类别的，应按实际使用日期补交其差额电费，并承担（　　）倍差额电费的违约使用电费。使用起讫日期难以确定的，实际使用时间按（　　）个月计算。

（A）2，2；（B）2，3；（C）3，2；（D）3，3。

答案：B

Lc5A1255　《供电营业规则》规定：在电力系统正常状况下，供电企业供到用户受电端的供电电压220V单相供电的，为额定值的（　　）。

（A）±10%；（B）±7%；（C）+7%，−10%；（D）±5%。

答案：C

Lc5A1256　《居民用户家用电器损坏处理办法》规定：从家用电器损坏之日起（　　）内，受害居民用户未向供电企业投诉并提出索赔要求的，即视为受害者已自动放弃索赔权。

（A）5日；（B）5个工作日；（C）7日；（D）7个工作日。

答案：C

Lc5A1257　《供电营业规则》规定：属于临时用电等其他性质的供电设施，原则上由（　　）运行维护管理，可由双方协商确定，并签订协议。

（A）供电企业；（B）产权所有者；（C）用户；（D）施工单位。

答案：B

Lc5A1258　节约用电是指根据国家有关规定和标准采用新技术、新设备、新材料降低电力消耗的一项（　　）。

（A）规章制度；（B）纪律制度；（C）法律制度；（D）设备管理措施。

答案：C

Lc5A1259 电力运行事故因（ ）原因造成的，电力企业不承担赔偿责任。

（A）电力线路故障；（B）电力系统瓦解；（C）不可抗力和用户自身的过错；（D）除电力部门差错外的。

答案：C

Lc5A2260 某用户擅自向另一用户转供电，供电企业对该户应（ ）。

（A）当即拆除转供线路；（B）处以其供出电源容量收取每千瓦（千伏·安）500元的违约使用电费；（C）当即拆除转供线路，并按其供出电源容量收取每千瓦（千伏·安）500元的违约使用电费；（D）当即停该户电力，并按其供出电源容量收取每千瓦（千伏·安）500元的违约使用电费。

答案：C

Lc5A3261 对非法占用变电设施用地、输电线路走廊或者电缆通道的应（ ）。

（A）由供电部门责令限期改正，逾期不改正的，强制清除障碍；（B）由县级以上地方人民政府责令限期改正，逾期不改正的，强制清除碍障；（C）由当地地方经贸委责令限期改正，逾期不改正的，强制清除障碍；（D）由当地公安部门责令限期改正，逾期不改正的，强制清除障碍。

答案：B

Lc5A3262 在电力运行事故中损坏无法修复的家用电器，其购买时间在（ ）月及以内的，按原购货发票价，供电企业应全额予以赔偿。

（A）3；（B）5；（C）6；（D）12。

答案：C

Lc5A4263 某低压动力用户，因厂区改造私自迁移供电企业的用电计量装置，根据规定该户应承担每次（ ）元的违约使用电费。

（A）50；（B）100；（C）500；（D）5000。

答案：D

Lc5A4264 用户认为供电企业装设的计费电能表不准时，有权向供电企业提出校验申请，在用户交付验表费后，供电企业应在（ ）天内校验，并将校验结果通知用户。

（A）5；（B）7；（C）10；（D）15。

答案：B

Lc5A4265 用电检查人员应参与用户重大电气设备损坏和人身触电伤亡事故的调查，并在（ ）天内协助用户提出事故报告。

（A）3；（B）5；（C）7；（D）10。

答案：C

Jd5A1266 对人体伤害最轻的电流途径是（　　）。

（A）从右手到左脚；（B）从左手到右脚；（C）从左手到右手；（D）从左脚到右脚。

答案：D

Jd5A1267 配电装置中，代表U相相位色为（　　）。

（A）红色；（B）黄色；（C）淡蓝色；（D）绿色。

答案：B

Jd5A1268 电压互感器文字符号用（　　）标志。

（A）PA；（B）PV；（C）TA；（D）TV。

答案：D

Jd5A2269 高压设备发生接地时，室内不得接近故障点（　　）以内。

（A）4m；（B）6m；（C）8m；（D）10m。

答案：A

Jd5A2270 更换低压线路导线一般应（　　）。

（A）用第一种工作票；（B）用第二种工作票；（C）按口头命令执行；（D）按电话命令执行。

答案：A

Jd5A2271 违反规定使用一线一地制照明，当用手拔接地线时触电应为（　　）事故。

（A）单相触电；（B）两相触电；（C）跨步电压触电；（D）接触电压触电。

答案：A

Jd5A3272 表示保护中性线的字符是（　　）。

（A）PCN；（B）PE；（C）PEN；（D）PNC。

答案：C

Jd5A4273 测量低压线路和配电变压器低压侧的电流时，若不允许断开线路时，可使用（　　），应注意不触及其他带电部分，防止相间短路。

（A）钳形电流表；（B）电流表；（C）电压表；（D）万用表。

答案：A

Jd5A4274 对成年人施行触电急救时，口对口（鼻）吹气速度每分钟（　　）次。

（A）5；（B）12；（C）18；（D）20。

答案：B

Jd5A4275 对成年人施行触电急救时，口对口（鼻）吹气速度每次（　　）秒。

（A）5；（B）12；（C）18；（D）20。

答案：A

Jd5A4276 胸外按压要以均匀速度施行，一般每分钟（　　）次左右。

（A）30；（B）50；（C）80；（D）100。

答案：D

Je5A1277 电压互感器的高压绕组与被测电路（　　），低压绕组与测量仪表电压线圈并联。

（A）串联；（B）并联；（C）混联；（D）互联。

答案：B

Je5A2278 当电力线路、电气设备发生火灾时应立即断开（　　）。

（A）电压；（B）电流；（C）电源；（D）电阻。

答案：C

Je5A3279 断路器的额定电流是指在规定环境温度下，断路器长期允许通过的（　　）。

（A）最小工作电流；（B）短路电流；（C）最大工作电流；（D）平均工作电流。

答案：C

Je5A3280 电缆出现故障后，受潮部分应予（　　）。

（A）烘干；（B）锯除；（C）修复；（D）缠绕防水胶布。

答案：B

Je5A4281 真空断路器是利用（　　）作绝缘介质和灭弧介质的断路器。

（A）空气；（B）SF_6；（C）惰性气体；（D）真空。

答案：D

Je5A5282 额定电压是指高压断路器正常工作时所承受的电压等级，它决定了断路器的（　　）。

（A）耐热程度；（B）通断能力；（C）绝缘水平；（D）灭弧能力。

答案：C

1.2 判断题

La5B1001 在没有标出参考方向的前提下，电流的正、负号是没有意义的。(√)

La5B1002 参考点的电位为零，参考点其实就是零电位点。(√)

La5B1003 参考点的电位就是参考点到参考点之间的电压。(√)

La5B1004 凡是外壳接大地的电气设备，其外壳都是零电位。(√)

La5B1005 电压的实际方向是由低电位指向高电位的方向。(×)

La5B1006 在未标明电压参考方向的情况下，电压的正负毫无意义。(√)

La5B1007 电动势的实际方向和电压的实际方向是相反的。(√)

La5B1008 并联电阻两端所加为同一电压。(√)

La5B1009 同性磁极相斥，异性磁极相吸。(√)

La5B1010 磁感应强度是个矢量。(√)

La5B1011 磁通是个标量。(√)

La5B1012 磁场强度是矢量。(√)

La5B1013 铁磁性物质的磁化是指将铁磁物质放入磁场内会呈现磁性。(√)

La5B1014 正弦交流电是指随时间按正弦规律变化的交流电；非正弦交流电是指随时间不按正弦规律变化的交流电。(√)

La5B1015 周期和频率的关系是互为倒数。(√)

La5B1016 我国规定的交流电的标准频率为50Hz，即周期为0.2s。(×)

La5B1017 正弦交流电路中电阻元件总是吸收功率。(√)

La5B1018 三相四线制供电系统中可以获得两种电压，即线电压和相电压。(√)

La5B1019 通常用黄、绿、红三种颜色分别表示U、V、W三相。(√)

La5B1020 三相三线制电路只有端线没有中线，三相四线制电路既有端线又有中线。(√)

La5B1021 星形连接三相负载的相电压是指每相负载的首端与末端之间的电压，线电压是指三相负载的首端与首端之间的电压。(√)

La5B1022 凡负载作三角形连接时，其线电压就等于相电压。(√)

La5B1023 三相电气设备的额定电压，如无特殊说明，均指相电压。(×)

La5B2024 参考方向可以任意选择，在电路分析计算过程中，也可随意改变。(×)

La5B2025 在电路中，选一点为参考点，则电路中某点的电位就是该点对参考点（零电位点）的电压。(√)

La5B2026 在电力工程中，常取大地为零电位点，在不接大地的设备中，常选许多元件汇集的公共点作为零电位点。(√)

La5B2027 对于一个元件（或一条支路），若选择电流和电压的参考方向一致，称为非关联参考方向；方向相反，称为关联参考方向。(×)

La5B2028 满足欧姆定律的电阻元件均为线性电阻元件。(√)

La5B2029 通常所说的电阻元件，若无特别声明，都是指线性电阻元件。(√)

La5B2030 电导是电阻的倒数，它反映了电阻元件对电流的导通能力。(√)

La5B2031 并联电路中的等效电阻比任何一个分电阻都小。(√)

La5B2032 并联电路总电导大于各并联支路电导之和。(×)

La5B2033 两个电阻并联时，电流的分配与其阻值成正比。(×)

La5B2034 磁场和电场都是一种具有力和能的特殊物质。(√)

La5B2035 从本质上来说，磁场是由运动着的电荷即电流产生的，即动电生磁。(√)

La5B2036 磁力线的疏密表示磁场的强弱。(√)

La5B2037 电流周围磁场的方向与导线中电流的方向有一定的关系，用右手螺旋定则可以确定。(√)

La5B2038 通过磁场某一截面积的磁力线总数叫做磁通。(×)

La5B2039 磁感应强度等于与磁力线垂直的单位面积上的磁通。(√)

La5B2040 磁场强度就是磁场中某一点的磁感应强度与磁导率的比值。(√)

La5B2041 磁场中某点磁场强度的方向与该点磁感应强度的方向并不一致。(×)

La5B2042 磁感应强度 B 的数值只与产生它的电流大小及导体的形状有关，与磁导率无关。(×)

La5B2043 铁磁物质磁化的外因是外加磁场，内因是它特殊的内部结构。(√)

La5B2044 励磁电流是指使铁芯磁化的电流。(√)

La5B2045 磁化曲线就是 B-H 曲线。(√)

La5B2046 去磁过程中当外加磁场强度为零时，铁芯磁感应强度也为零。(×)

La5B2047 去磁过程中当外加磁场强度为零时，铁芯磁感应强度还会有剩余。(√)

La5B2048 去磁过程中铁芯完全退磁需要一个反向磁场强度。(√)

La5B2049 在交变的磁化过程中，铁芯磁感应强度的变化始终滞后于外加磁场强度的变化。(√)

La5B2050 正弦量的三要素是指其最大值、角频率以及初相位角。(√)

La5B2051 交流发电机的磁极和电枢之间空气隙中的磁感应强度是按正弦规律分布的。(√)

La5B2052 交流发电机的磁极中央，磁感应强度最大，沿两边逐渐减小。(√)

La5B2053 相位差是指任意两个正弦量的相位之差。(×)

La5B2054 不同频率的两个正弦量之间的相位差随时间变化而变化，没有确定的意义。(√)

La5B2055 同频正弦量的相位差是一个常数，与时间无关。(√)

La5B2056 交流电电流的有效值是指通过同一电阻与其消耗功率相等的直流电电流的大小。(√)

La5B2057 在纯电阻正弦交流电路中，电压与电流是同频同相正弦量。(√)

La5B2058 正弦交流电路中，功率 P 是指平均功率。(√)

La5B2059 正弦交流电路中，平均功率 P 是指瞬时功率在一个周期内的平均值。(√)

La5B2060 正弦交流电路中，平均功率 P 是指瞬时功率在任意一段时间内的平均值。(×)

La5B2061 假设三相电源的正相序为U-V-W，则V-W-U为负相序。（×）

La5B2062 三个电压频率相同、振幅相同，就称为对称三相电压。（×）

La5B2063 通常规定电动势的参考方向由绕组的始端指向末端，相电压的参考方向从绕组的末端指向始端。（×）

La5B2064 对称三相正弦量的相量和、瞬时值之和都等于零。（√）

La5B2065 三相电源无论对称与否，三个线电压的相量和恒定为零。（×）

La5B2066 三相对称电路，其中一相作为U相，滞后U相120°的一相则为W相，超前于U相120°的一相则为V相。（×）

La5B2067 不对称三相负载作星形连接，为保证相电压对称，必须有中性线。（√）

La5B2068 三相电源的基本连接方式有两种：星形连接和三角形连接。（√）

La5B2069 三相对称时，中线电流等于零，三相不对称时，中线电流就不等于零。（√）

La5B2070 中线的作用是减小中性点位移电压，使不对称负载的相电压对称或接近于对称。（√）

La5B2071 对称三相电路的各相电流和电压对称，只需计算一相电路即可，其他两相的电压和电流可以根据对称关系直接写出。（√）

La5B2072 一个三相负载，其每相阻抗大小均相等，这个负载必为对称的。（×）

La5B2073 三相负载分别为Z_u＝10Ω，Z_v＝（10∠－120°）Ω，Z_w＝（10∠120°）Ω，则此三相负载为对称负载。（√）

La5B2074 三相负载的星形连接是指三个单相负载末端连在一起，三个首端引出接线。（√）

La5B2075 凡负载作三角形连接时，其线电流都等于相电流的$\sqrt{2}$倍。（×）

La5B2076 中点电压是指星形连接的三相负载中点与星形连接的三相电源中点之间的电压。（√）

La5B2077 无论有无中线，在关联参考方向下，星形三相负载线电压的瞬时值和相量都等于相应两个相电压的瞬时值和相量之差。（√）

La5B2078 三相负载的三角形连接是指三个单相负载首尾相连，三个首端引出接线的接法。（√）

La5B2079 要将额定电压为220V的对称三相负载接于额定线电压为380V的对称三相电源上，则负载应作星形连接。（√）

La5B2080 用兆欧表摇测设备绝缘电阻时，在摇测前后必须对被试设备充分放电。（√）

La5B2081 当三相短路电流流过母线时，两个边相母线承受的电动力最大。（×）

La5B2082 一只量限为100V，内阻为10kΩ的电压表，测量80V的电压时，在表内流过的电流是10mA。（×）

La5B2083 供电方式按电压等级可分为单相供电方式和三相供电方式。（×）

La5B2084 零线就是地线。（×）

La5B2085 在中性点接地的220V低压系统中，设备保护接地可以有效防止人身触

电。(×)

La5B2086 主变压器开关停电时，应先停电源侧，再停负荷侧。(×)

La5B3087 串联各电阻上消耗的功率与各电阻值的大小成正比。(√)

La5B3088 并联电路消耗的总功率等于各电阻消耗的功率之和。(√)

La5B3089 恒定的电流产生恒定的磁场，交变的电流产生交变的磁场。(√)

La5B3090 电机和变压器的铁芯应工作在饱和区。(×)

La5B3091 高温、敲击和振动情况下会破坏磁畴的有规则排列，也会使铁磁物质失磁。(√)

La5B3092 铁磁物质的磁性有高导磁性、磁饱和性、磁滞性三个特征。(√)

La5B3093 三相四线制中线电流的瞬时值（或相量）等于三相线电流的瞬时值（或相量）之和(√)

La5B3094 对称三相电路，不论负载作星形连接还是三角形连接，都有U相U相=U线U线/$\sqrt{3}$。(√)

La5B4095 两只灯泡串联，一只为“15W、220V”，另一只为“60W、220V”接于220V的电源上，15W的灯泡亮。(√)

La5B4096 两只灯泡串联，一只为“15W、220V”，另一只为“60W、220V”可以接于440V电源上。(×)

La5B5097 一只220V、1000W的电炉，接到$u=200\sqrt{2}$ ($\sin 314t+30°$) V的电源上，则电炉的功率P是826W。(√)

Lb5B1098 绝缘材料又称电介质。它与导电材料相反，在施加直流电压下，除有极微小泄露的电流通过外，实际上不导电。(√)

Lb5B1099 穿在管内的导线只能有一个接头。(×)

Lb5B1100 停电的剩余电流动作保护器使用前应试验一次。(√)

Lb5B1101 架空线路原则上宜搭挂与电力通信无关的弱电线（广播电视线、通信线缆等)。(×)

Lb5B1102 国家电网公司的供电服务方针是“人民电业为人民”。(×)

Lb5B1103 国家电网公司员工服务“十个不准”规定：不准利用岗位与工作之便谋取不正当利益。(√)

Lb5B2104 高峰负荷是指电网或用户在一天中，每15min平均功率的最大值。(×)

Lb5B2105 耐张线夹是将导线固定在非直线杆塔的耐张绝缘子串上。(√)

Lb5B2106 配电装置平常不带电的金属部分，不需与接地装置作可靠的电气连接。(×)

Lb5B2107 多路电源供电的用户进线应加装连锁装置或按供用双方协议调度操作。(√)

Lb5B2108 电力生产过程是连续的，发电、输电、变电、配电和用电在同一瞬间完成。(√)

Lb5B2109 电力系统中的各类发电厂是电网的能源，按所用一次能源的不同可分为火电、水电、核电等。(√)

Lb5B2110 架空低压配电线路的导线在绝缘子上的固定，普遍采用螺栓压紧法。（×）

Lb5B2111 电动机最经济、最节能的办法是使其在额定容量的75%～100%下运行，提高自然功率因数。（√）

Lb5B2112 提高用电设备的功率因数对电力系统有好处，用户并不受益。（×）

Lb5B2113 用电设备的功率因数对线损无影响。（×）

Lb5B2114 运行中的电容器组投入与退出，应根据电容器的温度和系统电压的情况来决定。（×）

Lb5B2115 装设无功自动补偿装置是提高功率因数采取的自然调整方法之一。（×）

Lb5B2116 DL/T 448—2000 规定：电能表现场检验标准应至少每六个月在试验室比对一次。（×）

Lb5B2117 DL 698《电能采集终端通用要求》规定：终端设备按应用场合分为厂站采集终端、专变采集终端、公变采集终端、低压集中抄表终端。（√）

Lb5B2118 JJG 313—2010《电流互感器检定规程》规定：检定结果的处理时检定数据应按规定的格式和要求做好原始记录，0.2级及以上做标准用的电流互感器，检定数据的原始记录至少保存三个检定周期。其余应至少保存一个检定周期。（×）

Lb5B2119 低压电流互感器二次负荷容量不得小于5V·A。高压电流互感器二次负荷可根据实际安装情况计算确定。（×）

Lb5B2120 电能表电源失电后，所有贮存的数据保存时间至少为10年。（√）

Lb5B2121 电能表型号中，型号DTZY341-G代表三相四线远程费控智能电能表（载波通信）。（×）

Lb5B2122 计量授权证书的有效期由授权部门决定，最长不得超过4年。（×）

Lb5B2123 终端电能表的数据采集通过RS485串口采集。通信线采用两芯屏蔽线，线径不小于0.5mm，最大接入线径为2mm。（√）

Lb5B2124 终端供电电源中断后，应有数据和时钟保持措施，贮存数据保存至少十年，时钟至少正常运行五年。（×）

Lb5B2125 开启式负荷刀开关的安装方向应为合闸时手柄向上推，不准倒装或平装，以防误操作。（√）

Lb5B2126 更换熔体时，可以用多根熔丝绞合在一起代替较粗的熔体。（×）

Lb5B2127 更换熔体时，可以用等截面的不同金属代替。（×）

Lb5B2128 石英砂熔断器可以限制短路电流。（√）

Lb5B2129 电流互感器的误差与其二次负荷的大小有关，当二次负荷小时，误差大。（×）

Lb5B2130 电力变压器的低压绕组在外面，高压绕组靠近铁芯。（×）

Lb5B2131 电流互感器二次绕组不准开路。（√）

Lb5B2132 手动操作的星形、三角形启动器，应在电动机转速接近运行转速时进行切换。（√）

Lb5B2133 隔离开关不仅用来倒闸操作，还可以切断负荷电流。（×）

Lb5B2134 绕线式三相异步电动机启动时，应将启动变阻器接入转子回路中，然后合上定子绕组电源的断路器。(√)

Lb5B2135 电流互感器二次绕组的接地属于保护接地，其目的是防止绝缘击穿时二次侧串入高电压，威胁人身和设备安全。(√)

Lb5B2136 接地体（线）的连接应采用焊接，焊接必须牢固，有色金属接地线不能采用焊接时，可用螺栓连接。(√)

Lb5B2137 变压器并联运行的条件之一是两台变压器的变比应相等，实际运行时允许相差±10%。(×)

Lb5B2138 变压器的交接试验是投运前必须做的试验。(√)

Lb5B2139 变压器工作时，高压绕组的电流强度总是比低压绕组的电流强度大。(×)

Lb5B2140 变压器空载时，一次绕组中仅流过励磁电流。(√)

Lb5B2141 变压器是利用电磁感应原理制成的一种变换电压的电器设备。(√)

Lb5B2142 变压器调压装置分为无励磁调压装置和有载调压装置两种，它们是以调压时变压器是否需要停电来区别的。(√)

Lb5B2143 变压器一、二次相电压之比等于一、二次绕组匝数之比。(√)

Lb5B2144 变压器一、二次线圈的电流比，叫做变比。(×)

Lb5B2145 变压器油起导电和散热作用。(×)

Lb5B2146 变压器在负载时不产生空载损耗。(×)

Lb5B2147 第三人责任致使居民家用电器损坏的，供电企业不负赔偿责任。(√)

Lb5B2148 在220/380V公用供电线路上发生零线断线引起家用电器损坏，供电企业应承担赔偿责任。(√)

Lb5B2149 供用电合同是经济合同中的一种。(√)

Lb5B2150 电气竖井内不应设有与其无关的管道。(√)

Lb5B2151 二次回路的工作电压不宜超过500V，最高不应超过1000V。(×)

Lb5B2152 根据《国家电网公司供电服务质量标准》规定：对高压业扩工程，送电后应100%回访客户。(√)

Lb5B2153 国家电网公司供电服务“十项承诺”规定：严格执行价格主管部门制定的电价和收费政策，及时在供电营业场所和网站公开电价、收费标准和服务程序。(√)

Lb5B2154 有送、受电量的地方电网和有自备电厂的客户，应在并网点上装设送、受电电能计量装置。(√)

Lb5B2155 在正常电源故障情况下，为保证用户重要负荷仍能连续供电和不发生事故而设置的电源称为保安电源。(√)

Lb5B2156 电能的质量是以频率、电压、电价和谐波来衡量的。(×)

Lb5B2157 衡量电能质量的指标是电压、频率和周波。(×)

Lb5B2158 统计线损是实际线损，理论线损是技术线损。(√)

Lb5B2159 用电容量在100kV·A（100kW）及以上的工业、非工业、农业用户均要实行功率因数考核。(√)

Lb5B2160 供电企业因供电设施计划检修需要停电时，应当提前三天通知用户或者进行公告。(×)

Lb5B2161 供电企业对已受理的低压电力用户申请用电，最长期限不超过5天书面通知用户。(×)

Lb5B2162 用户发生人身伤亡事故应及时向供电企业报告，其他事故自行处理。(×)

Lb5B2163 对危害供用电安全，扰乱供用电秩序，拒绝检查者，供电企业不经批准就可中止供电。(×)

Lb5B3164 低压绝缘接户线跨越人行道时，其对地最小距离为2.5m。(×)

Lb5B3165 农村电网中的配电线路，主要采用架空线路方式。(√)

Lb5B3166 DL/T 601—1996《架空绝缘配电线路设计技术规程》规定为：铜绞线不小于10mm²；铝绞线不小于16mm²。(√)

Lb5B3167 Ⅰ、Ⅱ类电能表现场检验合格率应不小于99%。(×)

Lb5B3168 电压互感器误差测量上限负荷为80%、100%、110%，下限负荷的点为80%、100%。(×)

Lb5B3169 接户线与通信线、广播线交叉跨越时，一般情况下，接户线在上方，对通信线、广播线最小垂直距离不得小于0.8m。(×)

Lb5B3170 一只0.5S级电能表的检定证书上某一负载的误差数据为0.25%，那它的实测数据应在0.225%～0.275%的范围内。(√)

Lb5B3171 低压自动空气断路器的种类有框式低压断路器、塑料外壳式低压断路器、电动斥力自动开关、漏电保护自动开关。(√)

Lb5B3172 低压熔断器不允许装在三相四线中性线/接零保护的零线。(√)

Lb5B3173 前后熔断器之间的选择性配合，就是在线路上发生故障时，应该是最靠近电源的熔断器最先熔断，切除故障部分，从而使系统的其他部分保持正常运行。(×)

Lb5B3174 前后熔断器之间的选择性配合，就是在线路上发生故障时，应该是最靠近故障点的熔断器最先熔断，切除故障部分，从而使系统的其他部分保持正常运行。(√)

Lb5B3175 熔体极限分断电流，指熔断器能可靠分断的最大短路电流。(√)

Lb5B3176 触头断开后，不论触头间是否有电弧存在，电路实际上已被切断。(×)

Lb5B3177 距接地体越远，接地电流通过此处产生的电压降就越大，电位就越高。(×)

Lb5B3178 国家电网公司《供电服务规范》规定，客户对计费电能表的准确性提出异议，并要求进行校验的，校验费由客户承担。(×)

Lb5B3179 国家电网公司员工服务“十个不准”规定：不准向客户提供技术标准。(×)

Lb5B3180 《国家电网公司业扩供电方案编制导则》中供电额定电压：低压供电单相为220V、三相为380V。高压供电为10kV、35（66）kV、110kV、220kV。(√)

Lb5B3181 《国家电网公司业扩供电方案编制导则》中规定：有两条及以上线路分别来自不同电源点或有多个受电点的客户，可装设一套电能计量装置。(×)

Lb5B4182 配电线路特别是农村配电线路基本以架空电力线路为主。(√)

Lb5B4183 DL/T 614《多功能电能表》规定：电能表清零操作必须作为事件永久记录，所用清零指令必须有防止非授权人操作的安全措施。(√)

Lb5B4184 有一只 0.5 级电能表，当测得的基本误差为＋0.325％时，修约后的数据为＋0.35％。(×)

Lb5B4185 低压刀开关的作用是隔离电流、保证作业人员安全、形成明显绝缘断开点。(×)

Lb5B4186 低压断路器与熔断器配合使用时，熔断器应安装在负荷侧。(×)

Lb5B4187 低压熔断器的额定电流应小于熔断体的额定电流。(×)

Lb5B4188 高层主体建筑内不应设置油浸变压器的变电所。(√)

Lb5B4189 《供电服务规范》规定供电企业应当为用户安全用电提供业务指导和技术服务，履行用电检查职责。(√)

Lb5B4190 国家电网公司业扩供电方案编制导则》中供电方案是指由客户提出，经供用双方协商后确定，满足客户用电需求的电力供应具体实施计划。供电方案可作为客户受电工程规划立项以及设计、施工建设的依据。(×)

Lb5B4191 自备应急电源的切换时间、切换方式、允许停电持续时间和电能质量应满足客户安全要求。(√)

Lb5B5192 低压熔体规格应根据电路中上下级之间保护定值的配合要求来选择，以免发生越级熔断。(√)

Lb5B5193 变压器高低压熔体的保护定值的比值与变比相同。(×)

Lb5B5194 保护接地是因电气设备正常工作或排除事故的需要而进行的接地。(×)

Lb5B5195 变压器室、配电室、电容器室的门应向内开启。(×)

Lb5B5196 高压电容器组可采用三角形接线或星形接线，低压电容器组应采用中性点不接地的星形接线。(×)

Lb5B5197 当客户的要求与政策、法律、法规及本企业制度相悖时，应向客户耐心解释，争取客户理解，做到有理有节。遇有客户提出不合理要求时，应委婉拒绝客户。不得与客户发生争吵。(×)

Lb5B5198 《国家电网公司业扩供电方案编制导则》规定，无功电力应集中管理、集中平衡。客户应在提高自然功率因数的基础上，按有关标准设计并安装无功补偿设备。(×)

Lc5B1199 依据《电力供应与使用条例》，因抢险救灾需要紧急供电时，供电企业必须尽快安排供电。所需工程费用和应付电费由有关地方人民政府有关部门从抢险救灾经费中支出。(√)

Lc5B1200 《供电营业规则》规定：供电企业在新装、换装及现场校验后应对用电计量装置加封，并请用户在工作凭证上签章。(√)

Lc5B1201 依据《供电营业规则》，在供电企业的供电设施上，接线用电的，属于窃电行为。(×)

Lc5B1202 因抢险救灾需要紧急供电时，供电企业应迅速组织力量，架设临时电源供

电。架设临时电源所需的工程费用，由供电企业负担。（×）

Lc5B1203 用户重要负荷的保安电源，可由供电企业提供，也可由用户自备。（√）

Lc5B1204 依据《居民用户家用电器损坏处理办法》，在理赔处理中，供电企业与受害居民用户因赔偿问题达不成协议的，由当地居委会调解，调解不成的，可向司法机关申请裁定。（×）

Lc5B2205 变压器容量为500kV·A的某商场，电价应执行峰谷分时电价，还应执行0.85的功率因数调整电费。（×）

Lc5B2206 用电负荷按用电量的大小，可分为一、二、三级负荷。（×）

Lc5B2207 参与对用户重大电气事故的调查分析，是用电检查部门的职责范围。（√）

Lc5B2208 大工业电价也叫两部制电价，就是将电价分成两部分。一部分称为基本电价，另一部分称为电度电价。实际两部制电价计费的用户还应实行功率因数调整电费办法。（√）

Lc5B3209 用户用电设备容量在100kW及以下或需用变压器容量在50V·A及以下者，可采用低压三相三线制供电，特殊情况也可采用高压供电。（×）

Jd5B1210 电流表应串联在被测电路中。（√）

Jd5B1211 在正常情况下，保护零线不流过电流，所以人体可以触及。（×）

Jd5B1212 使用验电笔时验电后，应再到有电的带电体上检验一下验电笔是否正常。（×）

Jd5B1213 使用验电笔时验电前要先到有电的带电体上检验一下验电笔是否正常。（√）

Jd5B1214 低压开关（熔丝）拉开（取下）后，应在适当位置悬挂“禁止合闸，有人工作！”或“禁止合闸，线路有人工作！”标示牌。（√）

Jd5B2215 测量直流电流除将直流电流表与负载串联外，还应注意电流表的正端钮接到电路中的电位较高的点。（√）

Jd5B2216 将电压B—C—A相加于相序表A—B—C端钮时应为正相序。（√）

Jd5B2217 兆欧表在使用前，指针可能停留在标尺的任意位置上。（√）

Jd5B2218 测量变压器绕组直流电阻的目的是判断是否断股或接头接触不良。（√）

Jd5B2219 带电设备着火时，可以用干式灭火器、泡沫灭火器灭火。（×）

Jd5B2220 工作人员禁止擅自开启直接封闭带电部分的高压配电设备柜门、箱盖、封板等。（√）

Jd5B2221 在带电设备周围严禁使用钢卷尺、皮卷尺和夹有金属丝的线尺进行测量工作。（√）

Jd5B3222 用交流电流表、电压表测量的数值都是指最大值。（×）

Jd5B3223 农村中室外电动机的操作开关可装在附近墙上，并做好防雨措施。（×）

Jd5B4224 胸外按压要以均匀速度施行，一般每分钟100次左右。（√）

Je5B2225 供、售电量统计范围不对口，供电量范围比售电量范围小时，线损率表现为增大。（×）

Je5B2226 在公用供电设施未到达的地区，周边单位有供电能力的可以自行就近转供

电。(×)

Je5B2227 对高压供电用户，应在高压侧计量，经双方协商同意，可在低压侧计量，但应加计变压器损耗。(×)

Je5B2228 接户线的防雷措施有将接户线入户前的电杆绝缘子脚接地、安装低压避雷器、采用绝缘导线。(×)

Je5B2229 经电流互感器接入的低压三相四线电能表，其电压引入线应单独接入，不得与电流线共用，电压引入线的另一端应接在电流互感器一次电源侧，并在电源侧母线上另行引出，禁止在母线连接螺钉处引出。(√)

Je5B2230 直接接入式单相电能表和小容量动力表，可直接按用户装接设备总电流的60%～80%选择标定电流。(×)

Je5B3231 对高压电能计量装置装拆及验收，恢复连接片后，应停止计时，记录换表结束时刻把换表所用的时间、电量填在装拆工作单并让客户确认。(×)

Je5B3232 对一般的电流互感器来说，当二次负荷功率因数 $\cos\phi$ 值增大时，其比值差的绝对值逐渐减小，相位差逐渐增大。(√)

Je5B3233 计量点设在用户变电站的电源进线处，有几路电源安装几套计量装置，这种方案较适合按变压器容量计收基本电费的用户。(×)

Je5B3234 某一运行中的三相三线有功电能表，其负荷性质为容性负载，则第一元件计量的有功功率比第二元件计量的有功功率小。(×)

Je5B3235 考核用户用电需要计入变压器损耗的是高供高计和低供低计。(×)

Je5B3236 在现场测试运行中电能表时，要求负荷电流不低于被检电能表标定电流的10%（S级电能表为5%）。(√)

Je5B3237 中性点非有效接地系统一般采用三相三线有功、无功电能表，但经消弧线圈等接地的计费用户且年平均中性点电流（至少每季测一次）大于0.5%I_n（额定电流）时，也应采用三相四线有功、无功电能表。(×)

Je5B4238 当电压互感器采用 Y_0y_0 接线，若二次电压测试结果是：$U_{uv}=U_{vw}=57.7V$，$U_{uw}=100V$，可能存在以下问题：一次V相断线、V相电压互感器极性接反。(×)

Je5B4239 电压互感器采用V/V接线，输出的总容量仅为两台电压互感器的额定容量之和。(√)

Je5B4240 对二次多绕组的电流互感器，选用的绕组抽头接入二次回路，其余的绕组抽头应可靠短接并接地。(×)

Je5B4241 高压电能计量装置带电换表对计量的影响可分为间断计量和不间断计量两种方式。(√)

Je5B4242 某两元件三相三线制有功电能表第一组元件和第二组元件的相对误差分别为 y_1 和 y_2，则在功率因数角 w 为0°时，电能表的整组误差 $y=(y_1+y_2)/2$。(√)

1.3 多选题

La5C1001 保证安全的技术措施有（ ）。
（A）停电；（B）验电；（C）接地；（D）悬挂标示牌和装设遮拦（围栏）。
答案：ABCD

La5C2002 控制电器包括（ ）。
（A）开关；（B）变换器；（C）保护装置；（D）导线；（E）电动机。
答案：ABC

La5C2003 磁场方向就是（ ）。
（A）磁力线的垂直方向；（B）磁力线上每点的切线方向；（C）放在磁场中某点的小磁针静止后N极所指的方向；（D）放在磁场中某点的小磁针静止后S极所指的方向。
答案：BC

La5C2004 磁场某点磁感应强度的方向就是（ ）。
（A）该点磁场的方向；（B）小磁针在该点静止后N极的指向；（C）小磁针在该点静止后S极的指向；（D）磁通方向。
答案：AB

La5C2005 均匀磁场的磁力线是（ ）。
（A）均匀分布的；（B）同向的；（C）平行的；（D）直线。
答案：ABCD

La5C2006 铁磁性物质的相对磁导率（ ）。
（A）远远大于1；（B）为几百甚至几千；（C）随磁场的强弱而变化；（D）略大于1。
答案：ABC

La5C2007 磁场中某点磁场强度的方向就是（ ）。
（A）该点磁感应强度的方向；（B）该点磁通的方向；（C）该点磁场的方向；（D）该点磁力线的方向。
答案：ACD

La5C3008 （ ）的周围都存在磁场。
（A）磁体；（B）电流；（C）金属导体；（D）任何物体。
答案：AB

La5C3009 载流长直导体空间各点磁感应强度的大小和（　　）成正比。

（A）通过该点磁力线的周长；（B）周围介质的磁导率；（C）导体内通过的电流；（D）该点至导体中心轴线的垂直距离。

答案：BC

La5C3010 线圈周围磁场强度的数值与（　　）有关。

（A）磁导率；（B）导体内的电流大小；（C）线圈匝数；（D）该点磁力线周长。

答案：BCD

La5C3011 具有铁芯的线圈中通以电流（　　）。

（A）电流就会产生磁场；（B）铁芯被磁化而产生一个附加磁场；（C）附加磁场与外加电流的磁场方向一致；（D）附加磁场比电流的磁场强得多。

答案：ABCD

La5C3012 基本磁化曲线与起始磁化曲线相比（　　）。

（A）相差甚小；（B）相差很大；（C）前者略低于后者；（D）前者略高于后者。

答案：AC

La5C3013 关于角频率，下列说法正确的是（　　）。

（A）角频率是正弦交流电每秒钟所经历的电角度；（B）角频率是两极发电机转子旋转的角速度；（C）角频率 ω、频率 f、周期 T 都是反映正弦量变化快慢的物理量；（D）$\omega=2\pi/T$。

答案：ABCD

La5C3014 在纯电阻正弦交流电路中电压与电流的（　　）之间符合欧姆定律形式。

（A）瞬时值；（B）最大值；（C）有效值；（D）相量值。

答案：ABCD

La5C5015 在三相电路中，下面结论正确的是（　　）。

（A）无论对称与否，在关联参考方向下，星形连接的电源或负载的线电流就是相应的相电流，线电压的相量等于相应的两个相电压的相量之差；（B）无论对称与否，在关联参考方向下，三角形连接的电源或负载的线电压就是相应的相电压，线电流的相量等于相应的两个相电流的相量之差；（C）三相对称时，星形连接的电源或负载的线电压有效值等于相电压有效值的倍且超前对应相电压 $30°$；（D）三相对称时，三角形连接的电源或负载的线电流有效值等于相电流有效值的$\sqrt{3}$倍，且滞后于对应相电流 $30°$。

答案：ABCD

La5C5016 在配电线路和设备上工作，保证安全的组织措施有（　　）。

（A）现场勘察制度；（B）工作票制度；（C）工作许可制度；（D）工作监护制度；（E）工作间断、转移制度；（F）工作终结制度。

答案：ABCDEF

Lb5C1017 常用低压熔断器一般由（ ）组成。

（A）金属熔体；（B）连接熔体的触头装置；（C）绝缘子；（D）外壳。

答案：ABD

Lb5C2018 非居民照明用户执行（ ）。

（A）单一制电价；（B）峰谷分时电价；（C）尖峰电价；（D）两部制电价。

答案：AB

Lb5C2019 用电容量100kV·A及以上的非工业用户执行（ ）。

（A）单一制电价；（B）峰谷分时电价；（C）阶梯电价；（D）两部制电价。

答案：AB

Lb5C2020 低压系统的接地方式有（ ）。

（A）TT系统；（B）TN系统；（C）IT系统；（D）TC系统。

答案：ABC

Lb5C2021 电子式电能表与感应式电能表相比优势的是（ ）。

（A）电子式电能表寿命长；（B）电子式电能表更能适应恶劣的工作环境；（C）电子式电能表易于实现防窃电功能；（D）电子式电能表可实现较宽的负载。

答案：BCD

Lb5C2022 全电子式电能表具有（ ）特点。

（A）测量精度高，工作频带宽，过载能力强；（B）本身功耗比感应式电能表低；（C）可将测量值（脉冲）输出，可实现远方测量；（D.）引入单片微机后，可实现功能扩展，制成多功能和智能电能表等。

答案：ABCD

Lb5C2023 影响电流互感器误差的因素有（ ）。

（A）一次电流的变化；（B）电源频率的变化；（C）二次负载功率因数的变化；（D）一次负荷的变化。

答案：ABC

Lb5C2024 低压熔断器具有（ ）、体积小、重量轻等优点，因而得到广泛应用。

（A）结构简单；（B）价格便宜；（C）使用维护方便；（D）容量大。

答案：ABC

Lb5C2025 业扩工作中的三不指定是指（ ）。

（A）不指定供电方案；（B）不指定设备厂家；（C）不指定设计单位；（D）不指定施工单位。

答案：BCD

Lb5C3026 变电站的作用主要是（ ）。

（A）变换电压等级；（B）变换频率；（C）汇集电能和分配电能；（D）控制电能的流向。

答案：ACD

Lb5C3027 电力系统无功不平衡的危害（ ）。

（A）无功功率不足，会引起系统电压下降，严重的电压下降可导致电网崩溃和大面积停电事故；（B）无功功率不足，会引起电压升高，影响系统和广大用户用电设备的运行安全，同时增加电能损耗；（C）无功功率过剩，会引起电压升高，影响系统和广大用户用电设备的运行安全，同时增加电能损耗；（D）无功功率过剩，会引起系统电压下降，严重的电压下降可导致电网崩溃和大面积停电事故。

答案：AC

Lb5C3028 架空线路常用的绝缘子有（ ）。

（A）针式绝缘子；（B）蝶式绝缘子；（C）悬式绝缘子；（D）瓷拉棒绝缘子。

答案：ABCD

Lb5C3029 测量误差产生的主要原因有（ ）。

（A）测量方法不完善；（B）计量器具不准确；（C）外界环境条件的影响；（D）被测对象的不稳定。

答案：ABCD

Lb5C3030 关于对时下列说法正确的是（ ）。

（A）主站负责对集中器、采集器对时；（B）采集终端监测电能表是否超差；（C）电能表时钟误差超过允许值后，采集终端立刻启动对时钟超差电能表对时，并把对时事件上报主站；（D）各级对时均要考虑通信延时，并进行对时修正。

答案：BD

Lb5C3031 两个电流互感器的接线方式有（ ）。

（A）V 形接线；（B）Y 形接线；（C）Δ 形接线；（D）两相电流差接线。

答案：AD

Lb5C3032 使用三个电流互感器时有（ ）接线。
（A）V形接线；（B）Y形接线；（C）Δ形接线；（D）零序接线。
答案：BCD

Lb5C3033 低压空气断路器的脱扣器有（ ）。
（A）分励脱扣器；（B）过流脱扣器；（C）欠压脱扣器；（D）励磁脱扣器。
答案：ABC

Lb5C3034 低压自动空气断路器的种类有（ ）。
（A）框式低压断路器；（B）塑料外壳式低压断路器；（C）电动斥力自动开关；（D）漏电保护自动开关。
答案：ABCD

Lb5C3035 低压熔断器不允许装在三相四线（ ）的零线。
（A）相线；（B）中性线；（C）接零保护；（D）都不对。
答案：BC

Lb5C3036 电力变压器的油枕具有（ ）的作用。
（A）避免油箱中的油和空气接触；（B）调节油箱油位；（C）防止油氧化变质；（D）防止水分渗入油箱。
答案：ABCD

Lb5C3037 关于配电变压器的绕组，说法正确的是（ ）。
（A）绕组应具有良好的机械性能；（B）多数变压器的高、低压绕组同心地装在铁芯柱上；（C）高压绕组的匝数多，导线粗，低压绕组的匝数少，导线细；（D）铁芯是变压器传递交流电能的磁路部分。
答案：ABD

Lb5C3038 铜导线与铝导线连接时，应采取的措施有（ ）。
（A）采用铜铝过渡接线端子或铜铝过渡连接管；（B）采用直接缠绕连接；（C）采用镀锌紧固件连接；（D）采用夹垫锌片或锡片连接。
答案：ACD

Lb5C3039 对高压断路器的基本要求有（ ）。
（A）工作可靠，应能长期可靠的正常运行；（B）应具有足够的断路能力；（C）具有尽可能短的开断时间；（D）能实现自动重合闸。
答案：ABCD

Lb5C3040 型号为S11-500/10的变压器表示（ ）。

（A）高压侧额定电压为500kV；（B）高压侧额定电压为10kV；（C）额定容量为10kV·A；（D）额定容量为500kV·A。

答案：BD

Lb5C3041 剩余电流保护装置安装应充分考虑（ ）。

（A）供电方式；（B）供电电压；（C）系统接地形式；（D）保护方式。

答案：ABCD

Lb5C3042 《居民用户家用电器损坏处理办法》中，平均使用寿命为5年的家用电器有（ ）。

（A）电饭锅；（B）电风扇；（C）空调；（D）电热水器。

答案：AD

Lb5C3043 按照目的要求不同，接地可以分为（ ）等。

（A）工作接地；（B）保护接地；（C）防雷接地；（D）防静电接地。

答案：ABCD

Lb5C3044 接地前应逐相充分放电的有（ ）。

（A）避雷器；（B）电缆；（C）电容器；（D）变压器。

答案：BC

Lb5C4045 一般情况下，在220/380V的（ ）系统的低压电网中，动力和照明宜共用同一台变压器供电。

（A）IT；（B）TT；（C）TN-C；（D）TN-S。

答案：BCD

Lb5C4046 输配电线路中，对导线的要求有（ ）。

（A）足够的机械强度；（B）较高的导电率；（C）质量轻、成本低；（D）抗腐蚀能力强。

答案：ABD

Lb5C4047 当电力线路发生（ ）时，在电网中会出现零序电流。

（A）单相接地故障；（B）两相接地故障；（C）两相短路故障；（D）三相短路故障。

答案：AB

Lb5C4048 下列接地方式中，属于保护接地的是（ ）。

（A）中性点直接接地；（B）电气设备金属外壳接地；（C）中性点经消弧线圈接地；

（D）电压互感器二次绕组接地。

答案：BD

Lb5C4049 电能计量装置二次回路检测标准化作业指导书规定电流互感器二次负荷测试的工作内容包括（　　）。

（A）注意被测二次电流应在二次负荷测试仪有效范围内，低于测试仪有效范围不予检测；（B）根据 DL/T 448 规程的要求对电流互感器实际二次负荷进行检测，电流互感器实际二次负荷应在 25％～120％额定二次负荷范围内；（C）电流互感器额定二次负荷的功率因数应为 0.8～1.0；（D）测试电压互感器二次负荷时，测试中应避免二次回路短路，电流钳（测试仪配置）测点。

答案：ACD

Lb5C4050 运行中电流互感器二次侧开路后会造成（　　）。

（A）由于磁通饱和，其二次侧将产生数千伏高压，且波形改变，对人身和设备造成危害；（B）由于铁芯磁通饱和，使铁芯损耗增加，产生高热，会损坏绝缘；（C）将在铁芯中产生剩磁，使互感器比差和角差增大，失去准确性；（D）产生大电流。

答案：ABC

Lb5C4051 用作低压保护电器的有（　　）。

（A）熔断器；（B）断路器；（C）接触器；（D）剩余电流保护器。

答案：ABD

Lb5C4052 低压电器的灭弧方式有（　　）。

（A）拉长电弧来灭弧；（B）用冷却介质灭弧；（C）磁吹灭弧和纵道灭弧；（D）用灭弧栅片灭弧；（E）利用固体自动产生气体来灭弧；（F）利用双断点触头结构灭弧。

答案：ABCDEF

Lb5C4053 低压刀开关的作用是（　　）。

（A）隔离电源；（B）隔离电流；（C）保证作业人员安全；（D）形成明显绝缘断开点。

答案：ACD

Lb5C4054 遇到（　　）时，必须立即停运变压器。

（A）变压器声响明显增大，很不正常，内部有爆裂声；（B）断路器；（C）接触器；（D）剩余电流保护器。

答案：ABD

Lb5C4055 在（　　）时，应对变压器进行特殊巡视检查，增加巡视次数。

（A）新变压器或经过检修、改造的变压器在投运 72h 内；（B）变压器有严重缺陷；

（C）变压器严重漏油或喷油；（D）变压器急救负载运行。

答案：ABD

Lb5C4056 新装电容器投入运行前应做（　　）的检查。

（A）电气试验应符合标准，外观完好；（B）各部件连接可靠；（C）检查保护与监视回路完整，放电装置是否可靠合格；（D）可以暂时解除失压保护，待投入运行后再恢复。

答案：ABC

Lb5C4057 电压互感器的准确度等级与（　　）有关。

（A）一次电压；（B）相角误差；（C）变比误差；（D）二次阻抗。

答案：BC

Lb5C4058 隔离开关可以拉、合（　　）。

（A）避雷器；（B）电压互感器；（C）电容器；（D）母线。

答案：AB

Lb5C4059 接地装置的接地电阻是指（　　）的总和。

（A）接地线电阻；（B）接地体电阻；（C）接地体与土壤之间的过渡电阻；（D）土壤流散电阻。

答案：ABCD

Lb5C4060 电力系统中限制短路电流的方法有（　　）。

（A）合理选择主结线和运行方式，以增大系统中阻抗；（B）串联电抗器；（C）串联电容；（D）并联电容。

答案：AB

Lb5C5061 在TN及TT系统接地形式的低压电网中，说法正确的是（　　）。

（A）宜选用D，yn11接线组别的三相变压器；（B）宜选用Y，yn0接线组别的三相变压器；（C）当选用D，yn11接线组别的变压器时，其由单相不平衡负荷引起的中性线电流不得超过低压绕组额定电流的25%；（D）当选用Y，yn0接线组别的变压器时，其由单相不平衡负荷引起的中性线电流不得超过低压绕组额定电流的25%。

答案：AD

Lb5C5062 无励磁调压变压器在变换分接开关时，应注意的事项有（　　）。

（A）应作多次转动，以便消除触头上的氧化膜和油污；（B）应尽量一次转动到位，以免影响分接开关的使用寿命；（C）在确认变换分接正确并锁紧后，测量绕组的绝缘电阻；（D）在确认变换分接正确并锁紧后，测量绕组的直流电阻。

答案：AD

Lb5C5063 电力系统中电气装置和设施的接地按用途可分为（　　）。

（A）工作（系统）接地；（B）保护接地；（C）雷电保护接地；（D）防静电接地。

答案：ABCD

Lc5C1064 依据《供电营业规则》，用户发生（　　）用电事故时，应及时向供电企业报告。

（A）人身触电死亡；（B）电气火灾；（C）违章操作；（D）专线掉闸或全厂停电。

答案：ABD

Lc5C1065 用户受电工程施工、试验完工后，向供电企业提出工程竣工报告的主要内容有（　　）。

（A）工程竣工图及说明；（B）电气试验及保护整定调试记录；（C）运行管理的有关规定和制度；（D）外部工程的试验记录。

答案：ABC

Lc5C2066 二级用电检查人员可以检查（　　）。

（A）0.4kV 电压受电用户；（B）10kV 电压受电用户；（C）35kV 电压受电用户；（D）110kV 电压受电用户。

答案：AB

Lc5C2067 下列哪些业务属于变更用电（　　）。

（A）增容；（B）减容；（C）暂停；（D）新增。

答案：BC

Lc5C3068 发生（　　）电力运行事故引起居民用户家用电器损坏，应由供电企业负责赔偿。

（A）供电企业负责运行维护的 220/380V 供电线路上，发生相线与零线接错或三相相序接反；（B）供电企业负责运行维护的 220/380V 供电线路上，发生相线断线；（C）供电企业负责运行维护的 220/380V 供电线路上，发生相线与零线互碰；（D）同杆架设或交叉跨越时，供电企业的高电压线路导线掉落到 220/380V 线路上或供电企业高电压线路对 220/380V 线路放电。

答案：ACD

Jd5C3069 下列关于验电器的使用，正确的描述有（　　）。

（A）验电应使用相应电压等级、合格的接触式验电器；（B）合格的验电器可以在任何电压下验电；（C）验电前，宜先在有电设备上进行试验，确认验电器良好，无法在有电设备上进行试验时，可用高压发生器等确证验电器良好；（D）验电时，人体应与被验电设备保持规程规定的距离，并设专人监护，使用伸缩式验电器时，应保证绝缘的有效长度。

答案：ACD

Jd5C5070 用绝缘电阻表测量绝缘电阻时，应按（ ）正确接线后，才能进行测量。

（A）接线端子 E 接被试品的接地端，常为正极性；（B）接线端子 E 接被试品的高压端；（C）接线端子 G 接屏蔽端；（D）接线端子 L 接被试品高压端，常为负极性。

答案：ACD

Jd5C5071 触电的种类有（ ）等。

（A）直接接触触电；（B）间接接触触电；（C）触电感应电压电击；（D）雷击电击。

答案：ABCD

Jd5C5072 触电的种类有（ ）等。

（A）残余电荷电击；（B）静电电击；（C）触电感应电压电击；（D）雷击电击。

答案：ABCD

Jd5C5073 防止直接接触触电的常见防护措施有（ ）。

（A）绝缘防护；（B）屏护防护；（C）障碍防护；（D）安全距离防护。

答案：ABCD

Jd5C5074 带电设备着火时，可以用（ ）灭火。

（A）干式灭火器；（B）泡沫灭火器；（C）1211 灭火器；（D）所有灭火器。

答案：AC

Je5C2075 电能表安装的接线原则为（ ）。

（A）先出后进；（B）先进后出；（C）先零后相；（D）从左到右。

答案：AC

Je5C2076 计量现场作业人员发现客户有违约用电或窃电行为应（ ）。

（A）立即停电；（B）继续施工；（C）停止工作保护现场；（D）通知和等候用电检查（稽查）人员。

答案：CD

Je5C2077 电子式电能表通电检查时，发现有（ ）缺陷不予检定。

（A）标志是否完全，字迹是否清楚；（B）显示数字是否清楚、正确；（C）显示是否回零，显示时间和内容是否正确、齐全；（D）基本功能是否正常。

答案：BCD

Je5C3078　轮换电流互感器及其二次线时应注意（　　）。

（A）选用电压等级、变比相同并经试验合格的；（B）在更换前应测量极性；（C）如因容量变化而需更换时，应重新校验保护定值和仪表倍率；（D）核对接线。

答案：ABCD

Je5C3079　带电检查的内容包括（　　）。

（A）测量电压（或二次电压）；（B）测量电压相序；（C）测量电流（或二次电流）；（D）测量互感器的误差。

答案：ABC

Je5C3080　电能计量装置二次回路检测拆除测试线路应注意（　　）。

（A）先拆除 PT 端子箱处和电能表表尾处接线，后拆除测试仪端接线；（B）先拆除测试仪端接线，后拆除 PT 端子箱处和电能表表尾处接线；（C）收起测试电缆时应注意不要用力拖拽，避免安全隐患；（D）关闭测试仪电源，并小心取测试仪工作电源。

答案：ACD

Je5C3081　为减少电压互感器的二次导线压降应采取的措施有（　　）。

（A）敷设电能表专用的二次回路；（B）增大导线截面；（C）增加转接过桥的串接接点；（D）采用电压误差补偿器。

答案：ABD

Je5C3082　电能计量装置新装完工后，在送电前检查的内容有（　　）。

（A）核查电流、电压互感器安装是否牢固，安全距离是否足够，各处螺钉是否旋紧，接触面是否紧密；（B）检查电流、电压互感器的二次侧及外壳是否接地；（C）用电压表测量相、线电压是否正确，用电流表测量各相电流值；（D）检查电压熔丝端弹簧铜片夹的弹性及接触面是否良好。

答案：ABD

Je5C3083　正常巡视线路时对电杆应检查的内容包括（　　）。

（A）有无斜歪；（B）基础下沉；（C）裂纹及露筋情况；（D）线路名称及杆号。

答案：ABCD

Je5C4084　插入指定预付费电能表中电卡的有效数据不能输入表内，即表不认卡，其原因包括（　　）。

（A）通信故障；（B）单片机死机；（C）整流器、稳压管或稳压集成块损坏；（D）整机抗干扰能力差。

答案：ABD

Je5C4085 六角图分析法判定接线时的必要条件包括（　　）。

（A）在测定功率的过程中，负载电流、电压保持基本稳定；（B）三相电路电压基本对称，并查明电压明序；（C）已知用户负载性质（感性或容性）；（D）功率因数应稳定。

答案：ABCD

1.4 计算题

La5D1001 如图 1 所示，$R_1=10\Omega$，$R_2=40\Omega$，若 $U=X_1$V，求电路总电流 $I=$ ________ A。

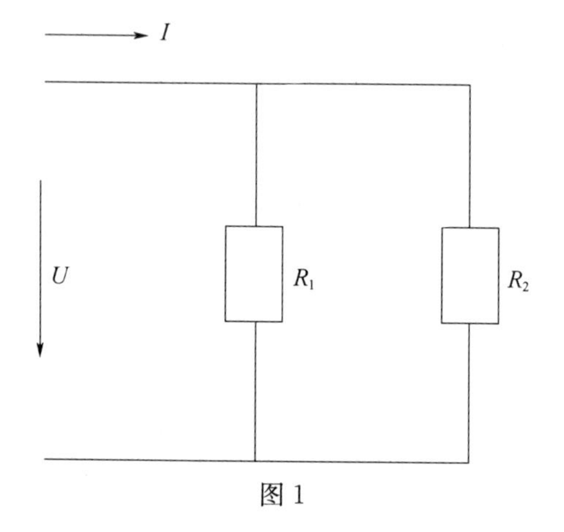

图 1

X_1 取值范围：＜5，10，15，20，30＞

计算公式： $I=U\times\frac{R_1+R_2}{R_1R_2}=X_1\times\frac{1}{8}$

La5D1002 如图 2 所示，$R_1=10\Omega$，$R_2=40\Omega$，若 $I=X_1$A，求电路端电压 $U=$ ________ V。

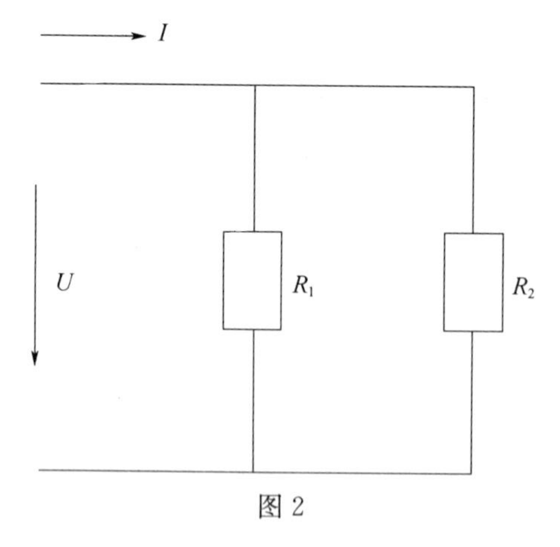

图 2

X_1取值范围：＜40，80，120，160，240＞

计算公式： $U=I\times\frac{R_1R_2}{R_1+R_2}=X_1\times 8$

La5D1003 某电阻 $R=X_1\Omega$，在电阻两端加交流电压 220V。求电阻消耗的功率 $P=$

________ W。

X_1 取值范围：<1，10，20，40，50，80，100>

计算公式：$P=\frac{U^2}{R}=\frac{220^2}{R}=\frac{48400}{X_1}$

La5D2004 如图 3 所示的部分电路中，$E_1=X_1$V，$E_2=1$V，试求电压 $U_{ab}=$________ V。

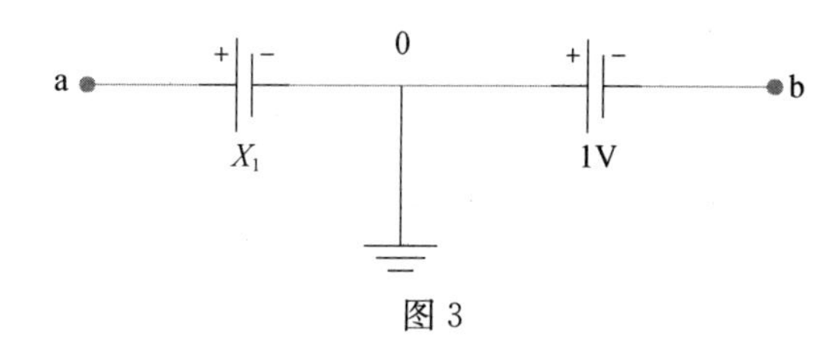

图 3

X_1 取值范围：<2，3，4，5，6>

计算公式：$U_a=U_{ao}=E_1-0$

$U_b=U_{ob}=0-E_2$

$U_{ab}=U_a-U_b=X_1-(-1)=X_1+1$

La5D2005 如图 4 所示，若 $E=X_1$V，$R_0=0.1\Omega$，$R=3.9\Omega$，求电源端电压 $U=$________ V。

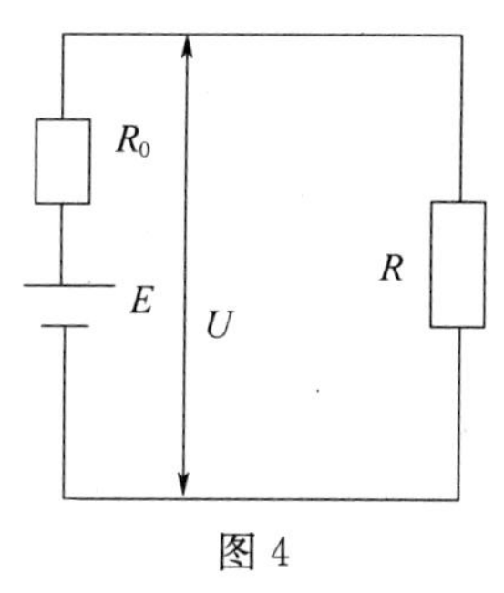

图 4

X_1 取值范围：<12，24，26，48>

计算公式：

回路电流：$I=\frac{E}{R+R_0}=\frac{E}{3.9+0.1}=\frac{E}{4}$

电源端电压：$U=I\times R=\frac{E}{4}\times 3.9=\frac{X_1}{4}\times 3.9$

La5D3006 一个 $L=X_1$H 的电感器，在工频 50Hz 时的感抗=________ Ω。

X_1 取值范围：<1，1.5，2，2.4，3>

计算公式：$X_L=\omega L=2\pi fL=2\times 3.14\times 50X_1=314X_1$

La5D3007 如图 5 所示，已知 $R_1=20\Omega$，$R_2=80\Omega$，$R_3=28\Omega$，$U=X_1$V。求 R_2上消耗的有功功率等于________ kW。

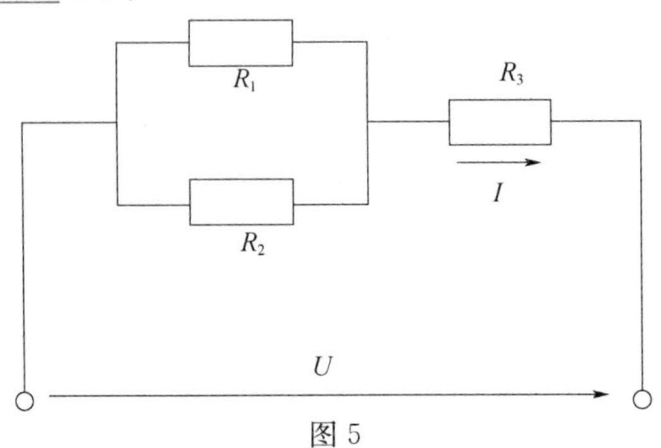

图 5

X_1 取值范围：<110，220，330，440>

计算公式：

R_1与 R_2并联后的总电阻为

$$R_1 /\!/ R_2=\frac{R_1R_2}{R_1+R_2}=\frac{20\times80}{20+80}=16(\Omega)$$

与 R_3串联后的总电阻为

$$\sum R=R_3+R_1 /\!/ R_2=28+16=44\ (\Omega)$$

电路总电流为

$$I=U/\sum R=\mathrm{U}/44$$

R_1、R_2并联电路上的电压为

$$U_{R_1/\!/R_2}=I\times R_1 /\!/ R_2=\frac{U}{44}\times16$$

R_2上消耗的有功功率为

$$P_{R_2}=\frac{U_{R_1/\!/R_2}^2}{R_2}==\frac{\left(\frac{X_1}{44}\times16\right)^2}{80}\times10^{-3}$$

La5D3008 如图 6 所示，已知 $R_1=20\Omega$，$R_2=80\Omega$，$R_3=28\Omega$，$U=X_1$V。求 R_3上消耗的有功功率=________ kW。

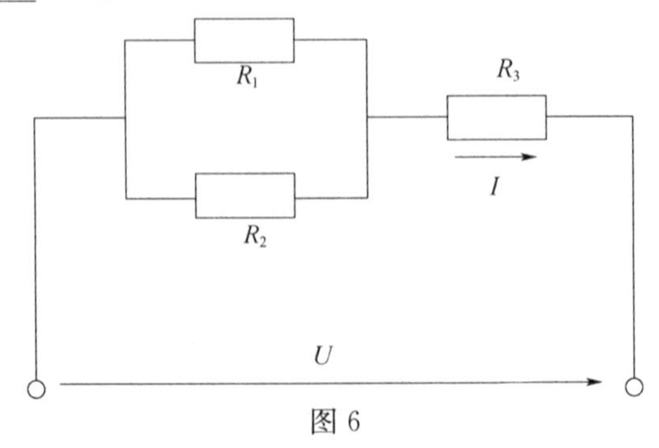

图 6

X_1 取值范围：<110，220，330，440>

R_1与R_2并联后的总电阻为

$$R_1 /\!/ R_2=\frac{R_1R_2}{R_1+R_2}=\frac{20\times80}{20+80}=16(\Omega)$$

与R_3串联后的总电阻为

$\sum R=R_3+R_1 /\!/ R_2=28+16=44$（Ω）

通过R_3的总电流为

$I=U/\sum R=U/44$

R_3上消耗的有功功率为

$P_{R_3}=I^2\times R_3=(X_1/44)^2\times28/1000$

La5D3009 某电容器的电容为$C=X_1$F，接在频率为60Hz的电源上，求电容器的容抗$X_C=$________Ω。

X_1 取值范围：<30，40，60>

计算公式：$X_C=\frac{1}{\omega C}=\frac{1}{2\pi fC}=\frac{1}{376.8X_1}$

La5D4010 将8Ω的电阻和容抗为6Ω的电容器串接起来，接在频率为50Hz电压为$U=X$ V的正弦交流电源上。试计算电路所消耗的有功功率$P=$________ kW。(计算结果保留两位小数)

X_1 取值范围：<8，9，10，20，25>

计算公式：$Z=\sqrt{R^2+X_1{}^2}=10\Omega$

$$I=\frac{X_1}{Z}$$

$$P=\left(\frac{X_1}{Z}\right)^2\times R$$

Jd5D5011 某台三相电动机，绕组接成星形，每相等效电阻$R=X_1\Omega$，等效感抗$X_L=15\Omega$，接于线电压$U_{p-p}=380$V的电源上。计算电动机消耗的有功功率$P=$________ kW。(计算结果保留两位小数)

X_1 取值范围：<25，20，18，15，10>

计算公式：$P=\sqrt{3}UI\cos\varphi=380\times380/\sqrt{X_1{}^2+X_L{}^2}\times X_1/\sqrt{X_1{}^2+X_L{}^2}$

Jd5D2012 一高压电力用户，本月发生有功电量XkW·h，无功电量30000kV·A·h，计算该户本月平均功率因数=________。(计算结果保留两位小数)

X_1 取值范围：<400000，420000，430000，440000，450000，500000>

计算公式：$\cos\varphi=\frac{X_1}{\sqrt{X^2+Q^2}}$

Jd5D5013 有一台三角形连接的三相电动机，接于线电压为380V的电源上，电动机

的额定功率为 X_1W、效率 η 为 0.8，功率因数 $\cos\varphi$ 为 0.80。试求电动机的相电流 $I_{ph}=I_{ph}$ A；线电流 $I_{p-p}=$________ A。

X_1 取值范围：<10，8，5，4，3，2>

计算公式： $I_{p-p}=\dfrac{X_1}{\sqrt{3}U\cos\varphi\eta}$

$I_{ph}=I_{p-p}/\sqrt{3}=\dfrac{X_1}{\sqrt{3}U\cos\varphi\eta\sqrt{3}}$

Jd5D5014 一台容量为 1000kV·A 的变压器，24h 的有功用电量为 X_1kW·h，功率因数为 0.85。计算该变压器 24h 的利用率 $M=$________。(计算结果保留两位小数)

X_1 取值范围：<15360，16000，16500，16600，16800>

计算公式： $P_P=\dfrac{X_1}{t}$

则变压器的利用率为

$M=\dfrac{X_1}{24\times0.85\times1000}$

Je5D3015 有一只单相智能电能表，常数 C=1200imp/（kW·h），运行中测得一个脉冲的时间 $t=X_1$s，求该用户当时的用电负荷=________ kW。(计算结果保留两位小数)

X_1 取值范围：<5，6，7，8，10>

计算公式： $P=\dfrac{1\times3600}{1200X_1}$

Je5D3016 变压器容量为 $S_e=X_1$kV·A，变压器一次侧电压 $U_1=10$kV，二次侧电压 $U_2=0.4$kV，则变压器一次侧额定电流 $I_1=$________ A；$I_2=$________ A。(计算结果保留两位小数)

X_1 取值范围：<100，160，200，315，400，630，800，>

计算公式： $I_1=\dfrac{X_1}{\sqrt{3}U_1}$

$I_2=\dfrac{X_1}{\sqrt{3}U_2}$

Je5D2017 某企业使用 X_1kV·A 变压器一台（10/0.4kV），试计算该变压器二次额定电流值。(取整数)

X_1 取值范围：<30，50，60，80，100，200>

计算公式： $I=\dfrac{X_1}{\sqrt{3}\times0.4}$

Je5D3018 已知 220V、50Hz 的日光灯，功率因数 $\cos\varphi=0.33$，功率 $P=X_1$W，计算

通过它的电流 $I=$________ A。（计算结果保留两位小数）

X_1 取值范围：<30，40，50，60，70，80，90，100，110，120>

计算公式：

$$I=\frac{P}{U\cos\varphi}=\frac{X_1}{220\times0.33}$$

Je5D4019 某线路额定电压为 $U=0.4\text{kV}$，负荷为 $P=X_1\text{kW}$，功率因数为0.9，试根据经济电流密度 J 选择该线路导线的截面积 S（经济电流密度 $J=0.8\text{A/mm}^2$）（截面积规格：70mm^2、95mm^2、120mm^2、150mm^2、185mm^2、240mm^2、300mm^2）（保留整数）。

X_1 取值范围：<50，80，100，125，160>

计算公式： $I=\frac{X_1}{\sqrt{3}U\cos\varphi}=\frac{X_1}{0.36\times\sqrt{3}}$

$$S=\frac{I}{J}=\frac{X_1}{0.36\times\sqrt{3}\times0.8}$$

Je5D4020 通过用电信息采集系统发现某台区线损率偏高，经现场检查发现某用户，三相四线智能电能表一相电压线断线，经查当月有功电量为 $X_1\text{kW}\cdot\text{h}$，三相负荷基本平衡，计算该月应补电量 $DW=$________ kW·h。（计算结果保留两位小数）

X_1 取值范围：<6000，8000，10000，12000>

$DW=X_1/2$

Je5D4021 一高压电力用户，三相负荷平衡，三相四线高供低计，TA变比为500/5，上月表码为516，本月表码为 X_1，经检查发现 B 相电流接反，计算该户本月用电量 $W=$________ kW·h。（计算结果保留两位小数）

X_1 取值范围：<626，636，646，656>

计算公式： $W=(X_1-516)\times100\times3$

Jf5D2022 用电检查人员在普查中发现，某低压商业用户绕越电能表用电，容量 $X_1\text{kW}$，且接用时间不清，问按规定该用户应补交电费 $M_1=$________元。违约使用电费 $M_2=$________元。[假设电价为1.0元/（kW·h）]（计算结果保留两位小数）

X_1 取值范围：<10，8，5，4，3，2>

计算公式： $M_1=X_1\times180\times12\times1.0$

$M_2=3\times X_1\times180\times12\times1.0$

1.5 识图题

La5E1001 下图为轴侧视图，与其对应的投影图为（ ）。

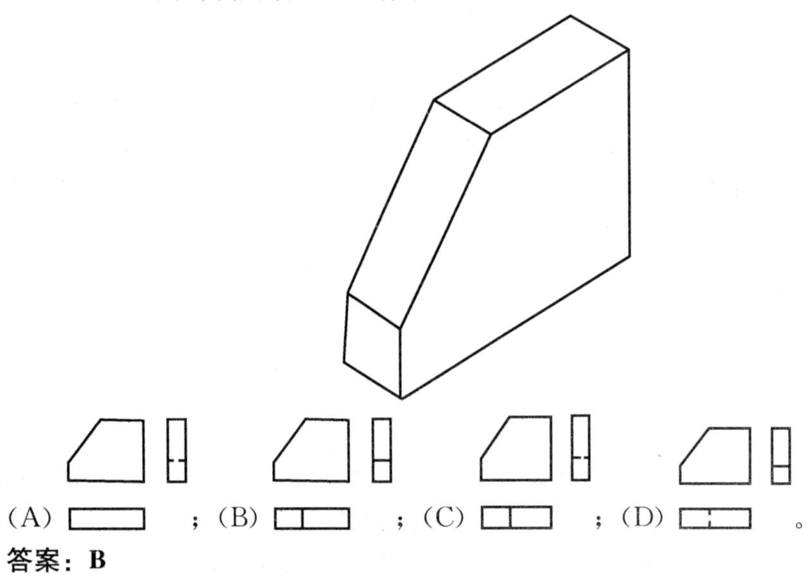

答案：B

La5E2002 如图所示，若使开关S闭合后，则电流增大。

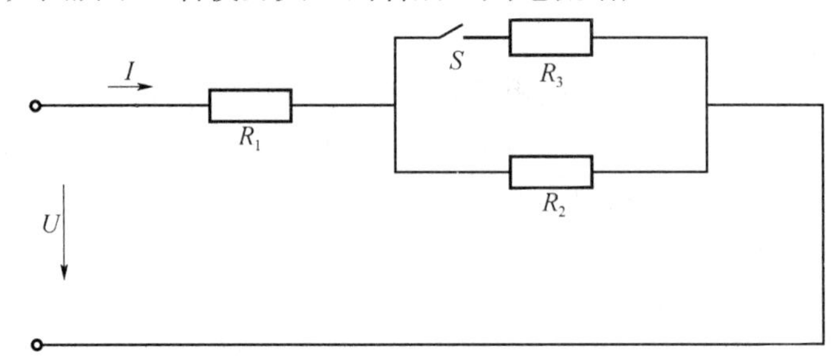

（A）正确；（B）错误。

答案：A

La5E3003 在电感、电容、电阻串联正弦交流电路中，其阻抗三角形图正确的是（ ）。

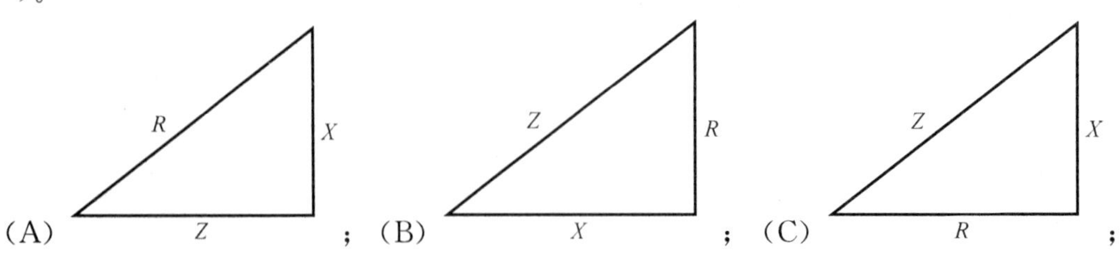

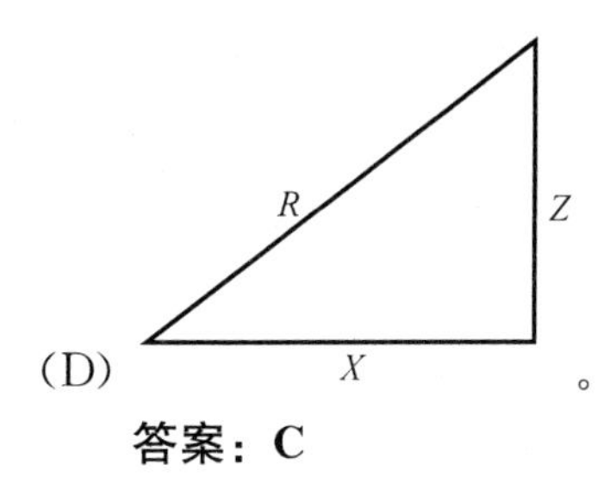

答案：C

Lb5E3004 电压互感器图形符号和文字符号全部正确的为（　　）。

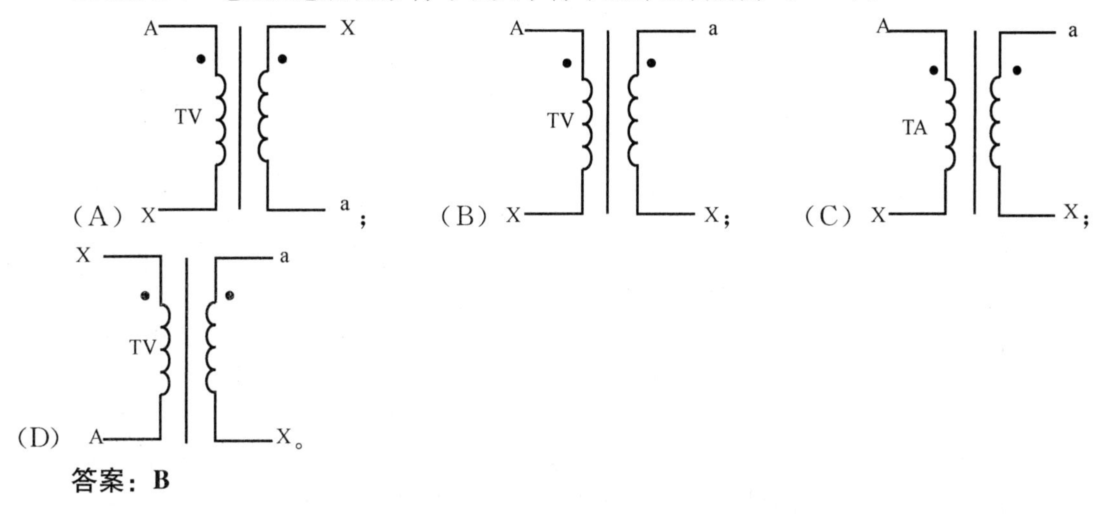

答案：B

2 技能操作

2.1 技能操作大纲

用电监察员（初级工）技能鉴定　技能操作考核大纲

等级	考核方式	能力种类	能力项	考核项目	考核主要内容
初级工	技能操作	基本技能	01. 仪器仪表使用	01. 钳形电流表的使用	钳形电流表的使用及注意事项
				02. 万用表的使用	万用表的使用及注意事项
				3. 验电器的使用	验电器的使用及注意事项
			02. 绘图	01. 绘制单相电能表接线图	1. 读懂单相电能计量装置原理接线图 2. 读懂单相电能计量装置的安装布置图
				02. 绘制变压器原理图	1. 读懂图纸上各元件名称 2. 图纸上各元件标识正确 3. 图纸上各元件功能描述正确
		专业技能	01. 河北营销业务应用系统使用	01. SG 186 营销业务系统用电检查计划流程操作	1. 制定用电检查计划并发送 2. 打印、填写检查工单，并归档计划
			02. 窃电检查与处理	01. 低压单相客户窃电检查与处理	1. 用电检查的程序 2. 窃电方式确定 3. 窃电处理
			03. 供电方案制定	01. 低压单相客户电能表配置	1. 依据客户负荷，正确计算负载电流 2. 正确配置电能表
			04. 违约用电的检查与处理	01. 违约行为的案例分析	1. 违约用电类型确定 2. 违约用电处理
			05. 设备检查	01. 低压智能电能表检查	1. 正确判断单相智能表工作状态 2. 正确识读单相智能表参数及电量信息并做好记录
		相关技能	01. 触电急救	01. 心肺复苏法	1. 判断橡皮人意识，并进行呼救 2. 实施人工呼吸 3. 实施胸外按压

2.2　技能操作项目

2.2.1　JC5JB0101　钳形电流表的使用

一、作业

（一）工器具、材料、设备

1. 工器具：钳形电流表、常用电工工具、安全帽、绝缘手套、绝缘垫。
2. 材料：无。
3. 设备：运行中的配电盘或配电箱。

（二）安全要求

1. 现场设置遮拦、标识牌。
2. 钳形电流表不得测高压线路电流。
3. 测量时应注意人体、头部与带电部分保持足够的安全距离，以免发生触电事故。
4. 测量前估测被测电流大小，选择合适的量程。
5. 测量过程中不得切换量程。
6. 钳口必须钳在带有绝缘层的导线上，相间保持安全距离，防止短路。

（三）操作步骤及工艺要求（含注意事项）

1. 测量前检查钳形电流表各个旋钮和选择开关是否灵活，功能及显示是否正常；检查钳形铁芯的绝缘是否完好无损；钳口应清洁、无锈，闭合后无明显的缝隙。

2. 测量时，应先估计被测电流大小，选择合适量程。若无法估计，可选最大量程。转换量程挡位时，必须在不带电情况下或钳口张开情况下进行，以免损坏仪表。

3. 每次测量钳口内只能放入一根导线，被测导线应尽量放在钳口中部；钳口的结合面如有杂声，应重新开合一次，若仍有杂声，应处理结合面，以使读数准确。测量结束将量程开关放到最大量程位置。

4. 测量 5A 以下小电流时，应将被测导线多绕几圈放入钳口测量，实际电流数值为钳型电流表读数除以钳口内导线根数。

5. 测量时注意钳口夹紧，防止钳口不紧造成读数不准。

二、考核

（一）考核场地

1. 场地面积能同时满足多个工位，设置两套评判桌椅和秒表。
2. 工位设置不影响测量要求。
3. 配电盘或配电箱应可靠接地，达到规范要求。

（二）考核时间

1. 考核时间为 20min。
2. 选用工具、设备、材料时间为 5min，时间到时停止选用。
3. 许可开工后记录考核开始时间。
4. 现场清理完毕后，汇报工作终结，记录考核结束时间。

（三）考核要点

1. 给定条件：现场对指定位置进行电流测量。

2. 仪表的正确使用操作方法。

3. 测量时人身及仪表的安全措施是否正确。

4. 安全文明工作。

三、评分标准

行业：电力工程　　　　工种：用电监察员　　　　等级：五

编号	JC5JB0101	行为领域	d	鉴定范围			
考核时限	20min	题型	A	满分	100分	得分	
试题名称	钳形电流表的使用						
考核要点及其要求	(1) 给定条件：现场对指定位置进行电流测量 (2) 检查钳形电流表 (3) 正确操作并读数 (4) 安全文明工作						
现场设备、工器具、材料	(1) 工器具：钳形电流表、常用电工工具、安全帽、绝缘手套、绝缘垫 (2) 材料：无 (3) 设备：运行中的配电盘或配电箱						
备注	考生自备工作服、绝缘鞋						

评分标准

序号	考核项目名称	质量要求	分值	扣分标准	扣分原因	得分
1	着装	正确戴安全帽，穿全棉长袖工作服（扣全系），戴棉质线手套，穿绝缘鞋	5	(1) 未按要求着装一处扣2分 (2) 着装不规范一处扣1分 (3) 工作过程中全程带手套，每摘一次扣1分 (4) 扣完为止		
2	检查钳形电流表	检查钳形电流表各个旋钮和选择开关是否灵活；功能及显示是否正常；检查钳形铁芯的绝缘是否完好无损；钳口应清洁、无锈，闭合后无明显的缝隙；指针式钳形电流表应进行机械调零	10	(1) 未进行使用前检查扣10分 (2) 未按项目检查每少一项扣2.5分 (3) 未进行调零（指针式钳形电流表）扣2.5分		
3	用最大量程粗测	测量时，应先估计被测电流大小，选择合适量程，若无法估计，可选最大量程	10	未进行粗测工作扣10分		
4	转换量程	测量过程当中，不得转换量程档位，以免损坏仪表	20	带电换量程档扣20分		
5	工作过程	测量时，被测导线应尽量放在钳口中部；钳口的结合面如有杂声，应重新开合一次，若仍有杂声，应处理结合面，以使读数准确	25	(1) 测量时被测导线位置偏移过大扣10分 (2) 钳口结合不紧密且未调整扣10分 (3) 测量数值与实际值相差10%及以上扣5分		

续表

序号	考核项目名称	质量要求	分值	扣分标准	扣分原因	得分
6	测量完毕	测量完毕有电源开关的关闭电源； 没有开关的置最大量程	5	未关闭电源、置最大量程扣5分		
7	安全文明工作	安全文明工作，确保工作环境整洁，工作完成回收工器具，恢复现场	25	(1) 发生设备、仪表损坏或人身安全问题，此项不得分 (2) 出现不安全（危险）动作一次扣10分，扣完为止 (3) 未整理试验场地扣5分 (4) 整理试验场地不充分扣2分		

2.2.2 JC5JB0102 万用表的使用

一、作业

（一）工器具、材料、设备

1. 工器具：安全帽、万用表（用指针式或数字式万用表考核均可）。

2. 材料：1.5V 电池、滑线电阻或普通电阻、测量导线。

3. 设备：配电盘或配电箱。

（二）安全要求

1. 现场设置遮拦、标识牌。

2. 在测量电流、电压时，不能带电换量程。

3. 在选择量程时，要先选大的，后选小的，尽量使被测值接近于量程。

4. 测电阻时，不能带电测量。

5. 使用完毕，应使转换开关在交流电压最大档位或空档上。

（三）操作步骤及工艺要求（含注意事项）

1. 指针式万用表操作步骤。

（1）熟悉指针式万用表表盘上各符号的意义及各个旋钮和选择开关的主要作用。

（2）进行机械调零。

（3）根据被测量的种类及大小，选择转换开关的档位及量程，找出对应的刻度线。

（4）选择表笔插孔的位置。

（5）测量电压：测量电压时要选择好量程，如果用小量程去测量大电压，则会有烧表的危险；如果用大量程去测量小电压，那么指针偏转太小，无法读数。量程的选择应尽量使指针偏转到满刻度的 2/3 左右。如果事先不清楚被测电压的大小时，应先选择最高量程挡，然后逐渐减小到合适的量程。

① 交流电压的测量：将万用表的一个转换开关置于交、直流电压档，另一个转换开关置于交流电压的合适量程上，万用表两表笔和被测电路或负载并联即可。

② 直流电压的测量：将万用表的一个转换开关置于交、直流电压档，另一个转换开关置于直流电压的合适量程上，且“＋”表笔（红表笔）接到高电位处，“－”表笔（黑表笔）接到低电位处，即让电流从“＋”表笔流入，从“－”表笔流出。若表笔接反，表头指针会反方向偏转，容易撞弯指针。

（6）测量电流：测量直流电流时，将万用表的一个转换开关置于直流电流档，另一个转换开关置于 $50\mu A$ 到 500mA 的合适量程上，电流的量程选择和读数方法与电压一样。测量时必须先断开电路，然后按照电流从“＋”到“－”的方向，将万用表串联到被测电路中，即电流从红表笔流入，从黑表笔流出。如果误将万用表与负载并联，则因表头的内阻很小，会造成短路烧毁仪表。

（7）测量电阻：用万用表测量电阻时，应按下列方法操作：

① 选择合适的倍率档。万用表欧姆档的刻度线是不均匀的，所以倍率档的选择应使指针停留在刻度线较稀的部分，且指针越接近刻度尺的中间，读数越准确。一般情况下，应使指针指在刻度尺的 1/3～2/3 间。

② 欧姆调零。测量电阻之前，应将两个表笔短接，同时调节“欧姆（电气）调零

旋钮”，使指针刚好指在欧姆刻度线右边的零位。如果指针不能调到零位，说明电池电压不足或仪表内部有问题。并且每换一次倍率档，都要再次进行欧姆调零，以保证测量准确。

③ 读数：表头的读数乘以倍率，就是所测电阻的电阻值。

2. 数字式万用表操作步骤。

(1) 插孔的选择：数字万用表一般有四个表笔插孔，测量时黑表笔插入 COM 插孔，红表笔则根据测量需要，插入相应的插孔。测量电压和电阻时，应插入 V，Ω 插孔；测量电流时注意有两个电流插孔，一个是测量小电流的，一个是测量大电流的，应根据被测电流的大小选择合适的插孔。

(2) 测量量程的选择：根据被测量选择合适的量程范围，测直流电压置于 DCV 量程，交流电压置于 ACV 量程，直流电流置于 DCA 量程，交流电流置于 ACA 量程，电阻置于 Ω 量程。

① 当数字万用表仅在最高位显示“1”或“−1”时，说明已超过量程，需调整量程。用数字万用表测量电压时，应注意它能够测量的最高电压（交流有效值），以免损坏万用表的内部电路。

② 测量未知电压、电流时，应将功能转换开关先置于高量程档，然后再逐步调低，直到合适的档位。

(3) 测量交流信号时，被测信号波形应是正弦波，频率不能超过仪表的规定值，否则将引起较大的测量误差。

(4) 测量 10Ω 以下的小电阻时，必须先短接两表笔测出表笔及连线的电阻，然后再测量中减去这一数值，否则误差较大。

(5) 测量完毕，应立即关闭电源；若长期不用，则应取出电池，以免漏电。

二、考核

(一) 考核场地

1. 场地面积能同时满足多个工位，设置两套评判桌椅和秒表。

2. 工位设置不影响测量要求。

3. 场地设置在室内。

(二) 考核时间

1. 考核时间为 20min。

2. 选用工具、设备、材料时间为 5min，时间到时停止选用。

3. 许可开工后记录考核开始时间。

4. 现场清理完毕后，汇报工作终结，记录考核结束时间。

(三) 考核要点

1. 万用表的性能及选用。

2. 仪表的正确使用操作方法。

3. 测量时人身及仪表的安全措施是否正确。

4. 安全文明工作。

三、评分标准

行业：电力工程　　　　　　　　　　工种：用电监察员　　　　　　　　　　等级：五

编号	JC5JB0102	行为领域	d	鉴定范围		
考核时限	20min	题型	A	满分	100 分	得分
试题名称	万用表的使用					
考核要点及其要求	（1）给定条件：现场对指定位置的电流、电压、电阻值进行测量 （2）测量环境条件满足要求 （3）正确判断电源相线、零线 （4）选择正确的测试种类 （5）选择正确的测试方法 （6）正确开展电流、电压、电阻值测试					
现场设备、工器具、材料	（1）工器具：安全帽、万用表（用指针式或数字式万用表考核均可） （2）材料：1.5V 电池、滑线电阻或普通电阻、测量导线 （3）设备：配电盘或配电箱					
备注	考生自备工作服、绝缘鞋、棉质手套					

评分标准

序号	考核项目名称	质量要求	分值	扣分标准	扣分原因	得分
1	着装	正确戴安全帽，穿全棉长袖工作服（扣全系），戴棉质线手套，穿绝缘鞋	5	（1）未按要求着装一处扣 2 分 （2）着装不规范一处扣 1 分 （3）扣完为止		
2	检查万用表	仪器使用前检查正确	5	（1）仪器、工具使用前不检查，该项不得分。 （2）不进行外观检查，扣 2 分 （3）不检查表笔，扣 2 分		
3	测量电流	正确使用万用表测电流	25	（1）种类选择错误，扣 5 分 （2）量程选择不合适，扣 5 分 （3）表笔插错，扣 5 分 （4）表笔用错，扣 5 分 （5）测量结果不正确，扣 5 分		
4	测量电压	正确使用万用表测电压	25	（1）种类选择错误，扣 5 分 （2）量程选择不合适，扣 5 分 （3）表笔插错，扣 5 分 （4）表笔用错，扣 5 分 （5）测量结果不正确，扣 5 分		
5	测量电阻	正确使用万用表测电阻	25	（1）种类选择错误，扣 5 分 （2）量程选择不合适，扣 5 分 （3）不进行表笔短路归零，扣 5 分 （4）测量结果不正确，扣 5 分		

续表

序号	考核项目名称	质量要求	分值	扣分标准	扣分原因	得分
6	安全文明工作	安全文明工作，确保工作环境整洁，工作完成回收工器具，恢复现场	15	（1）发生设备、仪表损坏或人身安全问题，此项不得分 （2）出现不安全（危险）动作一次扣10分，扣完为止 （3）未整理试验场地扣5分 （4）整理试验场地不充分扣2分		

2.2.3 JC5JB0103 验电器的使用

一、作业

（一）工器具、材料、设备

1. 工器具：高压验电器、常用电工工具、安全帽、绝缘手套、绝缘垫。

2. 材料：无。

3. 设备：运行中的断路器或隔离开关。

（二）安全要求

1. 现场设置遮拦、标识牌

2. 高压验电器确保在试验合格周期内。

3. 测量时应注意人体、头部与带电部分保持足够的安全距离，以免发生触电事故。

4. 禁止使用电压等级不对应的验电器进行验电。

5. 验电器应逐渐靠近电气设备的带电部分。

6. 设备验电时，应在其进出线两侧各相分别验电。

7. 验电完毕后，应指导用户立即进行接地操作。

（三）操作步骤及工艺要求（含注意事项）

1. 测量前检查验电器是否经过电气合格试验，确保其性能良好，还应在电压等级相适应的带电设备上检验报警正确，方能到需要验电的设备上验电。

2. 对线路的验电应逐相进行，对联络用的断路器或隔离开关验电时，应在其进出线两侧各相分别验电。

3. 验电时让验电器顶端的金属工作触头逐渐靠近带电部分，至氖泡发光或发出警报信号为止，不可直接接触电气设备的带电部分。要确保不受附近带电体的影响，以致发出错误信号。

4. 验电完毕后，应指导用户立即进行接地操作，验电后因故中断未及时进行接地，若需要继续操作必须重新验电。

二、考核

（一）考核场地

1. 场地面积能同时满足多个工位，设置两套评判桌椅和秒表。

2. 工位设置不影响测量要求。

（二）考核时间

1. 考核时间为 20min。

2. 选用工具、设备、材料时间为 5min，时间到时停止选用。

3. 许可开工后记录考核开始时间。

4. 现场清理完毕后，汇报工作终结，记录考核结束时间。

（三）考核要点

（1）给定条件：现场对指定位置进行验电。

（2）正确的仪器使用操作方法。

（3）测量时人身及仪器的安全措施是否正确。

（4）安全文明工作。

三、评分标准

行业：电力工程　　　　　　　　工种：用电监察员　　　　　　　　等级：五

编号	JC5JB0103	行为领域	d	鉴定范围			
考核时限	20min	题型	A	满分	100分	得分	
试题名称	验电器的使用						
考核要点及其要求	(1) 给定条件：现场对指定位置进行验电 (2) 检查验电器 (3) 正确操作 (4) 安全、文明工作						
现场设备、工器具、材料	(1) 工器具：高压验电器、常用电工工具、安全帽、绝缘手套、绝缘垫 (2) 材料：无 (3) 设备：运行中的断路器或隔离开关						
备注	考生自备工作服、绝缘手套、绝缘鞋						

评分标准

序号	考核项目名称	质量要求	分值	扣分标准	扣分原因	得分
1	着装	正确戴安全帽，穿全棉长袖工作服（扣全系），戴绝缘手套，穿绝缘鞋	10	(1) 未按要求着装一处扣5分 (2) 着装不规范一处扣3分 (3) 扣完为止		
2	检查验电器	正确选用相应电压等级的验电器进行验电；检查验电器是否经过电气合格试验；在电压等级相适应的带电设备上检验报警正确	20	(1) 使用电压等级不对应的验电器进行验电扣10分 (2) 未检查验电器电气试验合格扣5分 (3) 未在电压等级相适应的带电设备上检验报警正确扣5分		
3	验电	对线路的验电应逐相进行，对联络用的断路器或隔离开关验电时，应在其进出线两侧各相分别验电；验电时让验电器顶端的金属工作触头逐渐靠近带电部分，至氖泡发光或发出警报信号为止，不可直接接触电气设备的带电部分	40	(1) 未逐相验电扣15分 (2) 未对进出线两侧验电扣15分 (3) 未逐渐靠近带电体扣10分		
4	验电完毕	应指导用户立即进行接地操作，验电后因故中断未及时进行接地，若需要继续操作必须重新验电	10	未提醒用户立即接地操作的扣5分 验电后因故中断未及时进行接地，若需要继续操作必须重新验电的扣5分		
5	安全文明工作	安全文明工作，确保工作环境整洁，工作完成回收工器具，恢复现场	20	(1) 发生设备、仪表损坏或人身安全问题，此项不得分 (2) 出现不安全（危险）动作一次扣10分，扣完为止 (3) 未整理试验场地扣5分 (4) 整理试验场地不充分扣2分		

2.2.4　JC5JB0201　绘制单相电能表接线图

一、作业

（一）工器具、材料、设备

1. 工具：碳素笔（黑）、电工模板（尺子）。

2. 材料：A4 纸。

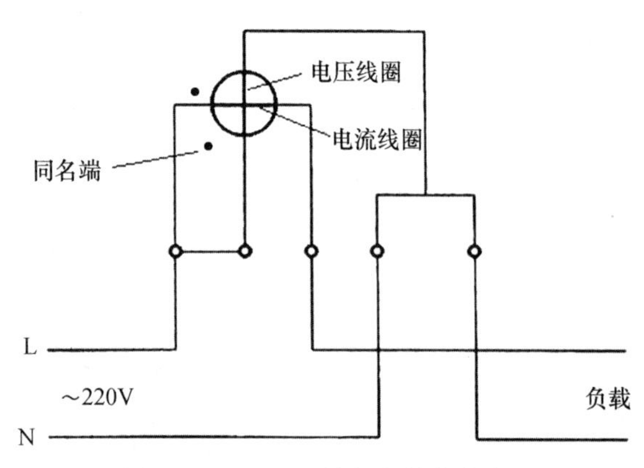

图 NY4JB101-1　单相电能表接线图

3. 设备：无。

（二）安全要求

1. 着装整洁，准考证、身份证齐全。

2. 遵守考场规定，按时独立完成。

3. 正确绘制单相电能表接线图。（图 NY4JB0101-1）

（三）操作步骤及工艺要求（含注意事项）

1. 在 A4 纸上绘制单相电能表接线图，写明考核等级及单位、姓名。

2. 绘图应使用尺子，横平竖直。

3. 字迹清楚，卷面整洁，严禁随意涂改。

二、考核

（一）考核场地

1. 场地面积应能同时容纳多个工位，并保证工位之间的距离合适，单人操作面积不小于 1500mm×1500mm。

2. 考核工位配有桌椅、计时器。

（二）考核时间

考核时间为 20min，许可答题时开始计时，到时停止操作。

（三）考核要点

正确绘制单相电能表接线图。

三、评分标准

行业：电力工程　　　　工种：用电监察员　　　　等级：五

编号	JC5JB0201	行为领域	d	鉴定范围			
考核时限	20min	题型	A	满分	100分	得分	
试题名称	绘制单相电能表接线图						
考核要点及其要求	（1）正确绘制直接接入式单相电能表接线图 （2）着装整洁，主动出示准考证、身份证 （3）独立完成 （4）字迹清楚，卷面整洁，严禁随意涂改						
现场设备、工器具、材料	（1）工具：碳素笔、电工模板（尺子） （2）材料：A4纸 （3）设备：无						
备注							

评分标准

序号	作业名称	质量要求	分值	扣分标准	扣分原因	得分
1	着装、准备	（1）穿全棉长袖工作服（扣全系） （2）工具材料：电工模板（尺子）、笔	5	（1）着装不规范扣3分 （2）未带笔、电工模板（尺子）扣2分		
2	绘制单相电能表接线图	（1）绘图正确 （2）标注正确 （3）绘图应横平竖直	80	（1）绘图错误一处扣10分 （2）标注（L、N，同名端，负荷等）未写或错误每处扣5分 （3）未使用尺子或接线图不横平竖直扣10分 （4）扣完为止		
3	卷面整洁	答卷填写应使用黑色碳素笔，字迹清晰、卷面整洁，严禁随意涂改	10	（1）未使用黑色碳素笔作答，扣5分 （2）字迹潦草，无法辨识，不得分 （3）涂改应使用杠改（双横线），超过两处予以扣分，每增加一处扣1分		
4	考场纪律	（1）独立完成 （2）服从考评员安排	5	（1）在考场内有违纪现象发生，如夹带作弊、交头接耳等扣5分 （2）考试现场不服从考评员安排或顶撞者，取消考评资格		

2.2.5 JC5JB0202 绘制变压器原理图

一、作业

（一）工器具、材料、设备

1. 工具：碳素笔（黑）、电工模板（尺子）。

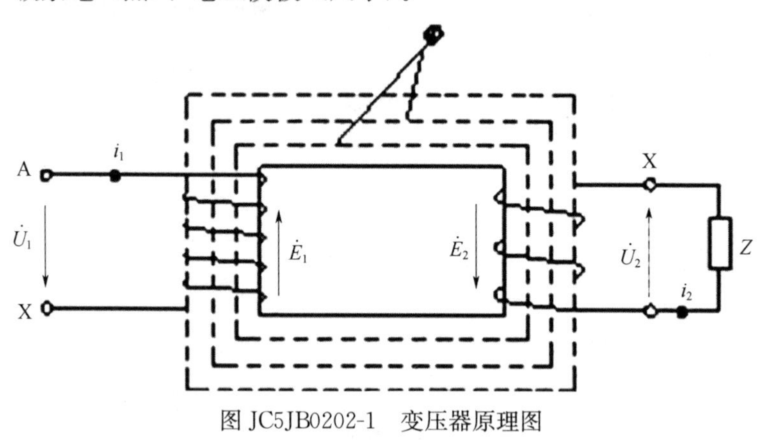

图 JC5JB0202-1 变压器原理图

2. 材料：A4 纸。

3. 设备：无。

（二）安全要求

1. 着装整洁，准考证、身份证齐全。

2. 遵守考场规定，按时独立完成。

3. 正确绘制变压器原理图（图 JC5JB0202-1）。

（三）操作步骤及工艺要求（含注意事项）

1. 在 A4 纸上绘制变压器原理图，写明考核等级及单位、姓名。

2. 绘图应使用尺子，横平竖直。

3. 字迹清楚，卷面整洁，严禁随意涂改。

二、考核

（一）考核场地

1. 场地面积应能同时容纳多个工位，并保证工位之间的距离合适，单人操作面积不小于 1500mm×1500mm。

2. 考核工位配有桌椅、计时器。

（二）考核时间

考核时间为 20min，许可答题时开始计时，到时停止操作。

（三）考核要点

正确绘制变压器原理图。

三、评分标准

行业：电力工程　　　　　　　　　　工种：用电监察员　　　　　　　　　　等级：五

编号	JC5JB0202	行为领域	d	鉴定范围			
考核时限	20min	题型	A	满分	100分	得分	
试题名称	绘制变压器原理图						
考核要点及其要求	（1）正确绘制变压器原理图 （2）着装整洁，主动出示准考证、身份证 （3）独立完成 （4）字迹清楚，卷面整洁，严禁随意涂改						
现场设备、工器具、材料	（1）工具：碳素笔、电工模板（尺子） （2）材料：A4纸 （3）设备：无						
备注							

评分标准

序号	作业名称	质量要求	分值	扣分标准	扣分原因	得分
1	着装、准备	（1）穿全棉长袖工作服（扣全系） （2）工具材料：电工模板（尺子）、笔	5	（1）着装不规范扣3分 （2）未带笔、电工模板（尺子）扣2分		
2	绘制变压器原理图	（1）绘图正确 （2）标注正确 （3）绘图应横平竖直	80	（1）绘图错误一处扣10分 （2）标注（L、N，同名端，负荷等）未写，或错误每处扣5分 （3）未使用尺子，接线图不横平竖直扣10分 （4）扣完为止		
3	卷面整洁	答卷填写应使用黑色碳素笔，字迹清晰、卷面整洁，严禁随意涂改	10	（1）未使用黑色碳素笔作答，扣5分 （2）字迹潦草，无法辨识，不得分 （3）涂改应使用杠改（双横线），超过两处予以扣分，每增加一处扣1分		
4	考场纪律	（1）独立完成 （2）服从考评员安排	5	（1）在考场内有违纪现象发生，如夹带作弊、交头接耳等扣5分 （2）考试现场不服从考评员安排或顶撞者，取消考评资格		

2.2.6 JC5ZY0101 SG186 营销业务系统用电检查计划流程操作

一、作业

（一）工具、材料

1. 工具：碳素笔、计算器、计算机、打印机、办公桌椅等办公用品，计算机具备联网条件，可以登录 SG186 营销业务系统的登录账号及密码。

2. 材料：工作证件、A4 白纸。

（二）操作步骤及作业要求

1. 操作步骤。

（1）登录 SG186 营销业务系统，进入用电检查管理工作页面。

（2）根据需要制定月计划和制定专项检查计划，筛选出需要检查的用户，生成用电检查计划，并对已生成计划进行审批、发送。

（3）在待办工单页面打印需要检查用户的检查工单，并填写检查工单内容。

（4）将检查结果登录到 SG186 营销业务系统，并对计划进行归档。

2. 作业要求。

（1）使用黑色墨水笔记录。

（2）选出两户打印用电检查工作单。

（3）登记一户用电检查结果。

二、考核

（一）考核场地

场地面积应能同时容纳多个工位，每个工位配备 1 台可登录 SGl86 营销业务系统的计算机、1 台激光打印机。

（二）考核时间

考核时间为 30min，从报开工起到报完工止。

（三）考核要点

1. 着装规范。

2. 按规定内容准确生成用电检查计划。

3. 用电检查工单填写正确规范。

三、评分标准

行业：电力工程　　　　工种：用电监察员　　　　等级：五

编号	JC5JB0301	行为领域	d	鉴定范围			
考核时间	30min	题型	A	含权题分	25		
试题名称	SG186 营销业务系统用电检查计划流程操作						
考核要点及其要求	（1）给定条件：设置检查计划两户 （2）着装规范 （3）按规定内容准确生成用电检查计划 （4）用电检查工单填写正确规范						

续表

编号	JC5JB0301	行为领域	d	鉴定范围	
现场设备、工具、材料	（1）工作现场具备设备：办公桌椅、计算机、打印机，计算机具备联网条件，可以登录 SG186 营销业务系统 （2）工作现场具备的材料：A4 白纸 （3）工作现场具备的工具、仪表：计算器、碳素笔等办公用品，SG186 营销业务系统登录账号及密码				
备注	每项“分值”扣完为止				

评分标准

序号	作业名称	质量要求	分值	扣分标准	扣分原因	得分
1	开工准备	穿全棉长袖工作服（扣全系），佩戴证件	5	（1）未按要求着装一处扣 2 分 （2）着装不规范一处扣 1 分 （3）未佩戴证件扣 3 分		
2	工器具检查	检查办公器材、营销业务系统是否完备	5	未检查每项扣 1 分		
3	系统使用	登录营销业务系统，进入用电检查页面，按照给定条件制定检查计划	50	（1）不熟悉营销业务系统，无法登录扣 10 分 （2）进入系统，无法找到对应工作菜单扣 10 分 （3）未按要求制定、生成用电检查月计划扣 10 分 （4）未按要求制定、生成用电检查专项检查计划扣 10 分 （5）未对已生成计划进行审批、发送扣 10 分		
4	工单打印	按照要求打印需检查用户的检查工单	10	未成功打印扣 10 分		
5	检查结果登记	将用电检查结果录入到 SG186 营销系统	30	未正确录入用电检查结果扣 10 份 缺项、漏项每次扣 5 分		

2.2.7 JC5ZY0201 低压单相客户窃电检查与处理

一、操作

（一）工具、材料和设备

1. 工具：一字改锥 1 把、十字改锥 1 把、斜口钳 1 把、验电笔 1 支、手电筒 1 支、安全帽、绝缘手套。

2. 材料：封印、封丝、第二种工作票、用电检查工作单、A4 纸、违约用电、窃电通知书。

3. 设备：数字钳形电流表 1 块、装有单相电能表的模拟培训装置。

（二）安全要求

1. 办理第二种工作票。

2. 着装符合安全规定。

3. 正确使用电工工具，不发生人身伤害和设备损坏事故。

4. 登高 2m 以上应系好安全带，保持与带电体的安全距离。

（三）操作步骤

1. 检查选取工具和仪表。

2. 办理第二种工作票和用电检查工作单，交代危险点和防范措施，出示“用电检查证”。

3. 用试电笔检查计量箱外壳是否带电。

4. 检查计量箱封锁是否完好，固定是否牢靠。

5. 打开表箱，核对并记录计量装置信息（电能表型号、规格、准确度等级、出厂编号、制造厂家等）。

6. 检查电能表封印是否正常、完好，伪造或非法开启封印用电属窃电行为（打开表封后，可以改变表的内部接线或安装遥控窃电装置）。检查抄录电表失压失流记录。

7. 开启表尾盖封。检查电能表火、零接线是否正确，螺栓是否压紧。

8. 用数字钳形电流表测量进火和进零的电流是否相等。

9. 检查过程中发现窃电嫌疑的，按照规定下达违约用电、窃电通知书，并请客户签字确认。计算窃电量及追补电费金额，下达“违约用电、窃电处理工作单”，请客户签字确认。窃电负荷和窃电时间确定时，以确定的窃电负荷和窃电时间计算窃电量；不能确定时，动力用户窃电数量按计费电能表标定电流值所指的容量乘以实际窃用的时间计算确定，窃电时间无法查明时，至少以 180 天计算，每日窃电时间按 12h 计算。窃电金额按对应的分类电价现行销售电价（平段电价）乘以窃电量计算。供电企业对查获的窃电者，应予制止，经电力管理部门批准可当场中止供电，应按窃电者所窃电量追补电费，窃电者按供用电合同约定承担违约使用电费。用户拒绝接受处理的，报请电力管理部门，由电力管理部门责令停止违法行为，依法追缴电费。窃电数额较大或情节严重的，供电企业应提请司法机关依法追究刑事责任。

10. 加盖、加封、清理工具和仪表。

二、考核

（一）考核场地

场地面积应能同时容纳多个工位，并保证工位之间的距离合适。

（二）考核时间

考核时间为30min。

（三）考核要点

1. 安全规定。

2. 数字钳形电流表的使用。

3. 单相计量装置的检查与窃电行为的发现。

4. 低压用户窃电行为的查处。

三、评分标准

行业：电力工程　　　　工种：用电监察员　　　　等级：五

编号	JC5JB0302	行为领域	d	鉴定范围		
考核时间	30min	题型	A	含权题分	25	
试题名称	低压单相客户窃电检查与处理					
考核要点及其要求	（1）给定条件：装有单相电能表的抄核收模拟培训装置，检查给定单相电能表是否有窃电行为 （2）安全规定 （3）数字钳形电流表的使用 （4）单相计量装置的检查与窃电行为的发现 （5）填写违约用电、窃电通知书					
现场设备、工具、材料	（1）工器具、设备及材料：一字改锥、十字改锥、斜口钳、验电笔、手电筒、安全帽、绝缘手套、封签、尼龙绑扎棒、连接线、第二种工作票、A4纸、违约用电、窃电通知书，数字钳形电流表、装有单相电能表的抄核收模拟培训装置、桌椅 （2）考生自备：笔、尺、计算器、工作服、绝缘鞋、绝缘手套					
备注						

评分标准

序号	作业名称	质量要求	分值	扣分标准	扣分原因	得分
1	着装	正确戴安全帽，穿全棉长袖工作服（扣全系），戴棉质线手套，穿绝缘鞋	5	（1）未按要求着装一处扣2分 （2）着装不规范一处扣1分 （3）工作过程中全程带手套，每摘一次扣1分 （4）扣完为止		
2	工器具、材料准备	电工工具、验电笔、手电筒、违约用电、窃电通知书、数字钳形电流表等准备齐全，满足安全要求	5	（1）每少一件扣1分 （2）工具不满足安全要求每件扣2分，扣完为止		
3	履行开工手续	（1）口头办理第二种工作票和用电检查工作单 （2）出示用电检查证	5	（1）未口头交代办理第二种工作票和用电检查工作单扣3分 （2）未出示用电检查证扣2分		

续表

序号	考核项目名称	质量要求	分值	扣分标准	扣分原因	得分
4	单相电能表及其接线的检查	(1) 开箱前要验电，抄录电能表信息 (2) 检查计量箱的封锁，电能表的封印、外观、失压、失流记录 (3) 检查接线 (4) 用数字钳形电流表测量进火和进零的电流	45	(1) 开箱未验电扣5分 (2) 未抄录电能表信息扣5分 (3) 未检查封锁封印扣10分 (4) 未检查外观扣5分 (5) 未检查接线扣10分 (6) 未用数字钳形电流表测量进火和进零电流扣10分		
5	填写违约用电、窃电通知书	正确完整填写各项内容	10	(1) 未填写窃电方式或填写错误扣5分 (2) 未让客户签字扣3分 (3) 检查人员未填写日期扣1分 (4) 检查人员未签字（或检查证编号）扣1分		
6	填写违约用电、窃电处理工作单	正确完整填写各项内容，包括窃电时间的确定、窃电数量的计算、窃电金额的计算、违约使用电费的计算	20	(1) 未确定窃电时间扣5分 (2) 窃电电量计算错误扣5分 (3) 窃电金额计算错误扣5分 (4) 违约使用电费计算错误扣5分		
6	安全文明工作	注意保持与带电体的安全距离，不损坏工器具，不发生安全生产事故	5	(1) 损坏工器具扣5分 (2) 开箱前未用验电笔验电扣3分 (3) 工器具每掉落一次扣2分 (4) 扣完为止		
7	清理现场	清理干净	5	(1) 未加表盖或加封扣3分。 (2) 未清理工器具扣2分		

2.2.8 JC5ZY0301 低压单相客户电能表配置

一、作业

（一）工器具、材料、设备

1. 工器具：碳素笔、计算器。

2. 材料：客户资料、A4 纸。

（二）操作步骤及工艺要求（含注意事项）

1. 了解用户用电需求、负荷性质及容量。

2. 依据计量装置技术管理规程，确定计量装置的分类和配置要求。

3. 编制电能表配置方案。

二、考核

（一）考核场地

1. 场地面积应能同时容纳多个工位，并保证工位之间的距离合适。

2. 每个工位配有考生书写桌椅。

（二）考核时间

考核时间为 20min，从报开工起到报完工止。

（三）考核要点

1. 着装规范。

2. 确定用户用电类别、容量大小。

3. 依据计量装置技术管理规程，确定计量装置的分类和配置要求。

4. 编制电能表配置方案。

三、评分标准

行业：电力工程　　　　工种：用电监察员　　　　等级：五

编号	JC5JB0304	行为领域	e	鉴定范围			
考核时限	20min	题型	A	满分	100 分	得分	
试题名称	低压单相客户电能表配置						
考核要点及其要求	（1）着装规范 （2）确定用户负荷性质、容量大小 （3）依据计量装置技术管理规程，确定计量装置的分类和配置要求 （4）编制电能表配置方案						
现场设备、工器具、材料	（1）工器具：碳素笔、计算器 （2）材料：客户资料、A4 纸						
备注	上述栏目未尽事宜						

评分标准

序号	考核项目名称	质量要求	分值	扣分标准	扣分原因	得分
1	着装	穿全棉长袖工作服（扣全系），佩戴证件	5	（1）未按要求着装一处扣 2 分 （2）着装不规范一处扣 1 分 （3）未佩戴证件扣 3 分		

续表

序号	考核项目名称	质量要求	分值	扣分标准	扣分原因	得分
2	工器具准备	笔、计算器、A4纸	5	每缺1样扣2分，扣完为止		
3	确定用电类别及容量	根据给定的客户资料确定用电类别及容量	20	（1）用电类别错误扣10分 （2）容量错误扣10分		
4	单相客户电能表选择	（1）确定计量点 （2）计算负荷电流 （3）电能表配置	60	（1）未确定计量点扣10分 （2）未计算负荷电流或计算错误扣20分 （3）电能表类型选错扣10分 （4）电能表准确度等级选择不正确扣5分 （5）电能表容量选择错误扣15分		
5	资料整理	卷面整洁，资料齐全	10	缺漏项每项扣2分，无效涂改每处扣1分，扣完为止		

2.2.9 JC5ZY0401 违约行为的案例分析

一、作业

（一）工器具、材料、设备

1. 工器具：碳素笔、计算器。

2. 材料：原始记录、A4 纸。

（二）操作步骤及工艺要求（含注意事项）

1. 核对用户用电信息。

2. 根据提供的用电现象，准确记录用户违约行为的类型、对应条款、处理依据。

3. 计算追补电量、电费金额，下达违约用电、窃电处理工作单。

4. 清理现场，不得遗留任何器物。

二、考核

（一）考核场地

1. 场地面积应能同时容纳多个工位，并保证工位之间的距离合适。

2. 每个工位配有考生书写桌椅。

（二）考核时间

考核时间为 20min，从报开工起到报完工止。

（三）考核要点

1. 着装规范。

2. 按规定内容准确计算追补电量、电费金额，填写违约用电、窃电处理工作单。

三、评分标准

行业：电力工程　　　　工种：用电监察员　　　　等级：五

编号	JC5JB0304	行为领域	e	鉴定范围			
考核时限	20min	题型	A	满分	100 分	得分	
试题名称	违约行为的案例分析						
考核要点及其要求	（1）着装整齐规范 （2）正确判断违约行为的类型、对应条款、处理依据 （3）计算追补电费金额，填写违约用电、窃电处理工作单						
现场设备、工器具、材料	（1）工器具：碳素笔、计算器 （2）材料：A4 纸、原始记录						
备注	上述栏目未尽事宜						

评分标准

序号	考核项目名称	质量要求	分值	扣分标准	扣分原因	得分
1	着装	正确戴安全帽，穿全棉长袖工作服（扣全系）	5	（1）未按要求着装一处扣 2 分 （2）着装不规范一处扣 1 分		
2	工器具准备	笔、计算器、A4 纸	5	每缺 1 样扣 2 分，扣完为止		
3	识读违约用电信息	判断违约用电行为的类型	20	判断违约用电行为的类型错误扣 20 分		

续表

序号	考核项目名称	质量要求	分值	扣分标准	扣分原因	得分
4	违约使用电费的计算	违约用电时间的确定、追补电费的计算、违约使用电费的计算	45	（1）未确定违约用电时间扣15分 （2）追补电费计算错误扣15分 （3）违约使用电费计算错误扣15分		
5	填写违约用电、窃电处理工作单	正确完整填写各项内容	15	填写缺项或错误每项扣5分，扣完为止		
6	资料整理	卷面整洁，资料齐全	10	缺漏项每项扣2分，无效涂改每处扣1分，扣完为止		

2.2.10 JC5ZY0501 低压智能电能表检查

一、作业

（一）工器具、材料、设备

1. 工器具：碳素笔、计算器、手电筒、低压验电笔。

2. 材料：原始记录。

3. 设备：装有低压智能表的可通电运行的模拟装置计时钟（表）。

（二）安全要求

1. 正确穿戴工作服、安全帽、绝缘鞋。

2. 主动出示证件并请客户配合。

3. 使用验电笔测试表箱及操作可能触碰部位是否带电。

4. 登高2m以上应系好安全带，保持与带电设备的安全距离。使用绝缘梯或木凳时，应有人扶持。

（三）操作步骤及工艺要求（含注意事项）

1. 出示证件。

2. 到指定工位验电。

3. 识读智能表。

（1）核对智能表基本信息。

（2）查看智能表报警、自检信息是否正确。

4. 封印是否完好。

5. 按操作要求抄录智能表信息。

6. 清理现场，不得遗留任何器物，必要时请客户在原始记录上签字，确认工作完毕。

二、考核

（一）考核场地

1. 场地面积应能同时容纳多个工位，并保证工位之间的距离合适。

2. 每个工位配有考生书写桌椅。

3. 室内备有通电试验用三相电源（有接地及剩余电流保护）两处以上。

（二）考核时间

考核时间为20min，许可操作后开始计时，到时停止操作。若在规定时间未完成作业，按实际完成的内容评分。

（三）考核要点

1. 着装整齐规范。

2. 持证工作。

3. 正确判断低压智能表工作状态。

4. 正确识读低压智能表参数及电量信息并做好记录。

5. 安全文明工作。

三、评分标准

行业：电力工程 **工种：用电监察员** **等级：五**

编号	JC5JB0501	行为领域	e	鉴定范围			
考核时限	20min	题型	A	满分	100分	得分	
试题名称	低压智能电能表检查						
考核要点及其要求	(1) 着装整齐规范 (2) 持证工作 (3) 正确判断低压智能表工作状态 (4) 正确识读低压智能表参数及电量信息并做好记录 (5) 安全文明工作						
现场设备、工器具、材料	(1) 工器具：碳素笔、计算器、手电筒、低压试电笔 (2) 材料：原始记录 (3) 设备：装有低压智能表的可通电运行的模拟装置、计时钟（表）						
备注	上述栏目未尽事宜						

评分标准

序号	考核项目名称	质量要求	分值	扣分标准	扣分原因	得分
1	着装	正确戴安全帽，穿全棉长袖工作服（扣全系），戴棉质线手套，穿绝缘鞋	5	(1) 未按要求着装一处扣2分 (2) 着装不规范一处扣1分 (3) 工作过程中全程带手套，每摘一次扣1分 (4) 扣完为止		
2	工器具准备	笔、计算器、验电笔	5	每缺1样扣2分，扣完为止		
3	验电	正确验电	5	未验电或验电不正确扣5分		
4	识读智能表					
4.1	核对表计信息	抄录智能表铭牌参数	12	每缺1项扣2分，扣完为止		
4.2	直观检查	检查表计外观、封印并抄录编号	8	直观检查每缺一处扣2分，无结论扣1分		
4.3	识读状态信息	识读智能表脉冲灯信息、跳闸灯信息、报警信息、电池状态、潮流方向	16	识读缺项或错误每项扣2分		
4.4	识读基本信息	识读日期、时间、当前费率、表号并核对	10	识读缺项或错误每项扣2分，未核对扣2分，扣完为止		
4.5	识读电能信息	识读当前、上一个月、上两个月电能信息	24	识读缺项或错误每项扣2分，扣完为止		
5	原始记录	卷面整洁无涂改	5	无效涂改每处扣1分，扣完为止		

续表

序号	考核项目名称	质量要求	分值	扣分标准	扣分原因	得分
6	安全文明工作	（1）操作过程中无人身伤害、设备损坏 （2）操作完毕清理现场及整理好工器具、材料 （3）办理工作终结手续	10	发生人身伤害或设备损坏事故本项不得分，未验电扣2分，未清理现场及整理工器具材料扣2分，未办理工作终结手续扣2分，扣完为止		

ZJ5ZY0108 附录：识读智能表原始记录

识读智能表原始记录

准考证号		考生姓名		工作单位		所在岗位	
智能表信息							
厂家	型号	规格	准确等级	出厂编号	常数		
直观检查							
左封		右封		编程封		结论	
状态信息							
脉冲灯		跳闸灯		报警指示		时钟电池	
电压		电流		潮流（象限）		抄表电池	
基本信息							
日期	时间	当前费率	表号	485 地址			
结论							
电能信息							
	正向有功（kW·h）						
	总	尖	峰	平	谷	需量（kW）	需量发生时间
当前							
上一个月							
上两个月							
	正向有功（kW·h）			正向无功（kW·h）			
u	V	W	总	Ⅰ	Ⅱ	Ⅲ	Ⅳ
当前							
交采信息							
功率（kW）	u		V		W		总
功率因数	u		V		W		总
结论							

2.2.11 JC5XG0101 心肺复苏法

一、作业

（一）工具、材料、设备

材料：纱布若干张。

设备：橡皮人。

（二）安全要求

做胸外按压时要注意不得用力过猛。

（三）操作步骤及工艺要求

1. 判断橡皮人意识，并进行呼救。
2. 使用低头抬颌法，打开气道。
3. 实施人工呼吸。
4. 实施胸外按压。
5. 进行人工循环，实施心肺复苏法抢救。
6. 清理工作现场。

二、考核

（一）工具、材料、设备

1. 工具：工作服。
2. 场地：室内。
3. 其他：每个工位备有桌椅、计时器。

（二）考核时间

考核时间为15min，从考评员允许开工开始计时，到时即停止工作。

（三）考核要点

1. 判断完橡皮人意识后，要有求救行为。
2. 正确使用低头抬颌法，打开气道，要注意清除橡皮人口中的异物。
3. 先进行呼吸判断，再进行人工呼吸，次数不得少于两次，每次吹气时间1～1.5s。
4. 先进行心跳判断，再进行胸外按压，按压时定位要准，按压深度要在5cm以上，频率要大于每分钟100下。
5. 人工呼吸与胸外按压循环进行，比例为2∶15，进行5个周期。

三、评分标准

行业：电力工程　　　　工种：用电监察员　　　　等级：五

编号	JC5XG0101	行为领域	f	鉴定范围			
考核时限	15min	题型	B	满分	100分	得分	
试题名称	心肺复苏法						
考核要点及其要求	判断完橡皮人意识后，要有求救行为；正确使用低头抬颌法，打开气道，要注意清除橡皮人口中的异物先进行呼吸判断，再进行人工呼吸，次数不得少于两次，每次吹气时间1～1.5s；先进行心跳判断，再进行胸外按压，按压时定位要准，按压深度要在5cm以上，频率要大于每分钟100下；人工呼吸与胸外按压循环进行，比例为2∶15，进行5个周期						

续表

编号	JC5XG0101	行为领域	f	鉴定范围	
工具、材料、设备、场地	(1) 纱布若干张 (2) 考生自备工作服 (3) 橡皮人				
备注					

评分标准

序号	作业名称	质量要求	分值	扣分标准	扣分原因	得分
1	意识判断	(1) 通过拍打双肩，轻声呼唤来判断伤者意识 (2) 进行呼救	10	(1) 意识判断，少做一项扣3分 (2) 未向考评员发出求救信号或做出打手机120手势，扣4分		
2	打开气道	使伤者仰卧，用仰头抬颌法打开气道	20	体位要求：先将橡皮人双手上举，然后使其仰卧，然后将双臂放在躯干两侧，头平躺，方法不对扣5分 使用仰头抬颌法打开气道，一手置橡皮人前额上稍用力后压，另一手用食指置于橡皮人下颌下沿处，将橡皮人向上抬起，使口腔、咽喉呈直线，方法不对扣10分 清除橡皮人口中异物（如假牙），未清除扣5分		
3	人工呼吸	(1) 判断呼吸 (2) 因是橡皮人，无呼吸，仍进行人工呼吸	30	通过看、听、感三种方法来判断伤者是否有呼吸，少做一种方法扣5分 口对口人工呼吸，要求先将一块纱布放在橡皮人口上，用拇指和食指捏紧橡皮人的鼻孔，然后口对口对橡皮人以中等力量，1～1.5s的速度向患者口中吹入约为800mL的空气，吹至橡皮人胸廓上升。吹气后操作者即抬头侧离一边，捏鼻的手同时松开，让橡皮人呼气，方法不对扣15分		
4	胸外按压	(1) 判断心跳 (2) 因是橡皮人，无心跳，仍进行胸外按压	30	(1) 触摸橡皮人颈动脉，观察橡皮人心跳，时间不得超过10s，方法不对扣10分		

续表

序号	考核项目名称	质量要求	分值	扣分标准	扣分原因	得分
4	胸外按压		30	（2）明确按压位置，先找到肋弓下缘，用一只手的食指和中指沿肋骨下缘向上摸至两侧肋缘于胸骨连接处的剑突穴，以食指和中指放于剑突穴上，将另一只手的掌根部放于食指旁，再将第一只手叠放在另一只手的手背上，两手手指交叉扣起，手指离开胸壁，位置找不对，扣10分 （3）实行按压，前倾上身，双肩位于患者胸部上方正中位置，双臂与患者的胸骨垂直，利用上半身的体重和肩臂力量，垂直向下按压胸骨，深度大于5cm，频率大于100次每分钟，方法不对扣10分		
5	循环进行	人工呼吸与胸外按压循环进行，比例为2∶15，进行5个周期	10	比例不对，扣5分 周期不够，扣5分		

第二部分　中　级　工

1 理论试题

1.1 单选题

La4A1001 第一类分布式电源是指 10kV 及以下电压等级接入，且单个并网点总装机容量不超过（　　）的分布式电源。

(A) 2MW；(B) 6MW；(C) 10MW；(D) 12MW。

答案：B

La4A2002 对任一节点，在任何时刻，连接于它的各支路电流的代数和（　　）。

(A) ＝0；(B) ＜0；(C) ＞0；(D) 无法确定。

答案：A

La4A2003 对任一回路，在任何时刻，沿回路各段电压的代数和（　　）。

(A) ＞0；(B) ＜0；(C) ＝0；(D) 无法确定。

答案：C

La4A2004 三个电阻的一端连接在一起成为一个节点，另外三个端点与电路的其他部分相连接，这三个电阻是（　　）

(A) 串联；(B) 并联；(C) 混联；(D) 星形连接。

答案：D

La4A2005 三个电阻首尾相连成为一个三角形，三角形的三个顶点与电路的其他部分相连接，这三个电阻是（　　）

(A) 串联；(B) 并联；(C) 混联；(D) 三角形连接。

答案：D

La4A2006 沿磁路的任一闭合回路，所有磁动势的代数和（　　）各段磁路中磁压的代数和。

(A) 大于；(B) 等于；(C) 小于；(D) 约等于。

答案：B

La4A2007 磁链就是全磁通，是穿过各匝线圈磁通的（　　）。

(A) 代数和；(B) 矢量和；(C) 乘积；(D) 代数差。

答案：A

La4A2008 自感电动势的方向（　　）。

（A）总是与原电流方向相反；（B）总是企图阻止原电流的变化；（C）总是与原电流方向相同；（D）总是企图顺应原电流的变化。

答案：B

La4A2009 相量用（　　）表示。

（A）大写字母；（B）大写字母头上加点；（C）小写字母；（D）小写字母头上加点。

答案：B

La4A2010 正弦交流电路中，电感元件的瞬时功率的频率是电压频率的（　　），且（　　）。

（A）两倍，有正有负；（B）一倍，有正有负；（C）两倍，恒为正；（D）两倍，恒为负。

答案：A

La4A2011 每个并联电容元件的耐压必须（　　）外施电压。

（A）$=$；（B）$<$；（C）$>$；（D）$\neq$。

答案：C

La4A2012 串联电容从电源充得的总电荷（　　）其单个电容从电源充得的电荷。

（A）$=$；（B）$<$；（C）$>$；（D）$\neq$。

答案：A

La4A2013 电容元件串联的总电容的倒数，（　　）各电容元件电容倒数之和。

（A）$=$；（B）$<$；（C）$>$；（D）$\neq$。

答案：A

La4A2014 串联电容元件的总电容（　　）串联的任一只电容。

（A）$=$；（B）$<$；（C）$>$；（D）$\neq$。

答案：B

La4A2015 当电容一定时，容抗与频率（　　）。

（A）成正比；（B）成反比；（C）不成正比；（D）不成反比。

答案：B

La4A2016 在正弦交流电路中，当电压的相位超前电流的相位时（　　）。

（A）电路呈感性，$\varphi>0$；（B）电路呈容性，$\varphi>0$；（C）电路呈感性，$\varphi<0$；（D）电

路呈容性，7φ<0。

答案：A

La4A2017 在电感和电容中加相同正弦交流电压，它们的电流相位（　　）。

（A）相反；（B）相同；（C）相差 90°；（D）相差 60°。

答案：A

La4A2018 对称三相电源三角形连接时，三相绕组首尾连接成一个闭合回路，此回路总的电动势（　　）。

（A）=0；（B）>0 且为常数；（C）>0 且随时间变化；（D）<0 且随时间变化。

答案：A

La4A2019 三相对称电动势在任意瞬间的代数和（　　）。

（A）=0；（B）>0 且为常数；（C）>0 且随时间变化；（D）<0 且随时间变化。

答案：A

La4A2020 三相对称电动势的相量和（　　）。

（A）=0；（B）>0 且为常数；（C）>0 且随时间变化；（D）<0 且随时间变化。

答案：A

La4A2021 对称三相电路中，不论负载是星形连接还是三角形连接，三相负载的有功功率都等于线电压、线电流和每相功率因数三者乘积的（　　）倍。

（A）3；（B）2；（C）$\sqrt{3}$；（D）$\sqrt{2}$。

答案：C

La4A2022 对称三相电路中，不论负载是星形连接还是三角形连接，三相负载的有功功率都等于相电压、相电流和每相负载的功率因数三者乘积的（　　）倍。

（A）3；（B）2；（C）$\sqrt{3}$；（D）$\sqrt{2}$。

答案：A

La4A2023 对称三相电路中，不论是星形还是三角形连接，三相负载的视在功率都等于线电压、线电流乘积的（　　）倍。

（A）3；（B）2；（C）$\sqrt{3}$；（D）$\sqrt{2}$。

答案：C

La4A2024 在 10kV 及以下电力线路上验电时，人体应与被验电设备保持的最小安全距离为（　　）m，并设专人监护。

（A）0.4；（B）0.5；（C）0.7；（D）1.0。

答案：C

La4A3025 两网络 N1 和 N2 之间只有一条导线相连，连线上的电流 I（ ）。

（A）＞0；（B）＜0；（C）＝0；（D）无法确定。

答案：C

La4A3026 网络 N 只有一根导线与大地相连，连线上的电流 I（ ）。

（A）＞0；（B）＜0；（C）＝0；（D）无法确定。

答案：C

La4A3027 KVL 表明，沿任一闭合回路绕行一周，回到原出发点时，（ ）是不会改变的。

（A）电流；（B）电压；（C）电位；（D）电动势。

答案：C

La4A3028 当三角形连接的三个电阻相等时，等效的星形连接的三个电阻也相等，其值是三角形连接电阻的（ ）

（A）1/3；（B）3 倍；（C）1 倍；（D）2 倍。

答案：A

La4A3029 当星形连接的三个电阻相等时，等效的三角形连接的三个电阻也相等，其值是星形连接电阻的（ ）

（A）1/3；（B）3 倍；（C）1 倍；（D）2 倍。

答案：B

La4A3030 磁势的单位是（ ）。

（A）伏特；（B）安培；（C）瓦特；（D）焦耳。

答案：B

La4A3031 磁压的单位是（ ）。

（A）伏特；（B）安培；（C）瓦特；（D）焦耳。

答案：B

La4A3032 电动机的旋转是利用磁场的（ ）特性。

（A）对载流导体有作用力——电磁力；（B）同极相斥异极相吸；（C）磁场力；（D）动磁生电。

答案：A

La4A3033 电动机定则是指（　　）。

（A）右手螺旋定则；（B）左手定则；（C）右手定则；（D）楞次定律。

答案：B

La4A3034 判断两条平行载流直导体间的相互作用力的方向，要用到（　　）（　　）两个定则。

（A）右手螺旋定则，左手定则；（B）右手螺旋定则，右手定则；（C）右手定则，左手定则；（D）楞次定律，左手定则。

答案：A

La4A3035 下列各式中正确的是（　　）。

（A）$Xc=u/i$；（B）$Xc=\omega C$；（C）$\dot{U}=jXcI$；（D）$Xc=U/I$。

答案：D

La4A3036 下列各式中正确的是（　　）。

（A）$X_L=u/i$；（B）$X_L=1/\omega L$；（C）$\dot{U}=-jX_L I$；（D）$X_L=U/I$。

答案：D

La4A3037 直导体中感应电动势的方向由（　　）确定。

（A）右手螺旋定则；（B）左手定则；（C）右手定则；（D）楞次定律。

答案：C

La4A3038 发电机定则是指（　　）。

（A）右手螺旋定则；（B）左手定则；（C）右手定则；（D）楞次定律。

答案：C

La4A3039 有一通电线圈，当电流减少时，则感应电动势的方向与其（　　）。

（A）相同；（B）相反；（C）先相同后相反；（D）无法判定。

答案：A

La4A3040 线圈中感应电动势的大小与（　　）。

（A）线圈中磁通的大小成正比，还与线圈的匝数成正比；（B）线圈中磁通的变化量成正比，还与线圈的匝数成正比；（C）线圈中磁通的变化率成正比，还与线圈的匝数成正比；（D）线圈中磁通的大小成正比，还与线圈的匝数成反比。

答案：C

La4A3041 电感元件的自感电动势与通过的电流是（　　）关系。

（A）导数；（B）代数；（C）几何；（D）随机。

答案：A

La4A3042　有一电感元件，端电压 $u=(220\sin 314t)$ V，电流有效值 $I=2$A，则其电感 $L=$（　　）H。

（A）0.35；（B）0.61；（C）110；（D）190。

答案：A

La4A3043　在纯电感正弦交流电路中，若电源频率提高一倍，而其他条件不变，则电路中的电流将变（　　）。

（A）大1倍；（B）为原电流的1/2；（C）不变；（D）无法确定。

答案：B

La4A3044　纯电感正弦交流电路中，电感元件的电压与电流的相位关系是（　　）。

（A）电压滞后电流90°；（B）电压超前电流90°；（C）两者同相位；（D）两者反相位。

答案：B

La4A3045　电容器的容量（　　）。

（A）决定于本身的结构；（B）决定于外加电压的多少；（C）不是一个常数；（D）是一个或正或负的常数。

答案：A

La4A3046　在纯电容正弦交流电路中，增大电源频率时，其他条件不变，电容中电流将（　　）。

（A）变大；（B）变小；（C）不变；（D）无法确定。

答案：A

La4A3047　并联各电容元件所带的电荷量与各电容量（　　）。

（A）成正比；（B）成反比；（C）不成正比；（D）不成反比。

答案：A

La4A3048　电容元件并联的总电容（　　）各并联电容元件的电容之和。

（A）$=$；（B）$<$；（C）$>$；（D）$\neq$。

答案：A

La4A3049　并联的电容元件越多，总电容就（　　）。

（A）越小；（B）越大；（C）保持不变；（D）或大或小。

答案：B

La4A3050 串联各电容元件分到的电压与各电容元件的电容（　　）。

（A）成正比；（B）成反比；（C）不成正比；（D）不成反比。

答案：B

La4A3051 串联的电容元件越多，总电容（　　）。

（A）越小；（B）越大；（C）保持不变；（D）或大或小。

答案：A

La4A3052 当 n 只相同的电容器串联，其等效电容为单个电容的（　　）。

（A）n 倍；（B）$1/n$；（C）1 倍；（D）不确定。

答案：B

La4A3053 正弦交流电路中，电容元件的瞬时功率的频率是电压频率的（　　），且（　　）。

（A）两倍，有正有负；（B）一倍，有正有负；（C）两倍，恒为正；（D）两倍恒为负。

答案：A

La4A3054 有一台三相发电机，其三相绕组接成星形时，测得各线电压均为 380V，则当其改接成三角形时，各线电压的值为（　　）V。

（A）380；（B）220；（C）310；（D）658。

答案：B

La4A3055 对称三相电源三角形连接时若误将某一相绕组接反回路中将会（　　）。

（A）产生很小的环流，不会危及绕组；（B）产生很大的环流，会把三相绕组烧坏；（C）不会产生环流；（D）产生较大的环流，但不会危及绕组。

答案：B

La4A3056 对称三相电源三角形连接时若开口三角形的开口电压读数（　　），说明一相绕组接反。

（A）为零；（B）接近于零；（C）为两倍的每相电动势；（D）为每相电动势。

答案：C

La4A3057 对于其他连接方式的对称三相电路，可以根据星形和三角形的等效互换，转化成（　　）三相对称电路，然后用单相图方法来计算一相电路。

（A）Y-Y；（B）Y-Δ；（C）Δ-Δ；（D）Δ-Y。

答案：A

La4A3058 成套高压接地线应由透明护套的多股软铜线组成，其截面积不得小于

（　　）mm^2，同时应满足装设地点短路电流的要求。

（A）8；（B）10；（C）16；（D）25。

答案：D

La4A3059　（　　）负责分布式电源并网信息归口管理。

（A）经研院；（B）调控中心；（C）发展部；（D）营销部（客户服务中心）。

答案：C

La4A3060　（　　）负责分布式电源并网咨询服务归口管理。

（A）经研院；（B）调控中心；（C）发展部；（D）营销部（客户服务中心）。

答案：D

La4A4061　电阻的三角形连接等效变换为星形连接时，其相应的电阻（　　）。

（A）变大；（B）变小；（C）不变；（D）无法确定。

答案：B

La4A4062　电阻的Y连接等效变换为△连接时，其相应的电阻（　　）。

（A）变大；（B）变小；（C）不变；（D）无法确定。

答案：A

La4A4063　将l=50cm的导线与磁场方向呈30°放入磁感应强度B=0.5Wb/m^2的均匀磁场中，若导线中的电流I=20A，则电磁力F=（　　）N。

（A）1.5；（B）2.5；（C）5；（D）7.5。

答案：B

La4A4064　一台三相电动机，角接，每相绕组的额定电压为380V，额定线电流为19A，额定输入功率为10kW，则电动机在额定状态下运行时的功率因数为（　　）。

（A）0.6；（B）0.8；（C）0.5；（D）0.9。

答案：B

La4A4065　对称纯电阻负载星形连接，各相电阻为Rp=100Ω，接入线电压为380V的电源，则三相总功率P=（　　）W。

（A）1452；（B）2501；（C）4332；（D）838。

答案：A

La4A4066　在相同的线电压作用下，同一三相对称负载三角形连接时所取用的有功功率为星形连接时的（　　）倍。

（A）3；（B）；（C）1；（D）2。

答案：A

La4A4067 对称三相电源三角形连接时，三相绕组首尾连接成一个闭合回路，若误将某一相绕组接反，此回路总的电动势大小等于（　　）。

（A）每相电动势的 3 倍；（B）每相电动势的 2 倍；（C）每相电动势；（D）0。

答案：B

La4A4068 总油量超过（　　）的屋内油浸式变压器，应安装在单独变压器间，并应有灭火设施。

（A）40kg；（B）60kg；（C）80kg；（D）100kg。

答案：D

La4A5069 有一电子线路需一只耐压 1000V、$C=8\mu F$ 的电容器，现在只有四只耐压 500V、$C=8\mu F$ 的电容器。因此需要把这四只电容器（　　）就能满足要求。

（A）串联；（B）三只并联再与另一只串联；（C）三只串联再与另一只并联；（D）两只两只串联然后并联。

答案：D

La4A5070 有一台三相发电机，其绕组接成星形，在一次试验时，用电压表测得 $U_A=U_B=U_C=220V$，而 $U_{AB}=U_{CA}=220V$，$U_{BC}=380V$，这是因为（　　）。

（A）B 相绕组接反；（B）A 相绕组接反；（C）A、B 相绕组接反；（D）C 相绕组接反。

答案：B

La4A5071 星形连接对称三相电源，已知 $\dot{U}_v=220\angle 60°V$，则 $\dot{U}_{uv}=$（　　）V。

（A）$220\angle -150°$；（B）$220\angle 150°$；（C）$220\angle -150°$；（D）$220\angle 150°$。

答案：A

La4A5072 已知对称负载做三角形连接，其线电流 $iv=10\angle 30°A$，线电压 $uv=220\angle 0°V$，则三相总功率 $P=$（　　）W。

（A）1905；（B）3300；（C）6600；（D）3811。

答案：A

La4A5073 $R=12\Omega$ 和 $X_L=16\Omega$ 串联的每相阻抗，连接成三角形负载，外加线电压 $U=200V$，则三相负载的功率 $P=$（　　）W。

（A）2078.5；（B）3600；（C）4800；（D）2771。

答案：B

La4A5074 三个相等的复阻抗 $Z=20+j15\Omega$，角接，电源也是角接，相电压 220V，则 $P=$（ ）W。

（A）4646.4；（B）2682.5；（C）3484.8；（D）2011.9。

答案：A

La4A5075 有一台三相电动机，其绕组接成三角形，铭牌值为：$U=380$V，$P=15$kW，$\cos\psi=0.8$，效率 $\eta=0.95$，则额定情况下电动机的相电流 $I_p=$（ ）A。

（A）30；（B）17.3；（C）16.4；（D）28.5。

答案：B

La4A5076 对称三相电路，电源电压 $u_{UV}=$（$220\sin314t$）V，负载星接，W 线电流 $i_W=2\sqrt{2}\sin$（$314t+30°$）A，则三相总功率 $P=$（ ）W。

（A）660；（B）127；（C）381；（D）1143。

答案：C

La4A5077 有一对称三相负载，每相阻抗 $Z=80+j60$，电源线电压 $U_l=380$V，则三相负载星形连接的无功功率 $Q=$（ ）V·A。

（A）1162；（B）871；（C）3466；（D）2600。

答案：B

La4A5078 有一对称三相负载，每相阻抗 $Z=80+j60$，电源线电压 $U_l=380$V，则三相负载星形连接的有功功率 $P=$（ ）W。

（A）1162；（B）871；（C）3466；（D）2600。

答案：A

La4A5079 有一对称三相负载，每相阻抗 $Z=80+j60$，电源线电压 $U_l=380$V，则三相负载三角连接的有功功率 $P=$（ ）W。

（A）1162；（B）871；（C）3466；（D）2600。

答案：C

La4A5080 有一对称三相负载，每相阻抗 $Z=80+j60$，电源线电压 $U_l=380$V，则三相负载三角连接的无功功率 $Q=$（ ）V·A。

（A）1162；（B）871；（C）3466；（D）2600。

答案：D

Lb4A1081 变压器是一种（ ）的电气设备，它利用电磁感应原理将一种电压等级的交流电转变成同频率的另一种电压等级的交流电。

（A）滚动；（B）运动；（C）旋转；（D）静止。

答案：D

Lb4A1082 从变压器中，变换分接以进行调压的电路，称为（　　）。
（A）调频电路；（B）调压电路；（C）调流电路；（D）调功电路。
答案：B

Lb4A1083 （　　）内装有氯化钙或氯化钴浸渍过的硅胶，它能吸收空气中的水分。
（A）冷却装置；（B）吸湿器；（C）安全气道；（D）油枕。
答案：B

Lb4A1084 10kV 跌落式熔断器一般安装在柱上配电变压器（　　）侧。
（A）高压侧；（B）两侧；（C）低压侧；（D）线路。
答案：A

Lb4A1085 在系统接地形式为 TN 及 TT 的低压电网中，当选用 Y，yno 结线组别的三相变压器时，其由单相不平衡负荷引起的中性线电流不得超过低压绕组额定电流的（　　），且其一相的电流在满载时不得超过额定电流值。
（A）30%；（B）15%；（C）25%；（D）50%。
答案：C

Lb4A1086 营业场所外设置规范的（　　）
（A）供电企业标志和 95598 小型灯箱；（B）供电企业标志和营业时间牌；（C）营业厅铭牌和营业时间牌；（D）95598 小型灯箱和营业时间牌。
答案：B

Lb4A1087 《国家电网公司供电服务规范》第十七条规定：在公共场所施工，应悬挂施工单位标志、（　　），配有礼貌用语。
（A）安全警示；（B）安全标示；（C）安全标志；（D）告示牌。
答案：C

Lb4A1088 高压互感器，至少每（　　）年轮换或现场检验一次。
（A）20；（B）5；（C）10；（D）15。
答案：C

Lb4A1089 关于电流互感器下列说法正确的是（　　）。
（A）二次绕组可以开路；（B）二次绕组可以短路；（C）二次绕组不能接地；（D）二次绕组不能短路。
答案：B

Lb4A1090 铁路、公路平衡敷设的电缆管，距路轨或路基应保持在（　　）远。

（A）1.5m；（B）2.0m；（C）2.5m；（D）3.0m。

答案：D

Lb4A1091 运行中电压互感器高压侧熔断器熔断应立即（　　）。

（A）更换新的熔断器；（B）停止运行；（C）继续运行；（D）取下二次熔丝。

答案：B

Lb4A1092 变压器在额定电压下二次侧开路时，其铁芯中消耗的功率称为（　　）。

（A）铁损；（B）铜损；（C）无功损耗；（D）线损。

答案：A

Lb4A1093 断路器套管出现裂纹绝缘强度将（　　）。

（A）不变；（B）升高；（C）降低；（D）时升时降。

答案：C

Lb4A1094 改类是改变用电（　　）的简称。

（A）方式；（B）方案；（C）容量；（D）类别。

答案：D

Lb4A1095 装有管型避雷器的线路，保护装置的动作时间不应大于（　　）。

（A）0.05s；（B）0.1s；（C）0.08s；（D）0.06s。

答案：C

Lb4A1096 失压计时仪是计量（　　）的仪表。

（A）每相失压时间；（B）失压期间无功电量；（C）失压期间有功电量；（D）失压期间最大需量。

答案：A

Lb4A1097 用直流电桥测量电阻时，其测量结果中，()。

（A）单臂电桥应考虑接线电阻，而双臂电桥不必考虑；（B）双臂电桥应考虑接线电阻，而单臂电桥不必考虑；（C）单、双臂电桥均应考虑接线电阻；（D）单、双臂电桥均不必考虑接线电阻。

答案：A

Lb4A1098 当发现变压器本体油的酸价（　　）时，应及时更换净油器中的吸附剂。

（A）下降；（B）上升；（C）不变；（D）有变化。

答案：B

Lb4A1099　单相接地引起的过电压只发生在（　　）。

（A）中性点直接接地电网中；（B）中性点绝缘的电网中；（C）中性点不接地或间接接地电网中；（D）中性点不直接接地的电网中，即经消弧线圈接地的电网中。

答案：C

Lb4A1100　电能表铭牌上有一三角形标志，该三角形内置一代号，如A—B等，该标志指的是电能表（　　）组别。

（A）制造条件；（B）使用条件；（C）安装条件；（D）运输条件。

答案：B

Lb4A1101　运行中的电力系统中发生一相断线故障时，不可能出现中性点位移的是（　　）。

（A）中性点不接地系统；（B）中性点直接接地系统；（C）中性点经消弧线圈接地系统；（D）三种系统。

答案：B

Lb4A1102　某10kV高供高计用户的计量电流互感器为50/5，若电能表读数为20kW·h，则用户实际用电量为（　　）。

（A）200kW·h；（B）20000kW·h；（C）2000kW·h；（D）100000kW·h。

答案：B

Lb4A1103　在正常运行情况下，中性点不接地系统的中性点位移电压不得超过额定电压的（　　）。

（A）15％；（B）10％；（C）7.5％；（D）5％。

答案：A

Lb4A1104　变压器大修后，在10～30℃范围内，绕组绝缘电阻吸收比不得低于（　　）。

（A）1.3；（B）1.0；（C）0.9；（D）1.0～1.2。

答案：A

Lb4A1105　两元件三相有功电能表接线时不接（　　）。

（A）A相电流；（B）B相电流；（C）C相电流；（D）B相电压。

答案：B

Lb4A1106　用兆欧表进行测量时，应使摇动转速尽量接近（　　）。

（A）60r/min；（B）90r/min；（C）120r/min；（D）150r/min。

答案：C

Lb4A1107　利用万用表测量交流电压时，接入的电压互感器比率为100/1，若电压读数为20V，则实际电压为（　　）。

（A）20V；（B）2000V；（C）0.02V；（D）2020V。

答案：B

Lb4A1108　在一般情况下，电压互感器一、二次电压和电流互感器一、二次电流各与相应匝数的关系是（　　）。

（A）成正比、成反比；（B）成正比、成正比；（C）成反比、成反比；（D）成反比、成正比。

答案：A

Lb4A1109　有线广播站动力用电应按（　　）电价计费。

（A）照明；（B）非工业；（C）普通工业；（D）大工业。

答案：B

Lb4A1110　作用于电力系统的过电压，按其起因及持续时间大致可分为（　　）。

（A）大气过电压、操作过电压；（B）大气过电压、工频过电压、谐振过电压；（C）大气过电压、工频过电压；（D）大气过电压、工频过电压、谐振过电压、操作过电压。

答案：D

Lb4A1111　变压器并列运行的基本条件是（　　）。

（A）接线组别标号相同、电压比相等；（B）短路阻抗相等、容量相同；（C）接线组别标号相同、电压比相等、短路阻抗相等；（D）接线组别标号相同、电压比相等、容量相同。

答案：C

Lb4A1112　在电力系统正常状况下，220V单相供电的用户受电端的供电电压允许偏差为额定值的（　　）。

（A）+7%或-10%；（B）-7%或+10%；（C）±7%；（D）±10%。

答案：A

Lb4A2113　变压器内部主要绝缘材料有（　　）、绝缘纸板、电缆纸、皱纹纸等。

（A）变压器油；（B）套管；（C）冷却器；（D）瓦斯继电器。

答案：A

Lb4A2114　变压器中，变换分接以进行调压所采用的开关，称为（　　）。

（A）分段开关；（B）负荷开关；（C）分列开关；（D）分接开关。

答案：D

Lb4A2115 ZN4－10/600是（ ）的型号。

（A）SF_6；（B）真空断路器；（C）少油断路器；（D）多油断路器。

答案：B

Lb4A2116 改善功率因数的实质问题是补偿（ ）。

（A）有功功率；（B）无功功率；（C）视在功率；（D）电压。

答案：B

Lb4A2117 为解决系统无功电源容量不足、提高功率因素、改善电压质量、降低线损，可采用（ ）的方式。

（A）串联电容和并联电抗；（B）串联电容；（C）并联电容；（D）并联电抗。

答案：C

Lb4A2118 根据国家电网公司供电服务规范要求，为客户提供服务时，应礼貌、谦和、热情，是对员工的（ ）规范。

（A）基本道德；（B）诚信服务；（C）行为举止；（D）仪容仪表。

答案：C

Lb4A2119 客户低压配电室应尽量（ ）。

（A）远离客户负荷中心；（B）靠近客户负荷中心；（C）靠近高压供电点；（D）远离高压供电点。

答案：B

Lb4A2120 重要电力客户认定一般由各级供电企业或电力客户提出，经（ ）批准。

（A）上级供电部门；（B）电力监管部门；（C）安监部门；（D）当地政府有关部门。

答案：D

Lb4A2121 地区公共低压电网供电的220V负荷，线路电流小于等于（ ）安时，可采用220V单相供电。

（A）60；（B）50；（C）40；（D）70。

答案：A

Lb4A2122 “95598”客户服务热线应时刻保持电话畅通，电话铃响（ ）声内接听。

（A）3；（B）4；（C）5；（D）6。

答案：B

Lb4A2123 办理居民客户收费业务的时间一般每件不超过（ ）。

（A）10min；（B）15min；（C）20min；（D）5min。

答案：D

Lb4A2124 （ ）是供电公司向申请用电的用户提供的电源特性、类型及其管理关系的总称。

（A）供电方案；（B）供电容量；（C）供电对象；（D）供电方式。

答案：D

Lb4A2125 当变压器电源电压高于额定电压时，铁芯中的损耗（ ）。

（A）减少；（B）不变；（C）增大；（D）变化很小。

答案：C

Lb4A2126 用直流法测量减极性电流互感器，电池正极接L1端钮，负极接L2端钮，检测表正极接K1端钮，负极接K2端钮，在合、分开关瞬间检测表指针向（ ）方向摆动。

（A）正、负；（B）均向正；（C）负、正；（D）均向负。

答案：A

Lb4A2127 防雷保护装置的接地属于（ ）。

（A）保护接地类型；（B）防雷接地类型；（C）工作接地类型；（D）工作接零类型。

答案：C

Lb4A2128 中性点不接地系统中单相金属性接地时，其他两相对地电压升高为（ ）。

（A）3倍；（B）$\sqrt{3}$倍；（C）2倍；（D）5倍。

答案：B

Lb4A2129 用三相两元件电能表计量三相四线制电路有功电能，将（ ）。

（A）多计量；（B）少计量；（C）正确计量；（D）不能确定多计或少计。

答案：D

Lb4A2130 送电线路的垂直档距（ ）。

（A）决定于杆塔承受的水平荷载；（B）决定于杆塔承受的风压；（C）决定于杆塔导、地线自重和冰重；（D）决定于杆塔导、地线自重。

答案：C

Lb4A2131 在下列情形中，供电企业应减收用户基本电费的是（ ）。

（A）事故停电；（B）检修停电；（C）有序用电；（D）暂停变压器。

答案：D

Lb4A2132 变压器空载试验损耗中占主要成分的损耗是（　　）。

（A）铜损耗；（B）铁损耗；（C）附加损耗；（D）介质损耗。

答案：B

Lb4A2133 供电企业对用户送审的受电工程设计文件和有关资料审核的时间、低压供电的用户最长不超过（　　）。

（A）7天；（B）10天；（C）15天；（D）1个月。

答案：B

Lb4A2134 指针式万用表在不用时，应将挡位打在（　　）挡上。

（A）直流电流；（B）交流电流；（C）电阻；（D）交流电压。

答案：D

Lb4A2135 使用电压互感器时，高压互感器二次（　　）。

（A）必须接地；（B）不能接地；（C）接地或不接地；（D）仅在35kV及以上系统必须接地。

答案：A

Lb4A2136 电流互感器一次安匝数（　　）二次安匝数。

（A）大于；（B）等于；（C）小于；（D）约等于。

答案：C

Lb4A2137 在电价低的供电线路上，擅自接用电价高的用电设备，除应按实际使用日期补交其差额电费外，还应承担（　　）差额电费的违约使用电费。

（A）1倍；（B）2倍；（C）3倍；（D）5倍。

答案：B

Lb4A2138 高压为10kV级星形接线的变压器，改成6kV级三角形接线后，其容量（　　）。

（A）降低；（B）升高；（C）不定；（D）不变。

答案：D

Lb4A2139 测量电力设备的绝缘电阻应该使用（　　）。

（A）万用表；（B）电压表；（C）兆欧表；（D）电流表。

答案：C

Lb4A2140 220kV电压互感器二次熔断器上并联电容器的作用是（　　）。

（A）无功补偿；（B）防止断线闭锁装置误动；（C）防止断线闭锁装置拒动；（D）防止熔断器熔断。

答案：C

Lb4A2141 FS、FZ阀型避雷器能有效的消除（　　）。

（A）直击雷过电压；（B）感应雷过电压、行波过电压；（C）内部过电压；（D）感应雷过电压、操作过电压。

答案：B

Lb4A2142 避雷器通常接在导线和地之间，与被保护设备并联。当被保护设备在正常工作电压下运行时，避雷器不动作，即对地视为断路。一旦出现（　　），且危及被保护设备绝缘时，避雷器立即动作，将高电压冲击电流导向大地，从而限制电压幅值，保护电气设备绝缘。当（　　）消失后，避雷器迅速恢复原状，使系统能够正常供电。

（A）过电压，过电流；（B）过电压，过电压；（C）过电流，过电压；（D）过电流，过电流。

答案：B

Lb4A2143 下列用电设备中占用无功最大的是（　　），约占工业企业所消耗无功的70%。

（A）荧光灯；（B）变压器；（C）电弧炉；（D）感应式电机。

答案：D

Lb4A2144 变压器的空载损耗、空载电流与电压的比较精确关系应（　　）。

（A）成线性的正比关系；（B）成平方关系；（C）由试验作图确定；（D）成指数关系。

答案：C

Lb4A2145 在带电的电流互感器二次回路上工作，可以（　　）。

（A）将互感器二次侧开路；（B）用短路匝或短路片将二次回路短路；（C）将二次回路永久接地点断开；（D）在电能表和互感器二次回路间进行工作。

答案：B

Lb4A2146 10kV线路首端发生短路时，（　　）保护动作，断路器跳闸。

（A）过电流；（B）速断；（C）低周减载；（D）差动。

答案：B

Lb4A2147 变压器励磁电流的大小主要取决于（　　）。

（A）原绕组电阻R_L；（B）励磁电阻R_m；（C）励磁电抗X_m；（D）原边漏磁感抗X_L。

答案：C

Lb4A2148 有 n 个试品并联在一起测量绝缘电阻，测得值为 R，则单个试品的绝缘电阻都（　　）。

（A）小于 R；（B）不小于 R；（C）等于 R；（D）大于 nR。

答案：B

Lb4A2149 独立避雷针与配电装置的空间距离不应小于（　　）。

（A）5m；（B）10m；（C）12m；（D）15m。

答案：A

Lb4A2150 FS-10 阀型避雷器，其规定的通流容量是（　　）。

（A）80A；（B）100A；（C）300A；（D）1000A。

答案：A

Lb4A2151 变压器内部严重故障，（　　）动作。

（A）瓦斯保护；（B）瓦斯、差动保护；（C）距离保护；（D）中性点保护。

答案：B

Lb4A2152 当电源频率增高时，电压互感器一、二次绕组的漏抗（　　）。

（A）不变；（B）减小；（C）增大；（D）先减小后增大。

答案：C

Lb4A2153 变压器的接线组别表示变压器的高压、低压侧（　　）间的相位关系。

（A）线电压；（B）线电流；（C）相电压；（D）相电流。

答案：A

Lb4A2154 10kV 及以下电力变压器及电抗器的交流耐压试验周期为（　　）。

（A）1～3 年；（B）1～5 年；（C）1～10 年；（D）1～12 年。

答案：B

Lb4A2155 中性点接地系统比不接地系统供电可靠性（　　）。

（A）高；（B）差；（C）相同；（D）无法比较。

答案：A

Lb4A2156 两接地体间的平行距离应不小于（　　）m。

（A）4；（B）5；（C）8；（D）10。

答案：B

Lb4A2157 切换无载调压变压器的分接开关应遵循（ ）的原则。

（A）变压器停电后方可进行切换，并经测试三相直流电阻合格后，才能将变压器投入运行；（B）变压器停电后方可进行切换，分接开关切换正常后变压器即可投入运行；（C）可在变压器运行时进行切换；（D）变压器停电后方可进行切换，分接开关切换至所需分接位置，并经测试三相直流电阻合格后，才能将变压器投入运行。

答案：D

Lb4A2158 电缆线路相当于一个电容器，停电后的线路上还存在有剩余电荷，对地仍有（ ），因此必须经过充分放电后，才可以用手接触。

（A）电位差；（B）等电位；（C）很小电位；（D）电流。

答案：A

Lb4A2159 测量低压电流互感器一次绕组对二次绕组及对地间的绝缘电阻时，应使用（ ）兆欧表。

（A）100V；（B）500V；（C）2500V；（D）2000V。

答案：B

Lb4A2160 绝缘导线的安全载流量是指（ ）。

（A）不超过导线允许工作温度的瞬时允许载流量；（B）不超过导线允许工作温度的连续允许载流量；（C）不超过导线熔断电流的瞬时允许载流量；（D）不超过导线熔断电流的连续允许载流量。

答案：B

Lb4A2161 中性点不接地或非有效接地的三相三线高压线路，宜采用（ ）计量。

（A）三相三线电能表；（B）三相四线电能表；（C）三相三线、三相四线电能表均可；（D）单相电能表。

答案：A

Lb4A2162 三相四线进线低压用户，进户线入口的零线辅助接地的作用是（ ）。

（A）增加单相接地电流；（B）防止烧损家电；（C）降低接地电阻。

答案：B

Lb4A2163 变压器发生内部故障时的主保护是（ ）保护。

（A）瓦斯；（B）差动；（C）过流；（D）中性点。

答案：A

Lb4A2164 熔断器内填充石英砂，是为了（　　）。

（A）吸收电弧能量；（B）提高绝缘强度；（C）密封防潮；（D）隔热防潮。

答案：A

Lb4A2165 10MV·A以下的变压器可装设（　　）。

（A）电流速断保护和气体保护；（B）电流速断保护和过流保护及气体保护；（C）电流速断保护和过流保护；（D）过流保护及气体保护。

答案：B

Lb4A2166 S级电流互感器，能够准确计量的电流范围是（　　）Ib。

（A）10%～120%；（B）5%～120%；（C）2%～120%；（D）1%～120%。

答案：D

Lb4A2167 油浸纸充油绝缘电力电缆最低允许敷设的温度是（　　）℃。

（A）0；（B）－10；（C）－5；（D）5。

答案：B

Lb4A2168 《供电营业规则》中规定，供电企业应在用户每一个受电点内按不同（　　），分别安装用电计量装置，每个受电点作为用户的一个计费单位。

（A）用电性质；（B）用电类别；（C）用电容量；（D）电价类别。

答案：D

Lb4A3169 对于（　　）的变压器，绕组和铁芯所产生的热量经过变压器油与油箱内壁的接触，以及油箱外壁与外界冷空气的接触而自然散热冷却，无需任何附加的冷却装置。

（A）小容量；（B）容量稍大些；（C）容量更大；（D）50000kV·A及以上。

答案：A

Lb4A3170 断路器在故障情况下，在继电保护装置的作用下（　　）。

（A）发出故障信号；（B）迅速断开电路；（C）不应切断电路；（D）限制故障电流的大小。

答案：B

Lb4A3171 为了实现对电路的短路保护，负荷开关常与（　　）配合使用。

（A）断路器；（B）隔离开关；（C）热脱扣器；（D）熔断器。

答案：D

Lb4A3172 电力系统中进行无功补偿可提高（　　）。

(A) 负荷率；(B) 用电量；(C) 功率因数；(D) 提高断路器开断电流的能力。
答案：C

Lb4A3173 电力线路按架设方式可分为（ ）。
(A) 高压线路和低压线路；(B) 输电线路和配电线路；(C) 架空线路和电力电缆线路；(D) 供电线路和用电线路。
答案：C

Lb4A3174 根据电压等级的高低，10kV 配电网属于（ ）电网。
(A) 高压；(B) 超高压；(C) 中压；(D) 低压。
答案：C

Lb4A3175 配电变压器中性点接地属（ ）。
(A) 保护接地；(B) 防雷接地；(C) 工作接地；(D) 过电压保护接地。
答案：C

Lb4A3176 10kV 配电网应在额定电压下运行，其允许电压偏差为（ ）。
(A) ±5%；(B) ±7%；(C) ±10%；(D) +7%～−10%。
答案：B

Lb4A3177 容量在 100kV·A 及以上配电变压器的接地电阻应不大于（ ）Ω，
(A) 3；(B) 4；(C) 6；(D) 10。
答案：B

Lb4A3178 （ ）指线路、母线等电气设备的开关断开，其两侧刀闸仍处于接通位置。
(A) 运行状态；(B) 热备用状态；(C) 冷备用状态；(D) 检修状态。
答案：B

Lb4A3179 ZW-10 代表的是（ ）。
(A) 柱上多油式；(B) 柱上真空式；(C) 柱上六氟化硫式；(D) 柱上负荷闸刀。
答案：B

Lb4A3180 LW11-10 代表的是（ ）开关。
(A) 柱上多油式；(B) 柱上真空式；(C) 柱上六氟化硫式；(D) 柱上负荷闸刀。
答案：C

Lb4A3181 FW7-10/400 代表的是（ ）开关。

（A）柱上多油式；（B）柱上真空式；（C）柱上六氟化硫式；（D）柱上负荷闸刀。

答案：D

Lb4A3182 相变变压器铭牌上所标的容量是指额定三相的（　　）。

（A）有功功率；（B）视在功率；（C）瞬时功率；（D）无功功率。

答案：B

Lb4A3183 大功率三相电机直接启动时将不会导致（　　）

（A）电流增大；（B）电压波动；（C）电压正弦波畸变；（D）电网三相电压不平衡。

答案：D

Lb4A3184 在确定供电方案时，应根据（　　）确定供电电源及数量、自备应急电源及非电性质的保安措施配置要求。

（A）用电容量；（B）用电性质；（C）负荷特性；（D）重要客户的分级。

答案：D

Lb4A3185 自备应急电源配置容量应至少满足（　　）保安负荷正常供电的需要。有条件的可设置专用应急母线。

（A）50％；（B）80％；（C）全部；（D）120％。

答案：C

Lb4A3186 《国家电网公司业扩供电方案编制导则》规定：能够正常有效且连续为全部用电负荷提供电力的电源是指（　　）。

（A）主要电源；（B）主用电源；（C）电源；（D）主供电源。

答案：D

Lb4A3187 《国家电网公司业扩供电方案编制导则》规定：在主供电源发生故障或断电时，能够有效且连续为全部或部分负荷提供电力的电源指（　　）。

（A）第二电源；（B）备用电源；（C）自备电源；（D）备供电源。

答案：B

Lb4A3188 客户欠电费需依法采取停电措施的，提前（　　）送达停电通知书。

（A）3；（B）5；（C）7；（D）10。

答案：C

Lb4A3189 铅蓄电池电解液的温度超过35℃时，电池组容量（　　）。

（A）升高；（B）降低；（C）不变；（D）先升高后降低。

答案：B

Lb4A3190 Ⅰ类计费用计量装置电压互感器二次压降应不大于额定二次电压的（ ）。

（A）0.2%；（B）0.5%；（C）1%；（D）0.1%。

答案：A

Lb4A3191 （ ）及以下计费用电压互感器二次回路，不得装放熔断器。

（A）220kV；（B）110kV；（C）35kV；（D）10kV。

答案：C

Lb4A3192 在穿芯互感器的接线中，一次相线如果在互感器上绕四匝，则互感器的实际变比将是额定变比的（ ）。

（A）4倍；（B）5倍；（C）1/4倍；（D）1/5倍。

答案：C

Lb4A3193 动作于跳闸的继电保护，在技术上一般应满足四个基本要求，即（ ）速动性、灵敏性、可靠性。

（A）正确性；（B）经济性；（C）选择性；（D）科学性。

答案：C

Lb4A3194 计量互感器或电能表误差超出允许范围时，以“0”误差为基准，按验证后的误差值退补电量。退补时间从上次校验或换装后投入之日起至误差更正之日止的（ ）时间计算。

（A）1/2；（B）1/3；（C）1/4；（D）1/5。

答案：A

Lb4A3195 大电流接地系统是指中性点直接接地的系统，其接地电阻值应不大于（ ）。

（A）0.4Ω；（B）0.5Ω；（C）1Ω；（D）4Ω。

答案：B

Lb4A3196 变压器呼吸器中的硅胶正常未吸潮时颜色应为（ ）。

（A）蓝色；（B）黄色；（C）红色；（D）粉色。

答案：A

Lb4A3197 用手触摸变压器的外壳时，如有麻电感，可能是（ ）。

（A）线路接地引起；（B）过负荷引起；（C）外壳接地不良引起；（D）过电压引起。

答案：C

Lb4A3198 FZ型避雷器若并联电阻老化、断裂、接地不良，则绝缘电阻（ ）。

（A）增大；（B）不变；（C）降低；（D）先增大后减小。

答案：A

Lb4A3199 以变压器容量计算基本电费的用户，其备用变压器（含高压电动机）属热备用状态的或未加封的，如果未用，应（ ）基本电费。

（A）收100%；（B）收75%；（C）收50%；（D）免收。

答案：A

Lb4A3200 居民住宅小区内的水泵、电梯用电应按（ ）电价计费。

（A）普通工业；（B）非居民照明；（C）非工业；（D）居民照明。

答案：D

Lb4A3201 某用户月平均用电为2×10^{5}kW·h，则应安装（ ）计量装置。

（A）Ⅰ类；（B）Ⅱ类；（C）Ⅲ类；（D）Ⅳ类。

答案：C

Lb4A3202 高压供电方案的有效期限为（ ）。

（A）半年；（B）1年；（C）2年；（D）三个月。

答案：B

Lb4A3203 变压器的阻抗电压越小，则输出电压（ ）。

（A）受负载的影响越小；（B）受负载的影响越大；（C）不受负载影响；（D）与阻抗电压无关。

答案：A

Lb4A3204 用三只单相电能表测三相四线制电路有功电能时，其电能应等于三只表记录值的（ ）。

（A）几何和；（B）代数和；（C）绝对值之和；（D）都不是。

答案：B

Lb4A3205 变压器气体继电器内有气体（ ）。

（A）说明内部有故障；（B）不一定有故障；（C）说明有较大故障；（D）没有故障。

答案：B

Lb4A3206 真空断路器合闸过程中触头接触后的弹跳时间，不应大于（ ）ms。

（A）1；（B）1.5；（C）2.0；（D）2.5。

答案：C

Lb4A3207 输、配电线路发生短路会引起（　　）。

（A）电压不变，电流增大；（B）电流增大，电压下降；（C）电压升高，电流增大；（D）电压降低，电流不变。

答案：B

Lb4A3208 当变压器电源电压高于额定电压时，铁芯中的损耗（　　）。

（A）减少；（B）不变；（C）增大；（D）可能增大也可能减小。

答案：C

Lb4A3209 低压电力线路与弱电线路交叉时，电力线路应架设在弱电线路的（　　）。

（A）上方；（B）下方；（C）上方或下方；（D）左方。

答案：A

Lb4A3210 断路器的跳闸辅助触点应在（　　）接通。

（A）合闸过程中，合闸辅助触点断开后；（B）合闸过程中，合闸辅助触点断开前；（C）合闸过程中，动、静触头接触前；（D）合闸终结后。

答案：C

Lb4A3211 瓷绝缘子表面做成波纹形，主要作用是（　　）。

（A）增加电弧爬距；（B）提高耐压强度；（C）增大绝缘强度；（D）防止尘埃落在瓷绝缘子上。

答案：A

Lb4A3212 三相四线电能表在测量平衡负载的三相四线电能时，若有两相电压断线，则电能表将（　　）。

（A）停转；（B）计量 1/3；（C）倒走 1/3；（D）正常。

答案：B

Lb4A3213 变压器负载为纯电阻时，输出功率为（　　）。

（A）无功功率；（B）有功功率；（C）感性；（D）容性。

答案：B

Lb4A3214 两只单相电压互感器 V/V 接法，测得 $U_{ab}=U_{bc}=50V$，$U_{ac}=100V$，则可能是（　　）。

（A）一次侧 A 相熔丝烧断；（B）一次侧 B 相熔丝烧断；（C）二次侧熔丝烧断；（D）一只互感器极性接反。

答案：B

Lb4A3215 我国正在使用的分时表大多为（　　）。

（A）机械式；（B）全电子式；（C）机电式；（D）全电子和机电式。

答案：D

Lb4A3216 母线及隔离开关长期允许的工作温度通常不应超过（　　）。

（A）50℃；（B）60℃；（C）70℃；（D）80℃。

答案：C

Lb4A3217 电网中的某点实际电压与电网的额定电压的代数差叫作（　　）。

（A）电压降落；（B）电压损耗；（C）电压偏移。

答案：C

Lb4A3218 配电线路上装设隔离开关时，动触头一般（　　）打开。

（A）向上；（B）向下；（C）向右；（D）向左。

答案：B

Lb4A3219 工业用单相电热总容量不足2kW而又无其他工业用电者，其计费电价应按（　　）电价计费。

（A）普通工业；（B）非工业；（C）非居民照明；（D）大工业。

答案：C

Lb4A3220 运行中的保护装置应处于准备动作状态，但该动作时应正确动作，不该动作时不能误动。这是对保护装置（　　）的基本要求。

（A）可靠性；（B）选择性；（C）灵敏性；（D）速动性。

答案：A

Lb4A3221 运行中电压互感器引线端子过热应（　　）。

（A）加强监视；（B）加装跨引；（C）停止运行；（D）继续运行。

答案：C

Lb4A3222 装有两台及以上变压器的变电所，当断开一台时，主变压器的容量不应小于（　　）的全部负荷，并应能保证用户的一、二级负荷。

（A）90％；（B）80％；（C）70％；（D）60％。

答案：D

Lb4A3223 变压器交接试验，测量绕组连同套管的绝缘电阻值不应低于出厂试验值的（　　）。

（A）60％；（B）70％；（C）80％；（D）90％。

答案：B

Lb4A4224 变压器的铁芯是（　　）部分。

（A）磁路；（B）电路；（C）开路；（D）短路。

答案：A

Lb4A4225 变压器铁芯的结构一般分为（　　）和壳式两类。

（A）圆式；（B）角式；（C）心式；（D）球式。

答案：C

Lb4A4226 绕组是变压器的（　　）部分，一般用绝缘纸包的铜线绕制而成。

（A）电路；（B）磁路；（C）油路；（D）气路。

答案：A

Lb4A4227 配电变压器低压侧中性点的工作接地电阻，一般不应大于（　　）。

（A）4Ω；（B）10Ω；（C）20Ω；（D）30Ω。

答案：A

Lb4A4228 3～10kV的配电变压器，应尽量采用（　　）来进行防雷保护。

（A）火花间隙；（B）避雷线；（C）避雷针；（D）避雷器。

答案：D

Lb4A4229 当配电变压器容量在100kV·A及以下时，配电变压器一次侧熔丝元件按变压器额定电流的（　　）倍选择。

（A）1～1.3；（B）1.5～2；（C）2～3；（D）3～4。

答案：C

Lb4A4230 10kV杆上避雷器与被保护设备间的电气距离一般不宜大于（　　）。

（A）5m；（B）6m；（C）7m；（D）8m。

答案：A

Lb4A4231 《国家电网公司业扩供电方案编制导则》规定，当不具备设计计算条件时，电容器安装容量的确定应符合下列规定：35k及以上变电所可按变压器容量的（　　）确定。

（A）10%至20%；（B）10%至30%；（C）0%至30%；（D）30%至40%。

答案：B

Lb4A4232 配电装置的长度大于（　　）m时，其柜（屏）后通道应设两个出口。

（A）5；（B）6；（C）7；（D）8。

答案：C

Lb4A4233 《国家电网公司供电服务规范》规定：城市居民客户端电压合格率不低于（　　）。

（A）95%；（B）90%；（C）96%；（D）99%。

答案：A

Lb4A4234 《国家电网公司供电服务规范》规定：农网居民客户端电压合格率不低于（　　）。

（A）95%；（B）90%；（C）96%；（D）99.89%。

答案：B

Lb4A4235 执行两部制电价用户的电价分成两个部分：一部分是用以计算用户用电容量或需量计算的基本电价，另一部分是用以计算用户实用电量的（　　）。

（A）有功电价；（B）无功电价；（C）电度电价；（D）调整电价。

答案：C

Lb4A4236 三相变压器连接组标号为偶数，则该变压器一、二次绕组的连接方式可能是（　　）

（A）Y，d；（B）D，y；（C）Y，y；（D）I，I。

答案：C

Lb4A4237 利用兆欧表测量绝缘电阻时，应将G端子（　　）。

（A）接地；（B）接测试点；（C）接泄漏电流经过的表面；（D）任意接一端。

答案：C

Lb4A4238 电力变压器的电压比是指变压器在（　　）运行时，一次电压与二次电压的比值。

（A）负载；（B）空载；（C）满载；（D）欠载。

答案：B

Lb4A4239 由专用变压器供电的电动机，单台电机容量超过其变压器容量的（　　）时，必须加装降压启动设备。

（A）10%；（B）20%；（C）30%；（D）15%。

答案：C

Lb4A4240 配电变压器经济运行，最大负荷电流不宜低于额定电流的（　　）。

（A）40%；（B）50%；（C）60%；（D）70%。

答案：C

Lb4A4241 电压互感器在正常运行时二次回路的电压是（ ）。

（A）57.7V；（B）100V；（C）173V；（D）不能确定。

答案：B

Lb4A4242 使用（ ）电能表不仅能考核用户的平均功率因数，而且更能有效地控制用户无功补偿的合理性。

（A）双向计度无功；（B）三相三线无功；（C）三相四线无功；（D）一只带止逆器的无功。

答案：A

Lb4A4243 在多层支架上敷设电缆时，电力电缆应放在控制电缆的（ ）。

（A）上面；（B）下面；（C）不作要求；（D）无规定可根据需要。

答案：A

Lb4A4244 电流互感器二次回路的连接导线，至少其横截面积应不小于（ ）mm^2。

（A）5；（B）4；（C）3；（D）2。

答案：B

Lb4A4245 为防止电压互感器高压侧穿入低压侧，危害人员和仪表，应将二次侧（ ）。

（A）接地；（B）屏蔽；（C）设围栏；（D）加防护罩。

答案：A

Lb4A4246 擅自使用已在供电企业办理暂停手续的电力设备的，除两部制电价用户外，其他用户应承担擅自使用封存设备容量（ ）/（次·kW）或（ ）/（次·kV·A）的违约使用费。

（A）20元；（B）30元；（C）40元；（D）50元。

答案：B

Lb4A4247 当断路器三相跳、合闸不同期超过标准时，对运行的危害是（ ）。

（A）变压器合闸涌流增大；（B）断路器的合闸速度降低；（C）断路器合闸速度降低，跳闸不平衡电流增大；（D）产生危害绝缘性的操作过电压，并影响断路器切断故障的能力。

答案：D

Lb4A4248 变压器油黏度说明油的（ ）好坏。

（A）流动性好坏；（B）质量好坏；（C）绝缘性好坏；（D）密度大小。

答案：A

Lb4A4249 隔离开关可拉开（　　）的变压器。

（A）负荷电流；（B）空载电流不超过2A；（C）5.5A；（D）短路电流。

答案：B

Lb4A4250 《电力供应与使用条例》所禁止的窃电行为有（　　）类。

（A）5；（B）6；（C）7；（D）4。

答案：B

Lb4A4251 一只被检电流互感器的额定二次电流为5A，额定二次负荷为5V·A，额定功率因数为1，则其额定二次负荷阻抗为（　　）。

（A）0.15Ω；（B）0.3Ω；（C）0.2Ω；（D）0.25Ω。

答案：C

Lb4A4252 电流互感器相当于普通变压器（　　）运行状态。

（A）开路；（B）短路；（C）带负荷；（D）空载。

答案：B

Lb4A4253 接于公共连接点的每个用户，引起该点正常电压不平衡度不应超过（　　）。

（A）1.5%；（B）1.3%；（C）1.2%；（D）1.0%。

答案：B

Lb4A4254 变压器油在变压器内主要起（　　）作用。

（A）绝缘；（B）冷却和绝缘；（C）消弧；（D）润滑。

答案：B

Lb4A4255 高压输电线路故障，绝大部分是（　　）。

（A）单相接地；（B）两相接地短路；（C）三相短路；（D）两相短路。

答案：A

Lb4A4256 变压器油的闪点一般在（　　）间。

（A）135～140℃；（B）－45～－10℃；（C）250～300℃；（D）300℃以上。

答案：A

Lb4A4257 变压器油闪点指（　　）。

（A）着火点；（B）油加热到某一温度油蒸气与空气混合物用火一点就闪火的温度；（C）油蒸气一点就着的温度；（D）液体变压器油的燃烧点。

答案：B

Lb4A4258 室内变电所的每台油量为（　　）kg 及以上的三相变压器，应设在单独的变压器室内。

（A）50；（B）100；（C）150；（D）200。

答案：B

Lb4A4259 由于供电企业电力运行事故造成用户停电时，供电企业应按用户在停电时间内可能用电量的电度电费的（　　）倍（单一制电价为四倍）给予赔偿。

（A）3；（B）5；（C）6；（D）10。

答案：B

Lb4A4260 变压器线圈和铁芯发热的主要因素是（　　）。

（A）负荷电流；（B）工频电压；（C）运行中的铁损和铜损。

答案：C

Lb4A4261 在电价低的供电线路上擅自接用电价高的用电设备，若使用起始日期难以确定的，实际使用日期按（　　）个月计算。

（A）2；（B）3；（C）6；（D）12。

答案：B

Lb4A4262 大工业电价适用范围是工业生产用户设备容量在（　　）kV·A 及以上的用户。

（A）100；（B）200；（C）240；（D）315。

答案：D

Lb4A4263 变压器温度升高时，绝缘电阻测量值（　　）。

（A）增大；（B）降低；（C）不变；（D）成正比例增大。

答案：B

Lb4A4264 变压器带（　　）负荷时电压最高。

（A）容性；（B）感性；（C）阻性；（D）线性。

答案：A

Lb4A5265 变压器的铁芯一般采用（　　）叠制而成。

（A）铜钢片；（B）铁（硅）钢片；（C）硅钢片；（D）磁钢片。

答案：C

Lb4A5266 触头间介质击穿电压是指触头间（ ）。

（A）电源电压；（B）电气试验时加在触头间的电压；（C）产生电弧的最小电压；（D）以上答案皆不对。

答案：C

Lb4A5267 中性点不接地系统的配电变压器台架安装要求是采用（ ）的接地形式。

（A）变压器中性点单独接地；（B）中性点和外壳一起接地；（C）中性点和避雷器一起接地；（D）中性点、外壳、避雷器接入同一个接地体中。

答案：D

Lb4A5268 对10kV避雷器用（ ）绝缘电阻表测量，绝缘电阻不低于1000MΩ，合格后方可安装。

（A）500V；（B）1000V；（C）2500V；（D）5000V。

答案：C

Lb4A5269 110kV中性点直接接地的电力网中，全绝缘变压器的中性点处应装设（ ）。

（A）零序电流保护；（B）零序过电流保护；（C）零序间隙电流保护；（D）零序间隙过电流保护。

答案：A

Lb4A5270 某用电户生产形势发生变化后，受电设备容量富裕。某月其周边新建居民住宅，于是该户利用其设备向居民户供电，其行为属（ ）。

（A）窃电行为；（B）违约用电行为；（C）正当行为；（D）违反治安处罚条例行为。

答案：B

Lb4A5271 SF_6电气设备投运前，应检验设备气室内SF_6（ ）含量。

（A）水分和空气；（B）水分和氮气；（C）空气和氮气；（D）水分和SF_6气体。

答案：A

Lb4A5272 电气设备温度下降，其绝缘的直流泄漏电流（ ）。

（A）变大；（B）变小；（C）不变；（D）变得不稳定。

答案：B

Lb4A5273 线路损失率即为线路损失电量占（ ）的百分比。

（A）供电量；（B）售电量；（C）用电量；（D）设备容量。

答案：A

Lb4A5274 发现断路器严重漏油时，应（ ）。

（A）立即将重合闸停用；（B）立即断开断路器；（C）采取禁止跳闸的措施；（D）立即停止上一级断路器。

答案：C

Lb4A5275 在电力系统中使用氧化锌避雷器的主要原因是它具有（ ）的优点。

（A）造价低；（B）便于安装；（C）保护性能好；（D）体积小，运输方便。

答案：C

Lb4A5276 出线回路自动空气断路器脱扣器的动作电流应比上一级脱扣器的动作电流（ ）一个级差。

（A）至少低；（B）至少高；（C）等于。

答案：A

Lb4A5277 暂换变压器的使用时间，10kV及以下的不得超过（ ），逾期不办理手续的，供电企业可中止供电。

（A）半年；（B）4个月；（C）3个月；（D）2个月。

答案：D

Lb4A5278 电缆穿越农田时，敷设在农田中的电缆埋设深度不应小于（ ）m。

（A）0.5；（B）1；（C）1.5；（D）2。

答案：B

Lb4A5279 运行中的35kV及以上的电压互感器二次回路，其电压降至少每（ ）年测试一次。

（A）2；（B）3；（C）4；（D）5。

答案：A

Lb4A5280 低压电气设备中，属于E级绝缘的线圈允许温升为（ ）。

（A）60℃；（B）70℃；（C）80℃。

答案：C

Lb4A5281 变压器的呼吸器中的硅胶受潮后变成（ ）。

（A）白色；（B）粉红色；（C）蓝色；（D）灰色。

答案：B

Lb4A5282 当系统发生故障时，正确地切断离故障点最近的断路器，是继电保护的（　　）的体现。

（A）快速性；（B）选择性；（C）可靠性；（D）灵敏性。

答案：B

Lb4A5283 变压器在额定电压下，二次侧开路时在铁芯中消耗的功率称为（　　）。

（A）铜损耗；（B）铁损耗；（C）无功损耗；（D）铜损耗和铁损耗。

答案：B

Lb4A5284 电容器的无功输出功率与电容器的电容（　　）。

（A）成反比；（B）成正比；（C）成比例；（D）不成比例。

答案：B

Lb4A5285 运行中的电流互感器开路时，最重要的是会造成（　　），危及人身和设备安全。

（A）二次侧产生波形尖锐、峰值相当高的电压；（B）一次侧产生波形尖锐、峰值相当高的电压；（C）一次侧电流剧增，线圈损坏；（D）激磁电流减少，铁芯损坏。

答案：A

Lb4A5286 某自来水厂10kV、200kV·A用电应按（　　）电价计费。

（A）非工业；（B）普通工业；（C）大工业；（D）照明。

答案：B

Lb4A5287 电源频率增加1倍，变压器绕组的感应电动势（　　）。

（A）增加1倍；（B）不变；（C）略有降低；（D）略有增加。

答案：A

Lb4A5288 现国产的$11/\sqrt{3}$kV单相电容器（电容器对地绝缘为11kV），使用在10kV电网中时，可接成（　　）接线。

（A）中性点接地星形，外壳不接地；（B）中性点接地星形，外壳接地；（C）中性点不接地星形，外壳不接地；（D）中性点不接地星形，外壳接地。

答案：D

Lb4A5289 变压器的温升是指（　　）。

（A）一、二次线圈的温度之差；（B）线圈与上层油面温度之差；（C）变压器上层油温与变压器周围环境的温度之差；（D）线圈与变压器周围环境的温度之差。

答案：C

Lb4A5290 用于继电保护二次回路的自动装置、控制信号的工作电压不应超过（ ）。

（A）380V；（B）500V；（C）220V；（D）110V。

答案：B

Lb4A5291 断路器的技术特性数据中，电流绝对值最大的是（ ）。

（A）额定电流；（B）额定开断电流；（C）额定电流的瞬时值；（D）动稳定电流。

答案：D

Lb4A5292 控制回路在正常最大负荷时，控制母线至各设备的电压降，不应超过额定电压的（ ）。

（A）5%；（B）10%；（C）15%；（D）20%。

答案：B

Lb4A5293 互感器的额定负载功率因数如不作规定时一般为（ ）。

（A）容性0.8；（B）感性0.8；（C）感性0.5；（D）1。

答案：B

Lb4A5294 三相电力变压器一次接成星形，二次接成星形的三相四线制，其相位关系为时钟序数12，其连接组标号为（ ）。

（A）Y，yn0；（B）Y，dn11；（C）D，yn0；（D）D，yn11。

答案：A

Lb4A5295 两台变压器间定相（核相）是为了核定（ ）是否一致。

（A）相位；（B）相位差；（C）相序；（D）相序和相位。

答案：A

Lb4A5296 容量在（ ）kV·A及以上油变压器应装设气体继电器。

（A）7500；（B）1000；（C）800；（D）40。

答案：C

Lb4A5297 电流互感器铁芯内的交变主磁通是由（ ）产生的。

（A）一次绕组两端的电压；（B）二次绕组内通过的电流；（C）一次绕组内流过的电流；（D）一次和二次电流共同。

答案：C

Lb4A5298 变压器接线组别为Y，yn0时，其中性线电流不得超过低压绕组额定电流的（ ）。

（A）15%；（B）20%；（C）25%；（D）35%。

答案：C

Lb4A5299 中性点有效接地的高压三相三线电路中，应采用（ ）的电能表。

（A）三相三线；（B）三相四线；（C）均可；（D）高精度的三相三线。

答案：B

Lb4A5300 电流互感器铭牌上所标的额定电压是指（ ）。

（A）一次绕组的额定电压；（B）一次绕组对二次绕组和对地的绝缘电压；（C）二次绕组的额定电压；（D）一次绕组所加电压的峰值。

答案：B

Lb4A5301 在变压器铁芯中，产生铁损的原因是（ ）。

（A）磁滞现象；（B）涡流现象；（C）磁阻的存在；（D）磁滞现象和涡流现象。

答案：D

Lb4A5302 独立避雷针的接地电阻一般不大于（ ）。

（A）4Ω；（B）6Ω；（C）8Ω；（D）10Ω。

答案：D

Lb4A5303 下列关于最大需量表说法正确的是（ ）。

（A）最大需量表只用于大工业用户；（B）最大需量表用于两部制电价用户；（C）最大需量表按其结构分为区间式和滑差式；（D）最大需量表计算的单位为kW·h。

答案：B

Lb4A5304 测量绕组的直流电阻的目的是（ ）。

（A）保证设备的温升不超过上限；（B）测量绝缘是否受潮；（C）判断是否断股或接头接触不良；（D）测量设备绝缘耐压能力。

答案：C

Lb4A5305 配电变压器大修后测量绕组直流电阻时，当被测绕组电阻不超过10Ω时，应采用（ ）进行测量。

（A）万用表；（B）单臂电桥；（C）双臂电桥；（D）兆欧表。

答案：C

Lb4A5306 单相电能表电压线圈并接在负载端时，将（ ）。

（A）正确计量；（B）使电能表停走；（C）少计量；（D）可能引起潜动。

答案：D

Lb4A5307 在计量屏上的电能表的间距应不小于（　　）cm。

（A）5；（B）10；（C）15；（D）20。

答案：B

Lb4A5308 线夹安装完毕后，悬垂绝缘子串应垂直地面，个别情况下在顺线路方向与垂直位置的倾斜角不超过（　　）。

（A）5°；（B）8°；（C）10°；（D）15°。

答案：A

Lb4A5309 对异步电动机启动的主要要求（　　）。

（A）启动电流倍数小，启动转矩倍数大；（B）启动电流倍数大，启动转矩倍数小；（C）启动电阻大，启动电压小；（D）启动电压大，启动电阻小。

答案：A

Lb4A5310 变电所独立避雷针的工频接地电阻不大于（　　）Ω。

（A）4；（B）10；（C）20；（D）30。

答案：B

Lb4A5311 在电力系统正常状况下，35kV及以上电压供电的用户受电端的供电电压正负电压允许偏差为绝对值之和不超过额定值的（　　）。

（A）7%；（B）10%；（C）5%；（D）6%。

答案：B

Lb4A5312 在三相四线制配电系统中，中性线允许载流量不应小于（　　）。

（A）线路中最大不平衡负荷电流，且应计入谐波电流的影响；（B）最大相电流；（C）线路中最大不平衡负荷电流；（D）最大相电流，且应计入谐波电流的影响。

答案：A

Lb4A5313 要想变压器效率最高，应使其运行在（　　）。

（A）额定负载时；（B）80%额定负载时；（C）75%额定负载时；（D）绕组中铜损耗与空载损耗相等时。

答案：D

Lb4A5314 新设备或经过检修、改造的变压器在投运（　　）h内应进行特殊巡视检查，增加巡视检查次数。

（A）12；（B）24；（C）48；（D）72。

答案：D

Lb4A5315 用试拉断路器的方法寻找接地线路时，应最后试拉（　　）。

（A）短线路；（B）长线路；（C）双线路；（D）带有重要用户的线路。

答案：D

Lc4A1316 《供电营业规则》规定：窃电时间无法查明时，窃电日数至少以（　　）d 计算，每日窃电时间：电力用户按（　　）h 计算；照明用户按（　　）h 计算。

（A）60，12，6；（B）180，12，6；（C）60，24，12；（D）180，24，12。

答案：B

Lc4A1317 《供电营业规则》规定：向被转供户供电的公用线路与变压器的损耗电量应由（　　）负担。

（A）转供户；（B）被转供户；（C）供电企业。

答案：C

Lc4A1318 根据《供电营业规则》规定，在电力系统正常状况下，对于低压三相供电的，供电企业供到用户受电端的供电电压允许偏差为额定值的（　　）。

（A）±10%；（B）±7%；（C）+7%，－10%；（D）±5%。

答案：B

Lc4A1319 《供电营业规则》规定：用户用电功率因数达到规定标准，而供电电压超出本规则规定的变动幅度，给用户造成损失的，供电企业应按用户每月在电压不合格的累计时间内所用的电量，乘以用户当月用电的平均电价的（　　）给予赔偿。

（A）10%；（B）20%；（C）30%；（D）50%。

答案：B

Lc4A1320 《供电营业规则》规定：由于电力企业电力运行事故造成用户停电时，供电企业应按用户在停电时间内可能用电量的电度电费的（　　）倍（单一制电价为四倍）给予赔偿。

（A）三倍；（B）五倍；（C）七倍；（D）十倍。

答案：B

Lc4A1321 《电力供应与使用条例》规定：供电企业可以按照国家有关规定在规划的线路走廊、电缆通道、区域变电所、区域配电所和营业网点的用地上，架线、敷设电缆和建设（　　）。

（A）供电设施；（B）公用供电设施；（C）供、用电设施；（D）配电设施。

答案：B

Jd4A1322 电力变压器的基本文字符号为（　　）。

（A）TA；（B）TM；（C）TR；（D）TL。

答案：B

Jd4A1323 电气工作人员在10kV配电装置中工作，其正常活动范围与带电设备的最小安全距离是（　　）。

（A）0.35m；（B）0.40m；（C）0.50m；（D）0.45m。

答案：A

Jd4A2324 测量低压线路和配电变压器低压侧的电流时，若不允许断开线路时，可使用（　　），应注意不触及其他带电部分，防止相间短路。

（A）钳形电流表；（B）电流表；（C）电压表；（D）万用表。

答案：A

Jd4A2325 QS这个文字符号表示的电气设备为（　　）。

（A）断路器；（B）保护开关；（C）隔离开关；（D）低压闸刀开关。

答案：C

Jd4A3326 钳形电流表使用完后，应将量程开关挡位放在（　　）。

（A）最高挡；（B）最低挡；（C）中间挡；（D）任意挡。

答案：A

Jd4A3327 单相三孔插座安装时，必须把接地孔眼（大孔）装在上方，同时规定接地线桩必须与接地线连接，即（　　）。

（A）左零右火；（B）左零右火上接地；（C）右零左火上接地；（D）左地右火上零。

答案：B

Jd4A4328 某低压配电室电源进线断路器两侧都装有隔离开关，在送电操作时，首先应合上（　　）。

（A）电源进线断路器；（B）电源侧隔离开关；（C）负荷侧隔离开关；（D）无顺序要求。

答案：B

Jd4A5329 10kV的验电器试验周期为（　　）个月一次。

（A）3；（B）6；（C）12；（D）18。

答案：C

Jd4A5330 用钳形电流表测量较小负载电流时，将被测线路绕两圈后夹入钳口，若钳形表读数为6A，则负载实际电流为（　　）。

(A) 2A；(B) 3A；(C) 6A；(D) 12A。

答案：B

Je4A1331 用电检查的主要设备是客户的（　　）。

(A) 供电电源；(B) 计量装置；(C) 受电装置；(D) 继电保护。

答案：C

Je4A2332 对于A/D转换型电子式多功能电能表，提高A/D转换器的采样速率，可提高电能表的（　　）。

(A) 精度；(B) 功能；(C) 采样周期；(D) 稳定性。

答案：A

Je4A2333 采集终端收到主站发来的信息，终端主板上（　　）灯应该闪亮。

(A) RTS；(B) TD；(C) RD；(D) POWER。

答案：C

Je4A2334 以下电能表安装场所及要求不对的是（　　）。

(A) 电能表安装在开关柜上时，高度为（0－4）～0－7m；(B) 电度表安装垂直，倾斜度不超过1°；(C) 不允许安装在有磁场影响及多灰尘的场所；(D) 装表地点与加热孔距离不得少于0～5m。

答案：A

Je4A3335 一般隔离开关没有灭弧装置，不允许它（　　）分、合闸操作。

(A) 空载时进行；(B) 母线切换；(C) 带负荷进行；(D) 带电压进行。

答案：C

Je4A3336 城区、人口密集区或交通道口和通行道路上施工时，工作场所周围应装设遮栏（围栏），并在相应部位装设（　　）。

(A) 警告标示牌；(B) 警示标示牌；(C) 标示牌；(D) 指示灯。

答案：A

Je4A3337 GPRS终端能获得IP但无法与主站连接不可能是（　　）。

(A) 移动通道故障；(B) 路由器故障或路由器未配置相应IP地址段的路由；(C) 通信模块故障；(D) 终端通信参数（主站IP、端口号、APN节点）配置错误。

答案：C

Je4A3338 专变采集终端本地通信调试的参数不包括（　　）。

(A) 电能表地址；(B) 规约；(C) 波特率；(D) 信号频率。

答案：D

Je4A3339 正常供电时，电子式电能表的工作电源通常有三种方式：工频电源、阻容电源和（ ）。

（A）直流电源；（B）交流电源；（C）开关电源；（D）功率源。

答案：C

Je4A4340 电流互感器进行短路匝补偿后，可（ ）。

（A）减小角差和比差；（B）减小角差，增大比差；（C）减小角差，比差不变；（D）减小比差，角差不变。

答案：B

Je4A5341 现场巡视检查时，如听到运行中的配电变压器发出均匀的“嗡嗡”声，则说明（ ）。

（A）变压器正常；（B）绕组有缺陷；（C）铁芯有缺陷；（D）负载电流过大。

答案：A

1.2 判断题

La4A2001 对称三相电源三角形连接时若开口三角形的开口电压读数为零或接近于零，说明三相绕组连接正确。(√)

La4A3002 新参加电气工作的人员、实习人员和临时参加劳动的人员（管理人员、非全日制用工等），应经过安全生产知识教育后，方可下现场单独工作。(×)

La4B1003 节点是指三条或三条以上支路的连接点。(√)

La4B1004 回路是指电路中的任意一个闭合路径。(√)

La4B1005 均匀磁路是指由同一铁磁材料构成，且各段铁芯的横截面积相等的磁路。(√)

La4B1006 三相电路是指三相电源供电给三相负载所形成的电路。(√)

La4B2007 支路是指电路中通过同一电流的分支。(√)

La4B2008 基尔霍夫定律只与电路的连接方式有关，而与电路所含元件的性能无关。(√)

La4B2009 KCL 体现了电路的一个重要的规则：电流是连续的，只能在回路中流动。(√)

La4B2010 电桥平衡的条件，与外加电压无关。(√)

La4B2011 励磁线圈集中绕在一段磁路上就可以。(√)

La4B2012 非均匀磁路是指构成磁路的材料不同和各段磁路的横截面积不等的磁路。(×)

La4B2013 漏磁通很小，在磁路的分析计算中，可以忽略不计。(√)

La4B2014 穿入任一闭合面的磁通必等于穿出该闭合面的磁通。(√)

La4B2015 磁路的任一分支处，各支路磁通的代数和等于零。(√)

La4B2016 磁压降是指某段磁路中的平均磁场强度 H 与该段磁路中心线的长度 L 的乘积。(√)

La4B2017 磁路的欧姆定律一般不能用来进行计算。(√)

La4B2018 磁路与电路的物理量及基本定律在形式上有相似之处，但本质上是不同的。(√)

La4B2019 磁路中有磁动势则必有磁通，无磁动势必无磁通。(×)

La4B2020 发电厂和变电站中的母线排是静止的，所以支持绝缘子只需承受母线排的重量就可以。(×)

La4B2021 发电厂和变电站中的母线排是平行的载流导体，工作时互相承受较大的电磁力，短路时互相承受巨大的电磁力。(√)

La4B2022 在三相电路中，从电源的三个绕组的端头引出三根导线供电，这种供电方式称为三相三线制。(√)

La4B2023 在直流电路中电容元件相当于开路，电感元件相当于短路。(√)

La4B2024 在某段时间内流过电路的总电荷与该段时间的比值称为有效值。(×)

La4B2025 线路的首端电压和末端电压的代数差称作电压偏移。(×)

La4B2026 在 R、L、C 的并联电路中，出现电路端电压和总电流同相位的现象，叫并联谐振。(√)

La4B2027 动电生磁是指电流产生磁场。(√)

La4B2028 导体在磁场中作切割磁力线运动是直导体产生感应电动势的唯一条件。(√)

La4B2029 感应电动势的方向是由低电位指向高电位，导体中感应电流的方向与感应电动势的方向相同。(√)

La4B2030 电感就是自感。(√)

La4B2031 线圈基本的性能就是通过电流而产生磁场，线圈的自感反映了线圈产生磁场的能力。(√)

La4B2032 电感是指线圈中通过单位电流时能产生多少磁链，是来衡量线圈产生自感磁链能力的物理量。(√)

La4B2033 有一电感器 $L=5\text{H}$，当电路频率为工频时，其感抗 $X_L=1570\Omega$，当电路频率为 10 倍工频时 $X_L=15700\Omega$。(√)

La4B2034 高频电流极易通过电感元件。(×)

La4B2035 正弦交流电路中，电感元件在一个周期内的平均功率为零，即 $P=0$。(√)

La4B2036 正弦交流电路中，电感元件与电源之间不停地进行着周期性的、往返的能量交换。(√)

La4B2037 任一时刻的电容电流与电容元件两端电压的变化率成正比。(√)

La4B2038 形成电容电流的条件是电容元件两端的电压要不断变化。(√)

La4B2039 在纯电容正弦交流电路中，在相位上电流超前其电压 90°。(√)

La4B2040 正弦交流电路中的电容元件与电源之间不停地进行着周期性的、往返的能量交换。(√)

La4B2041 正弦交流电路中电容元件在一周期内吸收和放出的能量相等，即在一周期内平均功率为零。(√)

La4B2042 当正弦交流电路中既有电感元件又有电容元件时，它们的无功功率相互补偿。(√)

La4B2043 三相负载，无论是做星形或三角形连结，无论对称与否，其总功率均为 $\text{P}=\sqrt{3}\,\text{U}_l\text{I}_l cos\varphi$。(×)

La4B2044 对称三相负载的功率因数就是一相负载的功率因数。(√)

La4B2045 对称三相电压和对称三相电流的特点是同一时刻它们的瞬时值总和恒等于零。(√)

La4B2046 三相电源无论对称与否，三个相电压的相量和恒定为零。(×)

La4B2047 对称三相电路有功功率 $P=\sqrt{3}U_1I_1\cos\varphi$，其中 φ 对于星形连结，是指相电压与相电流之间的相位差；对于三角形连结，则是指线电压与线电流之间的相位差。(×)

La4B2048 对称的三相电路中，中线电流为零，各相可分别看作单相电路计算。(√)

La4B2049 对称三相电路的三相有功功率用线电压、线电流表示为 $P=\sqrt{3}U_lI_l\cos\varphi$ 其中 φ 是线电压和线电流之间的相位差。(×)

La4B3050 不论电路是线性的，还是非线性的；是瞬变的，还是不变的；是处于稳定状态的，还是处于非稳定状态的，均可应用基尔霍夫定律。(√)

La4B3051 对电路中的任一假设封闭面，流入它的电流之和必等于流出它的电流之和。(√)

La4B3052 *KVL* 不仅适用于电路中的回路，对虚拟回路（假想回路）也适用。(√)

La4B3053 中性点不接地电力系统中，单根接地导线上的接地电流会很大。(×)

La4B3054 两网络间用单根连线相连，则这根连线上也会有电流。(×)

La4B3055 电桥平衡的条件，即相邻桥臂电阻的乘积相等。(×)

La4B3056 电桥平衡的条件，即对应桥臂电阻成比例。(×)

La4B3057 电阻的星形连接与三角形连接可以无条件地任意等效代替。(×)

La4B3058 Yn，d11 等效变换的条件是，变换前后对外连接端子 a、b、c 中任意两点之间的电压和通过 a、b、c 三点的电流保持不变。(√)

La4B3059 三个电阻均为 10Ω，将两个并联后再与第三个串联，其总电阻是 15Ω。(√)

La4B3060 三个电阻均为 10Ω，将两个串联后再与第三个并联，其总电阻是 15Ω。(×)

La4B3061 一根长 50cm 的直导线在磁感应为 2T 的均匀磁场中作匀速运动，导线运动方向与磁场方向垂直，若导线中的感应电动势为 5V，则导线的运动速度 $v=5\text{m/s}$。(√)

La4B3062 磁动势是指线圈匝数 N 与电流 I 的乘积 NI。(√)

La4B3063 磁通并不是质点的运动，所以恒定磁通通过磁路不产生功率损耗。(√)

La4B3064 两根平行载流直导体之间产生吸引力时，说明它们的电流方向相反。(×)

La4B3065 两根平行载流直导体之间产生排斥力时，说明它们的电流方向相同。(×)

La4B3066 任意一组非对称三相正弦周期量可分解成三组对称分量，即正序、负序和零序分量。(√)

La4B3067 $X_C=U/I\neq u/i$ (√)

La4B3068 动磁生电现象即电磁感应现象。(√)

La4B3069 线圈中感应电动势的大小，与线圈中磁通随时间的变化率成正比，与其他无关。(×)

La4B3070 线圈中的感应电动势的大小和方向应遵守法拉第电磁感应定律和楞次定律。(√)

La4B3071 自感系数是对一个空芯线圈或含非铁磁介质的线圈来说的，因为它的自感磁链与电流的比值为一常数。(√)

La4B3072 自感电动势的大小与电感成正比。(√)

La4B3073 自感电动势的大小与通过线圈的电流成正比。(×)

La4B3074 自感电动势的大小与通过线圈的电流变化率成正比。(√)

La4B3075 很高频率的电流通过线圈会造成很大的感应电动势，影响匝间绝缘。（√）

La4B3076 直流下的电感元件自感电动势为零如同短路线。（√）

La4B3077 正弦交流电路中，一电容元件的容抗 $X_c=20\Omega$，电压 $\dot{U}=100\angle 30°V$，若 $\dot{U}$、$\dot{I}$ 为关联参考方向则 $\dot{I}=5\angle 120°A$。（√）

La4B3078 当单个电容元件的电容不够大时，可以采用串联的方法得到大的电容。（×）

La4B3079 三相旋转电机每相的瞬时功率都随时间而变化，但三相瞬时功率之和是一个常量，正好等于三相有功功率 P。（√）

La4B3080 验电时，必须使用相应电压等级接触式验电器，戴高压绝缘手套。（√）

La4B3081 验电时，应按照先高压后低压，先上层后下层的顺序逐相验电。（×）

La4B4082 $X_L=U/I\neq u/i$（√）

La4B5083 工作人员上下杆及作业时，不得失去安全带的保护，并挂在牢固的构件上，不得高挂低用，移位时围杆带和后备保护绳交替使用。（×）

La5B2084 磁路主要由铁芯构成。（√）

Lb4A4085 三芯电力电缆在终端头处，电缆铠装、金属屏蔽层应用接地线分别引出，并应接地良好。（√）

Lb4B1086 三相电能计量装置的接线方式中，A-B-C 接线为正相序，那么 C-A-B 就为逆相序。（×）

Lb4B1087 电力变压器的低压绕组在外面，高压绕组靠近铁芯。（×）

Lb4B1088 电能计量的二次回路一般都与继电保护的二次回路共用。（×）

Lb4B1089 变压器呼吸器中的硅胶，正常未吸潮时颜色应为蓝色的。（√）

Lb4B1090 《继电保护和安全自动装置技术规程》规定，1kV 以上的架空线路或电缆与架空混合线路，当具有断路器时，应装设自动重合闸装置。（√）

Lb4B1091 FS 型避雷器在运行中的绝缘电阻不应小于 2500MΩ。（√）

Lb4B1092 更换低压熔体时，可以带负荷拔熔体。（×）

Lb4B1093 单相两孔插座两孔平列安装，左侧孔接火线，右侧孔接零线，即左火右零原则。（×）

Lb4B1094 由于铝导线比铜导线导电性能好，故使用广泛。（×）

Lb4B1095 绝缘子的主要作用是支持和固定导线。（×）

Lb4B1096 国家电网公司员工服务十个不准规定：不准工作时间饮酒及酒后上岗。（√）

Lb4B1097 国家电网公司员工服务十个不准规定：不准营业窗口擅自离岗或做与工作无关的事。（√）

Lb4B1098 用户申请暂换因受电变压器故障而无相同变压器替代，临时更换大容量变压器审批使用时间：10kV 及以下的不超过三个月。（×）

Lb4B1099 大工业用户申请减容，必须是整台或整组变压器或将大容量的变压器更换为小容量的变压器。（√）

Lb4B2100 在一经合闸即可送电到工作地点的开关和刀闸的操作把手上，均应悬禁

止合闸，有人工作的标示牌。（√）

Lb4B2101 大气过电压可分直击雷过电压和滚动雷过电压。（×）

Lb4B2102 全线敷设电缆的配电线路，一般不装设自动重合闸。（√）

Lb4B2103 电压互感器一次绕组导线很细，匝数很多，二次匝数很少，经常处于空载的工作状态。（√）

Lb4B2104 35kV及以上计费用电压互感器二次回路，应不装设隔离开关辅助触点和熔断器。（×）

Lb4B2105 有重要负荷的用户，在已取得供电企业供给的保安电源后，还应配置应急电源或采取其他应急措施。（√）

Lb4B2106 直接接入式单相电能表和小容量动力表，可直接按用户所装设备总电流的50%～80%来选择标定电流。（×）

Lb4B2107 用户倒送电网的无功电量，不参加计算月平均功率因数。（×）

Lb4B2108 潮湿或污秽严重场所，必须使用电压高一等级的高压电器，以提高绝缘水平。（×）

Lb4B2109 三相变压器分别以A，a；X，x；B，b；Z，z；C，c；Y，y表示同极性端。（√）

Lb4B2110 加在避雷器两端使其放电的最小工频电压称为工频放电电压。（√）

Lb4B2111 电能表的准确度等级为2.0，即其基本误差小于±2.0%。（√）

Lb4B2112 手动操作的星、三角形启动器，应在电动机转速接近运行转速时进行切换。（√）

Lb4B2113 悬式绝缘子多组成绝缘子串，用于10kV及以上的线路。（√）

Lb4B2114 多路电源供电的用户进线应加装联锁装置或按供用双方协议调度操作。（√）

Lb4B2115 执行两部制电价计费的用户还应实行功率因数调整电费办法。（√）

Lb4B2116 测量变压器绕组直流电阻的目的是判断是否断股或接头接触不良。（√）

Lb4B2117 防爆管是用于变压器正常呼吸的安全气道。（×）

Lb4B2118 当电网频率下降时，家中电风扇的转速会变快。（×）

Lb4B2119 单相电能表铭牌上的电流为2.5（10）A，其中2.5A为额定电流，10A为标定电流。（×）

Lb4B2120 用于无功补偿的电力电容器，不允许在1.3倍的额定电流下长期运行。（×）

Lb4B2121 断路器关合电流是表示断路器在切断短路电流后，立即合闸再切断短路电流的能力。（√）

Lb4B2122 电流互感器可以把高电压与仪表和保护装置等二次设备隔开，保证了测量人员与仪表的安全。（√）

Lb4B2123 变压器在低温投运时，应防止呼吸器因结冰被堵。（√）

Lb4B2124 变压器、互感器通过的电流增加，其励磁磁通随之增加。（×）

Lb4B2125 日光灯并联电容器的目的是改善电压。（×）

Lb4B2126 三相变压器的额定电流一般指绕组的线电流。(√)

Lb4B2127 真空断路器在切断感性小电流时，有时会出现很高的操作过电压。(√)

Lb4B2128 变压器分接开关上标有Ⅰ、Ⅱ、Ⅲ，现运行于位置Ⅱ，低压侧电压偏高，应将分接开关由Ⅱ调到Ⅲ。(×)

Lb4B2129 电流互感器与电压互感器二次侧不允许互相连接。电压互感器连接的是高阻抗回路，称为电压回路；电流互感器连接的是低阻抗回路，称为电流回路。如果电流回路接于电压互感器二次侧会使电压互感器短路，造成电压互感器熔断器或电压互感器烧坏以及造成保护误动作等事故。如果电压回路接于电流互感器二次侧，则会造成电流互感器二次侧近似开路。出现高电压，威胁人身和设备安全。(√)

Lb4B2130 电流继电器动作后，其触点压力越大，返回系数越高。(√)

Lb4B2131 熔断器熔件的额定电流可选择略大于熔断器额定电流。(×)

Lb4B2132 同一设备的电力回路和无防干扰要求的控制回路可穿于同一根管子内。(√)

Lb4B2133 继电保护用的电流互感器，要求在流过短路电流时保证有一定准确度等级，即在正常负荷电流时对准确度等级要求不高，所以用双次级电流互感器铁芯截面大的那个绕组。因为流过正常负荷电流时准确度等级低，但对继电保护没有影响。而流过短路电流时，铁芯截面大不易饱和，能保证一定的准确度等级，使继电保护能可靠动作。(√)

Lb4B2134 平地、造田、修渠、打井等农田基本建设用电执行农业生产电价。(√)

Lb4B2135 三相四线制供电的系统应装三相四线电能表进行电能计量。(√)

Lb4B2136 变压器负荷的不均衡率不得超过其额定容量的25%，是根据变压器制造的标准的要求规定的。(√)

Lb4B2137 保护接地是指电力系统中某些设备因运行的需要，直接或通过消弧线圈、电抗器、电阻等与大地金属连接。(×)

Lb4B2138 变压器中性点接地属于工作接地。(√)

Lb4B2139 对双路电源供电的用户应加装可靠的联锁装置，严格按照供用双方签订的调度协议进行倒闸操作。(√)

Lb4B2140 变压器压力式温度计所指温度是绕组温度。(×)

Lb4B2141 运行中的变压器可以从变压器下部阀门补油。(×)

Lb4B2142 雷电接闪器是指避雷针、避雷带和避雷网的最高部分接受放电的导体。(√)

Lb4B2143 变压器的温度指示器指示的是变压器绕组的温度。(×)

Lb4B2144 避雷器通常接在导线和地之间，与被保护设备并联。当被保护设备在正常工作电压下运行时，避雷器不动作，即对地视为断路。一旦出现过电压，且危及被保护设备绝缘时，避雷器立即动作，将高电压冲击电流导向大地，从而限制电压幅值，保护电气设备绝缘。当过电压消失后，避雷器迅速恢复原状，使系统能够正常供电。(√)

Lb4B2145 系统无功功率不足，电网频率就会降低。(×)

Lb4B2146 几个电气设备接地时可将几个接地部分串接后再用一根接地线与接地干线或接地体连接。(×)

Lb4B2147 在中性点不接地系统中发生单相接地时，长时间承受线电压的情况下，可能使阀型避雷器爆炸。（√）

Lb4B2148 RS485通信线缆采用穿管线槽、钢索方式连接时，不得与强电线路合管、合槽敷设，与绝缘电力线路的距离应不小于0.1m，与其他弱电线路应有有效的分隔措施。（√）

Lb4B2149 《单相智能电能表技术规范》规定了单相智能电能表的规格要求、环境条件、显示要求、外观结构、安装尺寸、材料及工艺等形式要求。（√）

Lb4B2150 电能表箱的门上应装有8cm宽度的小玻璃，便于抄表，并加锁加封。（√）

Lb4B2151 电压互感器检定人必须持有有效期内的电压互感器检定项目计量检定员证。（√）

Lb4B2152 变压器硅胶受潮变粉红色。（√）

Lb4B2153 市政府、广播电台、电视台的用电，按供电可靠性要求应分为二级供电负荷。（×）

Lb4B2154 《国家电网公司业扩供电方案编制导则》规定：接入中性点绝缘系统的电能计量装置，宜采用三相四线接线方式；接入中性点非绝缘系统的电能计量装置，应采用三相三线接线方式。（×）

Lb4B2155 在变压器、配电装置和裸导体的正上方不应布置灯具。（√）

Lb4B2156 禁止任何单位和个人在电费中加收其他费用；但是，法律、行政法规另有规定的除外。（√）

Lb4B2157 一般高压客户的计算负荷宜等于变压器额定容量的70%～75%。（√）

Lb4B2158 《国家电网公司业扩供电方案编制导则》中规定：客户用电设备总容量在200kW及以下或受电变压器容量在100kV·A及以下者，可采用低压380V供电。（×）

Lb4B3159 上下级保护间只要动作时间配合好，就可以保证选择性。（×）

Lb4B3160 中性点经消弧线圈接地系统普遍采用过补偿运行方式。（√）

Lb4B3161 管型避雷器是由外部放电间隙、内部放电间隙和消弧管三个主要部分组成。（√）

Lb4B3162 低压带电作业，上杆前应先分清火、地线，选好工作位置，断开导线时，应先断开地线，后断开火线。（×）

Lb4B3163 10kV屋内高压配电装置的带电部分至接地部分的最小安全净距是125mm。（√）

Lb4B3164 在高土壤电阻率的地区装设接地极时，接地极的数量越多，接地电阻越小。（×）

Lb4B3165 电流互感器的一次电流与二次侧负载无关，而变压器的一次电流随着二次侧的负载变化而变化。（√）

Lb4B3166 最大需量指用户每月15min内的平均最大负荷。（√）

Lb4B3167 运行中的阀型避雷器瓷套管密封不良、受潮或进水时会引起爆炸。（√）

Lb4B3168 装设无功补偿自动投切装置的目的是为了避免过补偿。（×）

Lb4B3169 具有电动合闸和分励脱扣器的低压空气断路器可以代替交流接触器使用。(×)

Lb4B3170 降低变压器一次电压可以减少变压器的铁损。(√)

Lb4B3171 变比为10：1的变压器，测量其绕组直流电阻时，应该是高压绕组值为低压绕组电阻值的10倍。(×)

Lb4B3172 距避雷针越近，反击电压越大。(√)

Lb4B3173 为了防止电容器放电装置短路，在放电回路中，应装设熔断器保护。(×)

Lb4B3174 经电流互感器的三相四线电能表，一只电流互感器极性反接，电能表走慢了1/3。(×)

Lb4B3175 用电容量在100kV·A（100kW）及以上的工业、非工业、农业用户均要实行功率因数考核。(√)

Lb4B3176 电流互感器二次绕组的接地属于保护接地，其目的是防止绝缘击穿时二次侧串入高电压，威胁人身和设备安全。(√)

Lb4B3177 当电流互感器一、二次绕组分别在同极性端子通入电流时，它们在铁芯中产生的磁通方向相同，这样的极性称为减极性。(√)

Lb4B3178 大电流接地系统，用三相三线计量方式会造成电能计量误差，必须用三相四线计量方式。((√)

Lb4B3179 真空式断路器切断容性负载时，一般不会产生很大的操作过电压。(√)

Lb4B3180 在断路器的操作模拟盘上，红灯亮，表示断路器在合闸位置，并说明合闸回路良好。(×)

Lb4B3181 GIS高压组合电器内部绝缘介质是六氟化硫。(√)

Lb4B3182 一个接地线中可串接几个需要接地的电器装置。(×)

Lb4B3183 反时限交流操作过电流保护采用交流电压220V或110V实现故障跳闸的。(×)

Lb4B3184 测量电流、电压，使用高精度的仪表测出的数值，肯定比低精度的仪表测出的数值精确。(×)

Lb4B3185 电压互感器二次负载变化时，电压基本维持不变，相当于一个电压源。(√)

Lb4B3186 变电所进线段过电压保护可使流过变电所内避雷器的雷电流幅值降低，避免避雷器和被保护设备受到雷击的损坏。(√)

Lb4B3187 为了限制接地导体电位升高，避雷针必须接地良好，接地电阻合格，并与设备保持一定距离；避雷针与变配电设备空间距离不得小于5m；避雷针的接地与变电所接地网之间的地中距离应大于3m。(√)

Lb4B3188 变比、容量、接线组别相同，短路阻抗为4%与5%的两台变压器是不允许并列运行的。(√)

Lb4B3189 绝缘子在架空线路中，主要用于支持和固定导线的作用。(×)

Lb4B3190 变压器高低压侧应装设高压避雷器和低压避雷器，高压避雷器应尽量靠

近变压器。(√)

Lb4B3191 在电力系统正常运行情况下，220V单相供电电压允许偏差为额定电压的±7%。(×)

Lb4B3192 配电线路拉线的主要作用是平衡导（地）线的不平衡张力；稳定塔杆、减少塔杆的受力。(√)

Lb4B3193 在测量绝缘电阻和吸收比时，一般应在干燥的晴天，环境温度不低于0℃时进行。(×)

Lb4B3194 变压器铁芯可以多点接地。(×)

Lb4B3195 多绕组设备进行绝缘试验时，非被试绕组应与接地系统绝缘。(×)

Lb4B3196 当电气设备装设漏电继电器后，其金属外壳就不需采用保护接地或接零的措施。(×)

Lb4B3197 万用电表的灵敏度越小，表明测量仪表对被测量电路的影响越小，其测量误差也就越小。(×)

Lb4B3198 备用电源分为全备用和保安电源。全备用是生产用电的所有设备，均符合一级或二级负荷标准。保安电源则只是保证部分重要生产设备为一级或二级负荷的生产设备。(√)

Lb4B3199 采集终端心跳周期参数设置过长可能导致终端频繁上下线。(√)

Lb4B3200 国标规定分时计度（多费率）电能表每天日计时误差应不超过0.5s。(√)

Lb4B3201 高供低计的用户，计量点到变压器低压侧的电气距离不宜超过20m。(√)

Lb4B3202 低压空气断路器在跳闸时，是消弧触头先断开，主触头后断开。(×)

Lb4B3203 上下级保护间只要动作时间配合好，就可以保证选择性。(×)

Lb4B3204 多层或高层主体建筑内变电所，宜选用不燃或难燃型变压器。(√)

Lb4B3205 《国家电网公司业扩供电方案编制导则》中规定：客户单相用电设备总容量在10kW及以下时可采用低压220V供电，在经济落后地区用电设备容量可扩大到16kW。(×)

Lb4B3206 接在配电所、变电所的架空进、出线上的避雷器，应装设隔离开关。(×)

Lb4B3207 低压馈电断路器应具备过流和短路跳闸功能，并装设剩余电流保护装置。(√)

Lb4B3208 《供电服务规范》：供电客户服务是电力供应过程中，企业为满足客户获得和使用电力产品的各种相关需求的一系列活动的总称。(√)

Lb4B3209 国家电网公司员工服务十个不准规定：不准违反公司批准的收费项目和标准向客户收费(×)

Lb4B4210 容量、变比相同，阻抗电压不一样的两变压器并列运行时，阻抗电压大的负荷大。(×)

Lb4B4211 在发电厂和变电所中，保护回路和断路器控制回路，不可合用一组单独

的熔断器或低压断路器（自动空气开关）。（√）

Lb4B4212 二次侧为双绕组的高压电流互感器，用电流互感器铁芯截面小的那个绕组接继电保护，电流互感器铁芯截面大的那个绕组接计量仪表。（×）

Lb4B4213 无载调压可以减少或避免电压大幅度波动，减少高峰、低谷电压差。（×）

Lb4B4214 用两功率表法测量三相三线制电路的有功功率或电能时，不管三相电路是否对称都能正确测量。（√）

Lb4B4215 中性点非直接接地系统空母线送电后，对地容抗很小。（×）

Lb4B4216 当电流互感器发出大的嗡嗡声、所接电流表无指示时，表明电流互感器二次回路已开路。（√）

Lb4B4217 过电压的产生，均是由于电力系统的电磁能量发生瞬间突变而引起的。（√）

Lb4B4218 计量接线若相序接反，有功电能表将反转。（×）

Lb4B4219 电缆在直流电压作用下，绝缘中的电压分布按电阻分布。（√）

Lb4B4220 中性点非有效接地的电网的计量装置，应采用三相三线有功、无功电能表。（√）

Lb4B4221 绕线式三相异步电动机启动时，应将启动变阻器接入转子回路中，然后合上定子绕组电源的断路器。（√）

Lb4B4222 当运行中电流互感器二次侧开路后，一次侧电流仍然不变，二次侧电流等于零，则二次电流产生的去磁磁通也消失了。这时，一次电流全部变成励磁电流，使互感器铁芯饱和，磁通也很高，将在电流互感器一次侧线圈产生危及设备和人身安全的高电压。（×）

Lb4B4223 电流互感器一次电流的确定，应保证其在正常运行中的实际负荷电流达到额定值的60%左右，至少应不小于30%。否则应选用高动热稳定电流互感器以减小变化。（√）

Lb4B4224 在中性点非直接接地系统中，TV二次绕组三角开口处并接一个电阻，是为了防止铁磁谐振。（√）

Lb4B4225 在雷雨季中，线路侧带电可能经常断开的断路器外侧应装设避雷装置。（√）

Lb4B4226 计量和继电保护对电流互感器准确度和特性的要求相同，所以两绕组可以互相调换使用。（×）

Lb4B4227 变压器的铜损耗等于铁损耗时，变压器的效率最高。（√）

Lb4B4228 征得供排水部门同意的金属水管可作为保护线。（×）

Lb4B4229 中断供电将造成人身伤亡的用电负荷，应列入一级负荷。（√）

Lb4B4230 电力电缆和控制电缆可以配置在同一层支架上。（×）

Lb4B4231 电网峰谷差愈大，电网平均成本随时间的波动就愈大。（√）

Lb4B4232 变压器一次侧熔断器熔丝是作为变压器本身故障的主保护和二次侧出线短路的后备保护。（√）

Lb4B4233 中断供电将在政治、经济上造成较大损失用户的用电负荷，列入重要负荷。(×)

Lb4B4234 干式变压器的防雷保护，应选用残压较低的氧化锌避雷器。(√)

Lb4B4235 高压用户的成套设备中装有自备电能表及附件时，经供电企业检验合格、加封并移交供电企业维护管理的，只能作为考核用电能表。(×)

Lb4B4236 断路器的额定电流是指长期允许通过的最大工作电流，不受环境温度的影响。(×)

Lb4B4237 避雷针一般安装在支柱（电杆）上或其他构架、建筑物上，必须经引下线与接地体可靠连接。(√)

Lb4B4238 开关柜上单项的机械指示、电气指示、遥信指示，不能作为已经停电或不验电的依据。(√)

Lb4B4239 导线的弧垂是架空导线最低点与导线悬挂点间的水平距离。(×)

Lb4B4240 反击过电压是指接地导体由于接地电阻过大，通过雷电流时，地电位可升高很多，反过来向带电导体放电，而使避雷针附近的电气设备过电压。(√)

Lb4B4241 两台变比不同的变压器并列运行后，二次绕组就产生均压环流。(√)

Lb4B4242 装有接地监视的电压互感器，当一相接地时，三相线电压表指示仍然正常。(√)

Lb4B4243 根据规程的定义，静止式有功电能表是由电流和电压作用于固态（电子）积分器器件而产生与瓦时成比例的输出量的仪表。(×)

Lb4B4244 变压器线圈的绝缘称纵绝缘。(√)

Lb4B4245 真空式断路器切断容性负载时，一般不会产生很大的操作过电压。(√)

Lb4B4246 选择导体截面时线路电压的损失应满足用电设备正常工作时端电压的要求。(×)

Lb4B4247 变电所采用双层布置时，变压器应设在上层。(×)

Lb4B4248 采用双路或多路电源供电时，电源线路宜采取不同方向或不同路径架设（敷设）。(√)

Lb4B4249 带电导体系统的形式，宜采用单相单线制、两相三线制、三相三线制和三相四线制。(×)

Lb4B4250 当电力供应不足或因电网原因不能保证连续供电的，应执行政府批准的有序用电方案。(√)

Lb4B4251 《供电服务规范》规定，在电力系统正常的情况下，供电企业应当连续向用户供电。引起停电或者限电的原因消除后，供电企业应当尽快恢复正常供电，不能在3个工作日内恢复供电的，供电企业应当向用户说明原因。(×)

Lb4B4252 国家电网公司员工服务十个不准规定：不准私自停电、无故拖延送电。(×)

Lb4B5253 有接地监视的电压互感器在高压熔丝熔断一相时，二次开口三角形两端会产生零序电压。(√)

Lb4B5254 使各外露导电部分和装置外导电部分电位实质上相等的电气连接称为等

电位联结。(√)

Lb4B5255 当运行中的配电变压器发生一次侧跌落式熔断器的熔丝熔断时，为了减少停电时间，应立即换上完好的熔丝并马上合上跌落式熔断器。(×)

Lb4B5256 有接地监视的电压互感器，正常运行时辅助绕组每相电压为100V。(×)

Lb4B5257 过电压分为外部过电压和内部过电压，雷电突然加到电网产生的电压称为大气过电压或外部过电压。运行人员操作、电磁振荡或其他原因而产生的过电压，为内部过电压。(√)

Lb4B5258 高压熔断器用于3～35kV大容量装置中，以保护线路、变压器、电动机及电压互感器等。(×)

Lb4B5259 氧化锌避雷器的阀片电阻具有线性特性。(×)

Lb4B5260 检修状态是指线路、母线等电气设备的开关断开，其两侧刀闸和相关接地刀闸处于断开位置。(×)

Lb4B5261 空载变压器合闸瞬间电压正好经过峰值时，其激磁电流最大。(×)

Lb4B5262 为提高客户电容器的投运率，并防止无功倒送，宜采用手动投切方式。(×)

Lb4B5263 配电所专用电源线的进线开关应采用断路器或负荷开关熔断器组合电器。(√)

Lb4B5264 配电室通道上方裸露带电体距地面的高度不应低于3m。(×)

Lb5B2265 终端电能表的数据采集通过RS485串口采集。通信线采用两/双芯屏蔽线，线径不小于0.5mm，最大接入线径为2mm。(√)

Lc4B1266 《中华人民共和国电力法》规定：并网双方应当按照统一调度、分级管理和平等互利、协商一致的原则，签订并网协议，确定双方的权利和义务；并网双方达不成协议的，由县级以上电力管理部门协调决定。(×)

Lc4B1267 《中华人民共和国电力法》规定：电力供应与使用双方应当根据平等自愿、协商一致的原则，按照电力管理部门制定的电力供应与使用办法签订供用电合同，确定双方的权利和义务。(×)

Lc4B1268 《中华人民共和国电力法》规定：供电企业应当保证供给用户的供电质量符合国家标准。对公用供电设施引起的供电质量问题，应当及时处理。(√)

Lc4B1269 《中华人民共和国电力法》规定：因抢险救灾需要紧急供电时，供电企业必须尽速安排供电，所需供电工程费用和应付电费由供电企业支付。(×)

Lc4B1270 《中华人民共和国电力法》规定：对危害供电、用电安全和扰乱供电、用电秩序的，供电企业有权制止。(√)

Lc4B1271 《中华人民共和国电力法》规定：在电力设施周围进行爆破及其他可能危及电力设施安全的作业的，应当按照国务院有关电力设施保护的规定，经批准并采取确保电力设施安全的措施后，方可进行作业。(√)

Lc4B1272 《中华人民共和国电力法》规定：任何单位和个人不得在依法划定的电力设施保护区内修建可能危及电力设施安全的建筑物、构筑物，不得种植可能危及电力设施安全的植物，不得堆放可能危及电力设施安全的物品。(√)

Lc4B1273 《中华人民共和国电力法》规定：盗窃电能的，由电力管理部门责令停止违法行为，追缴电费并处应交电费三倍以下的罚款。（×）

Lc4B1274 《电力供应与使用条例》规定：公用供电设施建成投产后，由供电单位统一维护管理，供电企业可以使用、改造、扩建该供电设施。（×）

Lc4B1275 《电力供应与使用条例》规定：用户设备处的供电质量应当符合国家标准或者电力行业标准。（×）

Lc4B1276 《电力供应与使用条例》规定：承装、承修、承试供电设施和受电设施的单位，必须经电力部门审核合格，取得电力管理部门颁发的承装（修）电力设施许可证后，方可向工商行政管理部门申请领取营业执照。（×）

Lc4B1277 电力企业应加强对电力设施的保护工作，对危害电力设施安全的行为，应采取适当措施，予以制止。（√）

Lc4B1278 因建设引起建筑物、构筑物与供电设施相互妨碍，需要迁移供电设施或采取防护措施时，应按建设先后的原则，确定其担负的责任。（√）

Lc4B1279 依据《居民用户家用电器损坏处理办法》规定：供电企业对居民用户家用电器损坏的赔偿费，在营业外支出中列支。（×）

Lc4B1280 依据《供电营业规则》，不申请办理过户手续而私自过户者，新用户应承担原用户所负债务。（√）

Lc4B1281 计费电能表装设后，供电企业应负责保护，告知客户不应在表前堆放影响抄表或计量准确及安全的物品。（×）

Lc4B1282 受理客户计费电能表校验申请后，5 个工作日内出具检测结果。（√）

Lc4B1283 客户提出抄表数据异常后，7 个工作日内核实并答复。（√）

Lc4B1284 依据《供电营业规则》，如果计费电能计量装置计量不准，应按规定退补电费，在退补期间，用户先按抄见电量如期交纳电费，误差确定后，再行退补。（√）

Lc4B1285 依据《电力供应与使用条例》，用户对供电质量有特殊要求的，供电企业应当根据其必要性和电网的规划，提供相应的电力。（×）

Lc4B1286 供用电合同的变更或解除，必须由合同双方当事人依照法律程序确定确实无法履行合同。（×）

Lc4B1287 100kV·A 及以上高压供电的用户，在电网高峰负荷时的功率因数应达到 0.9。（√）

Lc4B1288 私自迁移、更改和操作供电企业的用电计量装置按窃电行为处理。（×）

Lc4B1289 两部制电价的用户，擅自启用暂停或已封存的电力设备的，应补交该设备容量的基本电费，并承担三倍补交基本电费的违约电费。（×）

Lc4B1290 充换电服务费标准上限由省级人民政府价格主管部门或其授权的单位制定并调整。（√）

Lc4B2291 TV 压降超出允许范围时，以允许电压降为基准，按验证后实际值与允许值之差补收电量。（√）

Lc4B2292 依据《供电营业规则》，供电企业应在用户每一个受电点内按不同电价类别，分别安装用电计量装置。每个计量点作为用户的一个计费单位。（×）

Lc4B2293 按最大需量计收基本电费的客户，申请暂停用电必须是全部容量暂停。(√)

Lc4B2294 《供电营业规则》规定：供电企业对申请用户提供的供电方式，应从供用电的安全、经济、合理和便于管理出发，依据国家有关政策和规定、电网的规划、用电需求以及当地供电条件等因素，进行技术经济比较后确定。(×)

Lc4B2295 利用建筑屋顶及附属场地建设的分布式光伏发电项目，在项目备案时只能选择自发自用、余电上网模式。(×)

Lc4B2296 《供电营业规则》规定：用户认为供电企业装设的计费电能表不准时，有权向供电企业提出校验申请，在用户交付验表费后，供电企业应在七天内检验，并将检验结果通知用户。(√)

Lc4B3297 10kV架空线路边线向外侧水平延伸5m并垂直于地面所形成的两平行面内的区域为该线路的保护区。(√)

Lc4B3298 支持在学校、医院、党政机关、事业单位、居民社区建筑和构筑物等推广小型分布式光伏发电系统。(√)

Lc4B3299 《供电营业规则》规定：当二次回路负荷超过互感器额定二次负荷或二次回路电压降超差时应及时查明原因，并在一个月内处理。(√)

Lc4B3300 《供电营业规则》规定：供电企业接到用户的受电装置竣工报告及检验申请后，应及时组织检验。检验合格后的五天内，供电企业应派人员装表接电。(×)

Lc4B4301 分布式发电系统接入配电网前，应明确上网电量和下网电量关口计量点，原则上设置在产权分界点，上、下网电量分开计量，电费互抵。(×)

Lc4B5302 享受金太阳示范工程补助资金、太阳能光电建筑应用财政补贴资金的项目属于分布式光伏发电补贴范围。(×)

Ld4B3303 用直流电桥测量完毕，应先断开检流计按钮，后断开充电按钮，防止自感电动势损坏检流计。(√)

Ld4B3304 使用单臂电桥测量在测电感线圈直流电阻时，应在接通电源按键后，稍停一段时间，再接通检流计按键，读取数字后，应先断开检流计按键，再断开电源按键。(√)

Jd4A1305 在使用电流、电压表及钳形电流表的过程中，都应该从最大量程开始，逐渐变换成合适的量程。(√)

Jd4A1306 在发现直接危及人身、电网和设备安全的紧急情况时，有权停止作业或者在采取可能紧急措施后撤离作业场所，并立即报告。(√)

Jd4B1307 禁止在只经断路器（开关）断开电源且未接地的高压配电线路或设备上工作。(√)

Jd4B1308 架空配电线路和高压配电设备验电应有人监护。(√)

Jd4B1309 配电线路和设备停电后，在未拉开有关隔离开关（刀闸）和做好安全措施前，不得触及线路和设备或进入遮栏（围栏），以防突然来电。(√)

Jd4B2310 两台及以上配电变压器低压侧共用一个接地引下线时，其中任一台配电变压器停电检修，其他配电变压器也应停电。(√)

Jd4B2311 配电线路、设备停电时，对能直接在地面操作的断路器（开关）、隔离开

关（刀闸）的操作机构应加锁。（√）

Jd4B3312 为了解救触电人员，可以不经允许，立即断开电源，事后立即向上级汇报。（√）

Jd4B3313 绝缘导线的接地线应装设在验电接地环上。（√）

Jd4B3314 用直流电桥测量变压器绕组直流电阻时，其充电过程中电桥指示电阻值随时间增长不变。（×）

Je4B2315 计量柜（箱）门、操作手柄及壳体结构上的任一点对接地螺栓的直流电阻值应不大于 0.05Ω。（×）

Je4B2316 对 10kV 供电的用户，应配置专用的计量电流、电压互感器。（√）

Je4B2317 计量表一般安装在楼下，沿线长度一般不小于 8m。（×）

Je4B2318 为提高低负荷计量的准确性，应选用过载 4 倍及以上的电能表。（√）

Je4B2319 采用低压电缆进户，电缆穿墙时最好穿在保护管内，保护管内径不应小于电缆外径的 2 倍。（×）

Je4B2320 带电进行电能表装拆工作时，应先在联合接线盒内短接电流连接片，脱开电压连接片。（√）

Je4B2321 现场检验电能表时，电压回路的连接导线以及操作开关的接触电阻、引线电阻之和不应大于 0.3Ω。（×）

Je4B2322 对采集点的运行情况进行现场检查时，必须填写现场巡视单。（√）

Je4B2323 供电企业应在用户每一个受电点内按不同电价类别，分别安装用电计量装置。（√）

Je4B2324 经电流互感器接入的电能表，其电流线圈直接串联在经电流互感器二次绕组上。（√）

Je4B3325 电动汽车充电装置贸易结算处的电能计量点位置应设置在客户进线侧。（√）

Je4B3326 三相四线制电能表接入电路时误把电源中性线（N 线）与 W 相电压线接反，若电能表电压线圈可以承受此线电压，能正常工作，则此时电能表功率为正确接线时 3 倍。（×）

Je4B3327 某用户接了 50A/5A 电流互感器、10000V/100V 电压互感器、DS 型电能表常数为 2000r/kW・h。若电能表转了 10 圈，则用户实际用电量为 600kW・h。（×）

Je4B3328 多芯线的连接要求，接头长度不小于导线直径的 5 倍。（×）

Je4B3329 三相三线电能表中相电压断了，此时电能表应走慢 1/3。（×）

Je4B3330 台区划分不清楚，没有把表计档案归属到相应的集中器上时，一般会出现一部分或者全部表计无法抄读现象。（√）

Je4B3331 减极性电流互感器，一次电流由 L1 进 L2 出，则二次电流由二次侧 K2 端接电能表电流线圈端，K1 端接另一端。（×）

Je4B4332 电压互感器的空载误差分量是励磁电流在一、二次绕组的漏阻抗时产生的压降所引起的。（√）

Je4B4333 串级式结构的电压互感器绕组中的平衡绕组主要起到使两个铁芯柱的磁通平衡的作用。（√）

1.3 多选题

La4C2001 磁路是指（ ）的路径。

（A）主要由铁磁材料构成的；（B）能使磁通集中通过的；（C）由顺磁材料构成的；（D）由逆磁材料构成的。

答案：AB

La4C2002 电感元件的无功功率是指（ ）。

（A）电感元件与电源交换功率的最大值；（B）能量交换的规模；（C）交换能量的最大速率；（D）单位时间内消耗的电能。

答案：ABC

La4C2003 电容器的容量决定于（ ）。

（A）两极板的正对面积；（B）两极板间距；（C）电介质的介电系数；（D）外加电压的多少。

答案：ABC

La4C2004 电容元件的无功功率是指（ ）。

（A）电容元件与电源交换功率的最大值；（B）能量交换的规模；（C）交换能量的最大速率；（D）单位时间内消耗的电能。

答案：ABC

La4C2005 一个正弦量可以用（ ）表示。

（A）解析式；（B）波形图；（C）相量；（D）标量。

答案：ABC

La4C3006 “动磁生电”的两种基本方法是（ ）。

（A）使直导体作切割磁力线运动；（B）使穿过线圈中的磁通发生变化；（C）使直导体沿着磁力线运动；（D）使线圈的电阻发生变化。

答案：AB

La4C3007 主磁通是指（ ）。

（A）沿铁芯所规定的路径闭合的磁通；（B）工作磁通；（C）电磁能量传递的媒介；（D）穿出铁芯沿空气或其他非铁磁物质而闭合的磁通。

答案：ABC

La4C3008 “动磁生电”的两种基本方法是（ ）。

（A）使直导体作切割磁力线运动；（B）使穿过线圈中的磁通发生变化；（C）使直导体沿着磁力线运动；（D）使线圈的电阻发生变化。

答案：AB

La4C3009 线圈中感应电动势的大小与（　　）成正比。

（A）线圈中磁通随时间的变化率；（B）线圈的匝数；（C）外磁场的磁感应强度；（D）线圈的直径。

答案：AB

La4C3010 线圈中感应电动势的方向可由（　　）来确定。

（A）右手螺旋定则；（B）左手定则；（C）右手定则；（D）楞次定律；（E）法拉第电磁感应定律。

答案：DE

La4C3011 对一个空芯线圈或含非铁磁介质的线圈来说，自感系数和下列说法（　　）说的是一回事。

（A）L；（B）自感磁链与线圈中通过的电流的比值；（C）自感；（D）电感。

答案：ABCD

La4C3012 直螺管线圈的电感与（　　）成正比，与线圈的长度成反比，且与介质的磁导率有关。

（A）线圈匝数的平方；（B）线圈匝数；（C）线圈的横截面积；（D）线圈导线的直径。

答案：AC

La4C3013 平行四边形法则求解同频相量相加减的步骤为（　　）。

（A）以两相量为邻边作一平行四边形；（B）两相量始点指向对角的对角线即为合成相量的和；（C）合成相量与纵轴正方向的夹角即为初相角；（D）合成相量与横轴的夹角即为初相角。

答案：AB

La4C3014 在纯电容正弦交流电路中，电压与电流之间的（　　）符合欧姆定律形式。

（A）最大值；（B）有效值；（C）瞬时值；（D）平均值。

答案：AB

La4C3015 对称三相电路的三相瞬时功率之和（　　）。

（A）是一个变量；（B）等于三相有功功率 P；（C）是一个常量；（D）等于0。

答案：BC

La4C3016 对同杆塔架设的多层电力线路进行验电的顺序是（ ）。
（A）先验低压后验高压；（B）先验远侧、后验近侧；（C）先验近侧、后验远侧；（D）禁止工作人员穿越未经验电、接地的线路对上层线路进行验电；（E）先验上层、后验下层。
答案：ACD

La4C3017 （ ）项目不收取系统备用费。
（A）分布式光伏发电；（B）核电；（C）分布式天然气发电；（D）分布式风电。
答案：AD

La4C4018 纯电感正弦交流电路中电压与电流之间的（ ）符合欧姆定律形式。
（A）最大值；（B）有效值；（C）瞬时值；（D）平均值。
答案：AB

Lb4C1019 高压隔离开关可用作（ ）。
（A）开断负荷电流；（B）开断无故障的电压互感器；（C）开断励磁电流不超过 2A 的空载变压器；（D）开断无故障的避雷器。
答案：BCD

Lb4C1020 受电变压器容量在 315kV·A 及以上的自来水厂用电按何种计收电费，以下答案错误的是（ ）。
（A）农业；（B）居民；（C）商业；（D）大工业。
答案：ABC

Lb4C1021 下列情形中，供电企业不减收客户基本电费的是（ ）。
（A）事故停电；（B）暂停；（C）检修停电；（D）计划限电。
答案：ACD

Lb4C1022 社会福利场所生活用电不执行（ ）电价。
（A）农业生产用电；（B）居民生活用电；（C）商业用电；（D）大工业用电。
答案：ACD

Lb4C1023 抢险救灾、基建施工、（ ）等非永久性用电，可实施临时供电。
（A）集会演出；（B）市政建设；（C）抗旱打井；（D）防汛排涝。
答案：ABCD

Lb4C1024 电力运行事故由下列（ ）原因之一造成的，电力企业不承担赔偿责任。

（A）电网调度事故；（B）用户自身过错；（C）电网设备事故；（D）不可抗力。

答案：BD

Lb4C2025 在不对称三相四线制供电线路中，中性线的作用是（ ）。

（A）消除中性点位移；（B）使供电电路有回路；（C）使不对称负载上获得的电压基本对称；（D）保证有零线的输出。

答案：AC

Lb4C2026 变压器按绕组形式可分为（ ）。

（A）双绕组变压器；（B）三绕组变压器；（C）自耦变压器；（D）配电变压器。

答案：ABC

Lb4C2027 更换熔断器时，要检查新熔体的（ ）是否与更换的熔体一致。

（A）规格；（B）形状；（C）价格；（D）厂家。

答案：AB

Lb4C2028 在下列计量方式中，考核用户用电量不需要另外计入变压器损耗的是（ ）。

（A）高供高计；（B）高供低计；（C）低供低计；（D）低供低计临时用电。

答案：ACD

Lb4C2029 关于电气工具和用具，说法正确的有（ ）。

（A）电动工具的电气部分经维修后，应进行绝缘电阻测量及绝缘耐压试验，试验电压为380V，试验时间为2min；（B）电动的工具、机具应可靠接地或接零良好；（C）使用金属外壳的电气工具时应戴手套，穿绝缘靴；（D）电气工具和用具应由专人保管。

答案：BD

Lb4C2030 下列选项中，应执行商业电价的有（ ）。

（A）宾馆；（B）食品加工；（C）医院；（D）饭店。

答案：AD

Lb4C2031 电力客户办理更名或过户，在（ ）不变的条件下，允许办理。

（A）用电地址；（B）用电单位；（C）用电类别；（D）用电容量。

答案：ACD

Lb4C2032 执行农业生产用电的电价有（ ）等。

（A）林木培育和种植用电；（B）农产品初加工用电；（C）专门供体育活动和休闲等活动相关的禽畜饲养用电；（D）农产品深加工用电。

答案：AB

Lb4C2033 大工业用户执行（　　）。

（A）单一制电价；（B）峰谷分时电价；（C）尖峰电价；（D）两部制电价。

答案：BCD

Lb4C2034 农村地区低压供电容量，应根据当地农村电网综合配电（　　）的配置特点确定。

（A）小容量；（B）大容量；（C）多布点；（D）少布点。

答案：AC

Lb4C2035 供电企业若对欠费客户停止供电时，须满足（　　）条件。

（A）逾期欠费已超过30天；（B）经催交，在期限内仍未交纳；（C）停电前应按有关规定通知客户；（D）客户同意。

答案：ABC

Lb4C2036 专变采集终端的接线方式分为（　　）

（A）三相四线220/380V；（B）二相四线57－7/100V；（C）三相三线100V；（D）三相三线220/380V。

答案：ABC

Lb4C2037 计量用电流互感器现场检测时，试验电源设备由（　　）组成。

（A）升流器；（B）调压器；（C）谐振器；（D）控制开关。

答案：ABD

Lb4C2038 发电企业，用于贸易结算的电能计量点位置应设置在（　　）。

（A）并网线路侧；（B）并网线路对侧；（C）启备变线路侧；（D）启备变线路对侧。

答案：ABCD

Lb4C3039 运行中的电气设备是指（　　）。

（A）全部带有电压的电气设备；（B）一部分带有电压的电气设备；（C）一经操作即带有电压的电气设备；（D）冷备用状态的电气设备；（E）检修状态的电气设备。

答案：ABC

Lb4C3040 低压配电线路零线重复接地的目的是（　　）。

（A）当电气设备发生接地时，可降低零线上的对地电压；（B）当零线断线时，可继续保持接地状态，减轻触电的危险；（C）增加零线的强度；（D）提高零线的通流能力。

答案：AB

Lb4C3041 隔离开关应具备的特点是（ ）。

（A）分闸时触头间有规定的绝缘距离和明显的断开标志；（B）具有短路开断能力；（C）在合闸时，能承载正常回路条件下的电流及在规定时间内异常条件下的电流；（D）与断路器一样能随意的关合正常的负荷电流。

答案：AC

Lb4C3042 负荷开关所具有的特点是（ ）。

（A）能在正常的导电回路条件或规定的过载条件下关合承载和开断电流；（B）在开断负荷电流时，不能熄灭电弧；（C）能在异常的导电回路条件下，按规定时间承载电流；（D）具有关合短路电流的能力。

答案：ACD

Lb4C3043 避雷器主要用来保护（ ）。

（A）架空线路中的绝缘薄弱环节；（B）变、配电室运行段的首端；（C）雷雨季节经常断开而电源侧又带电压的隔离开关；（D）操作过电压。

答案：ABC

Lb4C3044 在低压电气设备上进行带电工作时，应采取的安全措施有（ ）。

（A）注意安全距离；（B）防止误碰带电高压设备；（C）上杆分清相线、中性线，选好工作位置；（D）人体不得同时接触两根线头。

答案：ABCD

Lb4C3045 在发生人身触电事故时，可以不经许可，断开有关设备的电源，但事后应立即报告（ ）

（A）总工程师；（B）上级部门；（C）安监部门；（D）调度。

答案：BD

Lb4C3046 在电气设备上工作，保证安全的技术措施由（ ）执行。

（A）检修人员；（B）有权执行操作的人员；（C）设备管理人员；（D）运行人员。

答案：BD

Lb4C3047 下列选项中，应执行居民电价的有（ ）。

（A）中小学教学用电；（B）部队营房用电；（C）高层住宅楼电梯用电；（D）住宅小区的庭院用电。

答案：ABCD

Lb4C3048 计量方式是供电方案的组成部分，一般分为（ ）。

（A）高供高量；（B）高供低量；（C）低供低量；（D）低供高量。

答案：ABC

Lb4C3049 以变压器容量计算基本电费的用户，下列情况下哪些不收基本电费（　　）

（A）备用变压器属冷备用状态并经供电企业加封的；（B）备用变压器属热备用状态；（C）备用变压器未加封；（D）办理减容的变压器。

答案：AD

Lb4C3050 用电负荷包括以下哪几类（　　）。

（A）一类；（B）二类；（C）三类；（D）四类。

答案：ABC

Lb4C3051 下列属于违约用电行为的是（　　）。

（A）擅自改变用电类别者；（B）私自开启用电计量装置封印用电；（C）私自对外转供电者；（D）擅自超过合同约定的容量用电。

答案：ACD

Lb4C3052 执行居民生活电价的学校是指经国家有关部门批准，由政府及其有关部门、社会组织和公民个人举办的公办、民办学校，包括（　　）等。

（A）普通高等学校；（B）各类经营性培训机构；（C）幼儿园（托儿所）；（D）特殊教育学校。

答案：ACD

Lb4C3053 装有两台及以上变压器的变电所，当其中任一台变压器断开时其余变压器的容量应满足全部（　　）的用电。

（A）一级负荷；（B）二级负荷；（C）三级负荷；（D）四级负荷。

答案：AB

Lb4C3054 电力供应与使用双方应当按照（　　）的原则签订供、用电合同。

（A）互惠互利；（B）平等自愿；（C）公平合理；（D）协商一致。

答案：BD

Lb4C3055 以下哪些情况导致GPRS通信模式终端拨号失败（　　）

（A）APN设置错误；（B）用户名、密码设置错误；（C）现场没信号；（D）SIM卡坏。

答案：ACD

Lb4C3056 关于二次回路说法正确的有（　　）。

（A）计量二次回路不得接入任何与电能计量无关的设备；（B）贸易结算用电能计量

装置二次回路所有的接线端子、试验端子应能实施封闭；（C）二次回路的连接导线应采用铜质绝缘导线，电压二次回路导线截面积应不小于 2～5mm^2，电流二次回路导线截面积应不小于 4mm^2；（D）35kV 及以上贸易结算用电能计量装置的电压互感器二次回路，不应装设隔离开关辅助接点，但可装设微型断路器。

答案：ABCD

Lb4C3057 不合理的计量方式有（　　）。

（A）电流互感器的变比过大，致使电流互感器经常在 20%（S 级：5%）额定电流以下运行的；（B）电能表接在电流互感器非计量二次绕组上的；（C）电压与电流互感器分别接在电力变压器不同侧的；（D）电能表电压回路未接到相应的母线电压互感器二次上的。

答案：ABCD

Lb4C4058 按高压断路器的灭弧原理和灭弧介质，断路器可分为（　　）等。

（A）油断路器；（B）户内式断路器；（C）真空断路器；（D）SF_6 断路器。

答案：ACD

Lb4C4059 当增大配电变压器负载时，其（　　）。

（A）一次电流不变化；（B）一次电流变小；（C）一次电流变大；（D）主磁通基本不变。

答案：CD

Lb4C4060 对高压供电用户，应在变压器高压侧计量，经双方协商同意，可在低压侧计量，但应加计（　　）。

（A）变压器固定损耗；（B）电压互感器损耗；（C）电流互感器损耗；（D）变压器变动损耗。

答案：AD

Lb4C4061 对两路线路供电（不同的电源点）的用户，装设计量装置的形式错误的为（　　）。

（A）两路合用一套计量装置，以节约成本；（B）两路分别装设有功电能表，合用无功电能表；（C）两路分别装设电能计量装置；（D）两路合用电能计量装置，但分别装设无功电能表。

答案：ABD

Lb4C4062 用电检查人员不定期的检查内容有（　　）。

（A）季节性的检查；（B）反窃电的专项检查；（C）重大活动场所的检查；（D）正常巡视检查。

答案：ABC

Lb4C4063 最大运行方式是电力系统运行时（ ）。

（A）具有最小的短路阻抗值；（B）发生短路时产生的短路电流最小；（C）具有最大的短路阻抗值；（D）发生短路时产生的短路电流最大。

答案：AD

Lb4C4064 三相电能计量装置的接线方式中，A、B、C接线为正相序，那么（ ）就为逆相序。

（A）C、B、A；（B）B、C、A；（C）C、A、B；（D）B、A、C。

答案：AD

Lb4C4065 用作配电线路过负荷保护的电器有（ ）。

（A）断路器；（B）熔断器；（C）接触器；（D）漏电电流保护器。

答案：AB

Lb4C4066 变压器并列运行必须具备的条件有（ ）。

（A）接线组别相同；（B）阻抗电压相差不得超过15%；（C）变比差值不得超过±0.5%；（D）两台并列变压器容量比不宜超过2∶1。

答案：AC

Lb4C4067 大工业用户基本电费的计费方式是（ ）。

（A）可以按变压器容量（含高压电动机）计费；（B）可以按最大需量（含高压电动机）计费；（C）用户选定基本电费计费方式后，不得更改；（D）按何种方式计费可以由用户选择。

答案：ABD

Lb4C4068 若触电发生在低压带电的架空线路上或配电台架、进户线上，对可立即切断电源的，救护时应做好自身防触电、防坠落安全措施。用（ ）等工具将触电者脱离电源。

（A）绝缘物体；（B）干燥不导电物体；（C）绳索；（D）带有绝缘胶柄的钢丝钳。

答案：ABD

Lb4C4069 关于一般工具的使用，说法错误的有（ ）。

（A）机具应按其出厂说明书和铭牌的规定使用；（B）已变形、已破损或有故障的机具应视损坏情况小心使用；（C）狭窄区域，使用大锤应注意周围环境，避免冲击力伤人；（D）砂轮应进行不定期抽查。

答案：BCD

Lb4C4070 各类作业人员应被告知其作业现场和工作岗位存在的（ ）。

(A) 危险因素；(B) 防范措施；(C) 福利待遇；(D) 事故紧急处理措施。

答案：ABD

Lb4C4071 (　　) 时不得进行室外直接验电。

(A) 晴；(B) 雪；(C) 雨；(D) 阴。

答案：BC

Lb4C4072 大工业用户的电费由（　　）组成。

(A) 基本电费；(B) 电度电费；(C) 地方附加费；(D) 功率因数调整电费。

答案：ABD

Lb4C4073 供电企业对逾期交付电费的用户收取违约金的标准等级包括（　　）。

(A) 千分之一；(B) 千分之二；(C) 千分之三；(D) 千分之五。

答案：ABC

Lb4C4074 执行尖峰电价不正确的月份组合为（　　）。

(A) 12、1、7；(B) 6、7、8；(C) 7、8、9；(D) 7、8、1。

答案：ABD

Lb4C4075 用电检查资格分为（　　）。

(A) 一级用电检查资格；(B) 二级用电检查资格；(C) 三级用电检查资格；(D) 特级用电检查资格。

答案：ABC

Lb4C4076 隐蔽工程指被其他工作物遮掩的工程，具体是指（　　）等需要覆盖、掩盖的工程。

(A) 地基；(B) 电气管线；(C) 供水供热管线；(D) 管沟。

答案：ABC

Lb4C4077 受理用电业务时，营业人员应认真、仔细询问客户的办事意图，主动向客户说明该项业务需客户提供的资料、相关的收费项目和标准，并提供（　　）。

(A) 法律文书；(B) 办理的基本流程；(C) 业务咨询电话；(D) 其他相关内容。

答案：BCD

Lb4C4078 用电信息采集系统的采集数据出现整点功率全为零的原因有（　　）。

(A) 参数未下发；(B) 终端接线有错；(C) 终端有故障，数据未冻结；(D) 用户未用电。

答案：ABCD

Lb4C4079 电容式电压比例标准器由（　　）组成。

（A）高压标准电容器；（B）低压标准电容器；（C）校准用电磁式标准电压互感器；（D）电压互感器。

答案：ABC

Lb4C5080 制造电气设备的铁芯都采用铁磁物质，其目的是为了（　　）。

（A）提高导磁性能；（B）减少磁滞损耗；（C）提高导电能力；（D）减少铜损耗。

答案：AB

Lb4C508 110kV 杆上跌落式熔断器的安装前，应对（　　）检查。

（A）熔断器规格型号是否合适，有无生产厂家和出厂合格证；（B）动静触头接触是否良好，静触头弹性是否适中；（C）熔丝管不应有吸潮膨胀或弯曲现象；（D）绝缘工具。

答案：ABC

Lb4C5082 消防监护人的安全责任包括（　　）、负责检查现场消防安全措施的完善和正确、负责动火现场配备必要的、足够的消防设施、动火工作间断、终结时检查现场无残留火种。

（A）动火设备与运行设备是否已隔绝；（B）工作的必要性；（C）测定或指定专人测定动火部位（现场）可燃性气体、可燃液体的可燃气体含量符合安全要求；（D）始终监视现场动火作业的动态，发现失火及时扑救。

答案：CD

Lb4C5083 对用户功率因数考核的标准有三个等级（　　）。

（A）0.9；（B）0.85；（C）0.95；（D）0.8。

答案：ABD

Lb4C5084 对供电质量有影响的负荷有（　　）。

（A）冲击性负荷；（B）不对称负荷；（C）非线性负荷；（D）工业负荷。

答案：ABC

Lb4C5085 某客户擅自向另一客户转供电，供电企业对该户应（　　）。

（A）立即停止供电；（B）立即拆除转供电接线；（C）收取按其供出电源容量每千瓦（kV·A）500 元的违约使用电费；（D）收取罚款。

答案：BC

Lb4C5086 用电容量 100kV·A 及以上的（　　）用户不执行功率因数调整电费。

（A）农业生产用电；（B）居民生活用电；（C）商业用电；（D）非居民照明用电。

答案：AC

Lb4C5087 10kV电缆线路接线方式一般为（ ）。

（A）单环式；（B）双射式；（C）双环式；（D）树干式。

答案：ABC

Lc4C1088 对于临时用电的无表用户，可按其（ ）计收电费。

（A）用电类别；（B）用电时间；（C）规定的电价；（D）用电容量。

答案：BCD

Lc4C2089 《供电营业规则》规定：在（ ）不变的情况下，用户可以办理更名（或过户）手续。

（A）用电地址；（B）用电容量；（C）供电点；（D）用电类别。

答案：ABD

Je4C2090 实负荷比较法也叫瓦秒法用于检查运行在现场的（ ）计量装置是否失准的简易方法。

（A）带电流、电压三相四线有功电能表；（B）直接接入式三相四线无功电能表；（C）直接接入式三相四线有功电能表和单相有功电能表；（D）带电流、电压互感器的三相三线有功电能表。

答案：ACD

Je4C2091 电流互感器安装要注意的是（ ）。

（A）二次绕组可以开路；（B）二次绕组要接低阻抗负荷；（C）接线时一定要注意极性；（D）接到互感器端子上的线鼻子要用螺栓拧紧。

答案：BCD

Je4C2092 数据招测可以招测的数据包括（ ）

（A）实时数据；（B）参数数据；（C）历史数据；（D）事件记录数据。

答案：ABD

Je4C2093 安装集中抄表终端时，以下正确方式有（ ）。

（A）集中器、采集器应垂直安装；（B）用螺钉三点将集中器、采集器牢靠固定在电能表箱或终端箱的底板上；（C）金属类电能表箱、终端箱应可靠接地；（D）集中器应与采集器安装在同一箱体内。

答案：ABC

Je4C3094 在集中抄表终端故障处理中，需要对本地信道的检查检测内容有（ ）。

（A）检查电能表与终端之间RS485通信线缆接线是否正确，接触是否良好，是否存在短路或断路；（B）查看电能表与终端距离是否过长，末端表计与终端之间的电缆连线长度不宜超过100米，利用仪表测试电能表RS485通信能力，用场强仪测试电能表RS485通信口电压；(D) 利用仪器对低压载波通道的可靠性进行检测。

答案：ABD

Je4C3095 集中器远程信道检查时，应检查（ ）接触情况。

(A) 载波模块；(B) 通信卡；(C) 天线；(D) 远程通信模块。

答案：BCD

Je4C3096 现场查看Ⅱ型集中器所有表计均未抄到的可能原因有（ ）

(A) RS485总线短路；(B) 集中器RS485接口坏；(C) 个别表地址错误；(D) 载波模块不匹配。

答案：AB

Je4C3097 当出现主站任何命令发出，230MHz终端均无反应的现象时。原因可能是（ ）。

(A) 终端装置熔断器熔断；(B) 终端主控单元故障；(C) 表计故障；(D) 终端电源故障。

答案：ABD

Je4C4098 集中器无法上线，需要到现场排查的问题包括（ ）。

(A) 集中器未上电；(B) 集中器通信参数设置错误；(C) 现场无线通信信号强度不足以支撑通信；(D) 集中器远程通信模块故障。

答案：ABCD

Je4C4099 对终端（集中器）无法上线，主要排查影响通信的各类问题，可以从采集主站侧排查的问题包括（ ）。

(A) 运营商未正确配置通信卡参数；(B) 终端（集中器）档案未正确建档；(C) 主站IP地址设置错误；(D) SIM卡的运行状态。

答案：ABD

Je4C4100 用电信息采集系统的采集数据出现电量为零、功率不为零的原因可能是（ ）。

(A) 用户用电负荷极小；(B) 用户用电量大，终端未冻结电量，可能是终端故障；(C) 用户可能有窃电行为；(D) 电表故障，底度不走、计量回路的电压或电流回路有异常。

答案：ABCD

1.4 计算题

La4D1001 有一电阻、电感串联电路，电阻上的压降 U_R 为 X_1V，电感上的压降 U_L 为 40V。计算电路中的总电压有效值 U=____ V。

X_1 取值范围：<30，32，33，35，36，38，40>

计算公式：

$U=\sqrt{{X_1}^2+{U_L}^2}$

La4D3002 电阻 $R=X_1\Omega$，感抗 $X_L=60\Omega$，容抗 $X_C=20\Omega$ 组成串联电阻，接在电压 U=250V 的电源上，则视在功率 S=________ kV·A、有功功率 P=________ W、无功功率 Q=________ V·A。（保留两位小数）

X_1 取值范围：<20，30，40，50，100>

计算公式：

$Z=\sqrt{X_1^2+(X_L-X_C)^2}=\sqrt{{X_1}^2+(60-20)^2}$

$I=\frac{U}{Z}=\frac{250}{Z}$

$S=I^2Z$

$P=I^2R=I^2X_1$

$Q=I^2\ (X_L-X_C)\ =I^2\ (60-20)$

Lb4D1003 有一只测量用穿心式电流互感器，铭牌标明穿匝数 $N_1=1$ 时，电流互感器一次电流 $I_1=600$。变比 $K_I=600/5$，如将该电流互感器变比改为 $X_1/5$，一次侧匝数 N_1=____匝。

X_1 取值范围：<300，200，100>

计算公式： $\mathrm{N}_1=\frac{600\times1}{X_1}$

Lb4D1004 一台变压器从电网输入的功率为 150kW，变压器本身的损耗为 X_1kW。计算变压器的效率 η。

X_1 取值范围：<20，21，22，23，24，25>

计算公式：

$h\eta=\frac{P_{出}}{P_{入}}\times100\%=\frac{P_{入}-X_1}{P_{入}}\times100\%$

Lb4D2005 某客户三相四线供电，相电压为 220V，B 相接 X_1 盏 500W 的荧光灯（荧光灯功率因数为 0.55）。请计算 B 相电流 I_b=____ A。（保留一位小数）

X_1 取值范围：<1，2，3，4，5>

计算公式：$I_b=\frac{X_1\times500}{220\times0.55}$

Lb4D2006 一居民用户电能表常数为1200imp/（kW·h），测试负载有功功率为300W，电能表发10个脉冲的时间为X_1s。如果计算10个脉冲的时间为100s，计算该表误差γ=____%。（保留一位小数）

X_1 取值范围：<100，110，120，130>

计算公式：$\gamma=\frac{100-X_1}{X_1}\times100$

Lb4D3007 某一额定容量为100kV·A的三相变压器，额定电压为$U_{1N}/U_{2N}=10/0.4$kV，频率为$f=X_1$Hz，已知铁芯中磁通最大值$\Phi_m=60\times10^{-4}$Wb，求一次绕组匝数为N_1=____、二次绕组匝数为N_2=____。（保留整数）

X_1 取值范围：<50，51，52，53，54，55，56，57，58，59，60>

计算公式：

$$N_1=\frac{U_{1N}}{4.44f\varphi_m}=\frac{10\times1000}{4.44\times X_1\times0.006}$$

$$N_2=\frac{U_{2N}}{4.44f\varphi_m}=\frac{0.4\times1000}{4.44\times X_1\times0.006}$$

Lb4D3008 有一台三相电动机，每相等效电阻R为29Ω，等效感抗X_L为XΩ，绕组接成星形，接于线电压为380V的电源上。计算电动机所消耗的有功功率P=____kW。

X 取值范围：<21.8，22，23，24，25>

计算公式：

$$U_p=\frac{U_{p\text{-}p}}{\sqrt{3}}=\frac{380}{\sqrt{3}}=220\text{V}$$

每相负载的阻抗为

$$Z=\sqrt{R^2+X^2}$$

每相相电流为

$$I_p=\frac{U_p}{Z}=\frac{220}{36.2}$$

$$\cos\varphi=\frac{R}{Z}=\frac{29}{36.2}$$

则电动机的消耗的有功功率为

$$P=3U_pI_p\cos\varphi=3\times220\times\frac{220}{\sqrt{R^2+X^2}}\times\frac{R}{\sqrt{R^2+X^2}}$$

Lb4D2009 有一只0.2级35kV，100/5A的电流互感器，额定二次负载容量为X_1V·A，该互感器的额定二次负载总阻抗Z=____Ω。（保留小数点后一位）

X_1 取值范围：<25，30，35>

计算公式： $Z=\frac{X_1}{5^2}$

Lb4D3010 某三相变压器的低压侧额定电压为 $U_N=0.38$kV，运行中测得低压侧实际最高电压 $U_{max}=0.45$kV，最低电压 $U_{min}=X_1$kV，则该低压侧电压波动率为 $\Delta U\%=$____。（保留小数点后两位）

X_1 取值范围：<0.36，0.37，0.38，0.39，0.4，0.41，0.42>

计算公式： $\Delta U\%=\frac{U_{max}-U_{min}}{U_N}=\frac{0.45-X_1}{0.38}$

Lb4D3011 某工业用户，10kV 供电，有载调压变压器容量为 160kV·A，装有三相三线智能表一块。已知某月该户有功电能表抄见电量为 40000kW·h，无功电能表抄见电量为正向 25000kW·h，反向 X_1kW·h。试求该用户当月功率因数 $\cos\varphi=$____。（保留 2 位小数）

X_1 取值范围：<1000，3000，5000，7000>

计算公式： $\cos\varphi=\frac{1}{\sqrt{1+\left(\frac{25000+X_1}{40000}\right)^2}}$

Je4D2012 一居民生活用户，10kV 供电，自备变压器容量 100kV·A，高供低计，TA 变比为 150/5，其有功电能表上月示数为 31.2，本月示数为 X_1，根据《供用电合同》，该户每月加收变损电量 3%，计算其本月用电量=____ kW·h。（保留两位小数）

X_1 取值范围：<256.2，261.2，266.2，271.2>

计算公式： $M=(X_1-31.2)\times150/5\times(1+3\%)$

Je4D2013 SW4～110 型断路器，额定断流容量为 X_1 MV·A，计算该型断路器额定动稳定电流=____ kA。

X_1 取值范围：<4000，4010，4020，4030，4050>

计算公式：

$I_{noc}=\frac{X_1}{\sqrt{3}U_N}$

动稳定电流为 $I_{nds}=2.55\times I_{noc}$

Je4D3014 一台 10kV、X_1kV·A 变压器，负载率 70%左右，按经济电流密度，计算应选用截面积 $S=$________ mm^2 的直埋交联聚乙烯铝芯电缆。（铝导线经济电流密度为 1.54A/mm^2）（截面积规格：16mm^2、25mm^2、35mm^2、50mm^2、70mm^2、95mm^2），（保留整数）

X_1 取值范围：<1000，1250，1600，2000>

计算公式：变压器额定电流 $In=\dfrac{X_1}{\sqrt{3}U_N}$

导线截面为 $S=\dfrac{I_n\times70\%}{J}$

Je4D3015 一台三相异步电动机，星形接线，功率因数为 $\cos\varphi=X_1$，额定功率为20kW，电源线电压 U=380V。当电动机在额定负荷下运行时，计算电动机熔断器熔体的最大额定电流 I_1=________A。(保留小数点后两位)

X_1 取值范围：<0.8，0.85，0.9>

计算公式：$I=\dfrac{P}{\sqrt{3}U\cos\varphi}=\dfrac{20000}{1.732\times380\times X_1}$

$I_1=I\times2.5$

Je4D4016 一客户智能电能表有潜动，发一个脉冲时间 t 为 X_1s，每天不用电时间为19h，电能表常数为3600imp/（kW·h），共潜动30d则应退给用户电量 W=____kW·h。

X_1 取值范围：<30，40，50>

计算公式：$W=\dfrac{30\times19\times3600}{3600X_1}=\dfrac{570}{X_1}$

Je4D4017 某客户电能表经计量检定部门现场校验，发现慢 $X_1\%$（非人为因素所致）。已知该电能表自换装之日起至发现之日止，表计电量为900kW·h，应补电量 W=____kW·h。(保留整数)

X_1 取值范围：<10，15，20，30>

计算公式：$W=\dfrac{\dfrac{900}{1-X_1\%}-900}{2}=\dfrac{450}{(1-X_1\%)}-450$

Je4D5018 将一台功率因数为 X_1，功率为2kW的单相交流电动机接到220V的工频电源上，若要将电路的功率因数提高到0.9，计算需要并联的电容=____μF。

X_1 取值范围：<0.5，0.6，0.7，0.8>

计算公式：$\tan\varphi=\dfrac{\sqrt{1-\cos^2\varphi}}{\cos\varphi}$

$C=\dfrac{P}{2\pi fU^2}$（$\tan\varphi_1-\tan\varphi_2$）$=\dfrac{2\times10^3}{100\times p_i\times220^2}$（$\dfrac{\sqrt{1-X_1^2}}{X_1}-\dfrac{\sqrt{1-0.9^2}}{0.9}$）

Je5D5019 通过用电信息采集系统发现某台区线损率偏高，经现场检查发现某用户，装有一块三相四线智能电能表和三台200/5电流互感器，其中一台因过载烧坏，用户自行更换为300/5的电流互感器，经核实智能电能表信息，发现有3个月时间，在此期间电量为 X_1kW·h，假设三相负荷平衡，计算应补电量 ΔW=____kW·h。

X_1 取值范围：＜10000，20000，30000，40000，50000＞

计算公式： $\Delta W=\left(\dfrac{3}{2+\dfrac{40}{60}}-1\right)\times 100\%\times X_1$

Je4D5020 三相四线 TT 系统中，系统中性点接地电阻为 $X_1\Omega$，电气设备保护接地电阻为 2.7Ω，相电压 $U_{X_1}=220V$。当电气设备发生一相接地（外壳）时，则电气设备外壳的对地电压为 $U=$____ V。（电气设备内组忽略不计，结果保留两位小数）

X_1 取值范围：＜1，2，3，4＞

计算公式： $\dfrac{2.7}{2.7+X_1}\times 220$

1.5 识图题

La4E1001 如图所示，$R_1=10\Omega$，$R_2=20\Omega$，电源的内阻可忽略不计，若使开关 S 闭合后，电流为原电流的 1.5 倍，则电阻 R_3 应为（　　）Ω。

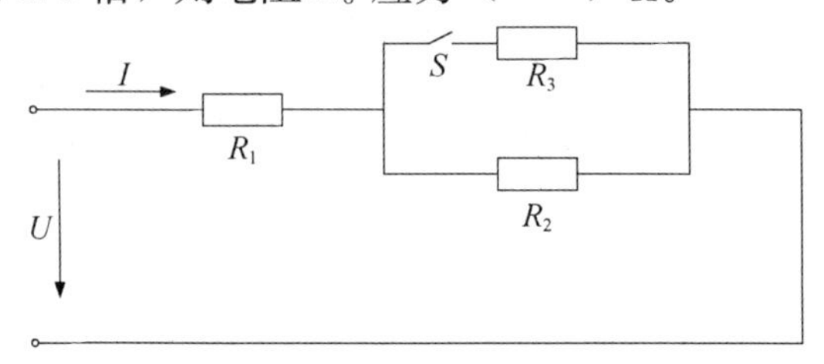

（A）5（B）10（C）20（D）40

答案：C

Lb4E1002 电流互感器图形符号和文字符号全部正确的为（　　）。

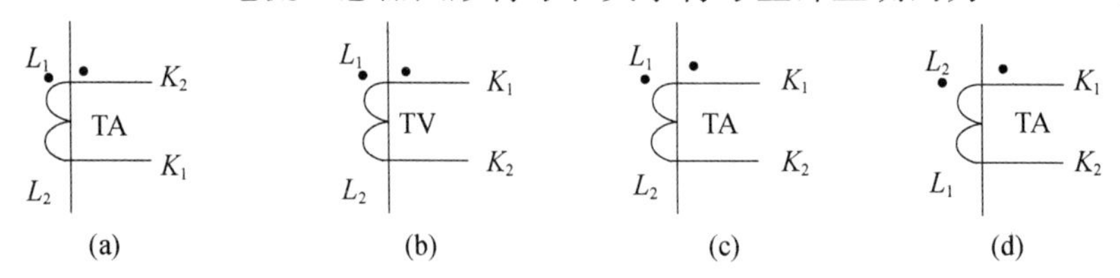

答案：C

Lb4E2003 如图三相变压器的接线组别为（　　）。

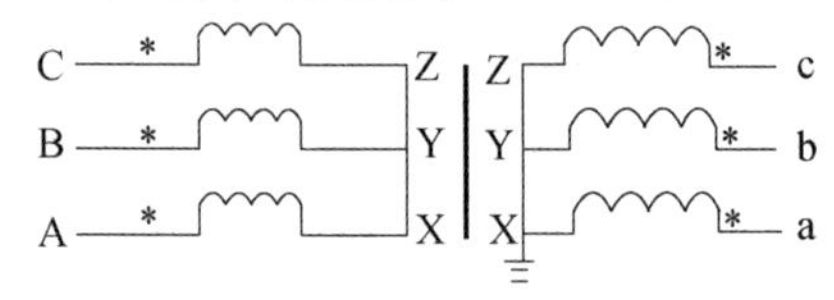

（A）Y，yn0（B）Y，y0（C）Y，y6（D）Y，yn6

答案：A

Lb4E3004 指出所示的三相四线有功电能表直接接入式接线图中的接线正确的图号。（　　）

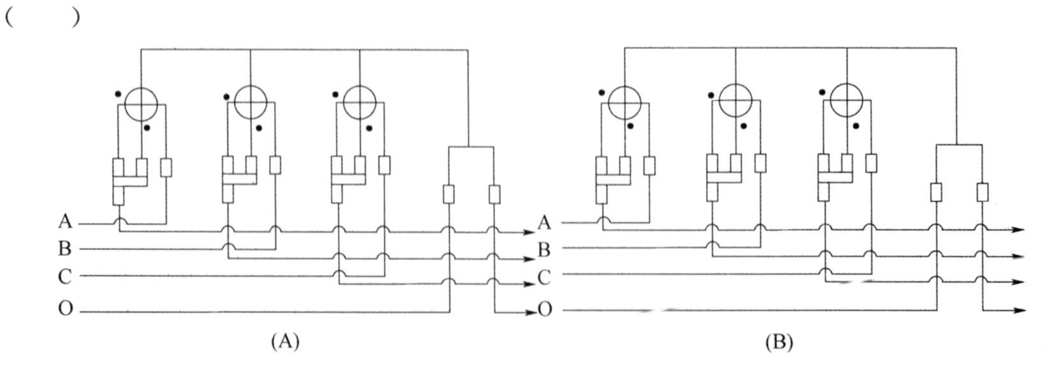

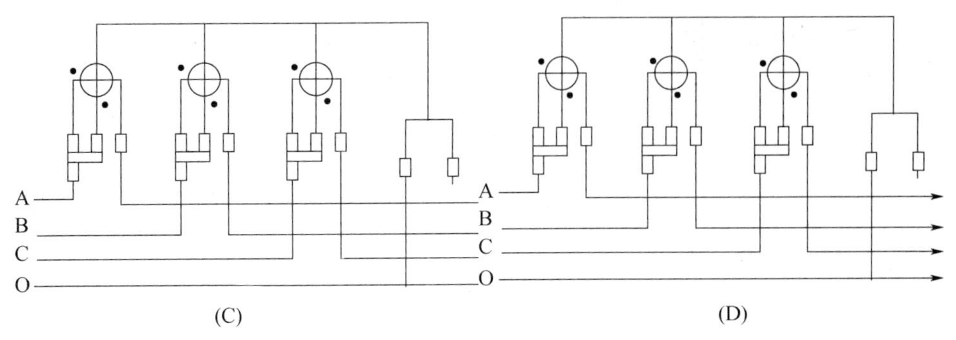

答案：C

Lb4E4005 变压器绝缘电阻的测量接线图正确的是（　　）。

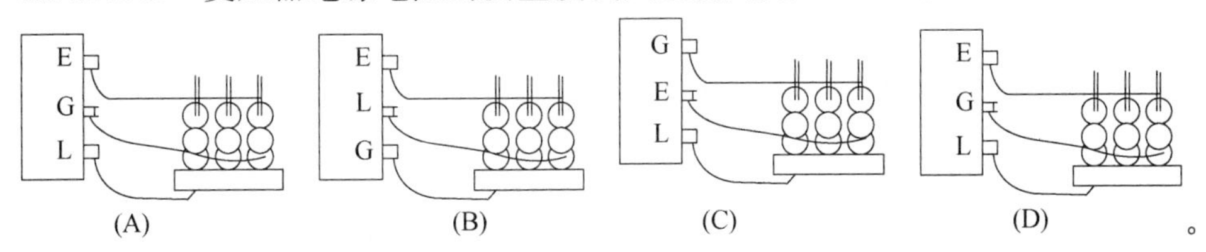

。

答案：D

Lb4E5006 监视电网对地绝缘的电压互感器开口三角接线原理如图所示，正常运行时开口三角绕组输出电压U_{adxd}的有效值约为100V。

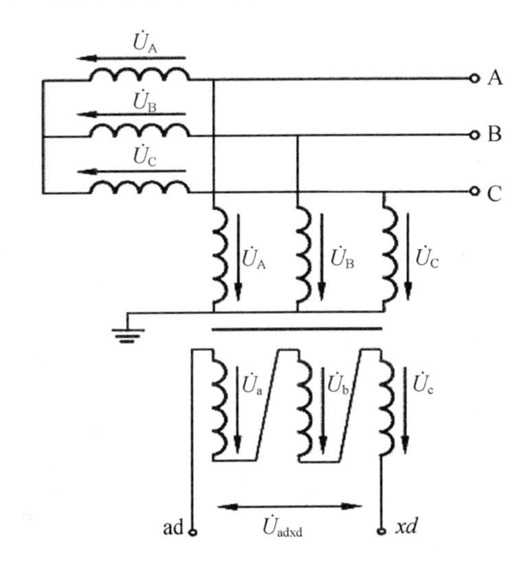

（A）正确（B）错误

答案：B

2 技能操作

2.1 技能操作大纲

用电监察员（中级工）技能鉴定　技能操作考核大纲

等级	考核方式	能力种类	能力项	考核项目	考核主要内容
中级工	技能操作	基本技能	01. 仪器仪表使用	01. 兆欧表使用	1. 正确使用兆欧表测量绝缘电阻
				02. 接地绝缘电阻表使用	1. 正确使用接地绝缘电阻表测量接地电阻
		专业技能	02. 绘图	01. 绘制低压三相四线直入式计量装置的接线图及相量图	1. 绘制直入式低压三相四线计量装置的接线图 2. 相量图的绘制
			01. 河北营销业务应用系统使用	01. 河北营销业务应用系统窃电、违约用电处理的流程操作	1. 正确操作 SG186 中窃电、违约用电流程步骤 2. 录入正确率
			02. 供电方案制定	01. 低压三相客户电能计量装置配置	1. 正确配备计量装置 2. 合同起草
			03. 用电设备的巡查	01. 低压客户受电装置检查	1. 巡视与检查项目 2. 线路及设备巡视的安全要求
			04. 窃电、违约用电检查与处理	01. 低压三相四线直入式计量装置查窃与处理	1. 用电检查程序 2. 窃电方式的确定 3. 处理
				02. 违约用电检查与处理（私自改变用电类别）	1. 用电检查程序 2. 处理
			05. 客户受电工程竣工检验	01. 低压客户工程验收	1. 验收的相关技术规程 2. 验收的方法 3. 安全注意事项
		相关技能	01. 设备倒闸操作	01. 低压客户受电设备停送电操作	1. 低压客户受电设备停、送电的操作流程 2. 正确填写操作票 3. 安全注意事项

2.2 技能操作项目

2.2.1 JC4JB0101 兆欧表使用

一、作业

（一）工器具、材料

1. 工器具：兆欧表、测量导线、遮拦、标示牌、绝缘垫。

2. 材料：10kV 三芯电缆。

（二）安全要求

1. 现场设置遮拦、标示牌。

2. 兆欧表的电压等级与 10kV 三芯电缆的耐压水平相适应，避免绝缘击穿。

3. 摇测用的导线应使用绝缘线，两根导线不能绞在一起，其端部应有绝缘套。

（三）操作步骤及工艺要求（含注意事项）

1. 兆欧表的选择，根据测量设备选择兆欧表的最高电压和测量范围。测量宜选用 2500V 兆欧表。

2. 兆欧表的使用方法有以下几点。

（1）兆欧表检查测试：将兆欧表放在绝缘垫上，先使“L”“E”接线端开路，将兆欧表放置水平，摇动手柄至 120r/min 后，指针应指在“∞”位置上。然后再将“L”“E”两端子短路，轻摇手柄，指针应指在“0”位置上。

（2）先对被测设备 10kV 三芯电缆进行放电。

（3）兆欧表的测试导线应选用绝缘良好的多股软线，“L”“E”两端子引线应独立并分开，提高测试结果的准确性；“L”接线端与被测设备相连，“E”接线端可靠接地。

（4）测试开始时分别将“L”端子引线与三芯电缆其中任何一相连接，“E”端子完好接地，待转动摇柄至额定转速后（在摇测绝缘时，应使兆欧表保持额定转速，一般为 120～150r/min；测试过程中摇柄转速应保持匀速，避免忽快忽慢），读取并记录电阻值。

（5）测试完毕后，先对测试的 10kV 三芯电缆进行放电，再拆除“L”和“E”两端子引线。

（6）手与其他部分均不得触及导线和接线端钮。

二、考核

（一）场地

1. 场地面积能同时满足多个工位。

2. 工位设置不影响测量要求。

（二）时间

考核时间为 30min。

（三）考核要点

1. 正确检查兆欧表。

2. 正确对被测设备 10kV 三芯电缆进行放电。

3. 正确进行绝缘电阻测量工作。

4. 测试完毕后，先对测试的10kV三芯电缆进行放电，再拆除“E”和“L”两端子引线。

三、评分标准

行业：电力工程　　　　　　　　　　　　工种：用电监察员　　　　　　　　　　　　等级：四

编号	JC4JB0101	行为领域	d	鉴定范围			
考核时限	30min	题型	A	满分	100分	得分	
试题名称	兆欧表使用						
考核要点及其要求	(1) 正确检查兆欧表 (2) 正确对被测设备10kV三芯电缆进行放电 (3) 正确进行绝缘电阻测量工作 (4) 测试完毕后，先对测试10kV三芯电缆进行放电，再拆除“E”和“L”两端子引线						
工器具、材料	(1) 工器具：兆欧表、测量导线、遮拦、标示牌、绝缘垫 (2) 材料：10kV三芯电缆						
备注							

评分标准

序号	考核项目名称	质量要求	分值	扣分标准	扣分原因	得分
1	开工准备	正确戴安全帽，穿全棉长袖工作服（扣全系），戴棉质线手套，穿绝缘鞋 设置围栏，悬挂标示牌 履行开工手续	10	(1) 未按要求着装，此项目不得分 (2) 未设置围栏，此项目不得分 (3) 未悬挂标示牌扣3分 (4) 未经许可开工扣5分		
2	兆欧表选用	测量时，应选择选用2500V的兆欧表	10	兆欧表选择错误，此项目不得分		
3	兆欧表检查测试	兆欧表要进行外观检查 将兆欧表放在绝缘垫上，先使“L”“E”接线端开路，将兆欧表放置水平，摇动手柄至120r/min后，指针应指在“∞”位置上；然后再将“L”“E”两端子短路，轻摇手柄，指针应指在“0”位置上	15	(1) 未进行外观检查扣5分 (2) 未进行开路试验扣5分 (3) 未进行短路试验扣5分 (4) 短路试验方法不正确扣5分 (5) 开路试验方法不正确扣5分 (6) 扣完为止		
4	10kV电缆放电	(1) 10kV电缆外观检查无异常 (2) 电缆放电	10	(1) 未外观检查扣4分 (2) 未放电，此项目不得分		
5	兆欧表接线	兆欧表的测试引线应选用绝缘良好的多股软线 “L”“E”两端子引线应独立并分开 “L”接线端与被测设备相连，“E”接线端与被测可靠接地	10	(1) 兆欧表引线选择错误扣3分 (2)“L”“E”两端子引线缠绕扣3分 (3)“L”“E”两端子接错扣4分		

续表

序号	考核项目名称	质量要求	分值	扣分标准	扣分原因	得分
6	绝缘电阻测试	在摇测绝缘时，应使兆欧表保持额定转速，一般为 120r/min；测试过程中摇柄转速应保持匀速，避免忽快忽慢 待指针稳定后，读取并记录电阻值	20	（1）没有达到额定转速扣 5 分 （2）摇柄转速不均匀扣 5 分 （3）未待指针稳定即读数扣 5 分 （4）发现指针指零仍进行摇测的扣 5 分 （5）未申请监护人监护的扣 5 分 （6）未记录扣 5 分 （7）扣完为止		
7	判别绝缘度	判别被测设备绝缘是否合格	5	未判别或判断错误，此项目不得分		
8	拆除接线	测试完毕后，对测试 10kV 三芯电缆进行放电后，拆除“L”和“E”两端子引线	10	未放电或未完全拆除，此项目不得分		
9	安全文明工作	文明工作，确保工作环境整洁，工作完成回收工器具，恢复现场	10	（1）未收拾试验场地，此项目不得分 （2）每遗漏一处扣 5 分，扣完为止		
10	安全否决项	出现危及人身、设备安全行为的操作	否决	整个操作项目得 0 分		

2.2.2 JC4JB0102 接地绝缘电阻表使用

一、作业

（一）工器具（仪表）、材料、设备

1. 工器具（仪表）：接地绝缘电阻表、测试导线、接地棒、接地线、绝缘手套、扳手、钢丝钳、绝缘垫、手锤、安全帽。

2. 材料：砂布、清洁布若干、电力复合脂（导电膏）。

3. 设备：柱上式变压器。

（二）安全要求

1. 现场设围栏（遮栏）、悬挂标示牌。

2. 柱上式变压器已实施停电。

3. 人体不得触及未经验电、接地的接地线。

4. 测试过程中，正确使用仪器仪表，确保人身与设备安全。

（三）注意事项

（1）现场设围栏（遮栏）、悬挂标示牌。

（2）确认柱上式变压器已实施停电，再拆除接地引线与接地极的连接螺栓，断开接地引线。

（3）三根测试导线按照使用要求规定接线正确。

（4）测量前仪表应平稳放置，检查表针是否指向中心线，否则调“零”处理。

（5）接地绝缘电阻表不准开路状态下摇动发电机，否则将损坏仪表。

（6）将倍率开关调节到最大倍率挡位上，慢摇发电机手柄，同时调整“测量标度盘”，当指针接近中心红线时，再加速至120r/min额定转速，此时继续调整“测量标度盘”，直至检流计平衡，使指针稳定指向中心红线位置，此时“测量标度盘”所指示的数值乘以“倍率标度盘”指示值，即为接地装置的接地电阻值。

（7）使用接地绝缘电阻表时，两根测量接地棒选择土壤较好的地段，如果仪表指针不稳，可适当调整电位棒的深度。尽量避开与高压线或地下管道平行，以减少环境对测量的干扰。

（四）操作步骤

1. 测试前准备。

（1）核对工位、设备。

（2）拆开接地线干线与接地体的连接点，或拆开接地线上所有接地支线的连接点。

2. 测试放线。

（1）将两支测量接地棒分别垂直插入离接地体20m与40m的地下，均应垂直插入地面400mm处。

（2）接地绝缘电阻表检查。放置平稳、调零；开路时，轻摇发电机，指针偏转；短路时轻摇动发电机，指针指向“0”。

（3）用5m的连接导线来连接接地电阻仪E端钮与接地装置的接地体。

（4）用40m连接导线连接接地绝缘电阻表C（Cl）端钮与远处的接地棒。

（5）用20m连接导线连接接地绝缘电阻表P（Pl）端钮与近处探测棒。

（6）选用四端钮接地绝缘电阻表时，应将端钮C2、P2的短接片分开，分别用导线接到被测接地体上，并使端钮 P2 接在靠近接地体一侧。

3. 测试。

（1）接地绝缘电阻表放置平稳，根据接地极的电阻，调节初调旋钮（一般接地绝缘电阻表有三个可调范围，首先选用高档）。

（2）以 120r/min 匀速摇动手柄，当指针偏离中心线（即“O”）时，边摇动手柄边调节微调转盘，直至指针指向中心线并稳定后为止。

（3）以微调标度盘读数×倍率，其结果为被测接地体的接地电阻值。如微调标度盘读数 0.3，倍率是 10，则测得接地电阻为 0.3×10＝3（Ω）。

（4）接地电阻测量时，应进行复测，两次读数基本一致，相差较大时要查找原因。

（5）结论：配电变压器接地电阻根据其容量而定，容量在 100kV·A 及以上时，接地电阻不大于 4Ω；当容量在 100kV·A 以下时，接地电阻不大于 10Ω。

（6）测试完毕后，清理接地绝缘电阻表及测试线；清除连接点污尘，恢复接地引线与接地体的连接点，接触牢固；拆除接地线。

二、考核

（一）考核场地

1. 场地面积设置应不影响测量要求，要有足够距离的裸露土地。

2. 变压器接地体单独敷设，且间距达到规范要求。

（二）考核时间

考核时间为 30min。

（三）考核要点

1. 停电测试要领、操作流程是否正确，安全措施是否正确完备。

2. 接地绝缘电阻表的使用。

3. 根据给定配电变压器容量，判别接地电阻是否合格。

4. 安全文明工作。

三、评分标准

行业：电力工程　　　　工种：用电监察员　　　　等级：四

编号	JC4JB0102	行为领域	d	鉴定范围			
考核时限	30min	题型	A	满分	100 分	得分	
试题名称	接地绝缘电阻表使用						
考核要点及其要求	（1）停电测试要领、操作流程是否正确，安全措施是否正确完备 （2）接地绝缘电阻表的使用 （3）根据给定配电变压器容量，判别接地电阻是否合格 （4）安全文明工作						
现场设备、工器具、材料	（1）工器具（仪表）：接地绝缘电阻表、测试导线、接地棒、接地线、绝缘手套、扳手、钢丝钳、绝缘垫、手锤、安全帽 （2）材料：砂布、清洁布若干、电力复合脂（导电膏） （3）设备：柱上式变压器						
备注							

续表

评分标准						
序号	考核项目名称	质量要求	分值	扣分标准	扣分原因	得分
1	开工准备	正确戴安全帽，穿全棉长袖工作服（扣全系），戴棉质线手套，穿绝缘鞋 设置围栏，悬挂标示牌 履行开工手续	10	（1）未按要求着装每处扣2分 （2）未设置围栏，此项目不得分 （3）未悬挂标示牌扣3分 （4）未经许可开工扣5分 （5）扣完为止		
2	工器具（仪表）、材料选用	（1）工器具（仪表）、材料选用齐全 （2）检查其完好、合格	5	（1）漏选、错选或有缺陷扣3分 （2）未核对扣2分		
3	拆除接地引线	确认柱上式变压器已实施停电，再拆除接地引线与接地极的连接螺栓，断开接地引线	10	未拆除，此项目不得分		
4	仪表接线	p、c接地棒与被测设备垂直，各间距为20m 接地棒与土壤接触良好，插入深度不小于400mm 接线正确 连接点清洁	15	（1）各接地间距不足扣3分 （2）接地棒插入深度不够扣5分 （3）测量导线接线错误扣5分 （4）连接点未清洁扣2分		
5	测量接地电阻	人、仪表均在绝缘垫内 仪表清理干净、放置平稳 仪表检测、指针调零 保证转速120r/min，1min后读数并记录	30	（1）人、仪表不在绝缘垫内，此项目不得分 （2）仪表放置不平稳扣10分 （3）仪表未检测扣8分 （4）转速不够、不稳扣10分 （5）读数错误扣7分 （6）未记录扣5分		
6	判别接地绝缘	判别被测设备接地绝缘是否合格	5	未判别或判断错误，此项目不得分		
7	拆除接线	先拆导线端，后拆接地端引线 接地极连接面涂脂（膏） 恢复接地	15	（1）测试线未拆除扣5分 （2）拆除顺序错误扣5分 （3）未涂脂（膏）扣5分 （4）未恢复，此项目不得分		
8	安全文明工作	文明工作，确保工作环境整洁，工作完成回收工器具，恢复现场	10	（1）未收拾试验场地，此项目不得分 （2）每遗漏一处扣5分，扣完为止		
9	安全否决项	出现危及人身、设备安全行为的操作	否决	整个操作项目得0分		

2.2.3 JC4JB0201 绘制低压三相四线直入式计量装置接线图及相量图

一、作业

（一）工器具、材料、设备

1. 工具：碳素笔（黑）、尺子。

2. 材料：A4 纸。

（二）安全要求

1. 着装整洁，准考证、身份证齐全。

2. 遵守考场规定，按时独立完成。

（三）操作步骤及工艺要求（含注意事项）

1. 根据题签的已知条件，画出向量图，写出功率表达式，指出错误。

2. 画出正确接线图（图 JC4JB0201-1），绘制相量图（图 JC4JB0201-2），写出功率表达式。

3. 绘图应使用尺子，横平竖直。

4. 字迹清楚，卷面整洁，严禁随意涂改。

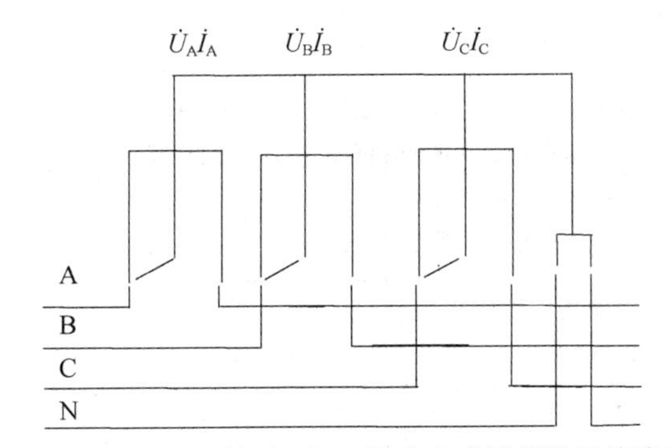

图 JC4JB0201-1 低压三相四线直入式计量装置接线图

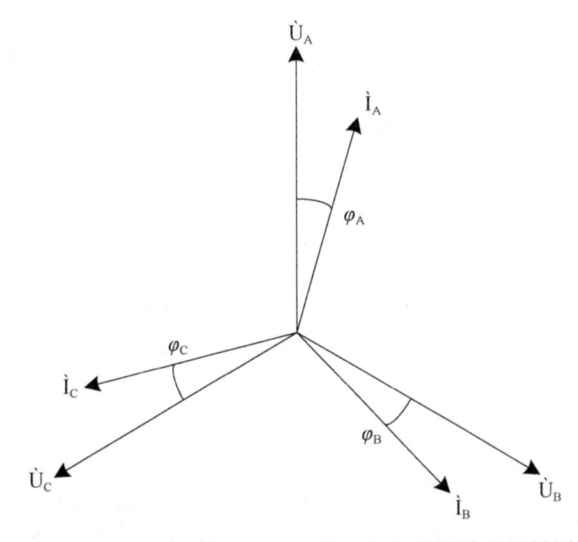

图 JC4JB0201-2 低压三相四线直入式计量装置相量图

二、考核

（一）考核场地

可容纳多考生考试的教室，并能保证各考生之间的距离合适。

（二）考核时间

考核时间为 30min。

（三）考核要点

1. 根据题签的已知条件，画出向量图，写出功率表达式，绘制接线图，指出错误。
2. 画出正确相量图，绘制正确接线图，写出正确功率表达式。
3. 绘图应使用尺子，横平竖直。
4. 字迹清楚，卷面整洁，严禁随意涂改。

三、评分标准

行业：电力工程　　　　工种：用电监察员　　　　等级：四

编号	JC4JB0201	行为领域	d	鉴定范围		
考核时限	30min	题型	A	满分	100 分	得分	
试题名称	绘制低压三相四线直入式计量装置接线图及相量图					
考核要点	（1）根据题签的已知条件，画出向量图，写出功率表达式，绘制接线图，指出错误 （2）画出正确相量图，绘制正确接线图，写出正确功率表达式 （3）绘图应使用尺子，横平竖直 （4）字迹清楚，卷面整洁，严禁随意涂改					
现场设备、工器具、材料	（1）工具：碳素笔（黑）、尺子 （2）材料：A4 纸					
备注						

评分标准

序号	作业名称	质量要求	分值	扣分标准	扣分原因	得分
1	开工准备	着装规范，着棉质长袖工装	5	未按要求着装，此项目不得分		
2	根据题签已知条件绘图，写出功率表达式	根据题签的已知条件，画出向量图 写出功率表达式 绘制接线图	45	（1）未画出向量图扣 15 分 （2）未写出功率表达式或功率表达式错误扣 15 分 （3）未绘制接线图扣 15 分 （4）符号、标示、角度每错误一处扣 5 分，扣完为止		
3	查找错误	根据题签已知条件查找接线图错误	15	（1）未查找，此项目不得分 （2）漏查一处扣 5 分，扣完为止		
4	正确绘图，写出正确功率表达式	画出正确向量图 写出正确功率表达式 绘制正确接线图	30	（1）未画出向量图扣 10 分 （2）未写出功率表达式或功率表达式错误扣 10 分 （3）未绘制接线图扣 10 分 （4）符号、标示、角度每错误一处扣 5 分，扣完为止		

续表

序号	作业名称	质量要求	分值	扣分标准	扣分原因	得分
5	卷面整洁	答卷填写应使用黑色碳素笔 字迹清晰、卷面整洁，严禁随意涂改	5	(1) 笔未按规定使用，此项目不得分 (2) 字迹潦草，难以分辨，此项目不得分 (3) 涂改应使用“杠改”，超过两处予以扣分，每增加一处扣1分，扣完为止		
6	质量否决项	存在作弊等行为	否决	考试现场夹带作弊、不服从考评员安排或顶撞者，取消考评资格		

2.2.4 JC4ZY0101 河北营销业务应用系统窃电、违约用电处理的流程操作

一、作业

（一）工器具、材料、设备

1. 工器具：碳素笔（黑）、计算器。

2. 材料：题签、A4 纸。

3. 设备：内网台式电脑。

（二）安全要求

1. 着装整洁，准考证、身份证齐全。

2. 遵守考场规定，按时独立完成。

（三）操作步骤（含注意事项）

1. 按照题签提供的客户编号，在营销业务应用系统（SG186 系统）查询该客户的相关信息（用电客户基本信息、计费信息、计量装置、受电设备四个界面），截图并保存。

2. 按照题签已知要求，在 A4 纸上，写出客户窃电、违约用电类型，并计算处理结果（包括计算公式）。

3. 在 SG186 系统中操作窃电、违约用电处理流程（至业务审批即可）。

二、考核

（一）考核场地

考核场地为有内网台式电脑的实训教室，并分别有独立隔断。

（二）考核时间

考核时间为 30min。

（三）考核要点

1. 正确操作 SG186 系统。

2. 正确写出客户窃电、违约用电类型，计算处理结果。

3. 在 SG186 系统中，正确操作窃电、违约用电处理流程。

三、评分标准

行业：电力工程　　　　工种：用电监察员　　　　等级：四

<table>
<tr><td>编号</td><td>JC4ZY0101</td><td>行为领域</td><td>e</td><td colspan="2">鉴定范围</td><td colspan="2"></td></tr>
<tr><td>考核时限</td><td>30min</td><td>题型</td><td>B</td><td>满分</td><td>100 分</td><td>得分</td><td></td></tr>
<tr><td>试题名称</td><td colspan="7">河北营销业务应用系统窃电、违约用电处理流程操作</td></tr>
<tr><td>考核要点及其要求</td><td colspan="7">（1）正确操作 SG186 系统
（2）正确写出客户窃电、违约用电类型，计算处理结果
（3）在 SG186 系统中，正确操作窃电、违约用电处理流程</td></tr>
<tr><td>现场设备、工器具、材料</td><td colspan="7">（1）工器具：碳素笔（黑）、计算器
（2）材料：题签、A4 纸
（3）设备：内网台式电脑</td></tr>
<tr><td>备注</td><td colspan="7"></td></tr>
</table>

续表

评分标准						
序号	作业名称	质量要求	分值	扣分标准	扣分原因	得分
1	开工准备	着装规范，着棉质长袖工装	5	未按要求着装，此项目不得分		
2	SG186系统查询	（1）正确使用SG186系统查询客户相关信息： ① 用电客户基本信息 ② 计费信息 ③ 计量装置信息 ④ 受电设备信息 （2）数据界面截图并保存	20	（1）未按题签已知条件查询，此项目不得分 （2）每查询错误一处扣5分 （3）未截图保存扣5分 （4）扣完为止		
3	窃电、违约用电类型	写出客户窃电、违约用电类型	10	未写出或引用条款错误，此项目不得分		
4	计算结果	正确计算客户窃电、违约用电处理结果	25	（1）未计算，此项目不得分 （2）计算错误一处扣8分 （3）未列出公式扣5分 （4）扣完为止		
5	流程操作	正确操作SG186系统窃电、违约用电处理流程至相应环节	40	未操作，此项目不得分 每错误一处扣10分，扣完为止		
6	质量否决项	存在作弊等行为	否决	考试现场夹带作弊、不服从考评员安排或顶撞者，取消考评资格		

2.2.5 JC4ZY0201 低压三相客户电能计量装置配置

一、作业

（一）工器具、材料、设备

1. 工器具：碳素笔（黑）、计算器。

2. 材料：题签、A4 纸、低压非居民合同（空白）。

3. 设备：内网台式电脑。

（二）安全要求

1. 着装整洁，准考证、身份证齐全。

2. 遵守考场规定，按时独立完成。

（三）操作步骤及工艺要求（含注意事项）

1. 按照题签提供的客户申请，在 A4 纸上写出客户电价执行标准和电能计量装置配置：

（1）计算客户总负荷功率，小数位保留两位，单位用字母或汉字正确表示。

（2）计算用户负荷电流，列出公式 $I=P/(\sqrt{3}\times U\times\cos\varphi)$，代入正确数值。

（3）计算电流，列出公式 $I_{1n}=\frac{I_f}{60\%}$，代入正确数值。

（4）正确配备计量装置（包括表计、电流互感器的配置）。

2. 起草供用电合同（包括电价执行、产权分界点等信息）。

3. 在 SG186 系统中操作低压非居民新装流程（至业务审批即可）。

二、考核

（一）考核场地

考核场地为有内网台式电脑的多工位实训教室，并分别有独立隔断。

（二）考核时间

考核时间为 40min。

（三）考核要点

1. 按照题签提供的客户申请，在 A4 纸上写出客户电价执行标准和电能计量装置配置。

2. 起草供用电合同（包括电价执行、产权分界点等信息）。

3. 在 SG186 系统中操作低压非居民新装流程（至业务审批即可）。

三、评分标准

行业：电力工程　　　　工种：用电监察员　　　　等级：四

编号	JC4ZY0201	行为领域	e	鉴定范围			
考核时限	40min	题型	C	满分	100 分	得分	
试题名称	低压三相客户电能计量装置配置						
考核要点	（1）按照题签提供的客户申请，在 A4 纸上写出客户电价执行标准和电能计量装置配置 （2）起草供用电合同（包括电价执行、产权分界点等信息） （3）在 SG186 系统中操作低压非居民新装流程（至业务审批即可）						

续表

编号	JC4ZY0201	行为领域	e	鉴定范围	
现场设备、工器具、材料	(1) 工器具：碳素笔（黑）、计算器 (2) 材料：题签、A4纸、低压非居民合同（空白） (3) 设备：内网台式电脑				
备注					

评分标准

序号	作业名称	质量要求	分值	扣分标准	扣分原因	得分
1	开工准备	着装规范，着棉质长袖工装	5	未按要求着装，此项目不得分		
2	电价执行	正确写出电价执行标准	10	未写出或错误，此项目不得分		
3	功率计算	正确计算客户总负荷功率	10	(1) 未计算或错误，此项目不得分 (2) 未写出公式扣5分		
4	电流计算	正确计算客户负荷电流	15	(1) 未计算或错误，此项目不得分 (2) 未写出公式扣5分		
5	计量装置配置	正确计量装置配置	30	(1) 未配置，此项目不得分 (2) 表计配置错误扣15分 (3) 电流互感器配置错误扣15分		
6	合同起草	正确起草供用电合同	10	(1) 未起草，此项目不得分 (2) 每错误一处扣4分，扣完为止		
7	流程操作	在SG186系统中操作低压非居民新装流程（至业务审批即可）	20	(1) 未操作，此项目不得分 (2) 每错误一处扣8分，扣完为止		
8	质量否决项	存在作弊等行为	否决	考试现场夹带作弊、不服从考评员安排或顶撞者，取消考评资格		

2.2.6 JC4ZY0301 低压客户受电装置检查

一、作业

（一）工器具和材料

1. 工器具：低压验电笔1支、钳形电流表。

2. 材料：题签、碳素笔（黑）、用电检查结果通知书、窃电、违约用电通知书。

（二）审核的依据要求

对低压客户受电装置进行巡视与检查，应依据国家和电力行业的有关法律、法规、规定、规则和设计标准、规程进行。巡视与检查主要包括以下标准、规程：

GB 311.1—2012《绝缘配合第1部分：定义、原则和规则》

GB 50034—2013《建筑照明设计规范》

GB 50038—2005《人民防空地下室设计规范》

GB 50052—2009《供配电系统设计规范》

GB 50054—2011《低压配电设计规范》

GB 50057—2010《建筑物防雷设计规范》

GB 50096—2011《住宅设计规范》

GB 50217—2018《电力工程电缆设计标准》

DL/T 448—2016《电能计量装置技术管理规程》

DL/T 601—1996《架空绝缘配电线路设计技术规程》

DL/T 5220—2005《10kV及以下架空配电线路设计技术规程》

JGJ 16—2008《民用建筑电气设计规范（附条文说明［另册］）》

（三）巡视与检查步骤及要点

1. 写出检查时注意事项、检查程序。

2. 巡视与检查计量装置，是否存在窃电、违约用电行为。

3. 巡视与检查低压客户受电装置，是否满足安全、运行要求。

4. 正确填写用电检查结果通知书和窃电、违约用电通知书。

二、考核

（一）考核场地

低压配电室仿真实验场，场地内应能同时容纳多个工位（办公桌），并能保证工位之间的距离合适。

（二）考核时间

考核时间为40min。

（三）考核要点

1. 写出检查时注意事项、检查程序。

2. 巡视与检查计量装置，是否存在窃电、违约用电行为。

3. 巡视与检查低压客户受电装置，是否满足安全运行要求（使用钳形电流表，测量客户受电设备一次电流）。

4. 正确填写用电检查结果通知书和窃电、违约用电通知书。

三、评分标准

行业：电力工程　　　　　　　　　　工种：用电监察员　　　　　　　　　　等级：四

<table>
<tr><td>编号</td><td>JC4ZY0301</td><td>行为领域</td><td>e</td><td colspan="2">鉴定范围</td><td colspan="2"></td></tr>
<tr><td>考核时限</td><td>40min</td><td>题型</td><td>C</td><td>满分</td><td>100 分</td><td>得分</td><td></td></tr>
<tr><td>试题名称</td><td colspan="7">低压客户受电装置检查</td></tr>
<tr><td>考核要点</td><td colspan="7">（1）写出检查时注意事项、检查程序
（2）巡视与检查计量装置，是否存在窃电、违约用电行为
（3）巡视与检查低压客户受电装置，是否满足安全运行要求（使用钳形电流表，测量客户受电设备一次电流）
（4）正确填写用电检查结果通知书和窃电、违约用电通知书</td></tr>
<tr><td>现场设备、工具、材料</td><td colspan="7">（1）工器具：低压验电笔 1 支、钳形电流表
（2）材料：题签、碳素笔（黑），用电检查结果通知书，窃电、违约用电通知书
（3）设备场地：低压配电室仿真试验场</td></tr>
<tr><td>备注</td><td colspan="7">考评员根据评分标准中 3、4 点的要求自行设置的错误点，考生找出即得分；否则扣分。每个“分值”扣完为止</td></tr>
</table>

评分标准

序号	作业名称	质量要求	分值	扣分标准	扣分原因	得分
1	开工准备、检查程序	着装规范，着棉质长袖工装	5	未按要求着装，此项目不得分		
2	注意事项	写出检查时注意事项	20	（1）未写出注意事项扣 10 分 （2）未写出检查程序扣 10 分 （3）每错误一处扣 5 分，扣完为止		
3	计量装置巡视与检查	巡视与检查计量装置	25	（1）未找出，此项目不得分 （1）每错误一处扣 10 分，扣完为止		
4	低压客户受电装置巡视与检查	巡视与检查低压客户受电装置是否满足安全、运行要求	25	（1）未找出，此项目不得分 （2）未测量，此项目不得分 （3）每错误一处扣 10 分，扣完为止		
5	填写用电检查结果通知书	正确填写用电检查结果通知书	10	（1）未填写，此项目不得分 （2）每错误一处扣 4 分，扣完为止		
6	填写窃电、违约用电通知书	正确填写窃电、违约用电通知书	10	（1）未填写，此项目不得分 （2）每错误一处扣 4 分，扣完为止		

续表

序号	作业名称	质量要求	分值	扣分标准	扣分原因	得分
7	安全文明工作	文明工作，确保工作环境整洁，工作完成回收工器具，恢复现场	5	（1）未收拾试验场地，此项目不得分 （2）每遗漏一处扣2分		
8	安全否决项	出现危及人身、设备安全行为的操作	否决	整个操作项目得0分		

2.2.7 JC4ZY0401 低压三相四线直入式计量装置查窃与处理

一、作业

（一）工器具、材料、设备

1. 工器具：碳素笔（黑）、手电筒、低压验电笔、护目镜、中号一字改锥、中号十字改锥、斜口钳、尖嘴钳。

2. 材料：低压客户用电检查工作单，窃电、违约用电通知书，A4 纸。

3. 设备：电能表接线智能仿真装置（低压三相四线直入式计量装置）、万用表、钳形电流表。

（二）安全要求

1. 工作服、安全帽、绝缘鞋、线手套穿戴整齐。

2. 正确填写低压客户用电检查工作单。

3. 检查计量柜（箱）接地良好，并对外壳验电，确认计量柜（箱）不带电。

4. 检查确认仪表功能正常，表线及工具绝缘无破损。

5. 正确选择钳形电流表、万用表档位和量程，禁止带电换档和超量程测试。

（三）操作步骤及工艺要求（含注意事项）

1. 进场前检查所带仪表、工器具、材料是否齐全完好，着装是否整齐。

2. 填写低压客户用电检查工作单，口头交代危险点和防范措施。

3. 用电检查程序（含出示证件、口述取证注意事项）。

4. 检查低压三相四线直入式计量装置接地是否良好，并对外壳验电。

5. 检查计量柜（箱）门锁及封印是否完好。

6. 开启封印和箱门，按用电检查工作单格式抄录计量装置铭牌信息和事件记录。

7. 检查电能表的封印是否齐全完好。

8. 开启电能表接线盒封印及盒盖，恰当选择万用表、钳形电流表档位和量程并正确接线，分别测量电能表的运行参数。

（1）使用万用表逐次测量电能表一、二、三元件相电压 U_1、U_2、U_3，电压值取整数位如实抄录在记录单上。

（2）使用钳形电流表逐次测量电能表一、二、三元件相电流 I_1、I_2、I_3，电流值取小数点后一位并如实抄录在记录单上（测量时注意：钳口的咬合紧密度）。

（3）观察智能电表显示电压、电流、功率的示数（包含各相），并如实抄录在记录单上。

9. 根据测量值判断窃电类型。

（1）根据电压测量值判断某元件电压回路是否存在窃电点。

（2）根据电流测量值判断某元件电流回路是否存在窃电点。

（3）根据智能电表显示判断是否存在窃电点。

10. 根据测量值绘制实际接线相量图。相量图绘制要求：应有三个相电压相和三个相电流相量；应有电能表三原件的电压与电流间的夹角标线和符号；应有各相功率因数角标线和符号；各相量的角度误差不能超过 5°。

11. 根据测量数据画出相量图，并判断、确定窃电方式，将结果填写到记录单上。

12. 填写窃电、违约用电通知书。

13. 根据窃电方式计算处理结果。

14. 清理操作现场。要求计量柜（箱）内及操作区无遗留的工具和杂物，计量柜（箱）的门、窗、锁等无损坏和污染。

二、考核

（一）考核场地

1. 场地面积应能同时容纳多个工位，并保证工位之间的距离合适。

2. 其他：每个工位备有桌椅。

（二）考核时间

考核时间为 40min。

（三）考核要点

1. 工器具使用正确、熟练，正确填写低压客户用电检查工作单。

2. 用电检查程序（含出示证件、口述取证注意事项）。

3. 检查程序、测试步骤完整、正确。

4. 实际接线相量图的绘制正确。

5. 窃电方式的分析、判断方法和结果正确。

6. 填写窃电、违约用电通知书正确

7. 窃电方式计算处理结果正确

8. 安全文明工作。

（四）考场布置

1. 考评员提前在计量装置的封印、电能表接线盒等处设置窃电点（缺封、假封、螺钉松动等）。

2. 窃电方式及数量由考评组商定出题，考生抽签选题，考评员核定并记录考生对应的抽签号及考题号。

3. 考评员提前设置窃电点并让电能表接线智能仿真装置通电运行。

三、评分标准

行业：电力工程　　**工种：用电监察员**　　**等级：四**

编号	JC4ZY0401	行为领域	e	鉴定范围			
考核时限	40min	题型	C	满分	100 分	得分	
试题名称	低压三相四线直入式计量装置查窃与处理						
考核要点及其要求	（1）工器具使用正确、熟练，填写低压客户用电检查工作单正确 （2）用电检查程序（含出示证件、口述取证注意事项） （3）检查程序、测试步骤完整、正确 （4）实际接线相量图的绘制正确 （5）窃电方式的分析、判断方法和结果正确 （6）填写窃电、违约用电通知书正确 （7）窃电方式计算处理结果正确 （8）安全文明工作						

续表

编号	JC4ZY0401	行为领域	e	鉴定范围	
现场设备、工器具、材料	（1）工器具：碳素笔（黑）、手电筒、低压验电笔、护目镜、中号一字改锥、中号十字改锥、斜口钳、尖嘴钳 （2）材料：低压客户用电检查记录单、窃电、违约用电通知书、A4纸 （3）设备：电能表接线智能仿真装置（低压三相四线直入式计量装置）、万用表、钳形电流表				
备注	考评员提前设置窃电点并让电能表接线智能仿真装置通电运行				

评分标准

序号	考核项目名称	质量要求	分值	扣分标准	扣分原因	得分
1	开工准备	（1）着装规范，安全帽应完好，安全帽佩戴应正确规范，着棉质长袖工装，穿绝缘鞋，戴棉线手套 （2）工器具选用正确，携带齐全 （3）低压客户用电检查工作单填写正确	5	（1）未按要求着装，此项目不得分 （2）每漏选、错选一处扣0.5分 （3）正确填写低压客户用电检查工作单，每错误一处扣1分 （4）扣完为止		
2	用电检查程序	（1）出示证件 （2）口述取证注意事项	5	（1）未出示证件扣3分 （2）未口述取证注意事项扣2分		
3	检查程序	（1）检查计量装置接地并对外壳验电 （2）检查计量柜（箱）门锁及封印，检查电能表及试验接线盒封印 （3）查看并记录电能表铭牌及数据显示 （4）检查电能表及试验接线盒接线	10	（1）未检查计量装置接地并对外壳验电，每处扣2分 （2）未检查计量柜（箱）门锁及封印、电能表封印，每处扣1分 （3）未查看并记录电能表铭牌及数据显示，每缺1个参数扣1分 （4）未检查电能表及试验接线盒接线，每项扣2分 （5）扣完为止		
4	仪表及工具使用	（1）仪表接线、换档、选量程规范正确 （2）工器具选用恰当，动作规范	10	（1）在仪表接线、换档、选量程等过程中发生操作错误，每次扣3分 （2）工器具使用方法不当或掉落，每次扣2分 （3）扣完为止		
5	参数测量	（1）测量点选取正确 （2）测量值读取和记录正确 （3）实测参数足够无遗漏	5	（1）测量点选取不正确，每处扣2分 （2）测量值读取或记录不正确，每个扣2分 （3）实测参数不足，每缺一个扣2分 （4）扣完为止		

续表

序号	考核项目名称	质量要求	分值	扣分标准	扣分原因	得分
6	记录及绘图	（1）正确绘制实际接线相量图 （2）记录单填写完整、正确、清晰	15	（1）相量图错误扣15分，符号、角度错误或遗漏，每处扣1分 （2）记录单记录有错误、缺项和涂改，每处扣1分 （3）扣完为止		
7	判断窃电方式	实际窃电方式的判断结果正确	20	部分错误则每处扣8分，扣完为止		
8	填写窃电、违约用电通知书	窃电、违约用电通知书填写正确	10	（1）未填写，此项目不得分 （2）填写每错误一处扣5分，扣完为止		
9	处理结果	窃电处理计算	15	（1）未计算，此项目不得分 （2）计算错误一处扣8分，扣完为止		
10	清理现场	清理作业现场	5	（1）未清理现场，此项目不得分 （2）每遗漏一处扣2分		
11	安全否决项	出现危及人身、设备安全行为的操作	否决	整个操作项目得0分		

2.2.8 JC4ZY0402 违约用电检查与处理（私自改变用电类别）

一、作业

（一）工器具、材料、设备

1. 工器具：碳素笔（黑）、计算器。

2. 材料：题签、A4 纸。

3. 设备：内网台式电脑。

（二）安全要求

1. 着装整洁，准考证、身份证齐全。

2. 遵守考场规定，按时独立完成。

（三）操作步骤（含注意事项）

1. 按照题签提供的客户编号，在 SG186 系统查询该客户的相关信息（用电客户基本信息、计费信息、计量装置、受电设备四个界面），截图并保存。

2. 按照题签已知要求，填写窃电、违约用电通知书，并在 A4 纸上写出处理计算结果（包括计算公式）。

3. 在 SG186 系统中操作违约用电处理流程（至业务审批即可）。

二、考核

（一）考核场地

考核场地为有内网台式电脑的实训教室，并分别有独立隔断。

（二）考核时间

考核时间为 30min。

（三）考核要点

1. 正确操作 SG186 系统。

2. 正确填写窃电、违约用电通知书，计算处理结果。

3. 正确在 SG186 系统中操作违约用电处理流程。

三、评分标准

行业：电力工程　　　　工种：用电监察员　　　　等级：四

编号	JC4ZY0402	行为领域	e	鉴定范围		
考核时限	30min	题型	B	满分	100 分	得分	
试题名称	违约用电检查与处理（私自改变用电类别）					
考核要点及其要求	（1）正确操作 SG186 系统 （2）正确填写窃电、违约用电通知书，计算处理结果 （3）正确在 SG186 系统中操作违约用电处理流程					
现场设备、工器具、材料	（1）工器具：碳素笔（黑）、计算器 （2）材料：题签、A4 纸 （3）设备：内网台式电脑					
备注						

续表

评分标准						
序号	作业名称	质量要求	分值	扣分标准	扣分原因	得分
1	开工准备	着装规范，着棉质长袖工装	5	未按要求着装，此项目不得分		
2	SG186系统查询	（1）正确使用SG186系统查询客户相关信息： ①用电客户基本信息 ②计费信息 ③计量装置信息 ④受电设备信息 （2）数据界面截图并保存	20	（1）未按题签已知条件查询，此项目不得分 （2）每查询错误一处扣8分 （3）未截图保存扣5分 （4）扣完为止		
3	填写窃电、违约用电通知书	窃电、违约用电通知书填写正确	10	（1）未填写，此项目不得分 （2）填写每错误一处扣5分 （3）填写不规范扣2分 （4）扣完为止		
4	计算结果	正确计算客户违约用电处理结果	25	（1）未计算，此项目不得分 （2）计算错误一处扣8分 （3）未列出公式扣5分 （4）扣完为止		
5	流程操作	正确操作SG186系统违约用电处理流程至相应环节	40	（1）未操作，不得分 （2）每错误一处扣10分 （3）扣完为止		
7	质量否决项	存在作弊等行为	否决	考试现场夹带作弊、不服从考评员安排或顶撞者，取消考评资格		

2.2.9 JC4ZY0501 低压客户工程验收

一、作业

（一）工器具和材料

1. 工器具：低压验电笔 1 支。

2. 材料：题签、低压客户工程设计方案、碳素笔（黑）、客户受电工程验收结果通知单。

（二）审核的依据要求

对低压客户受电工程设计进行验收，应依据国家和电力行业的有关设计标准、规程进行，禁止使用国家明令淘汰的产品。验收主要包括以下标准、规程：

GB 311.1—2012《绝缘配合　第 1 部分：定义、原则和规则》

GB 50034—2013《建筑照明设计规范》

GB 50038—2005《人民防空地下室设计规范》

GB 50052—2009《供配电系统设计规范》

GB 50054—2011《低压配电设计规范》

GB 50057—2010《建筑物防雷设计规范》

GB 50096—2011《住宅设计规范》

GB 50217—2018《电力工程电缆设计标准》

DL/T 448—2016《电能计量装置技术管理规程》

DL/T 601—1996《架空绝缘配电线路设计技术规程》

DL/T 5220—2005《10kV 及以下架空配电线路设计技术规程》

JGJ 16—2008《民用建筑电气设计规范（附条文说明［另册］)》

（三）验收步骤及要点

1. 验收步骤

（1）验电。

（2）根据题签中提供的验收任务，验收低压客户工程，包括低压受电设备、用电性质等。

（3）填写客户受电工程验收结果通知单。

2. 验收要点

（1）安全注意事项、正确验电。

（2）应对照方案，核实现场安装设备电价执行是否正确。

（3）验收低压受电设备各电气元件，是否满足安全运行要求。

（4）填写客户受电工程验收结果通知单。

二、考核

（一）考核场地

1. 户内式配电室仿真试验场，场地面积应能同时容纳多个工位（办公桌），并能保证工位之间的距离合适。

2. 每个工位配有桌椅。

（二）考核时间

考核时间为 40min。

（三）考核要点

1. 安全注意事项、正确验电。
2. 对照方案，核实电价执行是否正确。
3. 验收低压受电设备各电气元件，是否满足安全运行要求。
4. 填写客户受电工程验收结果通知单。

三、评分标准

行业：电力工程　　　　　　　　　　工种：用电监察员　　　　　　　　　　等级：四

编号	JC4ZY0501	行为领域	e	鉴定范围			
考核时限	40min	题型	C	满分	100 分	得分	
试题名称	低压客户工程验收						
考核要点	（1）安全注意事项、正确验电 （2）对照方案，核实电价执行是否正确 （3）验收低压受电设备各电气元件，是否满足安全运行要求 （4）填写客户受电工程验收结果通知单						
现场设备、工具、材料	（1）工器具：低压验电笔 1 支 （2）材料：题签、低压客户工程设计方案、碳素笔（黑）、客户受电工程验收结果通知单						
备注	考评员根据评分标准中 3、4 点的要求自行设置的错误点，考生找出并改正错误即得分，否则扣分						

评分标准

序号	作业名称	质量要求	分值	扣分标准	扣分原因	得分
1	开工准备	着装规范，安全帽应完好，安全帽佩戴应正确规范，着棉质长袖工装，穿绝缘鞋，戴棉线手套	5	未按要求着装，此项目不得分		
2	验电	正确验电	15	未验电或验电方法不正确，此项目不得分		
3	电价执行	对照方案，核实电价执行是否正确	20	未指出或错误，此项目不得分		
4	低压受电设备验收	验收低压受电设备各电气元件	30	（1）未找出，此项目不得分 （2）每漏找或错误一处扣 10 分，扣完为止		
5	填写客户受电工程验收结果通知单	正确填写客户受电工程验收结果通知单	20	（1）未填写，此项目不得分 （2）每错误一处扣 8 分，扣完为止		
6	清理现场	清理作业现场	10	（1）未清理现场，此项目不得分 （2）清理现场不彻底扣 5 分		
7	安全否决项	出现危及人身、设备安全行为的操作	否决	整个操作项目得 0 分		

2.2.10 JC4XG0101 低压客户受电设备停送电操作

一、作业

（一）工具和材料

1. 工器具：操作把手1个、低压验电笔1支、绝缘手套1双、电工常用工具1套、标识牌。

2. 材料：碳素笔（黑）、操作票。

（二）施工的安全要求

1. 严禁带负荷停送电操作。

2. 操作过程中，确保人身与设备安全。

（三）施工步骤与要求

1. 施工要求。

（1）口述安全注意事项。

（2）按题签进行停送电操作。

2. 操作步骤。

（1）根据题签任务填写操作票：相关规程规定，在电气设备上工作严格执行操作票制度。倒闸操作票涵盖票头、组织措施、履行时间、操作任务、操作项目五部分。

（2）正确验电。

（3）按照题签进行相应的低压受电设备停送电操作。

二、考核

（一）场地

户内式配电室仿真试验场。

（二）时间

考核时间为40min。

（三）考核要点

1. 正确填写操作票。

2. 正确选择相应电压等级、合格的验电设备进行验电。

3. 低压受电设备停送电操作。

4. 安全文明工作。

三、评分标准

行业：电力工程 **工种：用电监察员** **等级：四**

编号	JC4XG0101	行为领域	f	鉴定范围			
考核时限	40min	题型	C	满分	100分	得分	
试题名称	低压客户受电设备停送电操作						
考核要点	1. 正确填写操作票 2. 正确验电 3. 低压受电设备停、送电操作 4. 安全文明工作						

续表

编号	JC4XG0101	行为领域	f	鉴定范围	
现场设备、工具、材料	工器具：操作把手1个、低压验电笔1支、绝缘手套1双、电工常用工具1套、标示牌 材料：碳素笔（黑）、操作票				
备注	不得超时作业，未完成全部操作的按实际完成评分 发生安全事故本项目不及格				

评分标准

序号	作业名称	质量要求	分值	扣分标准	扣分原因	得分
1	开工准备	着装规范，安全帽应完好，安全帽佩戴应正确规范，着棉质长袖工装，穿绝缘鞋，戴棉线手套	5	未按要求着装，此项目不得分		
2	验电	正确验电	10	未验电或验电方法不正确，此项目不得分		
3	操作票填写	（1）正确填写票头、组织措施、履行时间 （3）正确填写操作任务栏六要素：电压等级、设备位置、设备名称、设备编号、操作范围、操作目的专业术语 （2）停电操作：负荷开关断开；电源开关断开 （3）送电操作：电源开关合上；负荷开关合上 （4）操作项目顺序正确、齐全	20	（1）票头、组织措施、履行时间漏填或错误每项扣2分 （2）操作任务要素漏填或错误每项扣2分 （3）专业术语漏填或错误每处扣2分 （4）操作项目顺序错误或漏项，扣5分 （5）扣完为止		
4	停电	核对设备名称及状态 依据操作票执行 先负荷、后开关操作顺序 悬挂“有人工作，禁止合闸”标识牌	25	未核对，此项目不得分 （1）少核对一处扣10分，扣完为止 （2）无票操作，此项目不得分 （3）操作顺序错误，此项目不得分 （4）未正确悬挂标识牌扣5分		
5	送电	（1）核对设备名称及状态 （2）摘除“有人工作，禁止合闸”标识牌 （3）依据操作票执行 （4）先开关、后负荷操作顺序 （5）合闸一次性成功	25	（1）未核对扣5分 （2）无票操作，此项目不得分 （3）未摘除标识牌扣5分 （4）操作顺序错误，此项目不得分 （5）未成功一次性合闸扣3分		
6	清理现场	清理作业现场	5	（1）未清理现场扣5分 （2）现场清理不彻底扣2分		

续表

序号	考核项目名称	质量要求	分值	扣分标准	扣分原因	得分
7	安全文明工作	(1) 操作过程中无工器具掉落等事件 (2) 办理工作终结手续	10	(1) 工器具掉落一次扣3分 (2) 未办理工作终结手续扣5分 (3) 扣完为止		
8	安全否决项	出现危及人身、设备安全行为的操作	否决	整个操作项目得0分		

第三部分　高　级　工

1 理论试题

1.1 单选题

La3A2001 两耦合线圈的互感系数（　　）。
（A）近似相等；（B）不相等；（C）相等；（D）不确定。
答案：C

La3A2002 一个线圈产生的磁通全部与另一个线圈交链时耦合系数（　　）。
（A）等于 0；（B）大于 0 且小于 1；（C）大于 1；（D）等于 1。
答案：D

La3A2003 只要知道线圈的绕向，用（　　）很容易就能确定两个线圈的同名端。
（A）右手螺旋定则；（B）左手定则；（C）右手定则；（D）楞次定律。
答案：A

La3A2004 *RLC* 串联电路中，阻抗三角形与电压有效值三角形是相似三角形（　　）。
（A）后者比前者小 1 倍；（B）后者比前者大 1 倍；（C）后者与前者相等；（D）阻抗三角形的底角不是端电压与总电流的相位差。
答案：B

La3A2005 无功功率是指储能元件与电源交换功率的（　　）。
（A）平均值；（B）瞬时值；（C）最大值；（D）最小值。
答案：C

La3A2006 *RLC* 串联电路的视在功率是指电路的端电压和总电流的（　　）的乘积，用大写字母 S 表示。
（A）最大值；（B）瞬时值；（C）平均值；（D）有效值。
答案：D

La3A2007 人工补偿法提高功率因数的方法是指（　　）的方法。
（A）并联电容器；（B）提高用电设备本身功率因数；（C）串联电容；（D）减少负载。
答案：A

La3A2008　*RLC* 串联电路发生谐振的条件为（　　）。

（A）电路的感抗大于容抗；（B）电路的感抗小于容抗；（C）电路的感抗等于容抗；（D）电路的阻抗最大。

答案：C

La3A2009　*RLC* 串联谐振时电路的功率因数 $\cos\varphi$（　　）。

（A）等于 1；（B）最小；（C）和正常电路无异；（D）无法确定。

答案：A

La3A2010　串联谐振电路中 $U_L = U_C = QU$，Q 值（　　）。

（A）一般很小；（B）一般很大；（C）一般接近于 1；（D）无穷大。

答案：B

La3A2011　*RLC* 并联电路，当 L 增为原来的 4 倍时，若要使电路仍在原频率下谐振，则 C 变为原来的（　　）倍。

（A）1/4；（B）2；（C）4；（D）1/2。

答案：A

La3A2012　*RLC* 并联谐振时电路的功率因数 $\cos\varphi$（　　）。

（A）等于 1；（B）最小；（C）和正常电路无异；（D）无法确定。

答案：A

La3A2013　中线的主要作用在于（　　）中性点位移电压，使星形连接的不对称负载的相电压接近对称。

（A）增大；（B）彻底消除；（C）减小；（D）维持。

答案：C

La3A2014　零序分量等于三个不对称相量和的（　　）。

（A）1/2；（B）1/3；（C）1/4；（D）2/3。

答案：B

La3A2015　电力系统在三相对称运行时（　　）。

（A）只有正序分量；（B）只有负序分量；（C）只有零序分量；（D）只有正序分量和负序分量。

答案：A

La3A2016　三相可控硅整流电路中，每个可控硅承受的最大反向电压是二次（　　）。

（A）相电压值；（B）相电压峰值；（C）线电压值；（D）线电压峰值。

答案：D

La3A2017 大小相等、频率相同、彼此间相位差0°的对称三相正弦量是（　　）对称电路。

（A）正序；（B）负序；（C）零序；（D）以上都不对。

答案：C

La3A3018 两节点的电路，其中一条是无源支路，当该支路的电阻增加时，节点电压将（　　）。

（A）增大；（B）减小；（C）不变；（D）不确定。

答案：A

La3A3019 两个有互感的线圈串联、顺接时，其等效电感为（　　）。

（A）$L=L_1+L_2+2M$；（B）$L=L_1+L_2-2M$；（C）$L=L_1-L_2+2M$；（D）$L=L_1-L_2-2M$。

答案：A

La3A3020 两个有互感的线圈串联、反接时，其等效电感为（　　）。

（A）$L=L_1+L_2+2M$；（B）$L=L_1+L_2-2M$；（C）$L=L_1-L_2+2M$；（D）$L=L_1-L_2-2M$。

答案：B

La3A3021 RL 串联电路，$U_R=30$V，$U_L=40$V，则电路中的总电压$U=$（　　）。

（A）50；（B）30；（C）40；（D）0。

答案：A

La3A3022 一个容抗为6Ω的电容与一个8Ω的电阻串联，通过电流为5A，则电源电压$U=$（　　）V。

（A）50；（B）30；（C）40；（D）0。

答案：A

La3A3023 在交流电路中，当电压的相位超前电流的相位时（　　）。

（A）电路呈感性，$j>0$；（B）电路呈容性，$j>0$；（C）电路呈感性，$j<0$；（D）电路呈容性，$j<0$。

答案：A

La3A3024 RLC 串联正弦电路，$U_R=100$V，$U_L=100$V，$U_C=100$V，则 $U=$

(　　) V。

(A) 100；(B) $100\sqrt{2}$；(C) 200；(D) 300。

答案：A

La3A3025　已知 *RLC* 串联电路的谐振频率是 f_0，如果把电路的电感 *L* 增大一倍，把电容 *C* 减小到原有电容的 1/4，则该电路的谐振频率变为（　　）f_0。

(A) 1/2；(B) 2；(C) 4；(D) $\sqrt{2}$。

答案：D

La3A3026　*RLC* 串联电路，当 *C* 增为原来的 4 倍时，若要使电路仍在原频率下谐振，则 *L* 应变为原来的（　　）倍。

(A) 1/4；(B) 2；(C) 4；(D) $\sqrt{2}$。

答案：A

La3A3027　当频率低于谐振频率时，*RLC* 串联电路呈（　　）。

(A) 感性；(B) 容性；(C) 阻性；(D) 不定性。

答案：B

La3A3028　串联谐振时外加电压（　　）电阻电压。

(A) ＝；(B) ＜；(C) ＞；(D) ≠。

答案：A

La3A3029　*RLC* 并联谐振时电路的阻抗（　　）*R*。

(A) ＝；(B) ＜；(C) ＞；(D) ≠。

答案：A

La3A3030　*RLC* 并联谐振时电阻支路开路，只有 *L*、*C* 并联部分，则电路总阻抗（　　）。

(A) ＝∞；(B) ＝0；(C) ＝*X*；(D) 很小。

答案：A

La3A3031　*RLC* 并联谐振时 *L* 和 *C* 并联的总电流（　　）。

(A) ＝∞；(B) ＝0；(C) ＞1；(D) 等于 *L*、*C* 支路电流。

答案：B

La3A3032　电力系统在三相短路时（　　）。

(A) 只有负序分量；(B) 只有正序分量；(C) 只有零序分量；(D) 只有正序分量和负序分量。

答案：B

La3A3033　（　　）情况下电力系统出现零序。

（A）三相对称运行时；（B）发生接地短路时；（C）三相短路时；（D）发生不对称短路时。

答案：B

La3A3034　（　　）情况下电力系统出现负序。

（A）三相对称运行时；（B）发生接地短路时；（C）三相短路时；（D）发生不对称短路时。

答案：D

La3A3035　一台50Hz、4极的异步电动机，满载时转差率为5%，电动机的转速是（　　）r/min。

（A）1425；（B）1500；（C）1250；（D）1000。

答案：A

La3A3036　巡线人员发现导线、电缆断落地面或悬吊空中，应设法防止行人靠近断线地点（　　）以内，以免跨步电压伤人。

（A）8m；（B）7m；（C）6m；（D）5m。

答案：A

La3A4037　*RL*串联正弦电路，$\cos\varphi=0.8$，则$P:Q=$（　　）。

（A）4∶3；（B）3∶4；（C）5∶3；（D）3∶5。

答案：A

La3A4038　*RLC*并联谐振时电阻支路开路，只有*L*、*C*并联部分，则电路总电流（　　）。

（A）$=\infty$；（B）$=0$；（C）>0；（D）等于*L*、*C*支路电流。

答案：B

La3A5039　有一三相四线制接法的电阻性负载，已知$R_U=22\Omega$，$R_V=R_W=11\Omega$，电源电压对称，相电压为220V，则中线电流为（　　）A。

（A）50；（B）0；（C）10；（D）-10。

答案：D

La3A5040　有一台三相电动机绕组连成星形，接在线电压为380V的电源上，当一相熔丝熔断，其三相绕组的中性点对地电压为（　　）。

(A) 110V；(B) 173V；(C) 220V；(D) 190V。

答案：A

Lb3A1041 要使变压器容量在三相不平衡负荷下充分利用，并有利于抑制三次谐波电流时，宜选用绕组接线为（　　）的变压器。

(A) Y，yn0；(B) D，yn11；(C) Y，d11；(D) YN，d11。

答案：B

Lb3A1042 （　　）位于变压器油箱上方，通过气体继电器与油箱相通。

(A) 冷却装置；(B) 防爆管；(C) 储油柜（又称油枕）；(D) 吸湿器。

答案：C

Lb3A1043 变压器中，（　　）位于油枕与箱盖的联管之间。

(A) 冷却装置；(B) 吸湿器；(C) 安全气道；(D) 气体（瓦斯）继电器。

答案：D

Lb3A1044 影响绝缘油的绝缘强度的主要因素是（　　）

(A) 油中含杂质或水分；(B) 油中含酸值高；(C) 油中氢气偏高；(D) 油中氧气偏高。

答案：A

Lb3A1045 当变压器电源电压高于额定值时，铁芯的损耗会（　　）。

(A) 减少；(B) 不变；(C) 增大；(D) 不一定。

答案：C

Lb3A1046 电抗变压器在空载情况下，二次电压与一次电流的相位关系是（　　）。

(A) 二次电压超前一次电流接近 90°；(B) 二次电压与一次电流接近 0°；(C) 二次电压滞后一次电流接近 90°；(D) 二次电压超前一次电流接近 180°。

答案：A

Lb3A1047 为了供给稳定的电压、控制电力潮流或调节负荷电流，均需对变压器进行（　　）调整。

(A) 电流；(B) 电压；(C) 有功；(D) 无功。

答案：B

Lb3A1048 变压器二次（　　），一次也与电网断开（无电源励磁）的调压，称为无励磁调压。

(A) 带 100%负载；(B) 带 80%负载；(C) 带 10%负载；(D) 不带负载。

答案：**D**

Lb3A1049 配电变压器停运满（　　）者，在恢复送电前应测量绝缘电阻，合格后方可投入运行。

（A）1年；（B）半年；（C）一个月；（D）半个月。

答案：**C**

Lb3A1050 消弧线圈采用（　　）运行方式。

（A）全补偿；（B）过补偿；（C）欠补偿；（D）不补偿。

答案：**B**

Lb3A1051 电弧电流的本质是（　　）。

（A）分子导电；（B）离子导电；（C）原子导电；（D）以上答案都不对。

答案：**B**

Lb3A1052 SN10-35断路器型号的意义（　　）。

（A）35kV户内少油式断路器；（B）35kV户外少油式断路器；（C）断流量为35kA的户内少油式断路器；（D）以上均不正确。

答案：**A**

Lb3A1053 电流互感器的二次回路只能有（　　）接地点。

（A）一个；（B）二个；（C）三个；（D）四个。

答案：**A**

Lb3A1054 继电保护的（　　）是指电力系统发生故障时，保护装置仅将故障元件切除，而使非故障元件仍能正常运行，以尽量缩小停电范围的一种性能。

（A）可靠性；（B）选择性；（C）速动性；（D）灵敏性。

答案：**B**

Lb3A1055 在架空出线或有电摞反馈可能的电缆出线的高压固定式配电装置的馈线回路中，应在（　　）装设隔离开关。

（A）负荷侧；（B）线路侧；（C）电源侧；（D）所有部位。

答案：**B**

Lb3A1056 《国家电网公司供电服务规范》规定：供电设施产权属电力企业，由电力企业所提供的各项服务属于（　　）

（A）有偿服务；（B）无偿服务；（C）特别服务；（D）柜台服务。

答案：**B**

Lb3A1057 《国家电网公司供电服务规范》规定：供电设施权属客户，供电企业所提供的服务属于（　　）

（A）有偿服务；（B）无偿服务；（C）特别服务；（D）柜台服务。

答案：A

Lb3A1058 隔离开关可拉、合（　　）。

（A）励磁电流超过2A的空载变压器；（B）电容电流超过5A的电缆线路；（C）电容电流超过5A的10kV架空线路；（D）避雷器和电压互感器。

答案：D

Lb3A1059 10kV跌落式熔断器安装在户外，要求相间距离大于（　　）。

（A）0.2m；（B）0.35m；（C）0.4m；（D）0.5m。

答案：D

Lb3A2060 6～10kV导线最大计算弧垂与建筑物垂直部分的最小距离是（　　）m。

（A）5.0；（B）3.0；（C）4.0；（D）3.5。

答案：B

Lb3A2061 以下电能表安装场所及要求不对的是（　　）。

（A）电能表安装在开关柜上时，高度为0.4～0.7m；（B）电能表安装垂直，倾斜度不超过1°；（C）不允许安装在有磁场影响及多灰尘的场所；（D）装表地点与加热孔距离不得少于0.5m。

答案：A

Lb3A2062 带电换表时，若接有电压、电流互感器，则应（　　）。

（A）分别开路、短路；（B）分别短路、开路；（C）均开路；（D）均短路。

答案：A

Lb3A2063 正弦交流电路中，功率*P*是指（　　）。

（A）视在功率；（B）平均功率；（C）有功功率；（D）无功功率。

答案：B

Lb3A2064 中性点有效接地的高压三相三线电路中，应采用（　　）的电能表。

（A）三相三线；（B）三相四线；（C）均可；（D）高精度的三相三线。

答案：B

Lb3A2065 智能电能表型号中“C”字代表（　　）。

（A）非费控电能表；（B）远程费控电能表；（C）本地费控电能表；（D）费控电能表。

答案：C

Lb3A2066 当智能表出现故障时，采用的报警方式为（　　）。

（A）声报警；（B）光报警；（C）声、光报警；（D）A、B、C 均不对。

答案：B

Lb3A2067 智能电能表至少应支持（　　）个费率，全年至少可设置两个时区。

（A）1；（B）2；（C）3；（D）4。

答案：D

Lb3A2068 经电流互感器接入的低压三相四线电能表，其电压引入线应（　　）。

（A）接在电流互感器二次侧；（B）与电流线共用；（C）单独接入；（D）在电源侧母线螺钉处引出。

答案：C

Lb3A2069 普通单相机电式有功电能表的接线，如将火线与零线接反，电能表（　　）。

（A）仍正转；（B）将反转；（C）将停转；（D）将慢转。

答案：A

Lb3A2070 高压 35kV 供电，电压互感器电压比为 35kV/100V，电流互感器电流比为 50A/5A，其计量的倍率应为（　　）。

（A）350 倍；（B）700 倍；（C）3500 倍；（D）7000 倍。

答案：C

Lb3A2071 高压 110kV 供电，电压互感器电压比为 110kV/100V，电流互感器电流比为 50/5A，其计量的倍率应为（　　）。

（A）1100 倍；（B）11000 倍；（C）14000 倍；（D）21000 倍。

答案：B

Lb3A2072 用电信息采集系统实现用电信息的（　　）用电分析和管理、相关信息发布、分布式能源监控、智能用电设备的信息交互等功能。

（A）自动采集；（B）计量异常监测；（C）电能质量监测；（D）以上都是。

答案：D

Lb3A2073 某工业用电大户，受电设备为两台 500kV·A 变压器。某月该用户进行设备检修，申请将 1 台变压器暂停 12 天，此变更用电业务受理后，该用电户应按（　　）kV·A 容量缴纳基本电费。

(A) 500；(B) 1000；(C) 725；(D) 0。

答案：B

Lb3A2074 最大需量是指用电户在全月中（　　）内平均最大负荷值。

(A) 5min；(B) 10min；(C) 15min；(D) 20min。

答案：C

Lb3A2075 为防止电缆相互间的黏合及使施工人员黏手，常在电缆皮上涂（　　）粉。

(A) 石英；(B) 白灰；(C) 白垩；(D) 石膏。

答案：C

Lb3A2076 （　　）能反映各相电流和各类型的短路故障电流。

(A) 两相不完全星形接线；(B) 三相星形接线；(C) 两相电流差接线；(D) 三相零序接线。

答案：B

Lb3A2077 三绕组变压器改变二次侧分接开关的位置，能改变（　　）。

(A) 一次侧电压；(B) 二次侧电压；(C) 三次侧电压；(D) 二、三次侧电压。

答案：B

Lb3A2078 电抗变压器在空载情况下，二次电压与一次电流的相位关系是（　　）。

(A) 二次电压超前一次电流接近90°；(B) 二次电压与一次电流接近0°；(C) 二次电压滞后一次电流接近90°；(D) 二次电压超前一次电流接近180°。

答案：A

Lb3A2079 电源频率增加一倍，变压器绕组的感应电动势（　　）。(电源电压不变)

(A) 增加一倍；(B) 不变；(C) 是原来的1/2；(D) 略有增加。

答案：A

Lb3A2080 变压器的铜损与（　　）呈正比。

(A) 负载电流；(B) 负载电流的平方；(C) 电源电压；(D) 电源电压的平方。

答案：B

Lb3A2081 要使变压器容量在三相不平衡负荷下充分利用，并有利于抑制三次谐波电流时，宜选用绕组接线为（　　）的变压器。

(A) Y，yn0；(B) D，yn11；(C) Y，d11；(D) YN，d11。

答案：B

Lb3A2082 电容器中性母线应刷（　　）色。

（A）黑；（B）赭；（C）灰；（D）紫。

答案：B

Lb3A2083 保护装置采用的电流互感器及中间电流互感器的稳态比误差不应大于（　　）。

（A）2%；（B）10%；（C）5%；（D）20%。

答案：B

Lb3A2084 测量电流互感器极性的目的是（　　）。

（A）满足负载要求；（B）保护外部接线正确；（C）提高保护装置动作灵敏度；（D）提高保护可靠性。

答案：B

Lb3A2085 二次回路采用分相接线的高压电流互感器二次侧（　　）接地。

（A）K_1；（B）K_2；（C）任一点；（D）不要。

答案：B

Lb3A2086 低压三相用户，当用户最大负荷电流在（　　）以上时应采用电流互感器。

（A）30A；（B）60A；（C）75A；（D）100A。

答案：B

Lb3A2087 二次Y形接线的高压电压互感器二次侧（　　）接地。

（A）A相；（B）B相；（C）C相；（D）中性线。

答案：D

Lb3A2088 JDJ-35表示（　　）。

（A）单相油浸式35kV电压互感器型号；（B）单相环氧浇筑式10kV电压互感器型号；（C）母线式35kV电流互感器型号；（D）环氧浇筑线圈式10kV电流互感器型号。

答案：A

Lb3A2089 运行中的35kV及以上的电压互感器二次回路，其电压降至少每（　　）年测试一次。

（A）二；（B）三；（C）四；（D）五。

答案：A

Lb3A2090 二次V形接线的高压电压互感器二次侧应（　　）接地。

（A）A相；（B）B相；（C）C相；（D）任意相。

答案：B

Lb3A2091　（　　）及以下计费用电压互感器二次回路，不得装放熔断器。

（A）110kV；（B）220kV；（C）35kV；（D）10kV。

答案：C

Lb3A2092　硬母线搭接连接时，母线应矫正平直，且断面应（　　）。

（A）平整；（B）整齐；（C）与母线垂直；（D）打毛。

答案：A

Lb3A2093　设备检修分（　　）。

（A）计划检修和临时检修；（B）重要检修和次要检修；（C）一次检修和二次检修；（D）故障检修和缺陷检修。

答案：A

Lb3A2094　带可燃油的高压配电装置，当高压开关柜的数量为（　　）时，可以与低压配电装置设置在同一房间内。

（A）8台及以下；（B）6台及以下；（C）4台及以下；（D）2台及以下。

答案：B

Lb3A2095　配电屏内二次回路的配线应采用电压不低于（　　）V的铜芯绝缘导线。

（A）400；（B）500；（C）600；（D）1000。

答案：B

Lb3A2096　架空配电线路多采用（　　）来进行防雷保护。

（A）架空避雷线；（B）避雷器；（C）避雷针；（D）放电间隙。

答案：B

Lb3A2097　接地导体由于接地电阻过大，通过雷电流时，地电位可升高很多，反过来向带电导体放电，而使避雷针附近的电气设备过电压，叫作（　　）过电压。这过高的电位，作用在线路或设备上可使绝缘击穿。

（A）弧光；（B）反击；（C）谐振；（D）参数。

答案：B

Lb3A2098　在年平均雷电日大于（　　）天的地区，配电变压器低压侧每相宜装设低压避雷器。

（A）10；（B）20；（C）30；（D）40。

答案：C

Lb3A2099 在年平均雷电日大于30天的地区，配电变压器低压侧每相装设低压避雷器的目的是降低变压器受到（ ）过电压损坏的风险。

（A）反击；（B）正变换；（C）反变换；（D）直接雷。

答案：C

Lb3A2100 继电保护装置是由（ ）组成的。

（A）二次回路各元件；（B）测量元件、逻辑元件、执行元件；（C）采样部分；（D）仪表部分。

答案：B

Lb3A2101 根据电网（ ）运行方式的短路电流值校验继电保护装置的灵敏度。

（A）最小；（B）最大；（C）最简单；（D）最复杂。

答案：A

Lb3A2102 装有自动重合闸的断路器应定期检查（ ）。

（A）合闸熔断器和重合闸的完好性能；（B）二次回路的完好性；（C）重合闸位置的正确性；（D）重合闸二次接线的正确性。

答案：A

Lb3A2103 暂换变压器的使用时间，35kV及以上的不得超过（ ），逾期不办理手续的，供电企业可中止供电。

（A）半年；（B）1年；（C）5个月；（D）3个月。

答案：D

Lb3A2104 《DL448—2000电能计量装置管理规程》中规定：用户安装最大需量表的准确度不应低于（ ）级。

（A）3.0；（B）2.0；（C）1.0；（D）0.5。

答案：C

Lb3A2105 供电企业应当建立用电投诉处理制度，公开投诉电话。对用户的投诉，供电企业应当自接到投诉之日起（ ）个工作日内提出处理意见并答复用户。

（A）4；（B）6；（C）7；（D）10。

答案：D

Lb3A2106 受理客户咨询时，对不能当即答复的，应说明原因，并在（ ）个工作日内回复。

(A) 1；(B) 2；(C) 3；(D) 4。

答案：C

Lb3A2107 以（　　）为目标，开展电力需求侧管理和服务活动，减少客户用电成本，提高用电负荷率。

(A) 实现电力增供扩销；(B) 追求供用电双方利益共赢；(C) 实现全社会电力资源优化配置；(D) 树立供电企业形象。

答案：C

Lb3A2108 低压三相四线制线路中，在三相负荷对称情况下，A、C 相电压接线互换，则电能表（　　）。

(A) 停转；(B) 反转；(C) 正常；(D) 烧表。

答案：A

Lb3A2109 高压三相三线制线路中，在三相负荷对称情况下，A、C 相电压接线互换，则电能表（　　）。

(A) 烧表；(B) 反转；(C) 正常；(D) 停转。

答案：D

Lb3A2110 某客户电能计量装置中，将变比为 200/5 的电流互感器更换为 300/5 的互感器，在相同用电量的情况下，计费电能表示数差将（　　）。

(A) 变大；(B) 变小；(C) 不变；(D) 无法判定。

答案：B

Lb3A3111 运行中电能表及其测量用互感器，二次接线正确性检查应在（　　）处进行，当现场测定电能表的相对误差超过规定值时，一般应更换电能表。

(A) 测量用互感器接线端；(B) 电能表接线端；(C) 联合接线盒；(D) 上述均可。

答案：B

Lb3A3112 复费率电能表为电力部门实行（　　）提供计量手段。

(A) 两部制电价；(B) 各种电价；(C) 不同时段的分时电价；(D) 先付费后用电。

答案：C

Lb3A3113 某穿心式电流互感器，如果一次额定电流为 200A 时的穿心匝数为 1 匝，那么一次额定电流 50A 时的穿心匝数是（　　）匝。

(A) 5；(B) 3；(C) 4；(D) 2。

答案：C

Lb3A3114 判断电能表是否超差应以（　　）的数据为准。

（A）原始；（B）多次平均；（C）修约后；（D）第一次。

答案：C

Lb3A3115 S级电能表与普通电能表的主要区别在于（　　）时准确度较高。

（A）最大电流；（B）标定电流；（C）低负载；（D）宽负载。

答案：C

Lb3A3116 在电能表经常运行的负荷点，Ⅰ类装置允许误差应不超过（　　）。

（A）±0.25%；（B）±0.4%；（C）±0.5%；（D）±0.75%。

答案：D

Lb3A3117 负荷容量为315kV·A以下的低压计费用户的电能计量装置属于（　　）计量装置。

（A）Ⅰ类；（B）Ⅱ类；（C）Ⅲ类；（D）Ⅳ类。

答案：D

Lb3A3118 一般对新装或改装、重接二次回路后的电能计量装置都必须先进行（　　）。

（A）带电接线检查；（B）现场试运行；（C）停电接线检查；（D）基本误差测试试验。

答案：C

Lb3A3119 下列说法中，正确的是（　　）。

（A）电能表采用电压、电流互感器接入方式时，电流、电压互感器的二次侧必须分别接地；（B）电能表采用直接接入方式时，需要增加连接导线的数量；（C）电能表采用直接接入方式时，电流、电压互感器二次应接地；（D）电能表采用电压、电流互感器接入方式时，电能表电流与电压连片应连接。

答案：A

Lb3A3120 接入中性点不接地的高压线路的计量装置，宜采用（　　）。

（A）三台电压互感器且按Y_0/y_0方式接线；（B）二台电压互感器且按V/V方式接线；（C）三台电压互感器且按Y/y方式接线；（D）二台电压互感器，接线方式不定。

答案：B

Lb3A3121 在低压计量中，低压供电方式为单相二线者，应安装（　　）。

（A）三相四线有功电能表；（B）单相有功电能表；（C）三相三线无功电能表；（D）三相三线有功电能表。

答案：B

Lb3A3122 安装在用户处的35kV以上计费用电压互感器二次回路，应（ ）。

（A）不装设隔离开关辅助触点和熔断器；（B）不装设隔离开关辅助触点，但可装设熔断器；（C）装设隔离开关辅助触点和熔断器；（D）装设隔离开关辅助触点。

答案：B

Lb3A3123 为了防止断线，电流互感器二次回路中不允许有（ ）。

（A）接头；（B）隔离开关辅助触点；（C）开关；（D）接头、隔离开关辅助触点、开关。

答案：D

Lb3A3124 2016年2月新装工业用电大户，受电设备为两台630kV·A变压器。用电1年后的3月，该用户申请办理1台变压器暂停3个月的手续，此变更用电业务生效后，该用电户应按（ ）kV·A容量缴纳基本电费。

（A）630；（B）1260；（C）945；（D）0。

答案：A

Lb3A3125 某用户有200kV·A和400kV·A受电变压器各一台，运行方式互为备用（变压器高压侧不同时受电），应按（ ）kV·A的设备容量计收基本电费。

（A）200；（B）400；（C）600；（D）实用设备容量。

答案：B

Lb3A3126 电缆线路的正常工作电压一般不应超过电缆额定电压的（ ）。

（A）5%；（B）10%；（C）15%；（D）20%。

答案：C

Lb3A3127 架空导线多采用钢芯铝绞线，钢芯的主要作用是（ ）。

（A）提高导电能力；（B）提高绝缘强度；（C）提高机械强度；（D）提高抗腐蚀能力。

答案：C

Lb3A3128 变压器台架安装时，高压引下线与低压导线间的净空距离不应小于（ ）。

（A）0.2m；（B）0.3m；（C）0.4m；（D）0.5m。

答案：A

Lb3A3129 变压器按用途一般可分为升压变压器、降压变压器及（ ）三种。

（A）单相变压器；（B）三相变压器；（C）双绕组变压器；（D）配电变压器。

答案：D

Lb3A3130 根据高、低压绕组排列方式的不同，绕组分为（ ）和交叠式两种。

（A）同心式；（B）混合式；（C）交叉式；（D）异心式。

答案：A

Lb3A3131 使用分裂绕组变压器主要是为了（ ）。

（A）当发生短路时限制短路电流；（B）改善绕组在冲击波入侵时的电压分布；（C）改善绕组的散热条件；（D）改善电压波形减少三次谐波分量。

答案：A

Lb3A3132 变压器绝缘普遍受潮以后，绕组绝缘电阻、吸收比和极化指数（ ）。

（A）均变小；（B）均变大；（C）绝缘电阻变小、吸收比和极化指数变大；（D）绝缘电阻和吸收比变小，极化指数变大。

答案：A

Lb3A3133 油浸变压器装有气体（瓦斯）继电器时，顶盖应沿气体继电器方向的升高坡度为（ ）。

（A）1％以下；（B）1％～1.5％；（C）1％～2％；（D）2％～4％。

答案：B

Lb3A3134 运行变压器所加一次电压不应超过相应分接头电压值的（ ），最大负荷不应超过变压器额定容量（特殊情况除外）。

（A）115％；（B）110％；（C）105％；（D）100％。

答案：C

Lb3A3135 电容器连接的导线长期允许电流应不小于电容器额定电流的（ ）倍。

（A）1.1；（B）1.3；（C）1.5；（D）1.7。

答案：B

Lb3A3136 当电容器额定电压等于线路额定相电压时，则应接成（ ）并入电网。

（A）串联方式；（B）并联方式；（C）星形；（D）三角形。

答案：C

Lb3A3137 直接影响电容器自愈性能的是（ ）。

（A）金属化膜的质量；（B）金属化膜的材料；（C）金属化层的厚薄；（D）金属化层的均匀程度。

答案：C

Lb3A3138 在变压器中性点装设消弧线圈的目的是（ ）。

（A）提高电网电压水平；（B）限制变压器故障电流；（C）补偿电网接地的电容电流；（D）吸收无用功。

答案：C

Lb3A3139 用蓄电池作电源的直流母线电压应高于额定电压的（　　）。

（A）2%～3%；（B）3%～5%；（C）1%～5%；（D）5%～8%。

答案：B

Lb3A3140 造成运行中铅酸蓄电池负极硫化的原因是（　　）。

（A）过充电；（B）过放电；（C）欠充电；（D）欠放电。

答案：C

Lb3A3141 为了保障在瞬间故障后能迅速恢复供电，有的跌落式熔断器具有（　　）。

（A）单次重合功能；（B）二次重合功能；（C）多次重合功能；（D）熔丝自愈功能。

答案：A

Lb3A3142 安装跌落式熔断器时，其相间距离应不小于（　　）mm。

（A）200；（B）300；（C）400；（D）500。

答案：D

Lb3A3143 电磁型操作机构，跳闸线圈动作电压应不高于额定电压的（　　）。

（A）55%；（B）60%；（C）65%；（D）70%。

答案：C

Lb3A3144 断路器分闸速度快慢影响（　　）。

（A）灭弧能力；（B）合闸电阻；（C）消弧片；（D）分闸阻抗。

答案：A

Lb3A3145 SF_6断路器应设有气体检漏设备和（　　）。

（A）自动排气装置；（B）自动补气装置；（C）气体回收装置；（D）干燥装置。

答案：C

Lb3A3146 二次侧5A的单相电流互感器额定容量为25V·A，则额定阻抗为（　　）。

（A）5Ω；（B）1Ω；（C）25Ω；（D）10Ω。

答案：B

Lb3A3147 LQJ-10 表示（　　）。

（A）单相油浸式 35kV 电压互感器型号；（B）单相环氧浇筑式 10kV 电压互感器型号；（C）母线式 35kV 电流互感器型号；（D）环氧浇筑线圈式 10kV 电流互感器型号。

答案：D

Lb3A3148 电流互感器二次阻抗折合到一次侧后，应乘（　　）倍（电流互感器的变比为 K）。

（A）$1/K^2$；（B）$1/K$；（C）K^2；（D）K。

答案：A

Lb3A3149 在一般的电流互感器中产生误差的主要原因是存在着（　　）。

（A）容性泄漏电流；（B）负荷电流；（C）激磁电流；（D）感性泄漏电流。

答案：C

Lb3A3150 用于 35kV 线路保护的电流互感器一般选用（　　）。

（A）D 级；（B）TPS 级；（C）0.5 级；（D）0.2 级。

答案：C

Lb3A3151 穿芯一匝 400/5A 的电流互感器，若穿芯四匝，则倍率变为（　　）。

（A）400；（B）125；（C）100；（D）20。

答案：D

Lb3A3152 电流互感器和电压互感器一、二次绕组同名端间的极性应是（　　）。

（A）加极性；（B）减极性；（C）加极性或减极性；（D）多极性。

答案：B

Lb3A3153 LFZ-35 表示（　　）。

（A）环氧浇筑线圈式 10kV 电流互感器型号；（B）单相环氧浇筑式 10kV 电压互感器型号；（C）母线式 35kV 电流互感器型号；（D）单相环氧树脂浇筑式 35kV 电流互感器型号。

答案：D

Lb3A3154 电流互感器二次侧额定电流一般为（　　）。

（A）5A 或 1A；（B）5A 或 2A；（C）10A 或 1A；（D）10A 或 2A。

答案：A

Lb3A3155 电容式电压互感器中的阻尼器的作用是（　　）。

（A）产生铁磁谐振；（B）分担二次压降；（C）改变二次阻抗角；（D）消除铁磁谐振。

答案：D

Lb3A3156 电压互感器低压侧一相电压为零，两相不变，线电压两个降低，一个不变，说明（ ）。

（A）低压侧两相熔丝断；（B）低压侧一相熔丝断；（C）高压侧一相熔丝断；（D）高压侧两相熔丝断。

答案：B

Lb3A3157 电压互感器空载误差分量是由（ ）引起的。

（A）励磁电流在一、二次绕组的阻抗上产生的压降；（B）励磁电流在励磁阻抗上产生的压降；（C）励磁电流在一次绕组的阻抗上产生的压降；（D）励磁电流在一、二次绕组上产生的压降。

答案：C

Lb3A3158 三台单相电压互感器 Y 接线，接于 110kV 电网上，则选用的额定一次电压和基本二次绕组的额定电压为（ ）。

（A）一次侧为 $110/\sqrt{3}$kV，二次侧为 $109/\sqrt{3}$V；（B）一次侧为 $110/\sqrt{3}$kV，二次侧为 100V；（C）一次侧为 110kV，二次侧为 $100/\sqrt{3}$V；（D）一次侧为 110kV，二次侧为 100V。

答案：A

Lb3A3159 两只单相电压互感器 V/V 接法，测得 $U_{ab}=U_{ac}=100$V，$U_{bc}=173$V，则可能是（ ）。

（A）一次侧 A 相熔丝烧断；（B）一次侧 B 相熔丝烧断；（C）二次侧熔丝烧断；（D）一只互感器极性接反。

答案：D

Lb3A3160 变压器差动保护范围为（ ）。

（A）变压器低压侧；（B）变压器高压侧；（C）变压器两侧电流互感器之间设备；（D）变压器中间侧。

答案：C

Lb3A3161 过电流方向保护是在过流保护的基础上，加装一个（ ）而组成的装置。

（A）负荷电压元件；（B）复合电流继电器；（C）方向元件；（D）复合电压元件。

答案：C

Lb3A3162 按躲过负荷电流整定的线路过电流保护，在正常负荷电流下，由于电流互感器极性接反而可能误动的接线方式为（ ）。

（A）三相三继电器式完全星形接线；（B）两相两继电器式不完全星形接线；（C）两

相三继电器式不完全星形接线；(D) 两相电流差式接线。

答案：C

Lb3A3163 继电保护动作的选择性，可以通过合理整定（　　）和上下级保护的动作时限来实现。

(A) 动作电压；(B) 动作范围；(C) 动作值；(D) 动作电流。

答案：C

Lb3A3164 微机继电保护装置的使用年限一般为（　　）。

(A) 10～12 年；(B) 8～10 年；(C) 6～8 年；(D) 4～6 年。

答案：A

Lb3A3165 某市人民医院高压供电受电设备容量为 500kV·A。正式用电时，其调整的功率因数标准值应是（　　）。

(A) 0.8；(B) 0.85；(C) 0.9；(D) 0.95。

答案：B

Lb3A3166 《供电营业规则》中规定，计算电量的倍率或铭牌倍率与实际不符的，以（　　）为基准，按（　　）退补电量，退补时间以（　　）确定。

(A) 实际倍率，正确与错误倍率的差值，抄表记录为准；(B) 用户正常月份用电量，正常月与故障月的差额，抄表记录或按失压自动记录仪记录；(C) 其实际记录的电量，正确与错误接线的差额率，上次校验或换装投入之日起至接线错误更正之日止；(D) 用户正常同期月份用电量，正常同期月与故障月的差额，抄表记录或按失压自动记录仪记录。

答案：A

Lb3A3167 《DL/T 448—2000 电能计量装置管理规程》中规定：第Ⅰ类电能计量装置的有功、无功电能表与测量用互感器的准确度等级应分别为（　　）。

(A) 0.5S 级、1.0 级、0.5 级；(B) 0.2S 或 0.5S 级、2.0 级、0.2S 级或 0.2 级；(C) 0.5 级、3.0 级、0.2 级；(D) 0.5 级、2.0 级、0.2 级或 0.5 级。

答案：B

Lb3A3168 《DL/T 448—2016 电能计量装置管理规程》中规定：对电网经营企业贸易结算用Ⅰ类计量装置和Ⅱ类计量装置的电流互感器，其准确度等级应分别为（　　）。

(A) 0.2S，0.2S；(B) 0.2，0.5；(C) 0.5，0.5；(D) 0.2S，0.5S。

答案：A

Lb3A3169 根据《3～110kV 高压配电装置设计规范》(GB 50060—2008) 规定，验算导体和电器动稳定、热稳定以及电器开断电流所用的短路电流，应按系统（　　）年规划容量计算。

（A）5～10；（B）10～15；（C）1～5；（D）5～20。

答案：B

Lb3A3170 三相三线有功电能表，容性负载TV的B相熔丝断，有功电量（　　）。

（A）少计二分之一；（B）少计超过二分之一；（C）少计小于二分之一；（D）不确定。

答案：A

Lb3A3171 变压器的励磁涌流中含有大量的高次谐波分量，主要是（　　）谐波分量。

（A）三次和五次；（B）二次和三次；（C）五次和七次；（D）二次和五次。

答案：B

Lb3A3172 某用户计量电能表，允许误差为±2％，经校验该用户计量电能表实际误差为＋5％，计算退回用户电量时应按（　　）计算。

（A）＋2％；（B）＋3％；（C）＋5％；（D）＋7％。

答案：C

Lb3A3173 运行中的电流互感器开路时，（　　）危及人生和设备安全。

（A）二次侧会产生波形尖锐、峰值相当高的电压；（B）一次侧产生波形尖锐、峰值相当高的电压；（C）一次侧电流剧增，线圈损坏；（D）激磁电流减少，铁芯损坏。

答案：A

Lb3A3174 110kV及以下隔离开关的相间距离的误差不应大于（　　）mm。

（A）5；（B）7.5；（C）10；（D）12。

答案：C

Lb3A3175 电流互感器V/V接线，用钳形电流表分别测量I_a和I_c，电流值相近，而同时测I_a和I_c两相电流则为单独测试时电流的1.732倍，则说明（　　）。

（A）一相电流互感器的极性接反；（B）有一相电流互感器断线；（C）两相电流互感器的极性接反；（D）两相电流互感器断线。

答案：A

Lb3A4176 正常供电时，电子式电能表的工作电源通常有三种方式：工频电源、阻容电源和（　　）。

（A）直流电源；（B）交流电源；（C）开关电源；（D）功率源。

答案：C

Lb3A4177 智能电能表故障显示代码 Err—01 的含义为（ ）

（A）控制回路错误；（B）认证错误；（C）修改密钥错误；（D）ESAM 错误。

答案：A

Lb3A4178 下列不影响电能计量装置准确性的是（ ）。

（A）一次电压；（B）互感器实际二次负荷；（C）互感器额定二次负荷的功率因数；（D）电能表常数。

答案：D

Lb3A4179 整体式电能计量柜的测量专用电压互感器应为（ ）。

（A）两台接成 V/V 形组合接线；（B）三台接成 Y/y 形组合接线；（C）三台接成 Y_0/y_0组合接线；（D）三相五柱整体式。

答案：A

Lb3A4180 管型避雷器是在大气过电压时，用以保护（ ）的绝缘薄弱环节。

（A）架空线路；（B）变压器；（C）电缆线路；（D）动力设备。

答案：A

Lb3A4181 低压接户线两悬挂点的间距不宜大于（ ）m，若超过就应加装接户杆。

（A）15；（B）25；（C）30；（D）40。

答案：B

Lb3A4182 低压接户线从电杆上引下时的线间距离最小不得小于（ ）mm。

（A）150；（B）200；（C）250；（D）300。

答案：A

Lb3A4183 电力系统不能向负荷供应所需的足够的有功功率时，系统的频率（ ）。

（A）升高；（B）降低；（C）不变；（D）升高较小。

答案：B

Lb3A4184 为了保证用户电压质量，系统必须保证有足够的（ ）。

（A）有功容量；（B）电压；（C）无功容量；（D）电流。

答案：C

Lb3A4185 用有载调压变压器的调压装置进行调整电压时，对系统来说（ ）。

（A）作用不大；（B）能提高功率因数；（C）不能补偿无功不足的情况；（D）降低功

率因数。

答案：C

Lb3A4186 对于（　　）变压器绕组，为了便于绕组和铁芯绝缘，通常将低压绕组靠近铁芯柱。

（A）同心式；（B）混合式；（C）交叉式；（D）异心式。

答案：A

Lb3A4187 分裂绕组变压器是将普通的双绕组变压器的低压绕组在电磁参数上分裂成两个完全对称的绕组，这两个绕组之间（　　）。

（A）没有电的联系，只有磁的联系；（B）在电、磁上都有联系；（C）有电的联系，在磁上没有联系；（D）在电、磁上都无任何联系。

答案：A

Lb3A4188 通常，系统中铁磁元件处于额定电压下，其铁芯中磁通处于未饱和状态，激磁电感是线性的。当铁磁元件上的电压大大升高时，通过铁磁元件线圈的电流远超过额定值，铁芯达到饱和而呈非线性。因此在一定条件下，它与系统（　　）组成振荡回路，就可能激发起持续时间的铁磁谐振，引起过电压。

（A）电感；（B）电阻；（C）电容；（D）电抗。

答案：C

Lb3A4189 关于变压器空载电流的说法正确的是（　　）。

（A）一般说来，变压器容量越大，空载电流的百分数越大；（B）空载电流数值不大，为变压器额定电流的10%～20%；（C）空载电流基本上属于有功性质的电流；（D）空载电流通常被称为励磁电流。

答案：D

Lb3A4190 变压器接入电网瞬间会产生激磁涌流，其峰值可能达到额定电流的（　　）。

（A）8倍；（B）1～2倍；（C）2～3倍；（D）3～4倍。

答案：A

Lb3A4191 （　　）kV·A及以上的干式电力变压器应设温控或温显装置。

（A）500；（B）630；（C）800；（D）1000。

答案：B

Lb3A4192 变压器二次绕组采用三角形接法时，如果一相绕组接反，则将产生（　　）的后果。

（A）没有输出电压；（B）输出电压升高；（C）输出电压不对称；（D）绕组烧坏。

答案：D

Lb3A4193 电容器组的过流保护反映电容器的（　　）故障。

（A）内部；（B）外部短路；（C）双星形；（D）相间。

答案：B

Lb3A4194 中性点经装设消弧线圈后，若接地故障的电感电流大于电容电流，此时补偿方式为（　　）。

（A）全补偿方式；（B）过补偿方式；（C）欠补偿方式；（D）不能确定。

答案：B

Lb3A4195 配电变压器低压侧安装熔丝时，其熔丝的额定电流应选为变压器额定电流的（　　）。

（A）0.5～1 倍；（B）1～1.5 倍；（C）1.5～2.0 倍；（D）2.0～2.5 倍。

答案：B

Lb3A4196 当配电变压器容量在 100kV·A 以上时，配电变压器一次侧熔丝元件按变压器额定电流的（　　）倍选择。

（A）1～1.3；（B）1.5～2；（C）2～3；（D）3～4。

答案：B

Lb3A4197 断路器的跳合闸位置监视灯串联一个电阻，其目的是为了（　　）。

（A）限制通过跳闸绕组的电流；（B）补偿灯泡的额定电压；（C）防止因灯座短路造成断路器误跳闸；（D）防止灯泡过热。

答案：C

Lb3A4198 SF6 断路器相间合闸不同期不应大于（　　）。

（A）5ms；（B）6ms；（C）7ms；（D）8ms。

答案：A

Lb3A4199 电路中负荷为（　　）时，触头间恢复电压等于电源电压，有利于电弧熄灭。

（A）电感性负载；（B）电容性负载；（C）电阻性负载；（D）以上答案都不对。

答案：C

Lb3A4200 高压熔断器可用于（　　）等设备的保护。

（A）电压互感器；（B）发电机；（C）断路器；（D）大型变压器。

答案：A

Lb3A4201 柱上配电变压器一次侧熔断器装设的对地垂直距离，不应小于（ ）m。

（A）1.5；（B）2.5；（C）3.5；（D）4.5。

答案：D

Lb3A4202 配电线路上装设单极隔离开关时，动触头一般（ ）打开。

（A）向上；（B）向下；（C）向右；（D）向左。

答案：B

Lb3A4203 10kV室内三连隔离开关允许开断的空载变压器容量为（ ）。

（A）320kV·A；（B）200kV·A；（C）560kV·A；（D）750kV·A。

答案：A

Lb3A4204 10kV电压互感器高压侧熔丝额定电流应选用（ ）。

（A）2A；（B）0.5A；（C）1A；（D）5A。

答案：B

Lb3A4205 双母线系统的两组电压互感器并列运行时，（ ）。

（A）应先并二次侧；（B）应先并一次侧；（C）先并二次侧或一次侧均可；（D）一次侧不能并，只能并二次侧。

答案：B

Lb3A4206 对于所有升压变压器及15000kV·A以上降压变压器一律采用（ ）差动保护。

（A）三相三继电器；（B）三相二继电器；（C）二相二继电器；（D）三相四继电器。

答案：A

Lb3A4207 变压器的纵联差动保护要求之一：应能躲过（ ）和外部短路产生的不平衡电流。

（A）短路电流；（B）负荷电流；（C）过载电流；（D）励磁涌流。

答案：D

Lb3A4208 有一台800kV·A的油浸式配电变压器一般应配备（ ）保护。

（A）差动，过流；（B）过负荷；（C）差动、气体；（D）气体、过流。

答案：D

Lb3A4209 装有差动、气体和过电流保护的主变压器，其主保护为（ ）。

（A）过电流和气体保护；（B）过电流和差动保护；（C）差动、过电流和气体保护；

(D) 差动和气体保护。

答案：D

Lb3A4210 屋外配电装置，电气设备外绝缘体最低部位距地小于（ ）时，应装设固定遮栏。

(A) 1500mm；(B) 1800mm；(C) 2000mm；(D) 2500mm。

答案：D

Lb3A4211 低压配电线路中，下列说法哪些是错误的（ ）

(A) 装置外可导电部分严禁作为保护接地中性导体的一部分；(B) 配电室通道上方裸带电体距地面的高度不应低于 3.5m；(C) 配电线路应装设短路保护和过负荷保护；(D) 除配电室外，无遮护的裸导体至地面的距离，不应小于 3.5m。

答案：B

Lb3A4212 当两只单相电压互感器按 V/V 接线，二次线电压 U_{ab}=100V，U_{bc}=100V，U_{ca}=173V，那么可能是电压互感器（ ）。

(A) 二次绕组 A 相或 C 相极性接反；(B) 二次绕组 B 相极性接反；(C) 一次绕组 B 相极性接反；(D) 无法确定。

答案：A

Lb3A4213 在三相负载平衡的情况下，三相三线有功电能表 U 相电压未加，此时负荷功率因数为 0.5，则电能表（ ）。

(A) 走慢；(B) 走快；(C) 计量正确；(D) 停转。

答案：C

Lb3A4214 电压互感器 Y/y0 接线，U_u=U_v=U_w=57.7V，若 U 相极性接反，则 U_{uv} =（ ）V。

(A) 33.3；(B) 50；(C) 57.7；(D) 100。

答案：C

Lb3A4215 手车式断路隔离插头检修后，其接触面（ ）。

(A) 应涂润滑油；(B) 应涂导电膏；(C) 应涂防尘油；(D) 不涂任何油质。

答案：A

Lb3A5216 大电流接地系统中，任何一点发生单相接地时，零序电流等于通过故障点电流的（ ）。

(A) 2 倍；(B) 1.5 倍；(C) 1/3 倍；(D) 3 倍。

答案：C

Lb3A5217 变压器二次绕组角接时，为防止一相接反事故的发生，须先进行的测试方法为（ ）。

（A）把二次绕组接成封闭三角形测量其中有无电流；（B）把二次绕组接成封闭三角形测量一次测空载电流的大小；（C）把二次绕组接成开口三角形测量开口处有无电压；（D）以上均不正确。

答案：C

Lb3A5218 Y，d11 接线的变压器，二次侧线电压超前一次线电压（ ）。

（A）330；（B）45；（C）60；（D）30。

答案：D

Lb3A5219 变压器接线组别为 Yyn 时，其中性线电流不得超过额定低压绕组电流（ ）。

（A）15%；（B）25%；（C）35%；（D）45%。

答案：B

Lb3A5220 目前均采用（ ）的方法检查高压真空断路器的真空度。

（A）工频耐受电压试验；（B）直流耐压试验；（C）绝缘电阻测量；（D）泄漏电流测量。

答案：A

Lb3A5221 限流式熔断器能在（ ）到达之前切断电路。

（A）电源电压振幅；（B）最大负荷电流；（C）冲击短路电流瞬时最大值；（D）冲击短路电流瞬时最小值。

答案：C

Lb3A5222 对于电流互感器准确度，标准仪表一般用 0.01、0.02、0.05、0.1、（ ）级。

（A）0.2；（B）B级；（C）3.0；（D）5PX。

答案：A

Lb3A5223 电压互感器及二次线圈更换后必须测定（ ）。

（A）容量；（B）极性；（C）匝数；（D）绝缘。

答案：B

Lb3A5224 电压互感器 Y/y 接线，一次侧 U 相断线，二次侧空载时，则（ ）。

（A）$U_{uv}=U_{vw}=U_{wu}=100V$；（B）$U_{uv}=U_{vw}=U_{wu}=57.7V$；（C）$U_{uv}=U_{wu}=50V$，$U_{wu}=100V$；（D）$U_{uv}=U_{wu}=57.7V$，$U_{vw}=100V$。

答案：D

Lb3A5225 当大气过电压使线路上所装设的避雷器放电时，电流速断保护（　　）。
（A）应同时动作；（B）不应动作；（C）以时间差动作；（D）视情况而定是否动作。
答案：B

Lb3A5226 变压器高压侧为单电源，低压侧无电源的降压变压器，不宜装设专门的（　　）。
（A）气体保护；（B）差动保护；（C）零序保护；（D）过负荷保护。
答案：C

Lb3A5227 定时限过流保护的动作值是按躲过线路（　　）电流整定的。
（A）最大负荷；（B）平均负荷；（C）末端断路；（D）最大故障电流。
答案：A

Lb3A5228 下列（　　）属于电气设备不正常运行状态。
（A）单相短路；（B）单相断线；（C）两相短路；（D）系统振荡。
答案：D

Lb3A5229 关于变压器瓦斯保护，下列错误的是（　　）。
（A）0.8MV・A及以上油浸式变压器应装设瓦斯保护；（B）变压器的有载调压装置无需另外装设瓦斯保护；（C）当本体内故障产生轻微瓦斯或油面下降时，瓦斯保护应动作于信号；（D）当产生大量瓦斯时，应动作于断开变压器各侧断路器。
答案：B

Lb3A5230 《供电服务规范》（GB/T 28583—2012）规定，供电企业对执行两部制大工业电价用户以及执行功率因数调整电费用户的抄表周期一般不宜大于（　　）。
（A）半个月；（B）一个月；（C）25天；（D）28天。
答案：B

Lb3A5231 电压互感器V/V接线，线电压100V，当U相极性接反时，则（　　）。
（A）$U_{uv}=U_{vw}=U_{wu}=100V$；（B）$U_{uv}=U_{vw}=100V$ $U_{wu}=173V$；（C）$U_{uv}=U_{wu}=100V$ $U_{vw}=173V$；（D）$U_{uv}=U_{vw}=U_{wu}=173V$。
答案：B

Lb3A5232 现场测得三相三线电能表第一元件接I_a、U_{cb}，第二元件接I_c、U_{ab}，则更正系数为（　　）。
（A）无法确定；（B）1；（C）2；（D）0。

答案：A

Lc3A1233 依据《供电营业规则》，用户独资建设的输电、变电、配电等供电设施建成后，属于公用性质或占用公用线路规划走廊的，由（ ）统一管理。

（A）用户；（B）供电企业；（C）两者协商；（D）政府有关部门。

答案：B

Lc3A1234 《供电营业规则》规定：在电力系统非正常状况下，电网装机容量在 300×10^7W 及以上的，供电频率的允许偏差为（ ）。

（A）±0.1Hz；（B）±0.2Hz；（C）±0.5Hz；（D）±1.0Hz。

答案：D

Lc3A1235 《供电营业规则》规定：产权属于用户且由用户运行维护的线路，以公用线路支杆或专用线接引的公用变电站外第一基电杆为分界点，专用线路第一电杆属（ ）。

（A）用户；（B）供电企业；（C）两者协商；（D）运行维护单位。

答案：A

Lc3A1236 《供电营业规则》规定：在电力系统非正常状况下，用户受电端的电压最大允许偏差不应超过（ ）。

（A）±10%；（B）±7%；（C）+7%，−10%；（D）±5%。

答案：A

Lc3A1237 依据《供电营业规则》，供电企业应不断改善供电可靠性，减少设备检修对用户的停电次数，对（ ）供电的用户，停电次数每年不应超过三次。

（A）35kV 及以上；（B）35kV；（C）10kV 及以上；（D）10kV。

答案：D

Lc3A1238 《供电营业规则》规定：私自超过合同约定的容量用电的，除应拆除私增容设备外，属于两部制电价的用户，应补交私增设备容量使用月数的基本电费，并承担（ ）私增容量基本电费的违约使用电费；其他用户应承担私增容量每千瓦（千伏安）（ ）的违约使用电费。如用户要求继续使用者，按新装增容办理手续。

（A）2 倍，30 元；（B）2 倍，50 元；（C）3 倍，30 元；（D）3 倍，50 元。

答案：D

Lc3A2239 下列指针仪表中，刻度盘上的刻度均匀分布的是（ ）。

（A）电磁式交流电压表；（B）电动式交流电流表；（C）磁电式直流电压表；（D）比率式绝缘摇表。

答案：C

Lc3A2240　电压表的内阻为3kΩ，最大量程为3V，现将它串联一个电阻，改装成量程为15V的电压表，则串联电阻值为（　　）kΩ。

（A）3；（B）9；（C）12；（D）15。

答案：C

Lc3A2241　《供电营业规则》规定：供电企业不得委托（　　）用户向其他用户转供电。

（A）双电源；（B）重要；（C）有自备发电机的；（D）重要的国防军工。

答案：D

Lc3A2242　依据《供电营业规则》，用户在当地供电企业规定的电网高峰负荷时的功率因数，（　　）的用户功率因数应达到0.9以上。

（A）100kV·A及以上高压供电；（B）50kV·A及以上高压供电；（C）100kV·A及以上高压工业；（D）50kV·A及以上高压工业。

答案：A

Lc3A3243　某医院，变压器容量为1600kV·A，经供电企业检查发现其在表后擅自增加160kV·A变压器一台，该医院应（　　）。

（A）补交私增设备容量使用月数的基本电费；（B）承担三倍私增容量基本电费的违约使用电费；（C）承担每千伏安50元的违约使用电费；（D）承担每千伏安30元的违约使用电费。

答案：C

Jd3A1244　测量10kV以上变压器绕组绝缘电阻，采用（　　）V兆欧表。

（A）2500；（B）500；（C）1000；（D）1500。

答案：A

Jd3A1245　钳形电流表的钳头实际上是一个（　　）。

（A）电压互感器；（B）电流互感器；（C）自耦变压器；（D）整流器。

答案：B

Jd3A2246　单臂电桥不能测量小电阻的主要原因是（　　）。

（A）桥臂电阻过大；（B）检流计灵敏度不够；（C）电桥直流电源容量太小；（D）测量引线电阻及接触电阻影响大。

答案：D

Jd3A2247 油断路器的交流耐压试验周期是：大修时一次，另外10kV以下周期是（　　）。

（A）1年2次；（B）1至3年1次；（C）5年1次；（D）半年1次。

答案：B

Jd3A2248 对全部保护回路用1000V摇表（额定电压为100V以下时用500V摇表）测定绝缘电阻时，限值应不小于（　　）。

（A）1MΩ；（B）0.5MΩ；（C）2MΩ；（D）5MΩ。

答案：A

Jd3A2249 交流电电能表工频耐压试验电压应在（　　）内，由零升至规定值并保持1min。

（A）5～10s；（B）0～10s；（C）30s；（D）10～20s。

答案：A

Jd3A2250 1600kV·A及以下的变压器，各相测得的直流电阻值的相互差值应小于平均值的（　　）。

（A）1%；（B）2%；（C）4%；（D）6%。

答案：C

Jd3A2251 使用功率表进行测量时应按（　　）选择量程。

（A）电流；（B）电压；（C）电压和电流；（D）功率。

答案：C

Jd3A2252 使用钳形表测量导线电流时，应使被测导线（　　）。

（A）尽量离钳口近些；（B）尽量离钳口远些；（C）尽量居中；（D）无所谓。

答案：C

Jd3A2253 当用万用表的$R\times1000$欧姆档检查容量较大的电容器容量时，按RC充电过程原理，下述论述中正确的是（　　）。

（A）指针不动，说明电容器的质量好；（B）指针有较大偏转，随后返回，接近于无穷大；（C）指针有较大偏转，返回无穷大，说明电容器在测量过程中断路；（D）针有较大偏转，说明电容器的质量好。

答案：B

Jd3A2254 兆欧表应根据被测电气设备的（　　）来选择。

（A）额定功率；（B）额定电压；（C）额定电流；（D）阻抗值。

答案：B

Jd3A3255 通过变压器的（ ）数据可求得变压器的阻抗电压。

（A）空载试验；（B）电压比试验；（C）耐压试验；（D）短路试验。

答案：D

Jd3A3256 在进行避雷器工频放电试验时，要求限制放电时短路电流的保护电阻，应把适中电流的幅值限制在（ ）以下。

（A）0.3A；（B）0.5A；（C）0.7A；（D）0.9A。

答案：C

Jd3A3257 考验变压器绝缘水平的一个决定性试验项目是（ ）。

（A）绝缘电阻试验；（B）工频耐压试验；（C）变压比试验；（D）温升试验。

答案：B

Jd3A3258 10kV金属氧化物避雷器测试时，绝缘电阻不应低于（ ）。

（A）300MΩ；（B）500MΩ；（C）800MΩ；（D）1000MΩ。

答案：D

Jd3A3259 35kV室内、10kV及以下室内外母线和多元件绝缘子，进行绝缘电阻测试时，其每个元件不低于1000MΩ，若低于（ ）MΩ时必须更换。

（A）250；（B）400；（C）300；（D）500。

答案：C

Jd3A4260 测量变压器分接开关触头接触电阻，应使用（ ）。

（A）单臂电桥；（B）双臂电桥；（C）欧姆表；（D）万用表。

答案：B

Jd3A4261 变压器耐压试验的作用是考核变压器的（ ）强度。

（A）主绝缘；（B）匝绝缘；（C）层绝缘；（D）主绝缘和纵绝缘。

答案：D

Jd3A5262 工频耐压试验可以考核（ ）。

（A）线圈匝工频绝缘损伤；（B）高压线圈与低压线圈引线之间绝缘薄弱；（C）绝缘电阻；（D）高压线圈与高压分接接线之间的绝缘薄弱。

答案：B

Je3A1263 跌落式熔断器控制的变压器，在停电前应（ ）。

（A）先检查用户是否已经停电；（B）先拉开隔离开关；（C）先断开跌落式熔断器；（D）先拉开低压总开关。

答案：D

Je3A1264 变压器的铁损与（　　）呈正比。
（A）负载电流；（B）负载电流的平方；（C）负载电压；（D）负载电压平方。
答案：C

Je3A1265 绝缘子发生闪络的原因是（　　）。
（A）表面光滑；（B）表面毛糙；（C）表面潮湿；（D）表面污湿。
答案：D

Je3A1266 变压器的压力式温度计，所指示的温度是（　　）。
（A）下层油温；（B）铁芯温度；（C）上层油温；（D）绕组温度。
答案：C

Je3A1267 多台电动机启动时应（　　）。
（A）按容量从小到大启动；（B）随机启动；（C）按容量从大到小启动；（D）一起启动。
答案：C

Je3A2268 为了保证用户电压质量，系统必须保证有足够的（　　）。
（A）有功容量；（B）电压；（C）无功容量；（D）电流。
答案：C

Je3A2269 容量在3000MW及以上的系统，频率允许偏差为（　　）。
（A）±0.1Hz；（B）±0.2Hz；（C）±0.5Hz；（D）±1Hz。
答案：B

Je3A2270 对10kV供电的用户，供电设备计划检修停电次数不应超过（　　）。
（A）2次/年；（B）3次/年；（C）5次/年；（D）6次/年。
答案：B

Je3A2271 根据《国家电网公司业扩编制导则》要求，农业用电在高峰负荷时的功率因数不宜低于（　　）。
（A）0.95；（B）0.9；（C）0.85；（D）0.8。
答案：C

Je3A2272 新安装的电气设备在投入运行前必须有（　　）试验报告。
（A）针对性；（B）交接；（C）出厂；（D）预防性。

答案：B

Je3A2273 用户需要的电压等级在（　　）时，其受电装置应作为终端变电所设计，其方案需经省电网经营企业审批。

（A）10kV；（B）35kV；（C）63kV；（D）110kV 及以上。

答案：D

Je3A2274 供电企业对已受理的用电申请，应尽快确定供电方案，高压双电源用户最长不超过（　　）正式书面通知用户。

（A）30 个工作日；（B）2 个月；（C）3 个月；（D）4 个月。

答案：A

Je3A2275 当单相电能表相线和零线互换接线时，用户采用一相一地的方法用电时，电能表将（　　）。

（A）正确计量；（B）多计电量；（C）不计电量；（D）烧毁。

答案：C

Je3A2276 隔离故障避雷器时，不得（　　）。

（A）断开上一级开关；（B）断开快速保护熔断器；（C）直接拉开电源侧隔离开关；（D）断开分支开关。

答案：C

Je3A3277 短路试验的主要目的是测量变压器的铜损耗。试验时将低压绕组短路，在高压侧加（　　），使绕组中的（　　）达到额定值。这时变压器的铜损耗相当于额定负载的铜损耗。

（A）电压、电压；（B）电流、电压；（C）电压、电流；（D）电流、电流。

答案：C

Je3A3278 六氟化硫电器中六氟化硫气体的纯度大于等于（　　）。

（A）95%；（B）98%；（C）99.5%；（D）99.8%。

答案：D

Je3A3279 电力系统公共连接点正常电压不平衡度为（　　）。

（A）不超过 2%；（B）不超过 4%；（C）不超过 5%；（D）不超过 6%。

答案：A

Je3A3280 油浸式配电变压器上层油温不宜超过（　　）。

（A）75℃；（B）85℃；（C）95℃；（D）105℃。

答案：B

Je3A3281 对35kV供电的用户，供电设备计划检修停电次数每年不应超过（　　）。

（A）1次；（B）2次；（C）3次；（D）5次。

答案：A

Je3A3282 为控制非线性用电设备产生的谐波对电网的影响，不可采取的措施为（　　）。

（A）用电容滤波；（B）由短路容量大的电网供电；（C）装设静止补偿器；（D）选用D，Yn11接线组别的三相变压器单独供电。

答案：A

Je3A3283 客户的供电电压等级应根据当地电网条件、客户分级、用电最大需量或受电设备总容量，经过技术经济比较后确定。一般受电变压器总容量在50kV·A至10MV·A时，供电电压等级确定为（　　）。

（A）10kV；（B）110kV；（C）66kV；（D）35kV。

答案：A

Je3A3284 根据《国家电网公司业扩供电方案编制导则》要求，大、中型电力排灌站、趸购转售电企业，在高峰负荷时的功率因数不宜低于（　　）。

（A）0.95；（B）0.9；（C）0.85；（D）0.8。

答案：B

Je3A3285 某电焊机的额定功率为10kW，铭牌暂载率为25%，则其设备计算容量为（　　）。

（A）10kW；（B）5kW；（C）2.5kW；（D）40kW。

答案：B

Je3A3286 供电企业对已受理的用电申请，应尽快确定供电方案，高压单电源用户最长不超过（　　）正式书面通知用户。

（A）15天；（B）1个月；（C）2个月；（D）15个工作日。

答案：D

Je3A3287 带互感器的单相感应式电能表，如果电流进出线接反，则（　　）。

（A）停转；（B）反转；（C）正常；（D）烧表。

答案：B

Je3A3288 由于电能表相序接入发生变化，影响到电能表读数，这种影响称为（　　）。

（A）接线影响；（B）输入影响；（C）接入系数；（D）相序影响。

答案：D

Je3A3289 当感应式三相三线有功电能表，二元件的接线分别为 I_aU_{cb} 和 I_cU_{ab}，负载为感性，转盘（ ）。

（A）正转；（B）反转；（C）不转；（D）转向不定。

答案：C

Je3A3290 三相三线有功电能表，感性负载 TV 的 A 相熔丝断有功电量（ ）。

（A）少计二分之一；（B）少计超过二分之一；（C）少计小于二分之一；（D）不确定。

答案：C

Je3A3291 两台单相电压互感器按 V/V 连接，二次侧 B 相接地。若电压互感器额定变比为 10000V/100V，一次侧接入线电压为 10000V 的三相对称电压。带电检查二次回路电压时，电压表一端接地，另一端接 A 相，此时电压表的指示值为（ ）V 左右。

（A）58；（B）100；（C）172；（D）0。

答案：B

Je3A3292 对中性点不接地系统的 10kV 架空配电线路，单相接地时（ ）。

（A）会造成电流速断跳闸；（B）会造成过电流保护跳闸；（C）会造成断路器跳闸；（D）开关不会跳闸。

答案：D

Je3A3293 装有挡板式瓦斯继电器保护的变压器，在发生严重缺油时，（ ）。

（A）轻、重瓦斯同时动作；（B）轻瓦斯动作，重瓦斯不动作；（C）重瓦斯动作，轻瓦斯不动作。

答案：B

Je3A3294 变压器气体继电器内有气体（ ）。

（A）说明内部有故障；（B）不一定有故障；（C）说明有较大故障；（D）没有故障。

答案：B

Je3A3295 变压器过负荷时应（ ）。

（A）立即拉闸限电；（B）立即停用过负荷变压器；（C）立即按调度指令转移负荷；（D）立即调整主变分接头。

答案：C

Je3A3296 变压器二次绕组采用三角形接法时，如果一相绕组接反，则将产生

（　　）的后果。

（A）没有输出电压；（B）输出电压升高；（C）输出电压不对称；（D）绕组烧坏。

答案：D

Je3A3297　变压器新投运前，应做（　　）次冲击合闸试验。

（A）5；（B）4；（C）3；（D）2。

答案：A

Je3A3298　高压电缆在投入运行前不应做的试验项目是（　　）。

（A）绝缘电阻测量；（B）直流耐压试验；（C）检查电缆线路的相位；（D）短路损耗试验。

答案：D

Je3A3299　交接验收中，在额定电压下对空载线路应进行（　　）次冲击合闸试验。

（A）1；（B）2；（C）3；（D）4。

答案：C

Je3A4300　在有风时，逐相拉开跌落式熔断器的操作，应按（　　）的顺序进行。

（A）先下风向、后上风向；（B）先中间向、后两边向；（C）先上风向、后下风向；（D）先中间向、再下风向、后上风向。

答案：D

Je3A4301　高压跌落熔断器送电操作的顺序是（　　）

（A）应先合上风向，再合下风向，最后合中间向；（B）应先合下风向，再合上风向，最后合中间向；（C）应先合中间向，再合上风向，最后下风向；（D）应先合中间向，再合下风向，最后上风向。

答案：A

Je3A4302　以下不属于管理线损的是（　　）。

（A）变压器损耗；（B）由于用户电度表有误差，使电度表的读数偏小；（C）带电设备绝缘不良而漏电；（D）无表用电和窃电等所损失的电量。

答案：A

Je3A4303　某工业用户一级重要电力客户，根据《国家电网公司业扩供电方案编制导则》规定，其供电电源（　　）采用双电源供电，并配置自备应急电源。

（A）宜；（B）可；（C）应；（D）不应。

答案：C

Je3A4304 特级重要电力客户应具备（　　）电源供电条件。

（A）二路及以上；（B）三路及以上；（C）四路及以上；（D）五路及以上。

答案：B

Je3A4305 当两只单相电压互感器按V/V接线，二次空载时，二次线电压$U_{ab}=0V$，$U_{bc}=100V$，$U_{ca}=100V$，那么可能是（　　）。

（A）电压互感器一次回路A相断线；（B）电压互感器二次回路B相断线；（C）电压互感器一次回路C相断线；（D）无法确定。

答案：A

Je3A4306 三相三线有功电能表，感性负载TV的B相熔丝断，有功电量（　　）。

（A）少计二分之一；（B）少计超过二分之一；（C）少计小于二分之一；（D）不确定。

答案：A

Je3A4307 电压互感器V/V接线，当V相一次断线，若$U_{uw}=100V$，在二次侧空载时，$U_{uv}=$（　　）V。

（A）33.3；（B）57.7；（C）50；（D）100。

答案：C

Je3A4308 当两只单相电压互感器按V/V接线，二次空载时，二次线电压$V_{ab}=0V$，$V_{bc}=100V$，$V_{ca}=100V$，那么（　　）。

（A）电压互感器二次回路B相断线；（B）电压互感器一次回路A相断线；（C）电压互感器一次回路C相断线；（D）无法确定。

答案：B

Je3A4309 当三相三线有功电能表，二元件的接线分别为I_aU_{cb}和I_cU_{ab}，负载为感性，转盘（　　）。

（A）正转；（B）反转；（C）不转；（D）转向不定。

答案：C

Je3A4310 某一运行中的三相三线有功电能表，其负荷性质为容性负载，那么第一元件计量的有功功率与第二元件相比，则（　　）

（A）第一元件大；（B）第一元件小；（C）相等；（D）不确定。

答案：A

Je3A4311 变压器出现哪种情况时可不立即停电处理（　　）。

（A）内部音响很大，很不均匀，有爆裂声；（B）油枕或防爆管喷油；（C）油色变化过甚，油内出现炭质；（D）轻瓦斯保护发信号。

答案：D

Je3A4312 变压器二次侧突然短路，会产生一个很大的短路电流通过变压器的高压侧和低压侧，使高、低压绕组受到很大的（　　）。

（A）径向力；（B）电磁力；（C）电磁力和轴向力；（D）径向力和轴向力。

答案：D

Je3A4313 某10kV线路电流速动保护动作说明线路有故障，且发生范围在保护安装处线路的（　　）。

（A）首端；（B）中端；（C）末端；（D）线路全长范围内。

答案：A

Je3A4314 强迫油循环风冷变压器空载运行时，应至少投入（　　）组冷却器。

（A）1；（B）2；（C）3；（D）4。

答案：B

Je3A4315 变压器并列运行的理想状况：空载时，并联运行的各台变压器绕组之间（　　）。

（A）无电压差；（B）同相位；（C）连接组别相同；（D）无环流。

答案：D

Je3A4316 金属导线在同一处损伤的面积占总面积的7%以上，但不超过（　　）时，以补修管进行补修处理。

（A）17%；（B）15%；（C）13%；（D）11%。

答案：A

Je3A5317 按照（　　）的原则，在供电方案中，明确客户治理电能质量污染的责任及技术方案要求。

（A）安全、可靠、经济、运行灵活以及管理方便；（B）“谁污染、谁治理”以及“同步设计、同步施工、同步投运、同步达标”；（C）“满足客户近期、远期电力的需求，具有最佳的综合经济效益”；（D）供电可靠、运行灵活、操作检修方便、节约投资和便于扩建等。

答案：B

Je3A5318 无功补偿容量当不具备设计计算条件时，电容器安装容量10kV变电所可按变压器容量的（　　）确定。

（A）10%～20%；（B）20%～30%；（C）30%～40%；（D）40%～50%。

答案：B

Je3A5319 停用备用电源自投装置时应（ ）。

（A）先停交流，后停直流；（B）先停直流，后停交流；（C）交直流同时停；（D）与停用顺序无关。

答案：B

Je3A5320 装有挡板式瓦斯继电器保护的变压器，在发生严重缺油时，（ ）。

（A）轻、重瓦斯同时动作跳开关；（B）轻瓦斯动作，重瓦斯不动作；（C）重瓦斯动作，轻瓦斯不动作；（D）轻、重瓦斯同时动作发信号。

答案：B

Je3A5321 变压器分接开关接触不良，会使（ ）不平衡。

（A）三相绕组的直流电阻；（B）三相绕组的泄漏电流；（C）三相电压；（D）三相绕组的接触电阻。

答案：A

Je3A5322 变压器气体（轻瓦斯）保护动作，收集到灰白色的臭味可燃的气体，说明变压器发生的是（ ）故障。

（A）木质；（B）纸及纸板；（C）绝缘油分解；（D）变压器铁芯烧坏。

答案：B

Je3A5323 当变压器外部故障时，有较大的穿越性短路电流流过变压器，这时变压器的差动保护（ ）。

（A）立即动作；（B）延时动作；（C）不应动作；（D）视短路时间长短而定。

答案：C

Je3A5324 油浸电力变压器的气体保护装置轻气体信号动作，取气体分析，结果是无色、无味、不可燃，色谱分析为空气，这时变压器（ ）。

（A）心须停运；（B）可以继续运行；（C）不许投入运行；（D）要马上检修。

答案：B

Je3A5325 若变压器的高压套管侧发生相间短路，则（ ）应动作。

（A）气体（轻瓦斯）和气体（重瓦斯）保护；（B）气体（重瓦斯）保护；（C）电流速断和气体保护；（D）电流速断保护。

答案：D

Je3A5326 在 Yd11 接线的变压器低压侧发生两相短路时，星形侧的某一相的电流等于其他两相短路电流的（ ）倍。

（A）1；（B）2；（C）0.5；（D）3。

答案：B

1.2 判断题

La3B1001 LC串联电路中，L 和 C 之间的瞬时功率正好可以相互补偿，补偿后的差值再与电源进行交换。(√)

La3B1002 RLC并联电路发生谐振的条件为感抗等于容抗。(√)

La3B1003 电流方向相同的两根平行载流导体会互相排斥。(×)

La3B1004 在室内配电装置上，由于硬母线上的油漆不影响挂接地线的效果，因此可以直接挂接地线。(×)

La3B1005 在停电的低压电动机和照明回路上工作，至少由两人进行，可用口头联系。(√)

La3B1006 在电气设备上工作时若须变更或增加安全措施者，只要在工作票上填加或修改有关内容。(×)

La3B2007 RLC串联电路的额定视在功率是指电路的额定电压和额定电流的乘积。(√)

La3B2008 实际电压源可以用一个理想电压源和一个内阻串联表示。(√)

La3B2009 实际电流源可以用理想电流源和一个内电阻并联来表示。(√)

La3B2010 节点之间的电压称为节点电压，对于两节点电路，节点电压的公式就是弥尔曼定理。(√)

La3B2011 弥尔曼定理公式中，分子为各含源支路的电动势与该支路电阻的比值之代数和，分母为各含源支路电阻倒数之和。(×)

La3B2012 两耦合线圈的互感系数是指互感磁链与产生它的电流的比值。(√)

La3B2013 耦合系数最大值就是1。(√)

La3B2014 Z是RLC串联电路的复阻抗，复阻抗只有在正弦交流电路中才有意义。(√)

La3B2015 RLC串联电路中，L 和 C 的瞬时功率在一周期内的平均值为零，R 的瞬时功率在一周期内的平均值即为电路的有功功率。(√)

La3B2016 RLC串联电路的无功功率为 L 和 C 无功功率的差值。(√)

La3B2017 RLC串联电路的无功功率 $Q>0$ 表示其为电容性无功功率，$Q<0$ 为电感性无功功率。(×)

La3B2018 若输电线路电压不很高，线路不很长，则线路的电能损耗 $\Delta P=3I^2R$，电压损失 $\Delta U=IZ$，说明电流越大，损耗越大。(√)

La3B2019 P、U 一定时，$\cos\varphi$ 越大，I 越小，则线路的电能损耗和电压损失也越小。(√)

La3B2020 异步电动机尽量满载，避免轻载或空载，电路的功率因数自然得到提高。(√)

La3B2021 RLC串联谐振时电路的阻抗最小，电流最大。(√)

La3B2022 RLC串联谐振时电感电压和电容电压的有效值相等，相位相反，互相抵

消。（√）

La3B2023 串联谐振电路的品质因数 Q，是一个仅与 R、L 和 C 相关的常数。（√）

La3B2024 串联谐振时，能量互换只存在于电感和电容之间。（√）

La3B2025 并联谐振又称为电流谐振。（√）

La3B2026 R、L、C 并联谐振电路的品质因数 Q 是指并联谐振时 L 支路电流或 C 支路电流与总电流的比值。（√）

La3B2027 不对称三相电路是指三相电源或三相负载或端线阻抗任意一项不对称。（√）

La3B2028 不对称三相负载作星形联结，为保证相电压对称，必须有中性线。（√）

La3B2029 Y-Y 连接的不对称三相系统，中线阻抗不为零，两中性点间电压一般不为零。（√）

La3B2030 在 Y-Y 三相三线制不对称电路中，会出现中性点位移，三相负载上的相电压不对称，解决的办法是装设中线，且中线阻抗很小，就能使得中性点位移电压 $U_{NN'} \approx 0$。（√）

La3B2031 任意正序、负序、零序三组对称三相正弦量叠加起来，可以得到一组不对称的三相正弦量，任意一组不对称的三相正弦量都可以分解为正序、负序和零序三组对称的三相正弦量。（√）

La3B2032 三个正序或负序对称相量的相量和为零，所以其零序分量为零。（√）

La3B2033 经常接入的电压表的指示或设备断开和允许进入间隔的信号等，不得作为设备无电压的根据，但如果指示有电则禁止在该设备上工作。（√）

La3B2034 严禁同时接触未接通的或已断开的导线两个断头，以防人体串入电路。（√）

La3B2035 低压带电作业应设专人监护，使用有绝缘柄的工具，工作时站在绝缘台或绝缘毯（垫）上，戴好安全帽和穿长袖衣裤，即可开始低压带电作业工作。（×）

La3B2036 经领导批准允许单独巡视高压设备的值班人员，在巡视高压设备时，根据需要可以移开遮栏。（×）

La3B2037 在发生人身触电时，为了解救触电人，可以不经允许而断开有关设备电源。（√）

La3B2038 在发现直接危及人身、电网和设备安全的紧急情况时，有权停止作业或者在采取可能紧急措施后撤离作业场所，并立即报告。（√）

La3B2039 进出配电站、开闭所应随手关门。（√）

La3B2040 工作人员禁止擅自开启直接封闭带电部分的高压配电设备柜门、箱盖、封板等。（√）

La3B2041 10kV 屋内高压配电装置的带电部分至栅栏间最小安全净距是 100mm。（×）

La3B2042 接户、进户计量装置上的停电工作，可使用其他书面记录或按口头、电话命令执行。（×）

La3B2043 变压器室、配电室、电容器室的门应能双向开启。（×）

La3B2044 工作许可人不得签发工作票。(√)

La3B2045 在带电设备周围严禁使用钢卷尺、皮卷尺和夹有金属丝的线尺进行测量工作。(√)

La3B2046 单相桥式整流电路中，如果有一个二极管断路，则电路不起整流作用。(×)

La3B2047 对损坏家用电器，供电企业不承担被损坏元件的修复责任。(×)

La3B3048 弥尔曼定理可用于计算多个节点的电路。(×)

La3B3049 从两个线圈的某端钮同时流进电流时，如果两个线圈所产生的磁通在同一线圈中方向一致，则这两个端子就是同名端。(√)

La3B3050 互感电动势与产生它的电流的变化率呈正比。(√)

La3B3051 RLC 串联电路的阻抗角 $\varphi>0$，表明 u 超前 i；$\varphi<0$，表明 u 滞后 i。(√)

La3B3052 人工补偿法提高的是整个电路的功率因数，减少的是整个电路的总电流，而对用电设备本身的电流、功率因数没有影响；而自然提高法是通过用电设备满载来提高本身的功率因数从而提高整个电路的功率因数。(√)

La3B3053 串联谐振电路的品质因数 Q 是指特性阻抗 ρ 和电阻 R 的比值。(√)

La3B3054 RLC 并联谐振时电路可以等效为电阻支路。(√)

La3B3055 应停电的线路和设备包括工作地段内有可能反送电的各分支线（包括用户)。(√)

La3B3056 设备停电检修时，应把工作地段内所有可能来电的电源全部断开（任何运行中星形接线设备的中性点，应视为带电设备)。(√)

La3B3057 禁止在只经断路器（开关）断开电源且未接地的高压配电线路或设备上工作。(√)

La3B3058 当直流系统发生接地时，禁止在二次回路上工作。(√)

La3B3059 装设接地线必须由两人进行，应先接接地端，后接导体端，拆接地线的顺序与此相反，装、拆接地线时可不必戴绝缘手套。(×)

La3B4060 装有 SF_6 设备的配电站，应装设强力通风装置，风口应设置在室内底部，其电源开关应装设在门内。(×)

La3B4061 用户侧设备检修，需电网侧设备配合停电时，应得到用户停送电联系人的电话申请，经批准后方可停电。(×)

La3B4062 在用户设备上工作，许可工作前，工作负责人应检查确认用户设备的操作方法、安全措施符合作业的安全要求。(×)

La3B4063 两台及以上配电变压器低压侧共用一个接地引下线时，其中任一台配电变压器停电检修，其他配电变压器也应停电。(√)

La3B5064 若无法观察到停电线路、设备的断开点，应有能够反映线路、设备运行状态的电气和机械等指示。(√)

Lb3B1065 对同一电网内、同一电压等级、同一用电类别的用户，执行相同的电价标准。(√)

Lb3B1066 配电线路直线杆安装单横担时，应将横担装在电源侧。(×)

Lb3B1067 分支线路应以分支处以外第一基杆开始，直到分支终端为止进行编号。（√）

Lb3B1068 进户线指架空绝缘线配电线路与用户建筑物外第一支持点之间的一段线路。（×）

Lb3B1069 在供配电系统设计中为减少电压偏差，应正确选择变压器的变压比和电压分接头，并使三相负荷平衡。（√）

Lb3B1070 变压器温度表所指示的温度是变压器下层油温。（×）

Lb3B1071 变压器在空载合闸时的励磁电流基本上是感性电流。（√）

Lb3B1072 不允许交、直流回路共用一条电缆。（√）

Lb3B1073 使用电流互感器时，应将其一次绕组串接到被测回路。（√）

Lb3B1074 电压互感器在运行中其二次侧不允许短路。（√）

Lb3B1075 电压互感器可以隔离高压，保证了测量人员和仪表及保护装置的安全。（√）

Lb3B1076 缩短保护动作时间是保证系统稳定的最主要措施之一。（√）

Lb3B1077 继电保护装置是保证电力元件安全运行的基本装备，任何电力元件不得在无保护的状态下运行。（√）

Lb3B1078 速动性是指在设备或线路的被保护范围内发生金属性短路时，保护装置应具有必要的灵敏系数。（×）

Lb3B1079 用电检查人员应承担因用电设备不安全引起的任何直接损失和赔偿损失。（×）

Lb3B1080 到用户现场带电检查电能计量装置时，检查人员应不得少于两人。（√）

Lb3B1081 因电力运行事故给客户或者第三人造成损害的，电力企业应当依法承担赔偿责任。（√）

Lb3B1082 国家电网公司员工服务“十个不准”规定：不准接受客户吃请和收受客户礼品、礼金、有价证券等。（√）

Lb3B2083 用户可自行在其内部装设考核能耗用的电能表，但该表所示读数不得作为供电企业计费依据。（√）

Lb3B2084 电能计量柜计量单元的电压回路，不得作辅助单元的供电电源。（√）

Lb3B2085 低压计量电流互感器二次侧不需接地。（√）

Lb3B2086 用电计量装置应装在供电设施的产权分界处。如产权分界处不适宜装表的，在计算用户基本电费、电量电费及功率因数调整电费时，应加收一定的损耗电量。（×）

Lb3B2087 《DL/T 448—2016 电能计量装置管理规程》中规定，Ⅰ类用户包括月平均用电量 5×10^6kW·h 及以上或者变压器容量为 10000kV·A 及以上的高压计费用户。（√）

Lb3B2088 带电操作计量回路时，严禁电流互感器二次短路，电压互感器二次开路。（×）

Lb3B2089 当使用电流表时，它的内阻越小越好，当使用电压表时，它的内阻越大

越好。(√)

Lb3B2090 用于表达允许误差的方式有绝对误差、引用误差、相对误差。(√)

Lb3B2091 实行电力分时计费，可以平衡电网的用电负荷，最大限度地减少资源浪费。(√)

Lb3B2092 用户变更用电时，其基本电费按实用天数，每日按全月基本电费的1/30计算。(√)

Lb3B2093 电力系统发生短路故障时，会使系统的电压降低，尤其使故障点附近的电压降低的更多。(√)

Lb3B2094 调整负荷是指根据电力系统的生产特点和各类用户的不同用电规律，有计划地、合理地组织和安排各类用户的用电负荷及用电时间，达到发、供、用电平衡协调。(√)

Lb3B2095 电力系统空载电流为电阻性电流。(×)

Lb3B2096 在三相四线制配电系统中，中性线允许载流量不应小于线路中最大不平衡负荷电流，且应计入谐波电流的影响。(√)

Lb3B2097 当电力线路发生短路故障时，在短路点将会产生一个高电压。(×)

Lb3B2098 日负荷率是指系统日最低负荷与最高负荷之比值。(×)

Lb3B2099 接户线每根导线接头不可多于两个，但必须使用相同型号的导线相连接。(×)

Lb3B2100 采用高、低压自动补偿装置效果相同时，宜采用高压自动补偿装置。(×)

Lb3B2101 电网无功功率不足，会造成用户电压偏高。(×)

Lb3B2102 变压器的低压绕组布置在高压绕组的外面。(×)

Lb3B2103 变压器油在发生击穿时所施加的最小电压值叫作击穿电压。(√)

Lb3B2104 变压器净油器作用是吸收油中水分。(√)

Lb3B2105 励磁电流就是励磁涌流。(×)

Lb3B2106 变压器工作时，一次绕组中的电流强度是由二次绕组中的电流强度决定的。(√)

Lb3B2107 低压电容器装置，可设置在低压配电室内，当电容器容量较大时，宜设置在单独房间。(√)

Lb3B2108 同型号、同容量的电容器铭牌标称的电容值可能不相同。(√)

Lb3B2109 室外电动机的操作开关可装在附近墙上，并做好防雨措施。(×)

Lb3B2110 用隔离开关可以断开系统中发生接地故障的消弧线圈。(×)

Lb3B2111 接临时负载，必须装有专用的刀闸和可熔熔断器。(√)

Lb3B2112 电流互感器的极性是指其一次电流和二次电流方向的关系。(√)

Lb3B2113 型号LQJ-10为环氧浇筑线圈式10kV电流互感器。(√)

Lb3B2114 短路电流互感器二次绕组，可以采用导线缠绕的方法。(×)

Lb3B2115 电压互感器隔离开关检修时，应取下二次侧熔丝，防止反充电造成高压触电。(√)

Lb3B2116 使用电压互感器时，一次绕组应并联接入电路。(√)

Lb3B2117 所有电气设备的金属外壳均应有良好的接地装置。使用中不准拆除接地装置或对其进行任何工作。(√)

Lb3B2118 氧化锌避雷器的阀片电阻具有非线性特性，在正常工作电压作用下，呈绝缘状态；在冲击电压作用下，期阻值很小，相当于短路状态。(√)

Lb3B2119 管型避雷器的灭弧能力决定于通过避雷器的电流大小。(√)

Lb3B2120 电力系统中主要有两种类型的过电压。一种是外部过电压，称大气过电压，它是由雷云放电产生的；另一种是内部过电压，是由电力系统外部的能量向内部转换或传递过程产生的。(×)

Lb3B2121 任何电力设备都不允许在无继电保护的状态下运行。(√)

Lb3B2122 继电保护装置应满足可靠性、选择性、灵敏性和速动性的要求。(√)

Lb3B2123 主保护能满足系统稳定和设备安全要求，能以最快速度有选择地切除设备和线路故障。(√)

Lb3B2124 为保证电网保护的灵敏性，电网保护上、下级之间逐级配合的原则是保护装置整定值必须在灵敏度和时间上配合。(×)

Lb3B2125 可靠性是指保护该动作时应可靠动作，不该动作时应可靠不动作。(√)

Lb3B2126 电力监督检查人员进行监督检查时，有权向电力企业或者用户了解有关执行电力法律、行政法规的情况。查阅有关资料，并有权进入现场进行检查。(√)

Lb3B2127 第三人责任致使居民用户家用电器损坏的，供电企业应协助受害居民用户向第三人索赔，并可比照《居民用户家用电器损坏处理办法》进行处理。(√)

Lb3B2128 供电企业在接到居民家用电器损坏投诉后，应在 48h 内派员赴现场进行调查、核实。(×)

Lb3B2129 企业非并网自备发电机属企业自己管理，不在用电检查的范围之内。(×)

Lb3B2130 用电检查的主要范围是用户的计量装置及用户、车间和用户的电气装置。(×)

Lb3B2131 选择导体截面，导体应满足动稳定或热稳定的要求。(×)

Lb3B2132 配电室通道上方裸带电体距地面的高度不应低于 2.5m。(√)

Lb3B2133 《国家电网公司供电服务质量标准》：当电力供应不足或因电网原因不能保证连续供电的，应执行政府和上级管理部门批准的有序用电方案。(×)

Lb3B2134 国家电网公司员工服务“十个不准”规定：不准对外泄露客户个人信息及商业秘密。(√)

Lb3B2135 互感器或电能表误差超出允许范围时，以“0”误差为基准，按验证后的误差值退补电量。(√)

Lb3B3136 最大需量表计量的是计量期内最大的一个 15min 的平均功率。(√)

Lb3B3137 采取无功补偿装置调整系统电压时，对系统来说即补偿了系统的无功容量，又提高了系统的电压。(√)

Lb3B3138 低压直接接入式的电能表，单相最大电流容量为 100A。(×)

Lb3B3139 高压供电的用户，只能装设高压电能计量装置。(×)

Lb3B3140 计量电流互感器二次与电能表之间的连接应采用分相独立回路的接线方式。(√)

Lb3B3141 35kV以下的计费用互感器应为专用互感器。(√)

Lb3B3142 接入非中性点绝缘系统的电能计量装置，应采用三相三线的接线方式。(×)

Lb3B3143 3200kV·A及以上的高压供电电力排灌站，实行功率因数标准值为0.85。(×)

Lb3B3144 用电容量为500kV·A的大专院校应执行非普工业的峰谷分时电价。(×)

Lb3B3145 国家开发银行、中国进出口银行、中国农业银行三家政策性银行，其用电按商业用电类别执行。(×)

Lb3B3146 以变压器容量计算基本电费的用户，其备用的变压器属热备用状态的或未经加封的，不论使用与否都计收基本电费。(√)

Lb3B3147 按最大需量收取基本电费的客户，有两路及以上进线的，应安装总表计算最大需量。(√)

Lb3B3148 电力系统的负荷曲线是电力系统负荷功率随时间变化的关系曲线，曲线所包含的面积代表一段时间内用户的用电量。(√)

Lb3B3149 发生单相接地时，消弧线圈的电感电流超前零序电压90°。(×)

Lb3B3150 无功负荷的静态特性，是指各类无功负荷与频率的变化关系。(√)

Lb3B3151 电力系统在输送同一功率电能的过程中，电压损耗与电压等级呈正比，功率损耗与电压的平方亦呈正比。(×)

Lb3B3152 电力系统中某些设备因运行的需要，直接或通过消弧线圈、电抗器、电阻等与大地金属连接，称为工作接地。(√)

Lb3B3153 在实际运行中，三相线路的对地电容不能达到完全相等，三相对地电容电流也不完全对称，这时中性点和大地之间的电位不相等，中性点出现位移。(√)

Lb3B3154 35kV变电所，自然功率因数未达到规定标准应装设并联电容装置，宜装设在主变压器的低压侧或主要负荷侧。(√)

Lb3B3155 装设无功自动补偿装置是为了提高功率因数采取的自然调整方法之一。(×)

Lb3B3156 电网电压的质量取决于电力系统中无功功率的平衡，无功功率不足电网电压偏低。(√)

Lb3B3157 电能表断相是指在三相供电系统中，某相出现电压低于电能表的临界电压，同时负荷电流小于启动电流的工况。(√)

Lb3B3158 在中性点直接接地系统中发生一相接地时，其他两相对地电压不会升高到线电压，而是近似于或等于相电压。所以，在中性点直接接地系统中，电气设备和线路在设计时，其绝缘水平只按相电压考虑，故可降低建设费用，节约投资。(√)

Lb3B3159 变压器铭牌上的二次额定电压是变压器空载时，在一次绕组端加上额定

电压，二次绕组端所出现的电压值。（√）

Lb3B3160 双绕组变压器的分接开关装设在高压侧。（×）

Lb3B3161 变压器的二次电流对一次电流主磁通起助磁作用。（×）

Lb3B3162 变压器三相电流对称时，三相磁通的向量和为零。（√）

Lb3B3163 变压器在空载时，一次绕组中没有电流流过。（×）

Lb3B3164 对变压器做短路试验的目的是测量变压器的铁损耗。（×）

Lb3B3165 低压电容器组接在谐波量较大的线路上时宜串联电抗器。（√）

Lb3B3166 在高压电容器结构中，单台三相电容器的电容元件组在外壳内部接成星形。（×）

Lb3B3167 高压电容器的保护熔断器突然熔断时，未查明原因之前，不可更换熔体恢复送电。（√）

Lb3B3168 电感和电容并联电路出现并联谐振时，并联电路的端电压与总电流同相位。（√）

Lb3B3169 在电力系统中设置消弧线圈，应尽量装在电网的送电端，以减少当电网内发生故障时消弧线圈被切除的可能性。（√）

Lb3B3170 变电站中央信号装置由事故信号和光字牌组成。（×）

Lb3B3171 跌落式熔断器的灭弧方法是自产气吹弧灭弧法。（√）

Lb3B3172 SF_6 气体的密度比空气小。（×）

Lb3B3173 电压互感器用的高压熔断器和变压器的高压熔断器可相互代用。（×）

Lb3B3174 隔离开关可以拉合无故障的电压互感器和避雷器。（√）

Lb3B3175 隔离开关在结构上没有特殊的灭弧装置，不允许用它带负荷进行拉闸或分闸操作。（√）

Lb3B3176 隔离开关可以拉合主变压器中性点。（√）

Lb3B3177 中性点不接地的系统中，发生单相接地时，严禁用隔离开关拉开消弧线圈，防止造成故障。（√）

Lb3B3178 熔断器熔丝的熔断时间与通过熔丝的电流间的关系曲线称为安秒特性。（√）

Lb3B3179 保护用电流互感器可分为单相式和三相式。（×）

Lb3B3180 当电流互感器的一次电流由首端 L1 流入，从尾端 L2 流出，感应的二次电流从首端 K1 流入，从尾端 K2 流出，它们在铁芯中产生的磁通方向相同，这时为减极性。（×）

Lb3B3181 电流互感器的负荷与其所接一次线路上的负荷大小有关。（×）

Lb3B3182 电压互感器的误差分为比差和角差。（√）

Lb3B3183 互感器角误差的“正、负”并不一定都使电能表产生“正、负”误差，后果应视电压电流二者的相角而定。（√）

Lb3B3184 电压互感器的一次侧隔离断开后，其二次回路应有防止电压反馈的措施。（√）

Lb3B3185 母线前后排列时，U、V、W 及 N、PEN 的排列顺序（面向配电屏）为

远、中、近和最近。(√)

Lb3B3186 无火花间隙是氧化锌避雷器的主要特点之一。(√)

Lb3B3187 当冲击雷电流流过避雷器时，新生成的电压降称为残余电压。(√)

Lb3B3188 当变电所内不同电压和不同用途的电气装置、设施使用一个总的接地装置时，其接地电阻应符合其中最小值的要求。(√)

Lb3B3189 灵敏性是指继电保护对整个系统内故障的反应能力。(×)

Lb3B3190 变压器差动保护能反映该保护范围内的所有故障。(×)

Lb3B3191 变压器的差动保护是由变压器的一次和二次电流的数值进行比较而构成的保护装置。(×)

Lb3B3192 差动保护允许接入的电流互感器的二次绕组单独接地。(×)

Lb3B3193 过电流保护的动作电流是按照避开设备的最大工作电流来整定的。(√)

Lb3B3194 继电保护的"远后备"是指当元件故障，其保护装置或开关拒绝动作时，由各电源侧的相邻元件保护装置动作将故障切开。(√)

Lb3B3195 灵敏性是指保护装置应尽快地切除短路故障，缩小故障波及范围，提高自动重合闸和备用电源或备用设备自动投入的效果等。(×)

Lb3B3196 选择性是指首先由故障设备或线路本身的保护切除故障，当故障设备或线路本身的保护或断路器拒动时，才允许由相邻设备保护、线路保护或断路器失灵保护切除故障。(√)

Lb3B3197 当电网继电保护的整定不能兼顾速动性、选择性或灵敏性要求时，不能整定。(×)

Lb3B3198 为保证选择性，对相邻设备和线路有配合要求的保护和同一保护内有配合要求的两个元件，其灵敏系数及动作时间在一般情况下应相互配合。(√)

Lb3B3199 继电保护装置的可靠性是指保护该动作时应可靠动作，不该动作时应可靠不动作。(√)

Lb3B3200 自动重合闸只应动作一次，不允许把开关多次重合到永久性故障线路上。(√)

Lb3B3201 对危害供电、用电安全和扰乱供电、用电秩序的，供电企业有权制止，停止供电或罚款。(×)

Lb3B3202 非法占用变电设施用地、输电线路走廊或电缆通道的，由供电企业责令限期改正，逾期不改正的，强制清除障碍。(×)

Lb3B3203 分散安装在用电端的无功补偿装置主要用于稳定电压水平。(×)

Lb3B3204 在三相四线制线路中存在谐波电流时，计算中性导体的电流应计入谐波电流的效应。(√)

Lb3B3205 电力企业或者用户违反供用电合同，给对方造成损失的，应当依法承担赔偿责任。(√)

Lb3B3206 电力系统频率降低，会使电动机的转速降低。(√)

Lb3B3207 三相三线有功电能表，某相电压断开后，必定少计电能。(×)

Lb3B3208 电压互感器二次回路故障，可能会使反映电压、电流之间的相位关系的

保护误动作。(√)

Lb3B3209 电网网络中之所以出现零序电流，是因为网络中相与相之间发生了短路故障。(×)

Lb3B4210 35kV及以上电压供电的用户，其计量用的电压互感器二次绕组的连接线可以和测量回路共用。(×)

Lb3B4211 工作接地的作用之一是保证某些设备正常运行。例如避雷针、避雷线、变压器中性点等的接地。(√)

Lb3B4212 失流指在三相供电系统中，三相电压中有大于电能表的临界电压，三相电流中任一相或两相小于启动电流，且其他相线负荷电流大于5%额定（基本）电流的工况。(×)

Lb3B4213 变压器的空载损耗主要是铁芯中的损耗，损耗的主要原因是磁滞和涡流。(√)

Lb3B4214 将两个或多个变压器的一次侧同极性的端子之间，通过一母线相互连接，这种运行方式叫变压器的并列运行。(×)

Lb3B4215 变压器大盖沿气体继电器方向坡度为2%～4%。(×)

Lb3B4216 电容器允许在1.1倍额定电压、1.3倍额定电流下运行。(√)

Lb3B4217 使用欠补偿方式的消弧线圈分接头，当增加线路长度时应先投入线路后再提高分接头。(√)

Lb3B4218 预告信号的主要任务是在运行设备发生异常现象时，瞬时或延时发出音响信号，并使光字牌显示出异常状况的内容。(×)

Lb3B4219 电流互感器二次开路会引起铁芯发热。(√)

Lb3B4220 运行中的电流互感器一次最大负荷不得超过1.2倍额定电流。(√)

Lb3B4221 运行中的电流互感器过负荷，应立即停止运行。(×)

Lb3B4222 对一般的电流互感器来说，当二次负荷的$\cos\varphi$值增大时，其误差是偏负变化。(×)

Lb3B4223 新安装的电流互感器极性错误会引起保护装置误动作。(√)

Lb3B4224 对负荷电流小、额定一次电流大的互感器，为提高计量的准确度，可选用S级电流互感器。(√)

Lb3B4225 电压互感器二次回路故障对电流方向保护装置不会产生太大的影响。(×)

Lb3B4226 三相三绕组电压互感器的铁芯一般应采用三相五柱式。(√)

Lb3B4227 电压互感器二次回路故障，不会使反映电压、电流之间的相位关系的保护误动作。(×)

Lb3B4228 高压并联电容器装置的外绝缘配合，应与变电所、配电所中同级电压的其他电气设备一致。(√)

Lb3B4229 LGJ×150表示为标称截面积为150mm^{2}的钢芯铝绞线。(√)

Lb3B4230 避雷器的冲击放电电压和残压是表明避雷器保护性能的两个重要指标。(√)

Lb3B4231 变电所进线段过电压保护的作用是，在装了进线段过电压保护之后，在变电所架空线路附近落雷时，不会直接击中线路，可以限制侵入的雷电压波头徒度、降低雷电电流的幅值、避免避雷器和被保护设备受到直击雷的冲击。(√)

Lb3B4232 变压器一次侧熔断器熔丝是作为变压器本身故障的主保护和二次侧出线短路的后备保护。(√)

Lb3B4233 变压器的后备保护，主要是作为相邻元件及变压器内部故障的后备保护。(√)

Lb3B4234 变压器差动保护反映该保护范围内的变压器内部及外部故障。(√)

Lb3B4235 为了检查差动保护躲过励磁涌流的性能，在差动保护第一次投运时，必须对变压器进行五次冲击合闸试验。(√)

Lb3B4236 装于Y，d接线变压器高压侧的过电流保护，在低电压侧两相短路时，采用三相三继电器的接线方式比两相两继电器的接线方式灵敏度高。(√)

Lb3B4237 充电保护不能使用合闸短时开放的过流保护，应使用永久开放的过流保护。(√)

Lb3B4238 在正常运行情况下，当电压互感器二次回路断线或其他故障能使保护装置误动作时，应装设断线闭锁装置。(√)

Lb3B4239 在中性点非直接接地系统中，当一相接地时接地电流很小，因此保护设备不能迅速动作将接地断开，故障将长期持续下去。在中性点直接接地系统中就不同了，当一相接地时，单相接地短路电流很大，保护设备能准确而迅速地动作切断故障线路。(√)

Lb3B4240 变压器的零序过电流保护一般接于变压器的中性点电流互感器上。(√)

Lb3B4241 母线充电保护只在母线充电时投入运行，当充电结束后，应及时停用。(√)

Lb3B4242 为了使用户停电时间尽可能短，备用电源自动投入装置可以不带时限。(×)

Lb3B4243 自动重合闸可以任意多次重合，手动跳闸时也应重合。(×)

Lb3B4244 当线路发生故障后，保护有选择性的动作切除故障，重合闸进行一次重合以恢复供电。若重合于永久性故障时，保护装置即不带时限无选择性的动作断开断路器，这种方式称为重合闸后加速。(√)

Lb3B4245 在电力系统正常运行情况下，10kV及以下三相供电电压允许偏差为额定电压的±7%。(√)

Lb3B4246 所有电流互感器和电压互感器的二次绕组应有一点且仅有一点永久性的、可靠的保护接地。(√)

Lb3B4247 《国家电网公司供电服务质量标准》规范：在电力系统非正常状况下，供电频率允许偏差不应超过±1.0Hz。(√)

Lb3B4248 《供电服务规范》规定：用户自备应急电源是指由用户自行配备的，在正常供电电源全部发生中断的情况下，能满足用户生产负荷可靠供电的独立电源。(×)

Lb3B4249 高供高计电能表，在用户低压出线开关全部断开后，仍在计量应视同潜

动（空走）。（×）

Lb3B4250 三相三线有功电能表电压 A—B 两相接反，电能表反转。（×）

Lb3B4251 UVW 三相电流互感器在运行中其中一相因故变比增大，总电量计量将增大。（×）

Lb3B5252 电压互感器到电能表的二次电压回路的电压降不得超过 2%。（×）

Lb3B5253 110kV 以上电压等级的变压器中性点接地极应该与避雷针的接地极直接连接。（×）

Lb3B5254 D，yn 型接线的变压器，当在 yn 侧线路上发生接地故障时，在 D 侧线路上将有零序电流流过。（×）

Lb3B5255 变压器电压等级为 35kV 及以上、且容量在 4000kV·A 及以上时，应测量吸收比。（√）

Lb3B5256 断路器的操作机构用来控制断路器合闸、跳闸，并维持断路器合闸状态。（√）

Lb3B5257 隔离开关能拉合电容电流不超过 5.5A 的空载线路。（×）

Lb3B5258 隔离开关可以拉合 220kV 及以下空母线充电电流。（√）

Lb3B5259 装有接地监视的电压互感器，当一相接地时，相电压表指示两相升高，一相降低，三相线电压表指示正常。（√）

Lb3B5260 在非直接接地系统正常运行时，电压互感器二次侧辅助绕组的开口三角处有 100V 电压。（×）

Lb3B5261 防雷装置的工频接地电阻一般要求不超过 10Ω。（√）

Lb3B5262 电力系统内部过电压防护的主要技术措施是：适当的选择系统中性点的接地方式，装设性能良好的磁吹避雷器、氧化锌避雷器和压敏电阻，选择适当特性的断路器，采用铁芯弱饱和的互感器、变压器，装设消除或制止共振的电气回路装置等。（√）

Lb3B5263 电磁式电压互感器开口三角绕组加装电阻，可限制铁磁谐振现象。（√）

Lb3B5264 当空母线送电后，合绝缘监视的电压互感器时发生铁磁谐振的处理原则是，增大对地电容值及加大防止谐振的阻尼，破坏谐振条件。（√）

Lb3B5265 产生铁磁谐振过电压的原因是由于铁磁元件的磁路饱和，从而造成非线性励磁特性而引起铁磁谐振过电压。（√）

Lb3B5266 产生铁磁谐振过电压的原因是由于铁磁元件的磁路饱和，从而造成非线性励磁特性而引起铁磁谐振过电压。（√）

Lb3B5267 变压器差动保护所用的电流互感器均应采用三角形接线。（×）

Lb3B5268 变压器差动保护所用的电流互感器均应采用星形接线。（×）

Lb3B5269 变压器接地保护只用来反映变压器内部的接地故障。（×）

Lb3B5270 D，y11 接线的变压器采用差动保护时，电流互感器亦应按 D，y11 接线。（×）

Lb3B5271 小接地电流系统线路的后备保护，一般采用两相三继电器式的接线方式，这是为了提高对 Y，d 接线变压器低压侧两相短路的灵敏度。（√）

Lb3B5272 在中性点非直接接地系统中，电缆线路采用零序保护时，电缆头外皮的

接地线不能穿过零序保护用的电流互感器的铁芯接地。(×)

Lb3B5273 旁路断路器和兼作旁路的母联或分段断路器上，应设可代替线路保护的保护装置。(√)

Lb3B5274 BZT装置可以动作多次，即使当电压互感器的熔断器熔断时，BZT也应动作。(×)

Lb3B5275 当对供电连续性要求很高时，高压母线必须采用双母线接线。(×)

Lb3B5276 66～110kV配电装置，应采用金属氧化物避雷器进行过电压保护。(×)

Lb3B5277 用户受电工程简称受电工程，是由用户出资，供电企业建设，在用户办理新装、增容、变更用电等用电业务时涉及的电力工程。(×)

Lb3B5278 如果低压三相三线有功电能表的B相电压断相，那么该电能表表速就会走慢一半。(√)

Lb3B5279 经两只TV、TA接入的三相三线有功电能表，TV的A相或C相高压侧熔丝断，在某种功率因数时，电能表有可能多计量了电能。(√)

Lb3B5280 经两只TV接入的三相三线有功电能表，TV的A相断线，表肯定偏慢。(×)

Lb3B5281 有一只三相四线有功电能表，三相负荷基本平衡。B相电流互感器反接达一年之久，累计电量为7000kW·h，那么差错电量为7000kW·h。(×)

Lc3B1282 任何一个仪表在测量时都有误差，根据引起误差原因的不同，可将误差分为两种：基本误差和附加误差。(√)

Lc3B1283 依据《供电营业规则》，在供电设施上发生事故引起的法律责任，按责任归属确定。(×)

Lc3B1284 用户重要负荷的保安电源自备比从电力系统供电更为经济合理时可由用户自备。(√)

Lc3B1285 依据《供电营业规则》，供电方案的有效期是指从供电方案正式通知书发出之日起至受电工程开工日为止，高压供电方案的有效期为一年，低压供电方案的有效期为一个月，逾期注销。(×)

Lc3B1286 依据《供电营业规则》，如因供电企业责任致使计费电能表出现或发生故障的，供电企业应负责换表，不收费用；其他原因引起的，用户应负担赔偿费或修理费。(×)

Lc3B1287 依据《供电营业规则》，由于计费计量的电能表误差超出允许范围时，以“0”误差为基准，按验证后的误差值退补电量。退补时间从上次校验或换装后投入之日起至误差更正之日止。(×)

Lc3B2288 对基建工地用电，供电企业可供给临时电源，基建完工可直接改为正式用电。(×)

Lc3B2289 依据《供电营业规则》，计算电量的倍率或铭牌倍率与实际不符的，以实际倍率为基准，按正确与错误倍率的差值退补电量，退补时间以抄表记录为准确定。退补电量未正式确定前，用户先按上月电量交付电费。(×)

Lc3B2290 依据《供电营业规则》，在电力运行事故中，对停电责任的分析和停电时间及少供电量的计算，均按供电企业的事故记录及《电业生产事故调查规程》办理。停电时间不足1h按1h计算，超过1h按实际时间计算。(√)

Lc3B3291 指示仪表中电磁式机构的表盘刻度均匀。(×)

Jd3B1292 用万用表测量电阻时，应先将正负表笔短接，调节调零电位器使指针偏转到零。(√)

Jd3B2293 变压器短路试验二次电流达到额定值时一次侧所加电压值，叫做变压器的短路电压，它与额定电压之比的百分数，即为变压器的阻抗电压。(√)

Jd3B2294 变压器做短路试验时在一次侧加额定电压进行试验。(×)

Jd3B2295 绝缘预防性试验首先应进行破坏性试验，后进行非破坏性试验。(×)

Jd3B3296 500V以下至100V的电气设备或回路，采用250V兆欧表测量其绝缘电阻。(×)

Jd3B3297 泄漏电流试验与绝缘电阻试验基于同一原理，基本上都是在被测电介质上加一试验用直流电压测量流经电介质内的电流。(√)

Jd3B3298 用钳形电流表在高压回路上测量时，只要做好安全措施就可以用导线从钳形电流表另接表计测量。(×)

Jd3B4299 目前均采用工频耐受电压试验的方法检查高压真空断路器的真空度，即切断电源，使真空断路器处于跳闸位置，然后在真空灭弧室的动静触头两端施加工频电压，10kV断路器施加42kV/min工频电压，若无放电或击穿现象，则说明灭弧室的真空度合格。(√)

Jd3B4300 在进行直流高压试验时，应采用负极性接线。(√)

Je3B1301 用户擅自超过合同约定的容量用电的行为属于窃电行为。(×)

Je3B1302 公用低压线路供电的，以供电接户线用户端最后支持物为分界点，支持物属供电企业。(√)

Je3B1303 供电企业和用户应当在供电前根据用户需要和供电企业的供电能力签订供用电合同。(√)

Je3B1304 双电源、多电源供电时不采用同一电压等级电源供电。(×)

Je3B1305 单人巡视，禁止攀登杆塔和配电变压器台架。(√)

Je3B1306 变压器温度升高时绝缘电阻值不变。(×)

Je3B1307 雷电时，禁止进行倒闸操作。(√)

Je3B1308 电容器每次拉闸停电后，必须经过放电装置放电，待电荷消失后再合闸(√)

Je3B1309 杆上跌落式熔断器安装完成后，应对熔丝管做拉合试验，保证熔丝管接触良好。(√)

Je3B1310 杆上跌落式熔断器安装完成后，如无合适的熔丝，可临时用铜丝代替高压熔丝。(×)

Je3B2311 系统发电功率不足，系统电压就会降低。(×)

Je3B2312 窃电时间无法查明时，窃电日至少以三个月计算。(×)

Je3B2313 擅自超过合同约定的容量用电的行为属于窃电行为。(×)

Je3B2314 专线供电的用户应承担该线路的实际损耗。(√)

Je3B2315 为满足安全的需要，有重要负荷的用户在取得供电企业供给的保安电源的同时，还应有非电性质的应急措施。(√)

Je3B2316 对计量纠纷进行仲裁检定由县级以上人民政府计量行政部门指定的有关计量机构进行。(√)

Je3B2317 供用电合同是经济合同中的一种。(√)

Je3B2318 《国家电网公司业扩供电方案编制导则》中规定：对普通电力客户可采用单电源供电。(√)

Je3B2319 10kV杆上避雷器接地引线就与设备外壳连接，不能迂回盘绕，应短而直。(√)

Je3B2320 线路上的熔断器或柱上断路器掉闸时，可直接试送。(×)

Je3B2321 跌落式熔断器的熔管或熔丝配置不合适或安装不牢固时，有可能发生单相掉管。(√)

Je3B3322 带电装表接电工作时，应采取防止短路和电弧灼伤的安全措施。(√)

Je3B3323 用户重要负荷的保安电源，可由供电企业提供，也可由用户自备。用户自备电源比从电力系统供给更为经济合理的，保安电源应由用户自备。(√)

Je3B3324 有重要负荷的用户在已取得供电企业供给的保安电源后，无需采取其他应急措施。(×)

Je3B3325 因抢险救灾需要紧急供电时，供电企业必须尽快安排供电。但是抗旱用电应当由用户交付电费。(√)

Je3B3326 一次事故中如同时发生人身伤亡事故和设备事故，应分别各定为一次事故。(√)

Je3B3327 用户事故系指供电营业区内所有高、低压用户在所管辖电气设备上发生的设备和人身事故及扩大到电力系统造成输配电系统停电的事故。(√)

Je3B3328 高次谐波不会影响计量装置的准确性。(×)

Je3B3329 对某段线路来说，它的损失多少除与负荷大小有关外，与其潮流方向无关。(√)

Je3B3330 对某段线路来说，它的线损损失多少除与负荷大小有关外，与其潮流方向也有关。(×)

Je3B3331 三绕组变压器低压侧过流保护动作后，不仅跳开本侧开关，还要跳开中压侧开关。(×)

Je3B3332 隔离开关合闸操作时应先合隔离开关，后合断路器。(√)

Je3B3333 《国家电网公司业扩供电方案编制导则》中规定：临时性重要电力客户按照用电负荷重要性，在条件允许情况下，可以通过临时架线等方式满足双电源或多电源供电要求。(√)

Je3B3334 用户受电工程的设计文件，未经供电企业审核同意，用户不得据以施工，否则，供电企业将不予检验和接电。(√)

Je3B3335 计量电流互感器二次与电能表之间的连接应采用分相独立回路的接线方

式。(√)

Je3B3336 高供高计电能表，在用户低压出线开关全部断开后，仍在计量应视同潜动(空走)。(×)

Je3B3337 断路器经检修恢复运行，操作前应检查检修中为保证人身安全所设置的措施（如接地等）是否全部拆除，防误操作闭锁装置是否正常。(√)

Je3B3338 强迫油循环水冷和风冷变压器，一般应在开动冷却装置后，才允许带负荷运行。(√)

Je3B3339 变压器过负荷运行时也可以调节有载调压装置的分接开关。(×)

Je3B3340 强迫油循环水冷和风冷变压器，一般应在开动冷却装置前，才允许带负荷运行。(×)

Je3B3341 变压器二次负载电阻或电感减小时，二次电压将一定比额定值高。(×)

Je3B3342 变压器的铁芯不能多点接地。(√)

Je3B3343 强油循环冷却的变压器，应能按温度和或负载控制冷却器的投入。(√)

Je3B3344 当变压器三相负载不对称时，将出现负序电流。(√)

Je3B3345 分级绝缘变压器用熔断器保护时，其中性点必须直接接地。(√)

Je3B3346 35kV 新设备投入运行前，变压器油的击穿电压值不应低于 35kV。(√)

Je3B3347 有刀开关和熔断器的回路停电，应先取下熔断器，后拉开刀开关。送电操作顺序与此相反。(×)

Je3B4348 《国家电网公司业扩供电方案编制导则》规定，在电力系统正常状况下，供电企业供到客户受电端的供电电压允许偏差：220V 单相供电的，为额定值的±10%。(×)

Je3B4349 建筑面积在 50m^2 及以下的住宅用电每户容量宜不小于 4kW；大于 50m^2 的住宅用电每户容量宜不小于 8kW。(√)

Je3B4350 互感器或电能表误差超出允许范围时，应以其误差允许范围超出部分的值退补电量。(×)

Je3B4351 计费用电压互感器二次可装设熔断器。(×)

Je3B4352 电压互感器二次连接线的电压降超出允许范围时，补收电量的时间应从二次连接线投入或负荷增加之日起至电压降更正之日止。(√)

Je3B4353 变压器差动保护动作时，只跳变压器一次侧断路器。(×)

Je3B4354 三绕组变压器高、中压侧装有分接开关。如果想改变低压侧电压，中压侧仍保持原来的电压，则应改变高压分接开关位置，中压分接开关位置不变。(×)

Je3B4355 新投运的变压器做冲击试验为两次，其他情况为一次。(×)

Je3B4356 新投运的变压器做冲击合闸试验，是为了检查变压器各侧主断路器是否承受操作过电压。(×)

Je3B4357 变压器油老化后，产生酸性、胶质和沉淀物，会腐蚀变压器内金属表面和绝缘材料。(√)

Je3B4358 联结组别不同的变压器可以并列运行。(×)

Je3B4359 强油循环变压器在开泵时，变压器各侧绕组均应接地，防止油流静电危及

操作人员的安全。（×）

Je3B4360 单相变压器必须标明极性。（√）

Je3B4361 变压器在运行中补油，补油前应将气体（重瓦斯）保护改接信号，补油后应立即恢复至跳闸位置。（×）

Je3B4362 更换配电变压器跌落式熔断器熔丝，应拉开高压侧隔离开关（刀闸）或跌落式熔断器，再拉开低压侧开关（刀闸）。（×）

Je3B5363 经两只 TV、TA 接入的三相三线智能电能表，TV 的 A 相或 C 相高压侧熔丝断，在某种功率因数时，电能表多计量了电能。（√）

Je3B5364 装有重合闸的配电线路，保护动作跳闸，重合未成功时，经站内检查无故障现象，可退出重合闸，试送一次。（√）

1.3 多选题

La3C2001 *RLC* 串联电路的谐振频率与（　　）有关。

（A）参数 L；（B）参数 C；（C）参数 R；（D）电流 I。

答案：AB

La3C2002 大小相等、频率相同、彼此间相位差 120°的对称三相正弦量是（　　）对称电路。

（A）正序；（B）负序；（C）零序；（D）以上都不对。

答案：AB

La3C2003 *RLC* 串联电路中，电阻性电路（　　）。

（A）感抗等于容抗；（B）电压和电流同相位；（C）电路发生了谐振；（D）阻抗角 $\varphi=0$。

答案：ABCD

La3C3004 两个介质为非铁磁物质的磁耦合线圈的互感 M 与（　　）有关。

（A）两个线圈的结构；（B）介质的磁导率；（C）两个线圈的相互位置；（D）两线圈中的电流。

答案：ABC

La3C3005 两个带铁芯的磁耦合线圈的互感 M 与（　　）有关。

（A）两个线圈的结构；（B）介质的磁导率；（C）两个线圈的相互位置；（D）两线圈中的电流。

答案：ABCD

La3C3006 *RLC* 串联电路中，电感性电路（　　）。

（A）感抗大于容抗；（B）电压超前于电流；（C）感抗小于容抗；（D）电压滞后于电流。

答案：AB

La3C3007 *RLC* 串联电路中，电容性电路（　　）。

（A）感抗大于容抗；（B）电压超前于电流；（C）容抗大于感抗；（D）电压滞后于电流。

答案：CD

La3C3008 关于串联谐振电路下列说法正确的是（　　）。

（A）感抗和容抗相等；（B）感抗和容抗是一个固定值；（C）电感和电容上可能产生过电压；（D）串联谐振又叫电压谐振。

答案：ABCD

La3C3009 在 Y－Y 三相三线制对称电路中，当一相负载短路时（ ）。

（A）发生中性点位移；（B）短路相负载电压降为零；（C）其他两相负载相电压升高为电源线电压；（D）其他两相负载相电压不变。

答案：ABC

La3C4010 *RLC* 串联电路的端电压、电流的相量关系式 $\dot{U}=\dot{I}Z$（其中 Z 是复阻抗）表示（ ）。

（A）电压、电流的大小关系；（B）电压、电流相位关系；（C）它在形式上与欧姆定律相似；（D）是欧姆定律的相量形式。

答案：ABCD

La3C4011 *RLC* 并联电路发生谐振时（ ）。

（A）*L*、*C* 支路电流大小相等、方向相反；（B）总电流等于电阻支路电流；（C）端电压与电阻支路电流同相位；（D）电路的复阻抗最大，总电流最小。

答案：ABCD

La3C4012 在 Y－Y 三相三线制对称电路中，当一相负载断路时（ ）。

（A）发生中性点位移现象；（B）断路处出现 1.5 倍电源相电压；（C）其余两相负载电压为电源线电压的一半；（D）其他两相负载相电压不变。

答案：ABC

Lb3C1013 直流供电回路电缆芯数选择为（ ）。

（A）宜采用两芯电缆；（B）采用三芯电缆；（C）当需要时可采用单芯电缆；（D）采用四芯电缆。

答案：AC

Lb3C1014 在技术选择时需要考虑关合性能的高压设备有（ ）。

（A）高压断路器；（B）高压负荷开关；（C）高压隔离开关；（D）高压熔断器。

答案：AB

Lb3C1015 《供电营业规则》规定：用户的（ ）对供电质量产生影响或对安全运行构成干扰和妨碍时，用户必须采取措施予以消除。

（A）冲击负荷；（B）波动负荷；（C）非对称负荷；（D）最高负荷。

答案：ABC

Lb3C1016 《供电营业规则》规定：供电企业应根据（　　），编制事故限电序位方案，并报电力管理部门审批或备案后执行。

（A）用户需求；（B）电力负荷的重要性；（C）电力系统情况；（D）供电的可能性。

答案：BC

Lb3C1017 电缆路径的选择，应符合下列规定（　　）。

（A）应使电缆不易受到机械、振动、化学、地下电流、水锈蚀、热影响、蜂蚁和鼠害等损伤；（B）应便于维护；（C）应避开场地规划中的施工用地或建设用地；（D）应使电缆路径较短。

答案：ABCD

Lb3C2018 电力电缆路径的选择应（　　）。

（A）避免电缆受到各种损坏及腐蚀；（B）避开城市人行道；（C）避开规划中建筑工程需要挖掘施工的地方；（D）便于运行维修。

答案：ACD

Lb3C2019 配电网电气主接线的基本要求是（　　）。

（A）可靠性，对用户保证供电可靠和电能质量；（B）灵活性，能适合各种运行方式，便于检修；（C）操作性，能适合各种运行方式，便于检修；（D）经济性，在满足上述三个基本要求的前提下，力求投资省，维护费用少。

答案：ABCD

Lb3C2020 在电力系统中，进行无功补偿可提高功率因数，起到（　　）的作用。

（A）延长设备使用寿命；（B）降低线损；（C）节约电能；（D）提高设备利用率。

答案：BCD

Lb3C2021 选用高压隔离开关时校验的项目有（　　）。

（A）额定电压；（B）额定电流；（C）额定开断电流；（D）短路电流动稳定、热稳定。

答案：ABD

Lb3C2022 110kV及以上电压互感器一次侧不装熔断器的原因是（　　）。

（A）110kV以上电压互感器采用单相串级绝缘，裕度大；（B）110kV引线系硬连接，相间距离较大，引起相间故障的可能性小；（C）110kV引线系软连接，相间距离较大，引起相间故障的可能性小；（D）110kV系统为中性点直接接地系统，每相电压互感器不可能长期承受线电压运行。

答案：ABD

Lb3C2023 使用电压互感器时应注意（　　）。

（A）使用前应进行极性检查；（B）二次侧应有可靠的接地点；（C）运行中二次绕组不允许开路；（D）运行中二次绕组不允许短路。

答案：ABD

Lb3C2024 对继电保护的基本要求是（　　）。

（A）选择性；（B）可靠性；（C）速动性；（D）灵敏性；（E）经济性。

答案：ABCD

Lb3C2025 隔离开关可用于拉、合（　　）。

（A）励磁电流小于2A的空载变压器；（B）电容电流不超过5A的空载线路；（C）避雷器；（D）电压互感器。

答案：ABCD

Lb3C2026 供电企业不得对用户受电工程指定（　　）。

（A）监理单位；（B）施工单位；（C）设计单位；（D）设备材料供应单位。

答案：BCD

Lb3C2027 各执行国家规定的电费电价政策及业务收费标准，严禁利用各种方式和手段变相（　　）。

（A）另立收费项目；（B）扩大收费范围；（C）提高收费标准；（D）改变收费方式。

答案：BC

Lb3C2028 电力系统中常见的恶性误操作事故是指（　　）。

（A）带负荷拉隔离开关；（B）带负荷分断路器；（C）带电合接地开关；（D）带接地线送电。

答案：ACD

Lb3C3029 外桥和内桥相比较，适宜采用内桥接线的条件是（　　）。

（A）电源线路较长，线路故障机会较多；（B）电源线路较短，线路故障机会较少；（C）主变压器不需要经常投切；（D）主变压器需要经常投切。

答案：AC

Lb3C3030 配电线路导线截面选择的依据是（　　）。

（A）允许电流损耗；（B）允许电压损耗；（C）发热条件；（D）机械强度和经济电流密度。

答案：BCD

Lb3C3031 配电线路单横担安装的要求是（　　）。

（A）直线杆横担应装于受电侧；（B）分支杆、90°转角杆及终端杆横担应装于拉线侧；（C）横担安装应平整，横担端部上下歪斜和左右扭斜不应大于 20mm；（D）直线杆横担应装于供电侧。

答案：ABC

Lb3C3032 关于变压器冷却方式的代号标志，表述正确的是（ ）。

（A）AN 表示干式自冷式；（B）ONAN 表示油浸自冷式；（C）ONAF 表示油浸风冷式；（D）OFAF 表示强油水冷式。

答案：ABC

Lb3C3033 下列关于变压器选型的叙述中，说法正确的是（ ）。

（A）多层或高层主体建筑内变电所，宜选用不燃或难燃型变压器；（B）35kV/0.4kV、10kV/0.4kV 双绕组变压器宜选用 D，yn11 接线组别变压器；（C）S11 型变压器与 S10 型变压器相比，材料有较大变化，但变压器自身的固有损耗值没有太大区别；（D）在多尘或有腐蚀性气体严重影响变压器安全运行的场所，应选用防尘或防腐蚀型变压器。

答案：ABD

Lb3C3034 在电力系统中设置消弧线圈的原则是（ ）。

（A）对于多台消弧线圈，不应把消弧线圈安装在同一变电站内，应使电网中每一个独立部分都有补偿容量；（B）消弧线圈尽量装在电网的送电端，以减少当电网内发生故障时消弧线圈被切除的可能性；（C）尽量避免在一个独立系统中安装一台消弧线圈，应安装两台或两台以上，而且应选择不同容量，从而扩大电感电流的可调范围；（D）尽量避免出现过补偿。

答案：ABC

Lb3C3035 高压真空断路器的优点有（ ）。

（A）结构简单，能频繁操作，维护检修工作量少；（B）一次性投资较高，维护费用也高；（C）使用寿命长，运行可靠，无爆炸危险；（D）真空熄弧效果好，电弧不外露。

答案：ACD

Lb3C3036 下列关于熔断器熔体反时限特性的说法中不正确的是（ ）。

（A）过电流越大，熔断时间越长；（B）过电流越小，熔断时间越短；（C）过电流越大，熔断时间越短；（D）熔断时间与过电流无关。

答案：ABD

Lb3C3037 氧化锌避雷器的工作特性是（ ）。

（A）在工作电压下阀片具有极高的电阻，成为绝缘状态；（B）在雷电压作用下阀片具有极小的电流，成为导通状态；（C）在电压超过一定值时，阀片呈极小电阻，成为导通状态；（D）待过电压消失后，阀片电阻又呈高阻抗状态，恢复正常运行。

答案：ACD

Lb3C3038 电力线路的三段式电流保护是指（　　）。

（A）电流速断保护；（B）带时限电流速断保护；（C）过流保护；（D）过负荷保护。

答案：ABC

Lb3C3039 下列继电保护属于变压器主保护的有（　　）。

（A）过电流保护；（B）差动保护；（C）零序保护；（D）瓦斯保护。

答案：BD

Lb3C3040 允许或不允许自启动的自备发电机组的电气接线，应在自备应急电源与电网电源之间装设防止向电网倒送电的电气装置，常使用的装置有（　　）。

（A）装设有明显断开点的双投四极刀开关；（B）装设有明显断开点的双投三极刀开关；（C）装设双投四极带零位的自动转换负荷开关；（D）装设带控制器的四极双断路器；（E）装设双投三极带零位的自动转换负荷开关。

答案：ACD

Lb3C3041 配电所、变电所的高压及低压母线宜采用（　　）接线。

（A）单母线；（B）双母线；（C）线路变压器组；（D）分段单母线。

答案：AD

Lb3C3042 下列客户中，应执行0.85的功率因数考核标准的有（　　）。

（A）500kV·A的汽车修理厂；（B）100kW的纯净水厂；（C）200kV·A的奶牛厂；（D）160kV·A的服装加工厂。

答案：BD

Lb3C4043 外桥和内桥相比较，适宜采用外桥接线的条件是（　　）。

（A）电源线路较长，线路故障机会较多；（B）电源线路较短，线路故障机会较少；（C）主变压器不需要经常投切；（D）主变压器需要经常投切。

答案：BD

Lb3C4044 变压器油枕的作用是（　　）。

（A）减少变压器油与空气的接触面积，从而减缓变压器油受潮和变质的速度；（B）加快散热；（C）便于抽取变压器油；（D）保证油箱内始终充满变压器油。

答案：AD

Lb3C4045 关于三绕组变压器各侧分接开关说法正确的是（　　）。

（A）改变一次侧分接开关位置，能改变二次侧的电压；（B）改变二次侧分接开关的位置，只能改变三次侧电压；（C）如果只是三次侧需要调整电压，而二次侧仍需维持原来的电压，这时除改变一次侧分接开关位置外，还需改变二次侧分接开关位置；（D）改变一次侧分接开关位置，能改变三次侧的电压。

答案：ABCD

Lb3C4046 110kV及以上电压互感器一次侧不装熔断器是因为（ ）。

（A）110kV以上电压互感器采用单相串级绝缘，裕度大；（B）110kV引线系硬连接，相间距离较大，引起相间故障的可能性小；（C）110kV系统为中性点直接接地系统，每相电压互感器不可能长期承受线电压运行；（D）110kV以上电压互感器有过流保护，可以代替熔断器。

答案：ABC

Lb3C4047 当分配电所的进线需要（ ）要求时，分配电所的进线开关应采用断路器。

（A）带负荷操作；（B）有继电保护；（C）空载运行；（D）有自动装置。

答案：ABD

Lb3C4048 下列情况可采用电缆线路（ ）。

（A）依据城市规划，明确要求采用电缆线路且具备相应条件的地区；（B）负荷密度低的郊区、建筑面积较大的新建居民住宅小区及高层建筑小区；（C）走廊狭窄、架空线路难以通过而不能满足供电需求的地区；（D）易受热带风暴侵袭沿海地区、主要城市的重要供电区域。

答案：ACD

Lb3C4049 断路器的红、绿指示灯的作用是（ ）。

（A）红灯用来监视断路器合闸回路是否完好，同时表示断路器处于合闸位置；（B）断路器装有位置继电器时，红、绿灯不监视跳、合闸回路，只表示跳、合闸位置；（C）绿灯用来监视断路器跳闸回路是否完好，同时表示断路器处于断开位置；（D）带有闪光装置的红、绿灯，还能表示断路器与合、跳闸操作手柄的位置是否对应，如果位置不对应时，发生闪光。

答案：BD

Lb3C4050 交流接触器的用途有（ ）。

（A）控制电动机的运转，可远距离控制电动机启动、停止、反向；（B）控制无感和微感电力负荷；（C）可以代替断路器分合短路电流；（D）控制电力设备、如电容器和变压器等的投入与切除。

答案：ABD

Lb3C5051 备用变压器如何计收基本电费（ ）。

（A）按变压器容量计算基本电费的用户，其备用的变压器（含高压电动机），属冷备用状态并经供电企业加封的，不收基本电费；（B）按变压器容量计算基本电费的用户，属热备用状态的或未经加封的，不论使用与否都计收基本电费；（C）在受电装置一次侧装有联锁装置互为备用的变压器（含高压电动机），按可能同时使用的变压器（含高压电动机）容量之和的最大值计算其基本电费；（D）在受电装置一次侧装有联锁装置互为备用的变压器（含高压电动机），按最大的变压器（含高压电动机）容量计算其基本电费。

答案：ABC

Lb3C5052 下列（ ）属于电气设备故障。

（A）过电压；（B）单相断线；（C）两相短路；（D）系统振荡。

答案：BC

Lb3C5053 配电所的引出线满足继电保护和操作要求时，可装设（ ）。

（A）隔离开关；（B）断路器；（C）负荷开关-熔断器组合电器；（D）隔离触头。

答案：BC

Lc3C1054 《供电营业规则》规定：有下列情形之一的，不经批准即可对用户中止供电，但事后应报告本单位负责人（ ）。

（A）不可抗力和紧急避险；（B）危害供用电安全、扰乱供用电秩序、拒绝检查者；（C）受电装置经检验不合格，在指定期间未改善者；（D）确有窃电行为。

答案：AD

Lc3C1055 《供电营业规则》规定：某工业用电大户，擅自使用已在供电企业办理暂停手续的电力设备，则该用户应承担下列责任（ ）。

（A）停用违约使用的设备；（B）补交擅自使用封存设备容量和使用月数的基本电费；（C）承担二倍补交基本电费的违约使用电费；（D）承担三倍补交基本电费的违约使用电费。

答案：ABC

Lc3C1056 依据《供电营业规则》，（ ）属于窃电行为。

（A）绕越供电企业用电计量装置用电；（B）擅自改变用电类别用电；（C）伪造或者开启供电企业加封的用电计量装置封印用电；（D）擅自启用已经被供电企业查封的电力设备用电。

答案：AC

Lc3C1057 依据《供电营业规则》，供电企业对查获的窃电者，应做如下处理（ ）。

（A）应予制止，并可当场中止供电；（B）窃电者应按所窃电量补交电费，并承担补交电费三倍的违约使用电费；（C）窃电数额较大的，报请电力管理部门依法处理；（D）情节严重的，提请司法机关依法追究刑事责任。

答案：ABD

Lc3C2058 依据《居民用户家用电器损坏处理办法》，下列家用电器中使用年限为10年的是（　　）。

（A）洗衣机；（B）电视机；（C）空调；（D）充电器。

答案：BD

Jd3C2059 使用兆欧表时应注意的事项是（　　）。

（A）兆欧表用线应用绝缘良好的单根线；（B）应根据被测试设备的电压等级选择合适的兆欧表；（C）在测量电容器等大电容设备时，读数后应先停止摇动，再拆线；（D）使用前应先检查兆欧表的状态。

答案：ABD

Jd3C3060 关于变压器短路试验说法正确的是（　　）。

（A）目的是测量变压器的铜损耗；（B）在低压侧加电压，使电流达到额定值；（C）测出的铜损耗相当于额定负载的铜损耗；（D）所加电压即为变压器的阻抗电压。

答案：AC

Jd3C4061 高压电缆在投入运行前应做的试验项目是（　　）。

（A）绝缘电阻测量；（B）直流耐压试验；（C）检查电缆线路的相位；（D）泄漏电流测量。

答案：ABCD

Je3C1062 因（　　）原因导致断路器跳闸失灵，是属于机械缺陷。

（A）跳闸顶杆卡涩；（B）直流电压过低；（C）合闸回路断线；（D）合闸维持机构卡死。

答案：AD

Je3C2063 跌落式熔断器发生瓷件闪络的故障原因是（　　）。

（A）遭雷击或操作过电压；（B）环境污垢；（C）操作不当；（D）爬距不够。

答案：ABD

Je3C2064 下列情况下，线路断路器跳闸不得试送的有（　　）。

（A）全架空线路；（B）调度通知线路有带电检修工作时；（C）断路器切断故障次数达到规定时；（D）全电缆线路。

答案：BCD

Je3C2065 对于低压电动机 Y－△降压启动的特点，以下叙述正确的是（　　）。

（A）动电流小，启动转矩小；（B）适合于重载启动的场合；（C）启动电流大，启动转矩大；（D）适合空载启动的场合。

答案：AD

Je3C3066 季节性反事故措施有（　　）内容。

（A）冬季：以防寒、防冻及防小动物为主要内容的大检查；（B）春季：对防雷接地装置的检查，对高压设备的绝缘状况进行检查；（C）夏季：迎峰度夏的设备检查；（D）秋季：安排对室内外所有设备进行清洁和预防性试验。

答案：ABC

Je3C3067 二次设备常见的异常和事故有（　　）。

（A）直流系统异常、故障；（B）二次接线异常、故障；（C）主高压开关异常、故障；（D）继电保护及安全自动装置异常、故障。

答案：ABD

Je3C3068 由于线路故障引起保护跳闸的原因有（　　）。

（A）线路短路；（B）线路断线；（C）遭受雷击；（D）树枝碰线引起短路。

答案：ABCD

Je3C3069 会导致分接开关发生故障的原因有（　　）。

（A）分接开关接触不良，经受不起短路电流冲击发生故障；（B）倒分接开关时，由于分头位置切换错误，引起开关烧坏；（C）相间绝缘距离不够，引起短路；（D）分接开关触头弹簧压力过大，使有效接触面积过大，引起分接开关烧毁。

答案：ABC

Je3C3070 变压器在试运行时应按照（　　）规定进行操作。

（A）对于中性点接地系统的变压器，在进行冲击合闸时，其中性点不得接地；（B）变压器在第一次投入时，不可以全电压冲击合闸；（C）变压器应进行 5 次空载全电压冲击合闸；（D）变压器并列前，应先核对相位。

答案：CD

Je3C3071 关于油浸变压器油温监测的叙述，说法正确的是（　　）。

（A）变压器温度表所指示的是变压器上层油温，规定不得超过 95℃；（B）变压器温度表所指示的是变压器上层油温，规定不得超过 85℃；（C）变压器温度表所指示的是变压器上层油温，监视界限为 85℃；（D）运行中的变压器在环境温度为 40℃时，其顶层油的温升不得超过 65℃。

答案：AC

Je3C3072 倒闸操作前后应注意的问题是（　　）。

（A）操作完后，操作人应立即报告发令人；（B）操作前、后都应检查核对现场设备名称、编号和断路器、隔离开关断、合的位置；（C）电气设备操作后的位置检查应以设备实际位置为准，无法看到实际位置时，可通过设备机械指示位置、电气指示、仪表及各种遥测信号的变化，且至少应有两个及以上的指示已同时发生对应变化，才能确认该设备已操作到位；（D）操作完后，受令人应立即报告工区领导；（E）倒闸操作前，应按操作票顺序在模拟图或接线图上预演核对无误。

答案：ABCE

Je3C3073 操作人员倒闸操作中发生疑问时，（　　）。

（A）不准擅自改变操作票；（B）应向操作发令人询问清楚无误后再进行操作；（C）继续执行操作命令；（D）拒绝执行操作命令；（E）等待领导指令，得到许可后再执行操作。

答案：AB

Je3C4074 对10～35kV线路的（　　）故障或异常运行，应装设相应的保护装置。

（A）相间短路；（B）单相接地；（C）过负荷；（D）过电压。

答案：ABC

Je3C4075 两台变压器在不满足并列运行条件下并列运行，会产生的后果有（　　）。

（A）如果接线组别不同，将在二次绕组中出现大的电压差，会产生几倍于额定电流的循环电流，致使变压器烧坏；（B）如果接线组别不同，其负荷的分配与短路电压呈反比，短路电压小的变压器将超载运行，另一台变压器只有很小负载；（C）如果变比不同，则其二次电压大小不等，二次绕组回路中产生环流，它不仅占有变压器容量，也增加变压器损耗；（D）如果短路电压相差超过10%，其负荷的分配与短路电压呈正比，短路电压小的变压器将只有很小负载，另一台变压器将超载运行。

答案：AC

Je3C4076 变压器在运行中声音异常的原因有（　　）。

（A）当启动大容量动力设备时，负载电流变大，使变压器声音加大；（B）当变压器过负载时，发出很高且沉重的嗡嗡声；（C）当系统短路或接地时，通过很大的短路电流，变压器会产生很大的噪声；（D）若变压器带有可控硅整流器或电弧炉等设备时，由于有高次谐波产生，变压器声音也会变大。

答案：ABCD

Je3C4077 关于变压器油面的叙述中，说法正确的是（　　）。

（A）变压器的油面变化（排除渗漏油）取决于变压器的油温变化；（B）变压器的油

温变化正常，而油标管内油位变化异常，则说明油面是假的；（C）油标管堵塞可能会导致变压器出现假油面现象；（D）呼吸器堵塞可能会导致变压器出现假油面现象。

答案：ABCD

Je3C5078 属于变压器内部故障的是（　　）。

（A）绕组匝间短路，变压器引出线套管内部故障接地；（B）冷却系统故障而使变压器温度升高；（C）由于匝间短路而使变压器温度升高，油气化而产生瓦斯，使油面扰动；（D）外部短路引起中性点直接接地的变压器过电流及中性点过电压。

答案：AC

Je3C5079 设备在正常运行时发生断路器跳闸，可以从（　　）等方面查明原因。

（A）断路器操作机构；（B）继电保护装置；（C）二次回路；（D）操作电源。

答案：ABCD

Je3C5080 引起变压器绝缘套管闪络或爆炸的原因有（　　）。

（A）套管密封不严进水而使绝缘部分受潮损坏；（B）套管的电容芯子制作不良，使内部游离放电；（C）套管积垢严重；（D）套管上有大的裂纹或碎片。

答案：ABCD

1.4　计算题

La3D1001　已知电感元件的电感 $L=X_1$H，外加电压 $u=220\sqrt{2}\sin(314t+30°)$ V，求通过电感元件的电流 $i=$____。

X_1 取值范围：<0.1，0.2，0.3，0.4>

计算公式：

$$\dot{I}=\frac{\dot{U}}{j\omega X_1}=\frac{220\angle 30°}{314X_1\angle 90°}=\frac{0.701}{X_1}\angle -60°$$

$$i=\frac{0.701}{X_1}\sqrt{2}\sin(314t-60°)$$

La3D1002　已知电感元件的电感 $L=X_1$H，外加电压 $u=220\sqrt{2}\sin(314t+30°)$ V，求通过电感元件的无功功率 $Q=$____ V·A。(保留两位小数)

X_1 取值范围：<0.1，0.2，0.3，0.4>

计算公式：$\dot{I}=\frac{\dot{U}}{j\omega X_1}=\frac{220\angle 30°}{314X_1\angle 90°}=\frac{0.701}{X_1}\angle -60°$

$$i=\frac{0.701}{X_1}\sqrt{2}\sin(314t-60°)$$

$$Q=220\times\frac{0.701}{X_1}$$

La3D2003　某电源的开路电压 $U_{oc}=X_1$V。当外电阻 $R=5\Omega$ 时，电源的端电压 $U=5$V。计算电源的内阻 $R_s=$____ Ω。

X_1 取值范围：<10，11，12，13，15>

计算公式：$I=\frac{U_{oc}}{R+R_s}=\frac{X_1}{R+R_s}$

$$R_s=\frac{X_1-5}{I}$$

La3D2004　有一 R 和 L 的串联电路如图所示，已知 $\dot{U}=X_1$V，$\dot{U}_1=30\sqrt{2}\sin(\omega t)$V。计算电感线圈上电压降 $\dot{U}_2=$____ V。

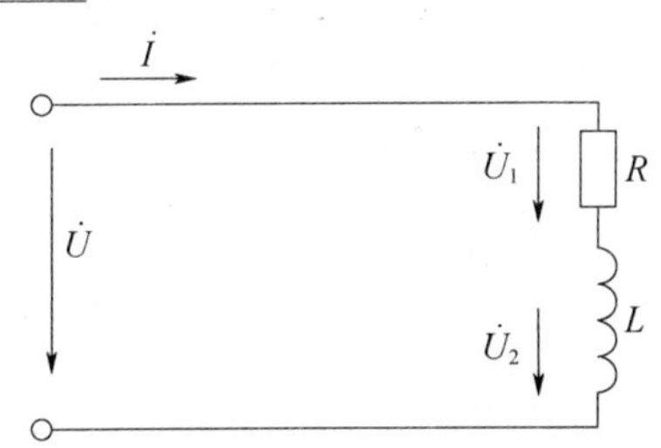

X_1 取值范围：<50，52，55，56，60>

计算公式：$U_2=\sqrt{X_1{}^2-U_1^2}$

$\dot{U}$ 超前 $\dot{U}_1 90°$，$\dot{U}_2=U_2\sqrt{2}\sin(\omega t+90°)$V

Lb3D2005 一台 10kV/100V 电压互感器，二次绕组为 160 匝，如一次绕组少绕 X_1 匝，则该电压互感器二次电压 $U_2=$____ V。(保留两位小数)

X_1 取值范围：<5，10，15，20，25>

计算公式：一次绕组匝数 $N_1=K_N N_2=$（10000/100）×160=16000（匝）

$$U_2=\frac{N_2}{N_1-X_1}\times U_1$$

La3D2006 某户内装一日光灯照明，电路如图所示。已知其端电压 $U=220$V，频率 $f=50$Hz，日光灯的功率 $P=X_1$W，开灯后，电路中通过的电流 $I=0.3$A。计算该电路的等效电阻 $R=$________ Ω；电感 $L=$________ H；功率因数 $\cos\varphi=$____。(保留两位小数)

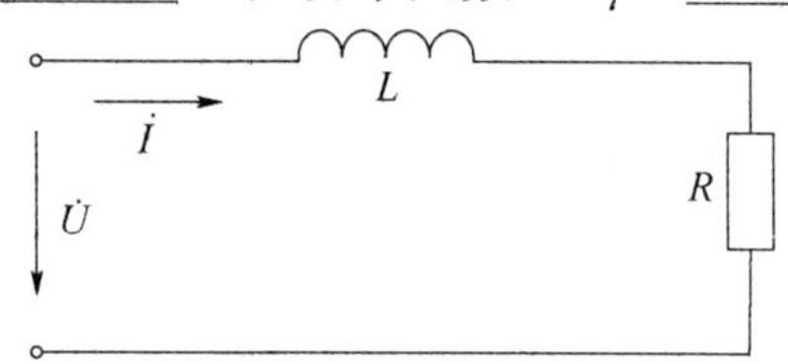

X_1 取值范围：<20，25，30，60，100>

计算公式：

$$R=\frac{X_1}{I^2}$$

$$X_L=\sqrt{Z^2-R^2}=\sqrt{Z^2-\left(\frac{X_1}{I^2}\right)^2}$$

$$L=\frac{X_L}{2\pi f}$$

$$\cos\varphi=\frac{X_1}{UI}$$

La3D2007 某户内装一日光灯照明，已知其端电压 $U=220$V，频率 $f=50$Hz，日光灯的功率 $P=20$W，其自然功率因数为 X_1，如果要将该电路的功率因数提高到 0.85，计算需要并联电容器 $C=$________ μF。

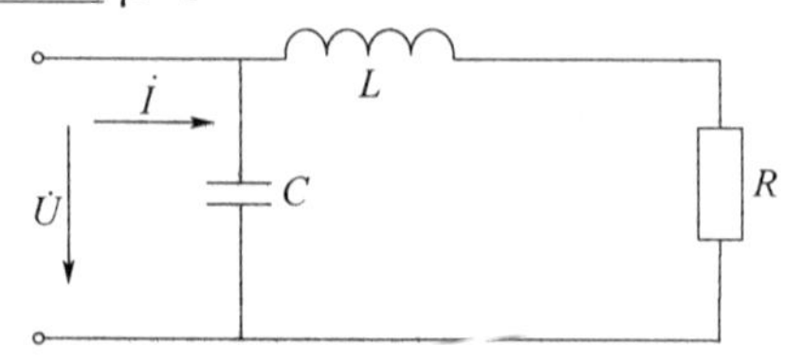

X_1 取值范围：<0.303，0.35，0.4，0.45，0.5>

计算公式：$C=\frac{P}{\omega U^2}(\tan\varphi_1-\tan\varphi_2)$

Lb3D2008 有一台 50kV·A 的变压器，当负载为 50kV·A，功率因数为 $\cos\varphi=X_1$，其铜损为 637.8W，铁损为 408.2W，则该台变压器此时的效率 $\eta=$____%。（保留两位小数）

X_1 取值范围：<0.8，0.9，1.0>

计算公式：$\eta=\frac{S_0\cos\varphi}{S_0\cos\varphi+P_{Fe}+P_{Cu}}\times100=\frac{50000\times X_1}{50000\times X_1+408.2+637.8}\times100$

Lb3D3009 某 10kV 用户，其配电室母线接有 BY10.5-10-1 型补偿电容器，当母线电压为 $U=X_1$kV 时，电容器的实际容量=____ kW。（保留两位小数）

X_1 取值范围：<9.5，9.6，9.7，9.8>

计算公式：$Q=\frac{U^2}{X_C}=\frac{X_1{}^2\times10}{10.5^2}$

Lb3D3010 一客户电力变压器容量为 200kV·A，空载损耗 $P_0=0.4$kW，额定电流时的短路损耗 $P_k=2.2$kW，测得该变压器输出有功功率 $P_2=X_1$kW 时，二次侧功率因数 $\cos\varphi_2=0.8$。计算变压器此时的负载率 $\beta=$____%；工作效率 $\eta=$____%。（保留两位小数）

X_1 取值范围：<140，135，130，125，120>

计算公式：

$\beta=X_1\div(S_n\times\cos\varphi_2)\times100$

$P_1=P_2+P_0+\beta^2\times P_k=X_1+0.4+(0.875)^2\times2.2$

$\eta=(X_1/P_1)\times100$

Jd3D1011 某企业用电容量为 1000kV·A，2016 年 7 月份的用电量为 X_1kW·h，如基本电价为 23.3 元/（kV·A），电能电价为 0.6 元/（kW·h），计算其月平均电价 M_{av}=____元/（kW·h）。（不考虑功率因数调整电费）（保留两位小数）

X 取值范围：<100000，110000，120000，130000，150000>

计算公式：

$M_{av}=\frac{23.3\times1000+0.6X_1}{X_1}$

Jd3D1012 某工厂装设两台变压器，一台 X_1kV·A，另一台 250kV·A，按容量计收基本电费。因一台变压器大修，于 2017 年 2 月 13 日向供电企业办理了检容。8 月 26 日检修完毕恢复送电。基本电价为 23 元/（kV·A·月）。试计算该厂 8 月份应缴纳的基本电费 $G=$____元。（保留两位小数）

X_1 取值范围：<315，400，630，800>

计算公式：$G=(X_1+250)\times 23\times \frac{1}{30}\times 6$

Jd3D2013 某市第一人民医院，10kV供电，配变容量2×800kV·A，供医护人员生活及医疗用电需要，其中居民生活用电分表计量。2016年5月用电量见表1。计算其本月功率因数 $\cos\varphi$=____。(保留两位小数)

表1 2016年5月用电量

计量点	电量		备注
	有功电量（kW·h）	无功电量（kW·h）	
计量点1	200000	120000	—
计量点2	150000	100000	
其中：居民生活用电	X_1		分表

X_1 取值范围：<80000，81000，82000，83000，85000>

计算公式：$\cos\varphi=\frac{X_1}{\sqrt{X_1^2+A_Q^2}}$

Jd3D2014 某工业用户为单一制电价用户，在供用电合同中签订有电力运行事故责任条款，8月份由于供电企业运行事故造成该用户停电30h，已知该用户7月正常用电量为 X_1kW·h，电价为0.70元/（kW·h）。计算供电企业应赔偿该用户多少元。(保留两位小数)

X_1 取值范围：<31000，35000，36000，40000，42000>

计算公式：赔偿金额＝可能用电时间×每小时平均用电量×电价×4

$M=30\times(X_1\div 31\div 24)\times 0.70\times 4=3500$ 元

Jd3D2015 某工业用户装有1250kV·A变压器两台，根据供用电合同，供电企业按最大需电量对该户计收基本电费，核准的最大需电量为1800kV·A。已知该户当月最大需电量表读数为 X_1kW，试求该户当月基本电费 J=____元。[基本电费电价为35元/（kW·月）]（保留两位小数）

X_1 取值范围：<1900，1950，1980，2000>

计算公式：$J=1800\times 35+(X_1-1800)\times 35\times 2$

Jd3D2016 某大工业用户10kV供电，变压器容量为800kV·A，本月电度电费为100000元，功率因数调整值为 $X_1\%$，求该厂本月应付电费Y。[基本电价23.3元/（kV·A)]（保留两位小数）

X_1 取值范围：<0.05，0.08，0.10>

计算公式：$Y=(23.3\times 800+100000)\times(1+X_1\%)=118640\times(1+X_1\%)$

Je3D3017 一条380V线路，导线为LJ-35型，电阻为0.92Ω/km，电抗为

0.352Ω/km，功率因数为 0.8，输送平均有功功率为 X_1kW，线路长度为 400m。计算线路电压损失率 $\Delta U\%$＝____。

X_1 取值范围：＜30，35，40，45，50＞

计算公式：

400m 导线总电阻和总电抗分别为

$R=0.92\times0.4\approx0.37$（Ω）

$X_L=0.352\times0.4\approx0.14$（Ω）

$$S=\frac{X_1}{\cos\varphi}$$

$$Q=\sqrt{S^2-X_1^2}$$

导线上的电压损失

$$\Delta U=\frac{PR+QX_L}{U}=\frac{XR+QX_L}{U}\text{D}$$

$$\Delta U\%=\frac{\Delta U}{U}100\%$$

Je3D3018 某用户申请用电 X_1kV·A，10kV 供电，受电点距供电线路最近处约 6km，采用 50mm² 的钢芯铝绞线。计算受电点电压 U＝____ kV。（线路参数 $R_0=0.211\Omega$/km，$X_0=0.4\Omega$/km）（计算结果保留两位小数）

X_1 取值范围：＜800，1000，1250，1600，2000＞

计算公式：线路阻抗为

$$Z=\sqrt{R^2+X_1^2}$$

$$=\sqrt{(0.211\times6)^2+(0.4\times6)^2}=\sqrt{1.266^2+2.4^2}=\sqrt{1.603+5.76}$$

$$=\sqrt{7.363}=2.71\ (\Omega)$$

$$U=U_e-\Delta U=U_e-IZ=10000-\frac{X_1}{\sqrt{3}U_e}\times2.71$$

Je3D4019 某 10kV 用户，高供高计，装有一只三相三线智能电表，采集系统监测到 A 相电压回路断线，期间电能累计为 X_1kW·h，功率因数约为 0.8，计算该户应追补电量 ΔA_P＝________ kW·h。

X_1 取值范围：＜50000，52000，55000，60000，65000＞

计算公式：

A 相断线时，实际功率表达式为 $P'=U_{CB}I_C\cos(30°-\varphi)$

$$=UI\left(\frac{\sqrt{3}}{2}\cos\varphi+\frac{1}{2}\sin\varphi\right)=\frac{1}{2}UI(\sqrt{3}+\tan\varphi)\cos\varphi$$

更正系数为

$$K_P=\frac{P}{P'}=\frac{\sqrt{3}UI\cos\varphi}{\frac{1}{2}UI(\sqrt{3}+\tan\varphi)\cos\varphi}=\frac{2\sqrt{3}}{\sqrt{3}+\tan\varphi}$$

当 $\cos\varphi=0.8$ 时，$\varphi=36°50'$，$\tan\varphi=0.75$，则

$K_P=2\sqrt{3}/(3+0.75)=1.39$

应追补电量为

$\Delta A_P=X_1(K_P-1)$

Je3D4020 某 10kV 用户，高供高计，装有一只三相三线智能电表，采集系统监测到 C 相电压回路断线，期间电能累计为 X_1kW·h，功率因数约为 0.8，计算该户应追补电量 $\Delta A_P=$____ kW·h。

X_1 取值范围：<50000，52000，55000，60000，65000>

计算公式：

C 相断线时，实际功率表达式为 $P'=U_{AB}I_A\cos(30°-\varphi)$

$$=UI\left(\frac{\sqrt{3}}{2}\cos\varphi-\frac{1}{2}\sin\varphi\right)=\frac{1}{2}UI\cos\varphi(\sqrt{3}-\tan\varphi)$$

更正系数为

$$K_P=P/P'=\frac{\sqrt{3}UI\cos\varphi}{\frac{1}{2}UI\cos\varphi(\sqrt{3}-\tan\varphi)}$$

$$=\frac{2\sqrt{3}}{\sqrt{3}-\tan\varphi}$$

当 $\cos\varphi=0.8$ 时，$\varphi=36°50'$，$\tan\varphi=0.75$，则

$K_P=2\sqrt{3}/(\sqrt{3}-0.75)=3.34$

应追补电量为

$\Delta A_P=X_1(K_P-1)$

Je3D4021 某 10kV 用户，高供高计，装有一只三相三线智能电表，采集系统监测到 B 相电压回路断线，期间电能累计为 X_1kW·h，功率因数约为 0.8，计算该户应追补电量 $\Delta A_P=$____ kW·h。

X_1 取值范围：<50000，52000，55000，60000，65000>

计算公式：

B 相断线时，实际功率表达式为

$$P'=\frac{1}{2}U_{AC}I_A\cos(30°-\varphi)+\frac{1}{2}U_{CA}I_A\cos(30°+\varphi)=\frac{1}{2}\sqrt{3}UI\cos\varphi$$

更正系数为

$$K_P=P/P'=\frac{\sqrt{3}UI\cos\varphi}{\frac{1}{2}\sqrt{3}UI\cos\varphi}=2$$

应追补电量为

$\Delta A_P=X_1(K_P-1)$

Je3D5022 变比为10/0.4kV，容量为X_1kV·A的变压器两台，阻抗电压均为5%，其中一台为Y，yn0接线，另一台为Y，d11接线。试计算当两台变压器并列时，二次环流=____A。

X_1取值范围：<30，50，80，100>

计算公式：

$$I_{2n}=\frac{S_e}{\sqrt{3}U_2}=\frac{X_1}{\sqrt{3}\times 0.4}$$

因为二次侧星形与三角形接线，线电压相量相差30°角，所以二次环流为

$$I_{2h}=\frac{2\sin\frac{30^\circ}{2}}{\frac{2U_d\%}{I_{2n}}}$$

1.5 识图题

La3D1001 如图所示，单相半波整流电路中整流二极管正确的电流波形是（　　）。

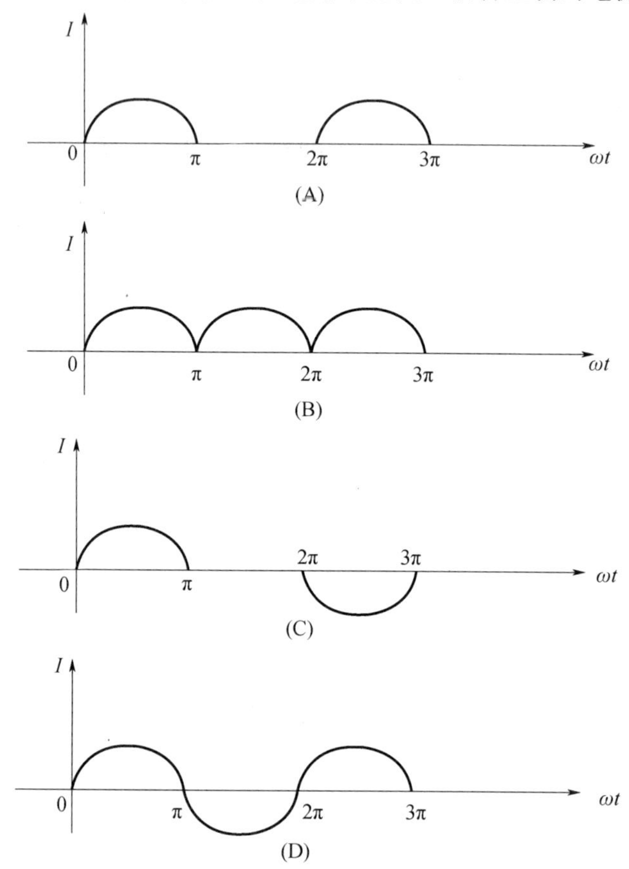

答案：A

Lb3D2002 如图所示，配电系统的接地方式为（　　）系统。

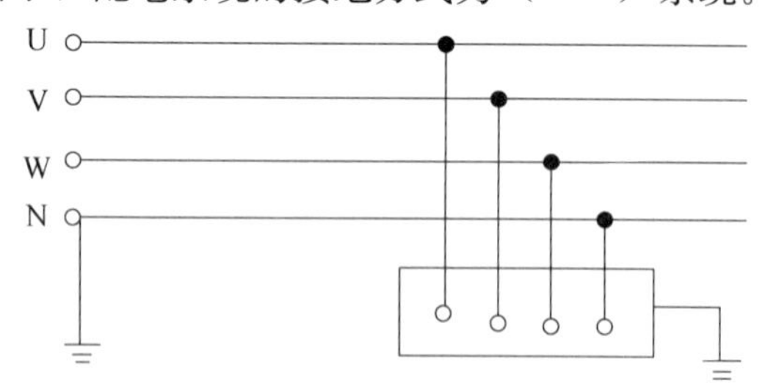

（A）IT；（B）TT；（C）TN－C；（D）TN－S。

答案：B

Lb3E2003 如图所示，是电动机既能点动又能连续工作的电动机控制电路图（　　）。

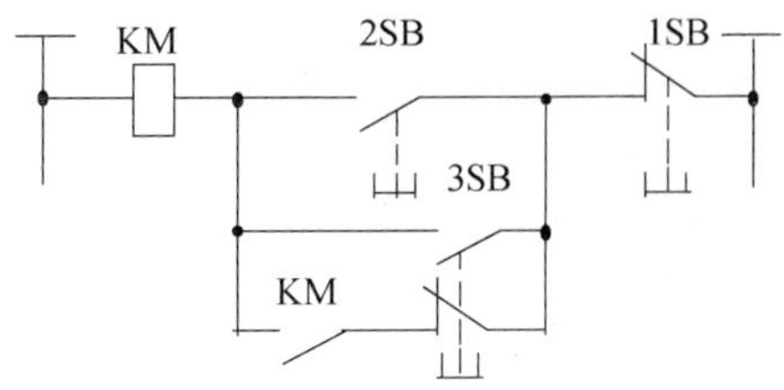

(A) 正确；(B) 错误。

答案：A

Lb3E2004 如图所示，自动空气断路器（ ）脱扣器的工作原理。

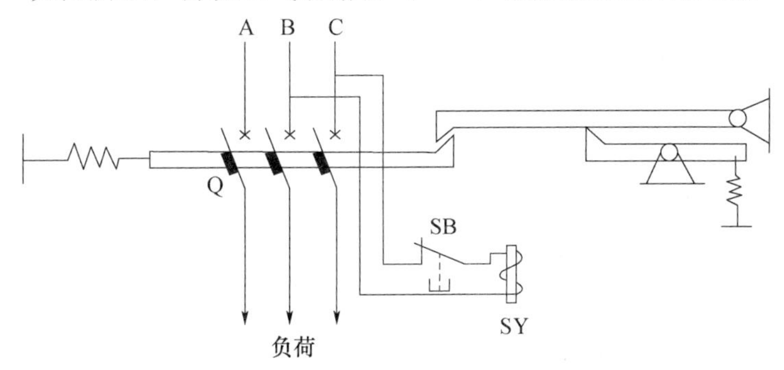

(A) 分磁；(B) 过流；(C) 失压；(D) 过负荷。

答案：C

Lb3E3005 请选出三相变压器的 Y，yn6 接线组别图（ ）。

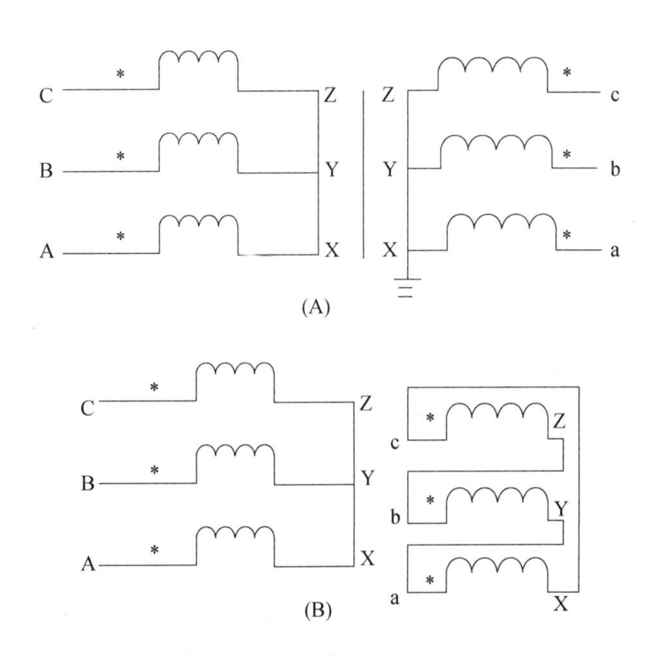

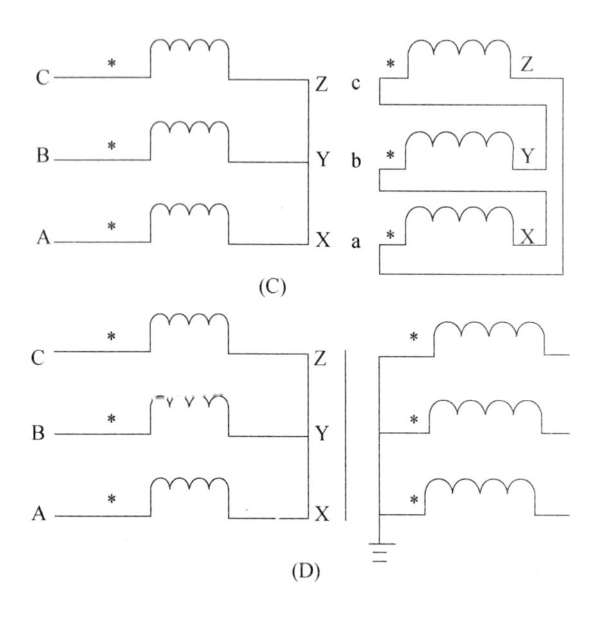

(C)

(D)

答案：D

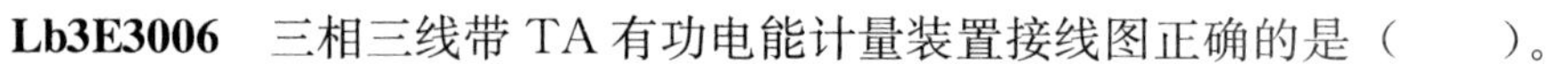

Lb3E3006　三相三线带 TA 有功电能计量装置接线图正确的是（　　）。

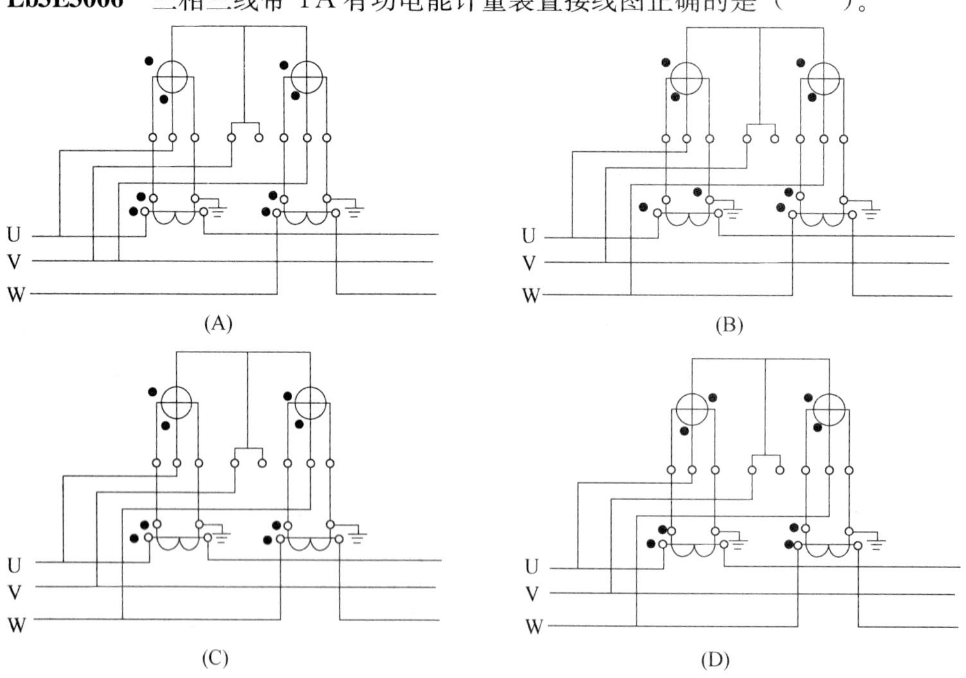

(A)　(B)

(C)　(D)

答案：C

Lb3E4007　如图所示，为电流互感器不完全星形接线图，请标明 A，B，C 三相二次侧流经电流表内的电流方向和电流互感器的极性均正确的是（　　）。

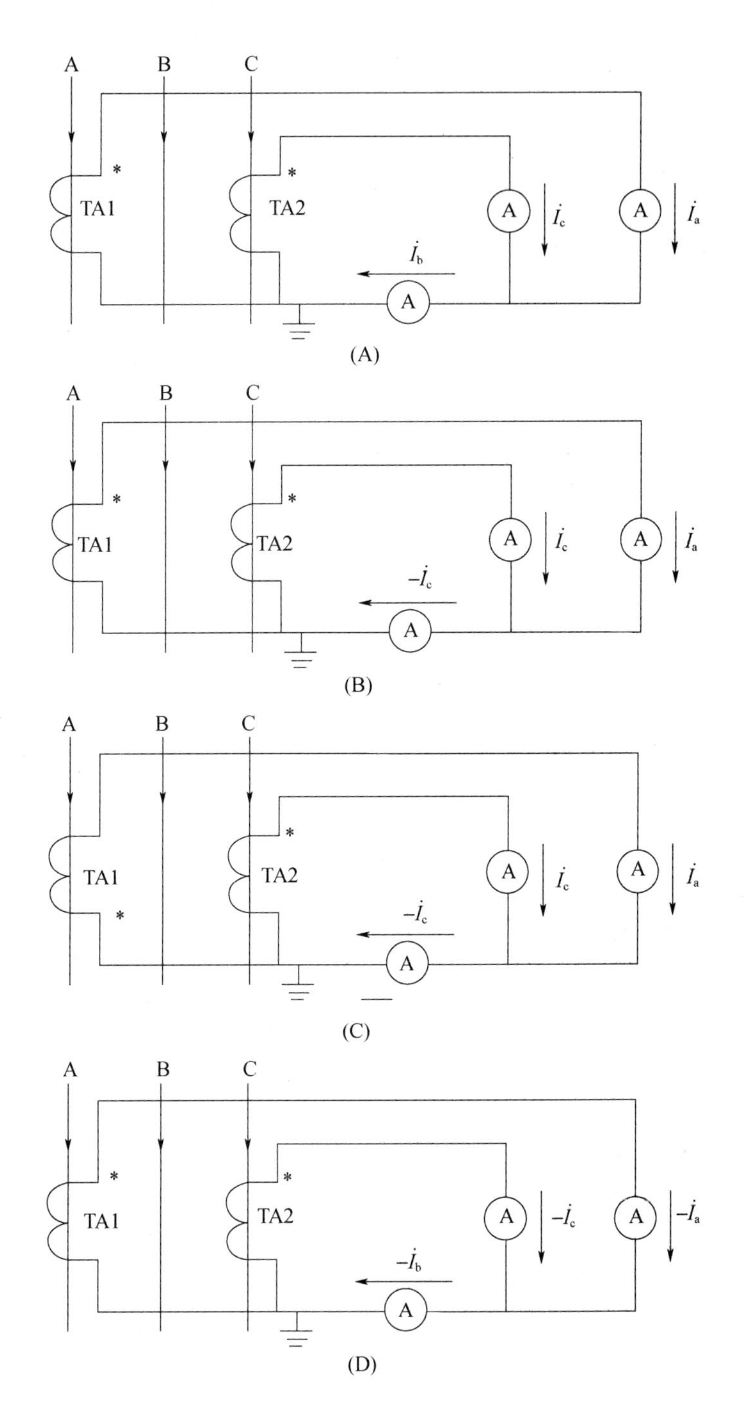

答案：B

Lb3E4008　三相三线两元件有功电能表经 TA－TV 接入，计量高压用户电量的接线图。指出绘制正确的图是（　　）。

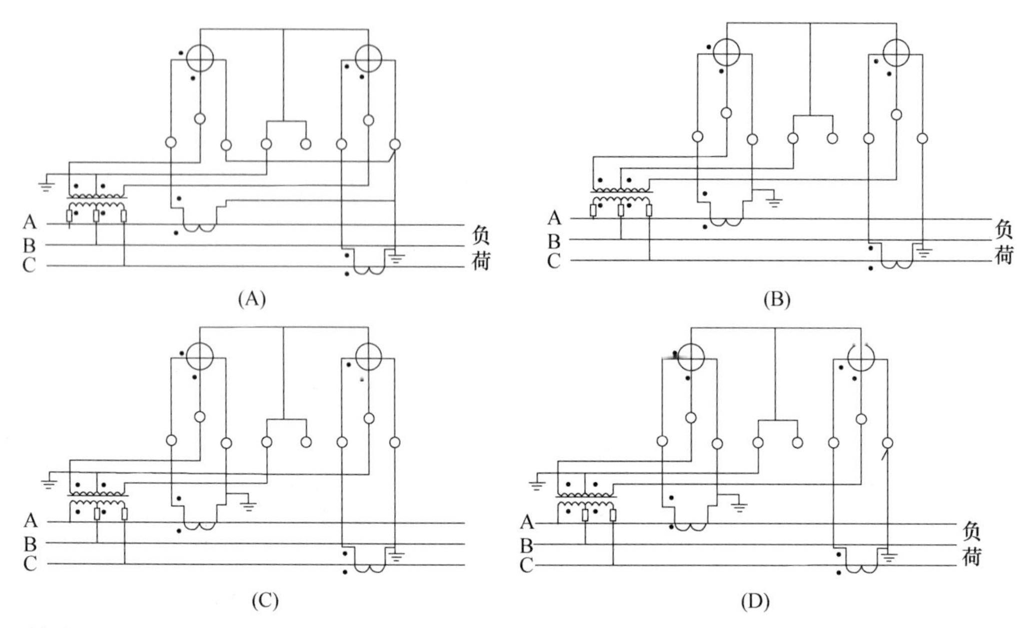

答案：D

Lb3E5009 运行中的三相三线有功电能表，若 B 相电压断开，此时电能表的相量图如下。第一元件的功率表达式是（　　），第二元件功率表达式是（　　）。

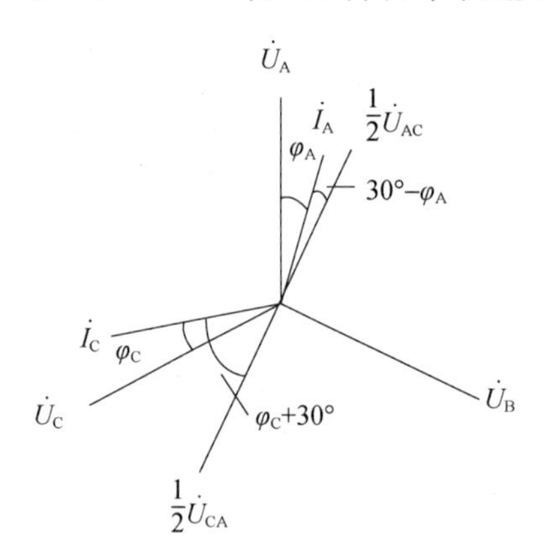

（A）$P_1=0.5UI\cos(30°+\varphi_A)$、$P_2=0.5UI\cos(30°-\varphi_C)$；

（B）$P_1=0.5UI\cos(30°-\varphi_A)$、$P_2=0.5UI\cos(30°+\varphi_C)$；

（C）$P_1=UI\cos(30°+\varphi_A)$、$P_2=UI\cos(30°-\varphi_C)$；

（D）$P_1=UI\cos(30°-\varphi_A)$、$P_2=UI\cos(30°+\varphi_C)$。

答案：B

2 技能操作

2.1 技能操作大纲

用电监察员（高级工）技能鉴定　技能操作考核大纲

等级	考核方式	能力种类	能力项	考核项目	考核主要内容
高级工	技能操作	基本技能	01. 仪器仪表使用	01. 双钳数字式相位伏安表使用	1. 正确使用双钳式相位伏安表测量电压、电流及其相位角
				02. 变压器容量测试仪使用	1. 正确使用变压器容量测试仪测量变压器容量
			02. 绘图	01. 绘制低压三相四线经电流互感器计量装置接线图及相量图	1. 绘制低压三相四线经电流互感器计量装置的接线图 2. 相量图的绘制
		专业技能	01. 河北营销业务应用系统使用	01. 河北营销业务应用系统变更用电流程操作	1. 正确操作 SG186 中变更用电流程步骤 2. 录入正确率
			02. 线损分析	01. 高损台区线损分析	1. 计算台区的供售电量 2. 计算台区的综合线损率 3. 分析台区高损原因
			03. 窃电、违约用电检查与处理	01. 低压三相四线经电流互感器计量装置的查窃与处理	1. 用电检查程序 2. 窃电方式的确定 3. 处理
				02. 违约用电检查与处理（私自超过合同约定的容量）	1. 用电检查程序 2. 处理
			04. 客户工程图纸审核	01. 10kV 单电源客户工程图纸审核	1. 正确认识图纸上各元件名称 2. 审核图纸
			05. 客户受电工程竣工检验	01. 10kV 单电源客户工程验收	1. 验收的相关技术规程 2. 验收的方法 3. 安全注意事项
			06. 客户受电设备巡视与检查	01. 10kV 单电源客户受电设备巡视与检查	1. 巡视与检查项目 2. 线路及设备巡视的安全要求 3. 客户电工管理

续表

等级	考核方式	能力种类	能力项	考核项目	考核主要内容
高级工	技能操作	相关技能	01. 河北电能量采集与监控系统应用	01. 使用河北电能量采集与监控系统查询指定专变客户运行情况及分析	1. 熟练应用河北电能量采集与监控系统查询指定专变指定时间运行情况 2. 将查询结果截屏 3. 分析出相关问题
			02. 设备倒闸操作	01. 10kV 单电源客户受电设备停送电操作（柱上式变压器）	1. 10kV 单电源客户受电设备停、送电的操作流程 2. 正确填写操作票 3. 安全注意事项
				02. 10kV 单电源客户受电设备停送电操作（户内式配电室）	1. 10kV 单电源客户受电设备停、送电的操作流程 2. 正确填写操作票 3. 安全注意事项

2.2 技能操作项目

2.2.1 JC3JB0101 双钳数字式相位伏安表使用

一、作业

（一）工具、材料、设备

1. 工具：低压验电笔、护目镜、中号一字改锥、中号十字改锥、尖嘴钳。

2. 材料：碳素笔（黑）、A4 纸。

3. 设备：电能表接线智能仿真装置（低压三相四线经电流互感器计量装置）、双钳式相位伏安表及其组件（图 JC3JB0101-1）。

图 JC3JB0101-1 双钳数字式相位伏安表及其组件

（二）安全要求

1. 工作服、安全帽、绝缘鞋、线手套穿戴整齐。

2. 正确验电。

3. 在测量电流或电压时，严禁插拔仪表上的电流端子、电压端子的电流、电压测试线，以免出现电流互感器二次回路开路和电压互感器二次回路短路。

4. 在使用相位表期间，不能直接用手触碰表笔的裸露部分或带电部分。测量时应站在绝缘垫上，并且注意保持和带电体间的距离，以免发生触电危险。

5. 仪表每一路只能接入一个信号，如果接入电压信号，应将电流插头拔去。

6. 测量电压不得高于 500V。

7. 使用后应及时关闭仪表电源。

二、考核

（一）考核场地

1. 场地面积应能同时容纳多个工位，并保证工位之间的距离合适。

2. 其他：每个工位备有桌椅。

（二）考核时间

考核时间为 30min。

（三）考核要点

1. 测量时安全措施及使用注意事项。

2. 正确使用双钳数字式相位伏安表。

3. 测试方法正确，步骤完整（分别进行电压测量、电流测量、两路电压间相位测量、两路电流间相位测量、电压与电流间相位测量、三相电压相序的测量）。

4. 测试记录完整，分析记录单填写正确，判断正确。

5. 安全文明工作。

三、评分标准

行业：电力工程 **工种：用电监察员** **等级：三**

<table>
<tr><td>编号</td><td>JC3JB0101</td><td>行为领域</td><td>d</td><td colspan="2">鉴定范围</td><td colspan="2"></td></tr>
<tr><td>考核时限</td><td>30min</td><td>题型</td><td>A</td><td>满分</td><td>100分</td><td>得分</td><td></td></tr>
<tr><td>试题名称</td><td colspan="7">双钳数字式相位伏安表使用</td></tr>
<tr><td>考核要点及其要求</td><td colspan="7">（1）测量时安全措施及注意事项
（2）正确使用双钳数字式相位伏安表
（3）测试方法正确，步骤完整（分别进行电压测量、电流测量、两路电压间相位测量、两路电流间相位测量、电压与电流间相位测量、三相电压相序的测量）
（4）测试记录完整，分析记录单填写正确，判断正确
（5）安全文明工作</td></tr>
<tr><td>工具、材料、设备</td><td colspan="7">（1）工具：双钳数字式相位伏安表、低压验电笔、护目镜、中号一字改锥、中号十字改锥、尖嘴钳
（2）材料：碳素笔（黑）、A4纸
（3）设备：电能表接线智能仿真装置（低压三相四线经电流互感器计量装置）</td></tr>
<tr><td>备注</td><td colspan="7"></td></tr>
</table>

<table>
<tr><td colspan="7">评分标准</td></tr>
<tr><td>序号</td><td>作业名称</td><td>质量要求</td><td>分值</td><td>扣分标准</td><td>扣分原因</td><td>得分</td></tr>
<tr><td>1</td><td>开工准备</td><td>（1）着装规范，安全帽应完好，安全帽佩戴应正确规范，着棉质长袖工装，穿绝缘鞋，戴棉线手套
（2）履行开工手续</td><td>5</td><td>（1）未按要求着装每处扣0.5分
（2）未经许可开工扣3分</td><td></td><td></td></tr>
<tr><td>2</td><td>安全措施</td><td>（1）口述安全注意事项
（2）正确验电</td><td>10</td><td>（1）未口述安全注意事项，此项目不得分
（2）口述安全注意事项每错误一处扣4分，扣完为止
（3）未验电或验电错误，此项目不得分</td><td></td><td></td></tr>
<tr><td>3</td><td>注意事项</td><td>（1）选用双钳数字式相位伏安表，检查其外观、合格证
（2）进行电池电压、相位满度校准，电流钳、测试线完好齐备</td><td>10</td><td>（1）未检，此项目不得分
（2）仪表检查每错误一处扣5分，扣完为止</td><td></td><td></td></tr>
</table>

续表

序号	作业名称	质量要求	分值	扣分标准	扣分原因	得分
4	电压的测量	（1）档位量程选择正确，测量正确 记录保留整数位	10	（1）档位量程不正确，此项目不得分 （2）接线不对扣7分 （3）记录不正确扣3分		
5	电流的测量	（1）档位量程选择正确，测量正确 （2）记录保留小数点后两位	10	（1）档位量程不正确，此项目不得分 （2）接线不对扣7分 （3）记录不正确扣3分		
6	两路电压间相位测量	（1）档位量程选择正确，测量正确 （2）记录保留整数位	10	（1）档位量程不正确，此项目不得分 （2）接线不对扣7分 （3）记录不正确扣3分		
7	两路电流间相位测量	（1）档位量程选择正确，测量正确 （2）记录保留整数位	10	（1）档位量程不正确，此项目不得分 （2）接线不对扣7分 （3）记录不正确扣3分		
8	电压与电流间相位测量	档位量程选择正确，测量正确 记录保留整数位	10	（1）档位量程不正确，此项目不得分 （2）接线不对扣7分 （3）记录不正确扣3分		
9	相序的测量	档位量程选择正确，测量正确 记录保留整数位	10	（1）档位量程不正确，此项目不得分 （2）接线不对扣7分 （3）记录不正确扣3分		
10	电路性质判别	档位量程选择正确，测量正确 记录保留整数位	10	（1）档位量程不正确，此项目不得分 （2）接线不对扣7分 （3）记录不正确扣3分		
11	安全文明工作	文明工作，确保工作环境整洁，工作完成回收工器具，恢复现场	5	（1）未收拾试验场地，此项目不得分 （2）每遗漏一处扣2分，扣完为止		
12	安全否决项	出现危及人身、设备安全行为的操作	否决	整个操作项目得0分		

2.2.2 JC3JB0102　变压器容量测试仪使用

一、作业

（一）工具、材料、设备

1. 工具：中号扳手。

2. 材料：碳素笔（黑）、A4 纸、胶棒。

3. 设备：10kV 变压器一台、变压器容量测试仪一台。

（二）安全要求

1. 工作服、安全帽、绝缘鞋、线手套穿戴整齐。

2. 检查确认容量测试仪功能正常，测量变压器容量。

（三）操作步骤及工艺要求（含注意事项）

1. 进场前检查所带仪表、工器具、材料是否齐全完好，着装是否整齐。

2. 写出安全措施和防范措施。

3. 容量测试仪检查。

4. 拆除 10kV 变压器高、低压引线。

5. 正确接线（图 JC3JB0102-1），使用容量测试仪测量变压器容量（打印测量结果）。

6. 清理操作现场。

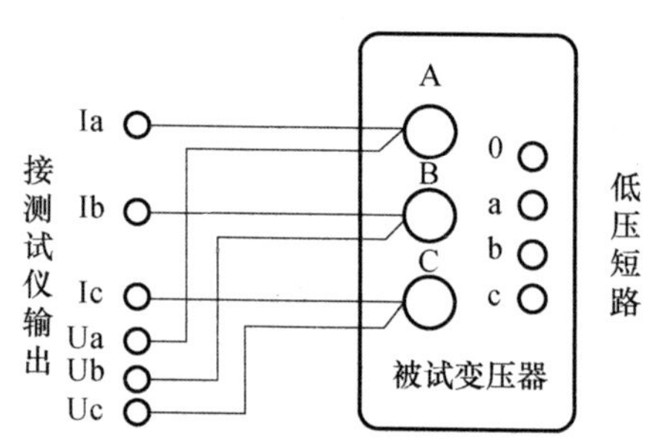

图 JC3JB0102-1　变压器容量测试仪接线示意图

二、考核

（一）考核场地

1. 场地面积应能同时容纳多个工位，并保证工位之间的距离合适。

2. 其他：每个工位备有桌椅。

（二）考核时间

考核时间为 30min。

（三）考核要点

1. 测量时安全措施及使用注意事项。

2. 容量测试仪检查。

3. 正确拆除 10kV 变压器高、低压引线。

4. 低压侧短路、高压侧接线正确，仪器接线正确。

5. 仪器输入正确，正确判定变压器容量。

6. 安全文明工作。

三、评分标准

行业：电力工程　　　　工种：用电监察员　　　　等级：三

<table>
<tr><td>编号</td><td>JC3JB0102</td><td>行为领域</td><td>d</td><td colspan="2">鉴定范围</td><td colspan="2"></td></tr>
<tr><td>考核时限</td><td>30min</td><td>题型</td><td>A</td><td>满分</td><td>100 分</td><td>得分</td><td></td></tr>
<tr><td>试题名称</td><td colspan="7">变压器容量测试仪使用</td></tr>
<tr><td>考核要点
及其要求</td><td colspan="7">（1）测量时安全措施及使用注意事项
（2）容量测试仪检查
（3）正确拆除 10kV 变压器高、低压引线
（4）低压侧短路、高压侧接线正确，仪器接线正确
（5）仪器输入正确，正确判定变压器容量
（6）安全文明工作</td></tr>
<tr><td>工具、材料、
设备</td><td colspan="7">（1）工具：中号扳手
（2）材料：碳素笔（黑）、A4 纸、胶棒
（3）设备：10kV 变压器一台、变压器容量测试仪一台</td></tr>
<tr><td>备注</td><td colspan="7"></td></tr>
</table>

评分标准

序号	作业名称	质量要求	分值	扣分标准	扣分原因	得分
1	开工准备	（1）着装规范，安全帽应完好，安全帽佩戴应正确规范，着棉质长袖工装，穿绝缘鞋，戴棉线手套 （2）履行开工手续	5	（1）未按要求着装每处扣 0.5 分 （2）未经许可开工扣 3 分		
2	安全措施及使用注意事项	（1）写出安全措施 （2）写出使用注意事项	10	（1）未写出安全措施，此项目不得分 （2）未写出使用注意事项，此项目不得分 （3）每表述错误一处扣 3 分，扣完为止		
3	仪器检查	容量测试仪外观、测试线检查	5	未检，此项目不得分		
4	拆除变压器引线	正确拆除 10kV 变压器高、低压引线	20	未完全拆除，此项目不得分		
5	接线	（1）低压侧短路 （2）高压侧接线正确 （3）仪器接线正确	30	（1）低压侧未短路扣 10 分 （2）高压侧接线不正确扣 10 分 （3）仪器接线不正确扣 10 分		
6	仪器输入	按照变压器铭牌标定值，输入正确	10	未按照变压器铭牌标定值输入，此项目不得分		
7	容量判定	（1）正确判定变压器容量 （2）打印测试结果	15	（1）变压器容量判定不正确扣 10 分 （2）未打印扣 5 分		

续表

序号	作业名称	质量要求	分值	扣分标准	扣分原因	得分
8	安全文明工作	文明工作，确保工作环境整洁，工作完成回收工器具，恢复现场	5	(1) 未收拾试验场地，此项目不得分 (2) 每遗漏一处扣2分，扣完为止		
9	安全否决项	出现危及人身、设备安全行为的操作	否决	整个操作项目得0分		

2.2.3 JC3JB0201 绘制低压三相四线经电流互感器计量装置接线图及相量图

一、作业

（一）工器具、材料、设备

1. 工具：碳素笔（黑）、尺子。

2. 材料：A4 纸。

（二）安全要求

1. 着装整洁，准考证、身份证齐全。

2. 遵守考场规定，按时独立完成。

（三）操作步骤及工艺要求（含注意事项）

1. 根据题签的已知条件，画出向量图，写出功率表达式，指出错误。

2. 画出正确接线图（图 JC3JB0201-1），绘制相量图（图 JC3JB0201-2），写出功率表达式。

3. 绘图应使用尺子，横平竖直。

4. 字迹清楚，卷面整洁，严禁随意涂改。

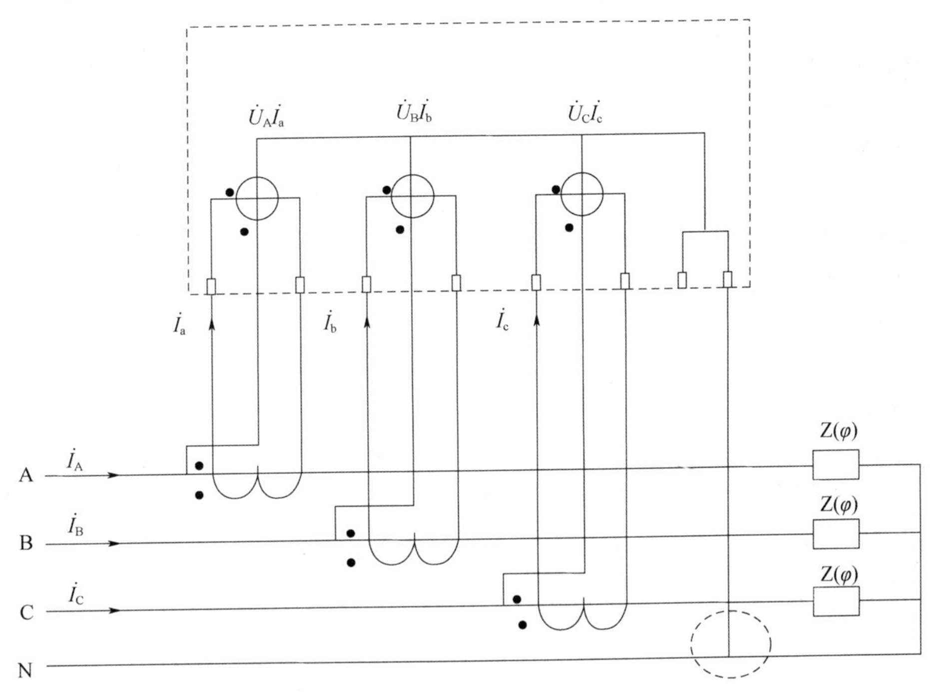

图 JC3JB0201-1 低压三相四线经电流互感器计量装置接线图

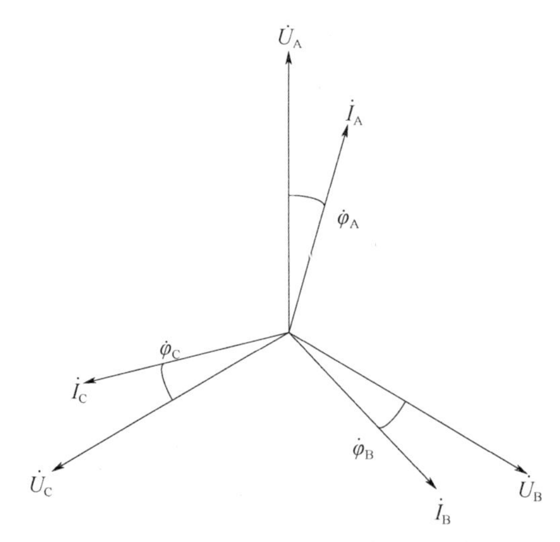

图 JC3JB0201-2 低压三相四线经电流互感器向量图

二、考核

（一）考核场地

可容纳多考生考试的教室，并能保证各考生之间的距离合适。

（二）考核时间

考核时间为 30min。

（三）考核要点

1. 根据题签的已知条件，画出向量图，写出功率表达式，绘制接线图，指出错误。
2. 画出正确相量图，绘制正确接线图，写出正确功率表达式。
3. 绘图应使用尺子，横平竖直。
4. 字迹清楚，卷面整洁，严禁随意涂改。

三、评分标准

行业：电力工程　　　　工种：用电监察员　　　　等级：三

编号	JC3JB0201	行为领域	d	鉴定范围			
考核时限	30min	题型	A	满分	100 分	得分	
试题名称	绘制低压三相四线经电流互感器计量装置接线图及相量图						
考核要点	（1）根据题签的已知条件，画出向量图，写出功率表达式，绘制接线图，指出错误 （2）画出正确相量图，绘制正确接线图，写出正确功率表达式 （3）绘图应使用尺子，横平竖直 （4）字迹清楚，卷面整洁，严禁随意涂改						
现场设备、工器具、材料	（1）工具：碳素笔（黑）、尺子 （2）材料：A4 纸						
备注							

续表

评分标准						
序号	作业名称	质量要求	分值	扣分标准	扣分原因	得分
1	开工准备	着装规范，着棉质长袖工装	5	未按要求着装，此项目不得分		
2	根据题签已知条件绘图，写出功率表达式	（1）根据题签的已知条件，画出向量图 （2）写出功率表达式 （3）绘制接线图	45	（1）未画出向量图扣15分 （2）未写出功率表达式或功率表达式错误扣15分 （3）未绘制接线图扣15分 （4）符号、标示、角度每错误一处扣5分，扣完为止		
3	查找错误	根据题签已知条件查找接线图错误	15	（1）未查找，此项目不得分 （2）漏查一处扣5分，扣完为止		
4	正确绘图，写出正确功率表达式	（1）画出正确向量图 （2）写出正确功率表达式 （3）绘制正确接线图	30	（1）未画出向量图扣10分 （2）未写出功率表达式或功率表达式错误扣10分 （3）未绘制接线图扣10分 （4）符号、标示、角度每错误一处扣5分，扣完为止		
5	卷面整洁	（1）答卷填写应使用黑色碳素笔 （2）字迹清晰、卷面整洁，严禁随意涂改	5	（1）笔未按规定使用，此项目不得分 （2）字迹潦草，难以分辨，此项目不得分 （3）涂改应使用杠改，超过两处予以扣分，每增加一处扣1分，扣完为止		
6	质量否决项	存在作弊等行为	否决	考试现场夹带作弊、不服从考评员安排或顶撞者，取消考评资格		

2.2.4 JC3ZY0101 河北营销业务应用系统变更用电流程操作

一、作业

（一）工器具、材料、设备

1. 工器具：碳素笔（黑）、计算器。

2. 材料：题签、A4 纸。

3. 设备：内网台式电脑。

（二）安全要求

1. 着装整洁，准考证、身份证齐全。

2. 遵守考场规定，按时独立完成。

（三）操作步骤（含注意事项）

1. 按照题签提供的客户编号，在 SG186 系统查询该客户的相关信息（用电客户基本信息、计费信息、计量装置、受电设备四个界面），截图并保存。

2. 按照题签要求，在 A4 纸上制订相应变更用电方案。

3. 在 SG186 系统中操作相应变更用电流程（至业务审批即可）。

二、考核

（一）考核场地

考核场地为有内网台式电脑的实训教室，并分别有独立隔断。

（二）考核时间

考核时间为 30min。

（三）考核要点

1. 正确操作 SG186 系统。

2. 正确制订变更用电方案。

3. 在 SG186 系统中，正确变更用电流程。

三、评分标准

行业：电力工程　　　　工种：用电监察员　　　　等级：三

编号	JC3ZY0101	行为领域	e	鉴定范围			
考核时限	30min	题型	B	满分	100 分	得分	
试题名称	河北营销业务应用系统变更用电流程操作						
考核要点及其要求	（1）正确操作 SG186 系统 （2）正确制订变更用电方案 （3）在 SG186 系统中，正确变更用电流程。						
现场设备、工器具、材料	（1）工器具：碳素笔（黑）、计算器 （2）材料：题签、A4 纸 （3）设备：内网台式电脑						
备注							

评分标准

序号	作业名称	质量要求	分值	扣分标准	扣分原因	得分
1	开工准备	着装规范，着棉质长袖工装	5	未按要求着装，此项目不得分		

续表

序号	考核项目名称	质量要求	分值	扣分标准	扣分原因	得分
2	SG186系统查询	（1）正确使用SG186系统查询客户相关信息： ①用电客户基本信息 ②计费信息 ③计量装置信息 ④受电设备信息 （2）数据界面截图并保存	20	（1）未按题签已知条件查询，此项目不得分 （2）每查询错误一处扣6分 （3）未截图保存扣4分 （4）扣完为止		
3	制订方案	根据题签要求，制订变更用电方案	35	（1）未制订此项目不得分 （2）制订方案每错误一处扣8分 （3）笔迹潦草、不清楚，扣5分 （4）扣完为止		
4	流程操作	正确操作SG186系统变更用电流程至相应环节	40	未操作此项目不得分 每错误一处扣6分，扣完为止		
5	质量否决项	存在作弊等行为	否决	考试现场夹带作弊、不服从考评员安排或顶撞者，取消考评资格		

2.2.5 JC3ZY0201 高损台区线损分析

一、作业

（一）工器具、材料、设备

1. 工器具：碳素笔（黑）、计算器。

2. 材料：题签、A4 纸。

3. 设备：内网台式电脑。

（二）安全要求

1. 着装整洁，准考证、身份证齐全。

2. 遵守考场规定，按时独立完成。

（三）操作步骤（含注意事项）

1. 按照题签提供的台区编码，根据用电信息采集系统查询该台区考核表的示数，根据查询 SG186 系统中该台区的倍率，在 A4 纸上正确计算出本台区当月供电电量。

2. 通过 SG186 系统导出该台区客户电量明细（导为 excel 格式，并保存），计算出售电量。

3. 在 A4 纸上，计算台区线损率。

4. 根据题签提供的相应已知条件，通过 SG186 系统查询相应客户电量信息。

5. 在 A4 纸上分析该台区实际高损原因，并计算出台区实际线损率。

6. 在 SG186 系统按照已知条件操作相应流程。

7. 注意事项：

（1）以上查询结果均需保存截图；

（2）计算均要求写出公式和计算步骤；

（3）计算结果均取整数；

（4）单位用文字或字母正确表示；

（5）字迹清楚，卷面整洁，严禁随意涂改。

二、考核

（一）考核场地

考核场地为有内网台式电脑的实训教室，并分别有独立隔断。

（二）考核时间

考核时间为 30min。

（三）考核要点

1. 正确操作用电信息采集系统和 SG186 系统。

2. 正确计算台区供电量。

3. 正确计算台区售电量。

4. 正确计算台区线损率。

5. 正确分析出台区高损原因。

6. 正确计算台区实际线损率。

三、评分标准

行业：电力工程　　　　工种：用电监察员　　　　等级：三

编号	JC3ZY0201	行为领域	e	鉴定范围			
考核时限	30min	题型	B	满分	100分	得分	
试题名称	高损台区线损分析						
考核要点及其要求	（1）正确操作用电信息采集系统和SG186系统 （2）正确计算台区供电量 （3）正确计算台区售电量 （4）正确计算台区线损率 （5）正确分析出台区高损原因 （6）正确计算台区实际线损率						
现场设备、工器具、材料	（1）工器具：碳素笔（黑）、计算器 （2）材料：题签、A4纸 （3）设备：内网台式电脑						
备注							

评分标准

序号	作业名称	质量要求	分值	扣分标准	扣分原因	得分
1	开工准备	着装规范，着棉质长袖工装	5	未按要求着装，此项目不得分		
2	用电信息采集系统查询使用	（1）正确使用用电信息采集系统查询数据： ① 台区下用电客户信息 ② 客户电量信息 （2）数据界面截图正确并保存	20	（1）未按题签已知条件查询数据此项目不得分 （2）每查询错误一处扣8分 （3）未截图保存扣4分 （4）扣完为止		
3	SG186系统查询使用	（1）正确使用SG186系统查询数据： ① 台区倍率信息 ② 客户台账信息 （2）数据界面截图正确并保存 （3）导出该台区客户和题签中已知条件客户电量明细（导为excel格式），并保存 （4）计算出售电量	20	（1）未按题签已知条件查询数据此项目不得分 （2）每查询错误一处扣8分 （3）未截图保存扣5分 （4）未计算扣5分 （5）扣完为止		
4	台区供电量计算	正确计算台区供电量	10	（1）未计算或计算错误此项目不得分 （2）无计算公式扣2分		
5	计算台区线损率	正确计算台区线损率	10	（1）未计算或计算错误此项目不得分 （2）无计算公式扣4分		

续表

序号	考核项目名称	质量要求	分值	扣分标准	扣分原因	得分
6	分析原因	根据题签已知条件，正确分析出台区高损原因并计算出台区实际线损率	20	（1）未分析出原因此项目不得分 （2）原因分析每错误一处扣5分 （3）未计算台区实际线损率扣4分 （4）扣完为止		
7	SG186系统流程使用	按照题签已知条件，操作SG186相应流程	15	（1）未按题签操作此项目不得分 （2）每操作错误一处扣5分 （3）扣完为止		
8	质量否决项	存在作弊等行为	否决	考试现场夹带作弊、不服从考评员安排或顶撞者，取消考评资格		

2.2.6 JC3ZY0301 低压三相四线经电流互感器计量装置查窃与处理

一、作业

（一）工器具、材料、设备

1. 工器具：碳素笔（黑）、手电筒、低压验电笔、护目镜、中号一字改锥、中号十字改锥、斜口钳、尖嘴钳。

2. 材料：低压客户用电检查工作单、窃电违约用电通知书、A4 纸。

3. 设备：电能表接线智能仿真装置（低压三相四线经电流互感器计量装置）、双钳式相位伏安表。

（二）安全要求

1. 工作服、安全帽、绝缘鞋、线手套穿戴整齐。

2. 正确填写低压客户检查记录单。

3. 检查计量柜（箱）接地良好，并对外壳验电，确认计量柜（箱）不带电。

4. 检查确认仪表功能正常，表线及工具绝缘无破损。

5. 正确选择双钳式相位伏安表档位和量程，禁止带电换档和超量程测试。

6. 查看工作点周边环境并采取相应安全防范措施，加强监护，严防 TA 二次回路开路及扩大作业范围。

（三）操作步骤及工艺要求（含注意事项）

1. 进场前检查所带仪表、工器具、材料是否齐全完好，着装是否整齐。

2. 填写低压客户检查记录单，口头交代危险点和防范措施。

3. 用电检查程序（含出示证件、口述取证注意事项）。

4. 检查低压三相四线经电流互感器计量装置接地是否良好，并对外壳验电。

5. 检查计量柜（箱）门锁及封签是否完好。

6. 开启封签和箱门，按用电检查任务单格式抄录计量装置铭牌信息和事件记录。

7. 检查电能表、接线盒的封签是否齐全完好。

8. 开启电能表接线盒封签及盒盖，恰当选择伏安表档位和量程并正确接线，分别测量电能表的运行参数。

（1）逐次测量电能表一、二、三元件相电压 U_1、U_2、U_3，电压值取整数位如实抄录在记录单上。

（2）逐次测量电能表一、二、三元件相电流 I_1、I_2、I_3，电流值取小数点后一位并如实抄录在记录单上。测量时注意：钳口的咬合紧密度。

（3）测量电能表受电电压相序，如实抄录在记录单上。

（4）逐次测量电能表一、二、三元件对应相电压与相电流之间的相位角，相位 1 取整数位并如实抄录在记录单上（测量时注意观察电流钳的极性标志和钳口的贴合紧密度）。

9. 根据测量值判断窃电类型。

（1）根据电压测量值判断某元件电压回路是否存在窃电点。

（2）根据电流测量值判断某元件电流回路是否存在窃电点。

（3）根据相位角测量值判断是否存在窃电点。

10. 根据测量值绘制接线相量图。相量图绘制要求：应有三个相电压相量和三个相电流相量；每个相量都采用双下标；应有电能表三原件的电压与电流间的夹角标线和符号；应有各相功率因数角标线和符号；各相量的角度误差不能超过5°。

11. 根据测量数据画出相量图，并判断、确定窃电方式，将结果填写到记录单上。窃电类型包括电压回路断线，电流失流、短流，极性反接，电压与电流不对应等。

12. 正确填写窃电、违约用电通知书。

13. 根据窃电方式计算处理结果。

14. 清理操作现场。要求计量柜（箱）内及操作区无遗留的工具和杂物，计量柜（箱）的门、窗、锁等无损坏和污染。

15. 办理工作终结手续。

二、考核

（一）考核场地

1. 场地面积应能同时容纳多个工位，并保证工位之间的距离合适。

2. 其他：每个工位备有桌椅。

（二）考核时间

时间为40min。

（三）考核要点

1. 工器具使用正确、熟练，填写低压客户用电检查工作单正确。

2. 用电检查程序（含出示证件、口述取证注意事项）。

3. 检查程序、测试步骤完整、正确。

4. 实际接线相量图绘制正确。

5. 窃电方式的分析、判断方法和结果正确。

6. 正确填写窃电、违约用电通知书。

7. 窃电方式计算处理结果正确。

8. 安全文明工作。

（四）考场布置

1. 考评员提前在计量装置的封签、试验接线盒、电能表接线盒等处设置窃电点（缺封、假封、螺钉松动、连片位置错误等）。

2. 窃电方式及数量由考评组商定出题，考生抽签选题，考评员核定并记录考生对应的抽签号及考题号。

3. 考评员提前设置窃电点并让电能表接线智能仿真装置通电运行。

三、评分标准

行业：电力工程　　　　**工种：用电监察员**　　　　**等级：三**

编号	JC3ZY0301	行为领域	e	鉴定范围		
考核时限	40min	题型	C	满分	100分	得分	
试题名称	低压三相四线经电流互感器计量装置查窃与处理						

续表

编号	JC3ZY0301	行为领域	e	鉴定范围	
考核要点及其要求	(1) 工器具使用正确、熟练，填写低压客户用电检查工作单正确 (2) 用电检查程序（含出示证件、口述取证注意事项） (3) 检查程序、测试步骤完整、正确 (4) 实际接线相量图绘制正确 (5) 窃电方式的分析、判断方法和结果正确 (6) 正确填写窃电、违约用电通知书 (7) 窃电方式计算处理结果正确 (8) 安全文明工作				
现场设备、工器具、材料	(1) 工器具：碳素笔（黑）、手电筒、低压验电笔、护目镜、中号一字改锥、中号十字改锥、斜口钳、尖嘴钳 (2) 材料：封签、低压客户用电检查工作单、窃电、违约用电通知书、A4 纸 (3) 设备：电能表接线智能仿真装置（低压三相四线经电流互感器计量装置）、双钳式相位伏安表				
备注	考评员提前设置窃电点并让电能表接线智能仿真装置通电运行				

评分标准

序号	考核项目名称	质量要求	分值	扣分标准	扣分原因	得分
1	开工准备	(1) 着装规范，安全帽应完好，安全帽佩戴应正确规范，着棉质长袖工装，穿绝缘鞋，戴棉线手套 (2) 工器具选用正确，携带齐全 (3) 填写低压客户用电检查工作单正确	5	(1) 未按要求着装每处扣 0.5 分 (2) 每漏选、错选一处扣 0.5 分 (3) 正确填写低压客户用电检查工作单，每错误一处扣 1 分 (4) 扣完为止		
2	用电检查程序	(1) 出示证件 (2) 口述取证注意事项	5	(1) 未出示证件扣 3 分 (2) 未口述取证注意事项扣 2 分		
3	检查程序	(1) 检查计量装置接地并对外壳验电 (2) 检查计量柜（箱）门锁及封印，检查电能表及试验接线盒封印 (3) 查看并记录电能表铭牌及数据显示 (4) 检查电能表及试验接线盒接线	10	(1) 未检查计量装置接地并对外壳验电每样扣 2 分 (2) 未检查计量柜（箱）门锁及封印、电能表封印，每处扣 1 分 (3) 未查看并记录电能表铭牌及数据显示，每缺 1 个参数扣 1 分 (4) 未检查电能表及试验接线盒接线每项扣 2 分 (5) 扣完为止		

续表

序号	考核项目名称	质量要求	分值	扣分标准	扣分原因	得分
4	仪表及工具使用	（1）仪表接线、换档、选量程规范正确 （2）工器具选用恰当，动作规范	10	（1）在仪表接线、换档、选量程等过程中发生操作错误，每次扣3分 （2）工器具使用方法不当或掉落，每次扣2分 扣完为止		
5	参数测量	（1）测量点选取正确 （2）测量值读取和记录正确 （3）实测参数足够无遗漏	5	（1）测量点选取不正确每处扣2分 （2）测量值读取或记录不正确，每个扣2分 （3）实测参数不足，每缺一个扣2分 （4）扣完为止		
6	记录及绘图	（1）正确绘制实际接线相量图 （2）记录单填写完整、正确、清晰	15	（1）相量图错误扣15分，符号、角度错误或遗漏，每处扣1分 （2）记录单记录有错误、缺项和涂改，每处扣1分 扣完为止		
7	判断窃电方式	实际窃电方式的判断结果正确	20	部分错误则每处扣8分 扣完为止		
8	填写窃电、违约用电通知书	窃电、违约用电通知书填写正确	10	（1）未填写此项目不得分 （2）填写每错误一处扣5分 （3）扣完为止		
9	处理结果	窃电处理计算	15	（1）未计算此项目不得分 （2）计算错误一处扣3分 （3）扣完为止		
10	清理现场	清理作业现场	5	未清理现场此项目不得分 清理现场不彻底扣2分		
11	安全否决项	出现危及人身、设备安全行为的操作	否决	整个操作项目得0分		

2.2.7 JC3ZY0302 违约用电检查与处理（私自超过合同约定的容量）

一、作业

（一）工器具、材料、设备

1. 工器具：10kV 验电器 1 支、低压验电笔 1 支、碳素笔（黑）、手电筒、中号扳手。
2. 材料：高压客户用电检查记录单，窃电、违约用电通知书，A4 纸。
3. 设备：10kV 变压器一台、容量测试仪一台。

（二）安全要求

1. 工作服、安全帽、绝缘鞋、线手套穿戴整齐。
2. 正确填写高压客户用电检查记录单。
3. 正确对 10kV 变压器高低压侧验电。
4. 检查确认容量测试仪功能正常，测量变压器容量。

（三）操作步骤及工艺要求（含注意事项）

1. 进场前检查所带仪表、工器具、材料是否齐全完好，着装是否整齐。
2. 正确填写高压客户用电检查记录单，口头交代危险点和防范措施。
3. 用电检查程序（含出示证件、口述取证注意事项）。
4. 对 10kV 变压器高低压侧验电，确认无电压后，拆除高低压引线。
5. 使用容量测试仪测量变压器容量。
6. 正确填写窃电、违约用电通知书。
7. 根据测量数据计算处理结果。
8. 清理操作现场。
9. 办理工作终结手续。

二、考核

（一）考核场地

1. 变压器实训场地，场地应同时容纳多工位，并保证工位之间距离合适
2. 其他：每个工位备有桌椅。

（二）考核时间

参考时间为 40min。

（三）考核要点

1. 工器具使用正确、熟练，填写高压客户用电检查记录单正确。
2. 用电检查程序（含出示证件、口述取证注意事项）正确。
3. 变压器验电正确。
4. 拆除 10kV 变压器高低压引线正确。
5. 变压器容量测试正确。
6. 超容违约用电计算处理结果正确。
7. 安全文明工作。

三、评分标准

行业：电力工程　　　　　　　　工种：用电监察员　　　　　　　　等级：三

编号	JC3ZY0302	行为领域	e	鉴定范围			
考核时限	40min	题型	C	满分	100分	得分	
试题名称	违约用电检查与处理（私自超过合同约定的容量）						
考核要点及其要求	（1）工器具使用正确、熟练，填写高压客户用电检查记录单正确 （2）用电检查程序（含出示证件、口述取证注意事项）正确 （3）变压器验电正确 （4）拆除10kV变压器高低压引线正确 （5）变压器容量测试正确 （6）超容违约用电计算处理结果正确 （7）安全文明工作						
现场设备、工器具、材料	（1）工器具：10kV验电器1支、低压验电笔1支、碳素笔（黑）、手电筒、中号扳手 （2）材料：高压客户用电检查记录单、窃电违约用电通知书、A4纸 （3）设备：10kV变压器一台、容量测试仪一台						
备注							

评分标准

序号	考核项目名称	质量要求	分值	扣分标准	扣分原因	得分
1	开工准备	（1）着装规范、整齐 （2）工器具选用正确，携带齐全 （3）高压客户用电检查记录单填写正确	5	（1）未按要求着装每处扣0.5分 （2）每漏选、错选一处扣0.5分 （3）正确填写低压客户检查记录单，每错误一处扣1分 （4）扣完为止		
2	用电检查程序	（1）出示证件 （2）口述取证注意事项	5	（1）未出示证件扣3分 （2）未口述取证注意事项扣2分		
3	变压器验电	正确对变压器高低压侧验电	20	（1）未使用相应电压等级的验电器进行验电，此项目不得分 （2）验电方式不正确，每次扣10分，扣完为止		
4	拆除引线	正确拆除10kV变压器高、低压引线	20	未完全拆除高低压引线扣20分		
5	容量测量	（1）容量测试仪接线正确 （2）变压器容量测量正确	20	（1）接线错误扣10分 （2）测量值不正确扣10分		
6	填写窃电、违约用电通知书	窃电、违约用电通知书填写正确	10	（1）未填写此项目不得分 （2）填写每错误一处扣5分 （3）填写不规范扣2分 （4）扣完为止		
7	处理结果	私自超过合同约定的容量违约用电处理计算	10	（1）未计算此项目不得分 （2）计算错误一处扣3分 （3）扣完为止		

续表

序号	考核项目名称	质量要求	分值	扣分标准	扣分原因	得分
8	清理现场	清理作业现场	2	未清理现场此项目不得分		
9	安全文明工作	（1）操作过程中无工器具掉落等事件 （2）办理工作终结手续	8	（1）工器具掉落一次扣1分 （2）未办理工作终结手续扣4分 （3）扣完为止		
10	安全否决项	出现危及人身、设备安全行为的操作	否决	整个操作项目得0分		

2.2.8 JC3ZY0401 10kV 单电源客户工程图纸审核

一、作业

（一）工具和材料

1. 工具：计算器、中性笔、A4 纸。

2. 材料：10kV 单电源客户供电方案及受电工程设计图纸、客户受电工程图纸审核结果通知单。

（二）审核的依据要求

对 10kV 及以上受电工程设计进行审核，应依据国家和电力行业的有关设计标准、规程进行，同时应该按照当地供电部门确定的供电方案要求选择电源、架设线路、设计配电设备等，如果确实需要修改供电方案的，必须经过供电方案批复部门同意。设计时倡导采用节能环保的先进技术和产品，禁止使用国家明令淘汰的产品。设计审核主要包括以下标准、规程：

GB 311.1—2012《绝缘配合　第 1 部分：定义、原则和规则》

GB/T 14549—1993《电能质量　公用电网谐波》

GB 50034—2013《建筑照明设计规范》

GB 50038—2005《人民防空地下室设计规范》

GB 50052—2009《供配电系统设计规范》

GB 50053—2013《10kV 及以下变电所设计规范》

GB 50054—2011《低压配电设计规范》

GB 50057—2010《建筑物防雷设计规范》

GB 50058—2014《爆炸危险环境电力装置设计规范》

GB 50060—2008《3～10kV 高压配电装置设计规范》

GB 50061—2010《66kV 及以下架空电力线路设计规范》

GB 50096—2011《住宅设计规范》

GB 50217—2018《电力工程电缆设计规范》

GB 50227—2017《并联电容器装置设计规范》

GB/T 50062—2008《电力装置的继电保护和自动装置设计规范》

GB/T 50063—2017《电力装置电测量仪表装置设计规范》

DL/T 401—2017《高压电缆选用导则》

DL/T 448—2016《电能计量装置技术管理规程》

DL/T 601—1996《架空绝缘配电线路设计技术规程》

DL/T 620—1997《交流电气装置的过电压保护和绝缘配合》

DL/T 5003—2017《电力系统调度自动化设计规程》

DL/T 5044—2014《电力工程直流电源系统设计技术规程》

DL/T 5154—2012《架空输电线路杆塔结构设计技术规定》

DL/T 5219—2014《架空输电线路基础设计技术规程》

DL/T 5220—2005《10kV 及以下架空配电线路设计技术规程》

DL/T 5221—2016《城市电力电缆线路设计技术规定》

DL/T 5222—2005《导体和电器选择设计技术规定》

DL/T 5352—2018《高压配电装置设计规范》

Q/GDW 161—2007《线路保护及辅助装置标准化设计规范》

JGJ 16—2008《民用建筑电气设计规范（附条文说明［另册］)》

（三）审核步骤及要点

1. 审核步骤

根据题签中提供的供电方案，审核10kV受电工程图纸，包括以下内容：

（1）主配电装置配置图、二次接线回路图和平面布置图、二次线安装接线图等。

（2）土建专业图、构架组装图、基础平面布置图、设备支架及基础施工图等。

2. 审核要点

（1）设计图纸是否依据有关技术标准、规程、规范、设计手册和图集要求。

（2）设计图纸是否按照供电部门批复的供电方案进行设计。

（3）设计图纸中所有高、低压设备的选型是否合理。

（4）设计图纸中土建工程是否符合安全要求。

（5）设计图纸中电能计量装置准确度等级是否符合规程，电流互感器、电压互感器的变比和准确度等级是否满足规程规定。

（6）将审核结果填写在客户受电工程图纸审核结果通知单中，以书面形式答复客户。

（7）更正设计图纸中的错误。

二、考核

（一）考核场地

可容纳多考生考试的教室，并能保证各考生之间的距离合适。

（二）考核时间

考核时间为40min。

（三）考核要点

1. 审核设计图纸中客户高、低压设备的选型是否合理。

2. 审核设计图纸中土建工程是否符合安全要求。

3. 审核设计图纸中电能计量装置准确度等级是否符合规程，电流互感器、电压互感器的变比和准确度等级是否满足规程规定。

4. 能正确填写客户受电工程图纸审核结果通知单。

5. 更正设计图纸中的错误。

三、评分标准

行业：电力工程　　　　**工种：用电监察员**　　　　**等级：三**

编号	JC3ZY0401	行为领域	e	鉴定范围			
考核时限	40min	题型	A	满分	100分	得分	
试题名称	10kV单电源客户工程图纸审核						

续表

编号	JC3ZY0401	行为领域	e	鉴定范围	
考核要点	（1）审核设计图纸中客户高、低压设备的选型是否合理 （2）审核设计图纸中土建工程是否符合安全要求 （3）审核设计图纸中电能计量装置准确度等级是否符合规程，电流互感器、电压互感器的变比和准确度等级是否满足规程规定 （4）能正确填写客户受电工程图纸审核结果通知单 （5）更正设计图纸中的错误				
现场设备、工具、材料	（1）工作现场具备的材料：10kV单电源客户供电方案和受电工程设计图纸、客户受电工程图纸审核结果通知单 （2）工作现场具备的工具：计算器、中性笔、A4纸				
备注	（1）考评员根据评分标准中2、3点的要求自行设置设计图纸中的错误点，考生找出并改正错误即得分，否则扣分				

评分标准

序号	作业名称	质量要求	分值	扣分标准	扣分原因	得分
1	开工准备	（1）着装规范，安全帽应完好，安全帽佩戴应正确规范，着棉质长袖工装，穿绝缘鞋，戴棉线手套 （2）履行开工手续	5	（1）未按要求着装每处扣0.5分 （2）未经许可开工扣3分		
2	客户高、低压设备的选型审核	审核设计图纸中客户高、低压设备的选型是否合理	20	未指出，此项目不得分 每错误一处扣10分		
3	土建工程审核	审核设计图纸中土建工程是否符合安全要求	20	（1）未指出，此项目不得分 （2）每错误一处扣10分		
4	电能计量装置、电压及电流互感器审核	（1）电能计量装置准确度等级是否符合规程 （2）电流互感器、电压互感器的变化是否正确 （3）电流互感器、电压互感器准确度等级是否满足规程规定	20	（1）未指出，此项目不得分 （2）每错误一处扣10分		
5	填写客户受电工程图纸审核结果通知单	正确填写客户受电工程图纸审核结果通知单	15	（1）未填写，此项目不得分 （2）每错误一处扣8分，扣完为止		
6	更正错误	更正设计图纸中错误	20	（1）未更正，此项目不得分 （2）每错误一处扣8分，扣完为止		
7	质量否决项	存在作弊等行为	否决	考试现场夹带作弊、不服从考评员安排或顶撞者，取消考评资格		

2.2.9 JC3ZY0501 10kV单电源客户工程验收

一、作业

（一）工器具和材料

1. 工器具：10kV高压验电器1支、低压验电笔1支。

2. 材料：10kV单电源客户供电方案及受电工程设计图纸、碳素笔（黑）、客户受电工程验收结果通知单。

（二）审核的依据要求

对10kV单电源客户受电工程设计进行验收，应依据国家和电力行业的有关设计标准、规程进行，禁止使用国家明令淘汰的产品。验收主要包括以下标准、规程：

GB 311.1—2012《绝缘配合　第1部分：定义、原则和规则》

GB 50034—2013《建筑照明设计规范》

GB 50038—2005《人民防空地下室设计规范》

GB 50052—2009《供配电系统设计规范》

GB 50053—2013《10kV及以下变电所设计规范》

GB 50054—2011《低压配电设计规范》

GB 50057—2010《建筑物防雷设计规范》

GB 50058—2014《爆炸危险环境电力装置设计规范》

GB 50060—2008《3～10kV高压配电装置设计规范》

GB 50061—2010《66kV及以下架空电力线路设计规范》

GB 50096—2011《住宅设计规范》

GB 50217—2018《电力工程电缆设计规范》

GB 50227—2017《并联电容器装置设计规范》

GB/T 50062—2008《电力装置的继电保护和自动装置设计规范》

GB/T 50063—2017《电力装置的电测量仪表装置设计规范（附条文说明）》

DL/T 401—2017《高压电缆选用导则》

DL/T 448—2016《电能计量装置技术管理规程》

DL/T 601—1996《架空绝缘配电线路设计技术规程》

DL/T 620—1997《交流电气装置的过电压保护和绝缘配合》

DL/T 5003—2017《电力系统调度自动化设计技术规程》

DL/T 5154—2014《架空输电线路杆塔结构设计技术规定》

DL/T 5219—2005《架空送电线路基础设计技术规定》

DL/T 5220—2014《10kV及以下架空配电线路设计技术规程》

DL/T 5221—2016《城市电力电缆线路设计技术规定》

DL/T 5222—2005《导体和电器选择设计技术规定》

DL/T 5352—2018《高压配电装置设计规范》

Q/GD W161—2007《线路保护及辅助装置标准化设计规范》

JGJ 16—2008《民用建筑电气设计规范（附条文说明 [另册]）》

（三）验收步骤及要点

1. 验收步骤

（1）验电；

（2）根据题签中提供的验收任务，验收 10kV 受电工程，包括 10kV 高压配电柜、变压器低压配电柜等；

（3）填写客户受电工程验收结果通知单。

2. 验收要点

（1）安全注意事项：正确验电，口述接地线安装要求。

（2）应对照设计图纸，核实现场安装设备是否与设计图纸一致，基础安装是否牢靠，设备（含配电柜内各导线之间）安全距离是否符合标准，接地是否可靠，外观是否整洁，铭牌及相序标识清晰并全部安装完成。

（3）验收 10kV 高压配电柜内各电气元件，是否满足安全运行要求。

（4）验收变压器，是否满足安全运行要求。

（5）验收低压配电柜内各电气元件，是否满足安全运行要求。

（6）填写客户受电工程验收结果通知单。

二、考核

（一）考核场地

1. 户内式配电室仿真试验场，场地面积应能同时容纳多个工位（办公桌），并能保证工位之间的距离合适，操作面积不小于 1500×1500（mm^2）。

2. 每个工位配有桌椅。

（二）考核时间

考核时间为 40min。

（三）考核要点

1. 安全注意事项：正确验电，口述接地线安装要求；

2. 验收客户工程是否按照设计方案、图纸施工；

3. 验收 10kV 高压配电柜内各电气元件，是否满足安全运行要求；

4. 验收变压器，是否满足安全运行要求；

5. 验收低压配电柜内各电气元件，是否满足安全运行要求。

6. 正确填写客户受电工程验收结果通知单。

三、评分标准

行业：电力工程　　　　　　　　　工种：用电监察员　　　　　　　　　等级：三

编号	JC3ZY0501	行为领域	e	鉴定范围		
考核时限	40min	题型	C	满分	100分	得分
试题名称	10kV单电源客户工程验收					
考核要点	(1) 安全注意事项：正确验电，口述接地线安装要求 (2) 验收客户工程是否按照设计方案、图纸施工 (3) 验收10kV高压配电柜内各电气元件，是否满足安全运行要求 (4) 验收变压器，是否满足安全运行要求 (5) 验收低压配电柜内各电气元件，是否满足安全运行要求 (6) 正确填写客户受电工程验收结果通知单					
现场设备、工具、材料	(1) 工器具：10kV高压验电器1支、低压验电笔1支 (2) 材料：10kV单电源客户供电方案及受电工程设计图纸、碳素笔（黑）、客户受电工程验收结果通知单					
备注	考评员根据评分标准中3、4、5点的要求自行设置的错误点，考生找出并改正错误即得分，否则扣分					

评分标准

序号	作业名称	质量要求	分值	扣分标准	扣分原因	得分
1	开工准备	着装规范，安全帽应完好，安全帽佩戴应正确规范，着棉质长袖工装，穿绝缘鞋，戴棉线手套	5	未按要求着装，此项目不得分		
2	验电	(1) 正确验电 (2) 口述接地线安装要求	15	(1) 未验电或验电方法不正确，此项目不得分 (2) 口述安装程序不正确一处扣8分，扣完为止		
3	高压配电柜验收	验收10kV高压配电柜内各电气元件	20	(1) 未找出，此项目不得分 (2) 每错误一处扣8分，扣完为止		
4	变压器验收	验收变压器	20	(1) 未找出，此项目不得分 (2) 每错误一处扣8分，扣完为止		
5	低压配电柜验收	验收低压配电柜内各电气元件	20	(1) 未找出，此项目不得分 (2) 每错误一处扣8分，扣完为止		
6	填写客户受电工程验收结果通知单	客户受电工程验收结果通知单填写正确	15	(1) 未填写，此项目不得分 (2) 每错误一处扣8分，扣完为止		
7	清理现场	清理作业现场	10	未清理现场，此项目不得分 清理现场不彻底扣5分		
8	安全否决项	出现危及人身、设备安全行为的操作	否决	整个操作项目得0分		

2.2.10　JC3ZY0601　10kV单电源客户受电设备巡视与检查

一、作业

（一）工器具和材料

1. 工器具：10kV高压验电器1支、低压验电笔1支。

2. 材料：10kV单电源客户受电工程设计图纸，碳素笔（黑），用电检查结果通知书，窃电、违约用电通知书。

（二）审核的依据要求

对10kV单电源客户受电工程进行巡视与检查，应依据国家和电力行业的有关法律、法规、规定、规则和设计标准、规程进行。巡视与检查依据主要包括以下标准、规程：

GB 311.1—2012《绝缘配合　第1部分：定义、原则和规则》

GB 50034—2013《建筑照明设计规范》

GB 50038—2005《人民防空地下室设计规范》

GB 50052—2009《供配电系统设计规范》

GB 50053—2013《10kV及以下变电所设计规范》

GB 50054—2011《低压配电设计规范》

GB 50057—2010《建筑物防雷设计规范》

GB 50058—2014《爆炸危险环境电力装置设计规范》

GB 50060—2008《3～10kV高压配电装置设计规范》

GB 50061—2010《66kV及以下架空电力线路设计规范》

GB 50096—2011《住宅设计规范》

GB 50217—2018《电力工程电缆设计规范》

GB 50227—2017《并联电容器装置设计规范》

GB/T 50062—2008《电力装置的继电保护和自动装置设计规范》

GB/T 50063—2017《电力装置的电测量仪表装置设计规范（附条文说明）》

DL/T 401—2017《高压电缆选用导则》

DL/T 448—2016《电能计量装置技术管理规程》

DL/T 601—1996《架空绝缘配电线路设计技术规程》

DL/T 620—1997《交流电气装置的过电压保护和绝缘配合》

DL/T 5003—2017《电力系统调度自动化设计技术规程》

DL/T 5154—2012《架空输电线路杆塔结构设计技术规定》

DL/T 5219—2014《架空输电线路基础设计技术规程》

DL/T 5220—2005《10kV及以下架空配电线路设计技术规程》

DL/T 5221—2016《城市电力电缆线路设计技术规定》

DL/T 5222—2005《导体和电器选择设计技术规定》

DL/T 5352—2018《高压配电装置设计技术规程》

Q/GD W161—2007《线路保护及辅助装置标准化设计规范》

JGJ 16—2008《民用建筑电气设计规范（附条文说明［另册］）》

（三）巡视与检查步骤及要点

1. 巡视与检查步骤

（1）口述检查时注意事项。

（2）根据题签中提供的巡视与检查任务，巡视与检查 10kV 客户配电室，包括 10kV 高压配电柜、计量装置、变压器、低压配电柜等。

（3）填写客户受电工程巡视与检查结果通知单和窃电、违约用电通知书。

2. 巡视与检查要点

（1）口述检查时注意事项等（检查程序、注意事项和客户电工管理相关规定）。

（2）巡视与检查计量装置，是否存在窃电、违约用电行为。

（3）巡视与检查 10kV 高压配电柜，是否满足安全运行要求。

（4）巡视与检查变压器，是否满足安全运行要求。

（5）巡视与检查低压配电柜，是否满足安全运行要求。

（6）正确填写用电检查结果通知书和窃电、违约用电通知书。

二、考核

（一）考核场地

户内式配电室仿真试验场，场地内应能同时容纳多个工位（办公桌），并能保证工位之间的距离合适。

（二）考核时间

考核时间为 40min。

（三）考核要点

1. 口述检查时注意事项等（检查程序、注意事项和客户电工管理相关规定）。

2. 巡视与检查计量装置，是否存在窃电、违约用电行为。

3. 巡视与检查 10kV 高压配电柜，是否满足安全运行要求。

4. 巡视与检查变压器，是否满足安全运行要求。

5. 巡视与检查低压配电柜，是否满足安全运行要求。

6. 正确填写用电检查结果通知书和窃电、违约用电通知书。

三、评分标准

行业：电力工程　　　　　　工种：用电监察员　　　　　　等级：三

编号	JC3ZY0601	行为领域	e	鉴定范围			
考核时限	40min	题型	C	满分	100 分	得分	
试题名称	10kV 单电源客户受电设备巡视与检查						
考核要点	（1）口述检查时注意事项等（检查程序、注意事项和客户电工管理相关规定） （2）巡视与检查计量装置，是否存在窃电、违约用电行为 （3）巡视与检查 10kV 高压配电柜，是否满足安全运行要求 （4）巡视与检查变压器，是否满足安全运行要求 （5）巡视与检查低压配电柜，是否满足安全运行要求 （6）正确填写用电检查结果通知书和窃电、违约用电通知书						

续表

编号	JC3ZY0601	行为领域	e	鉴定范围	
现场设备、工具、材料	(1) 工器具：10kV 高压验电器 1 支、低压验电笔 1 支 (2) 材料：10kV 单电源客户受电工程设计图纸、碳素笔（黑），用电检查结果通知书，窃电、违约用电通知书 (3) 设备场地：户内式配电室仿真试验场				
备注	(1) 考评员根据评分标准中 3、4、5、6 点的要求自行设置的错误点，考生找出即得分，否则扣分				

评分标准

序号	作业名称	质量要求	分值	扣分标准	扣分原因	得分
1	开工准备	着装规范，安全帽应完好，安全帽佩戴应正确规范，着棉质长袖工装，穿绝缘鞋，戴棉线手套	5	未按要求着装，此项目不得分		
2	口述注意事项等	口述检查时注意事项等	15	(1) 未口述注意事项扣 8 分 (2) 未口述检查程序扣 8 分 (3) 未口述客户电工管理相关规定扣 8 分 (4) 口述每错误一处扣 5 分 (5) 扣完为止		
3	计量装置巡视与检查	巡视与检查计量装置	10	(1) 未找出，此项目不得分 (2) 每错误一处扣 6 分，扣完为止		
4	高压配电柜巡视与检查	巡视与检查 10kV 高压配电柜	15	(1) 未找出，此项目不得分 (2) 每错误一处扣 8 分，扣完为止		
5	变压器巡视与检查	巡视与检查变压器	15	(1) 未找出，此项目不得分 (2) 每错误一处扣 8 分，扣完为止		
6	低压配电柜巡视与检查	巡视与检查低压配电柜	15	(1) 未找出，此项目不得分 (2) 每错误一处扣 8 分，扣完为止		
7	填写用电检查结果通知书	用电检查结果通知书填写正确	10	(1) 未填写，此项目不得分 (2) 每错误一处扣 6 分，扣完为止		
8	填写窃电、违约用电通知书	窃电、违约用电通知书填写正确	10	(1) 未填写，此项目不得分 (2) 每错误一处扣 6 分，扣完为止		
7	清理现场	清理作业现场	10	(1) 未清理现场，此项目不得分 (2) 清理现场不彻底扣 5 分		
8	安全否决项	出现危及人身、设备安全行为的操作	否决	整个操作项目得 0 分		

2.2.11 JC3XG0101 使用河北电能量采集与监控系统查询指定专变客户运行情况及分析

一、作业

（一）工器具、材料、设备

1. 工器具：碳素笔（黑）、计算器。

2. 材料：题签、A4 纸。

3. 设备：内网台式电脑。

（二）安全要求

1. 着装整洁，准考证、身份证齐全。

2. 遵守考场规定，按时独立完成。

（三）操作步骤（含注意事项）

1. 按照题签提供的客户编号，根据用电信息采集系统查询该客户的信息（电压、电流和功率等），截图并保存。

2. 通过 SG186 系统查询该客户档案信息，截图并保存。

3. 通过 SG186 系统查询该客户近期电量明细（导为 excel 格式），并保存。

4. 在 A4 纸上，分析出客户电量异常原因，计算出客户追补电量。

5. 注意事项：

（1）以上查询结果均需截图保存；

（2）计算均要求写出公式和计算步骤；

（3）计算结果均取整数；

（4）单位用文字或字母正确表示；

（5）字迹清楚，卷面整洁，严禁随意涂改。

二、考核

（一）考核场地

考核场地为有内网台式电脑的实训教室，并分别有独立隔断。

（二）考核时间

考核时间为 30min。

（三）考核要点

1. 正确使用用电信息采集系统。

2. 正确使用 SG186 系统。

3. 正确分析出客户电量异常原因。

4. 正确计算追补电量。

三、评分标准

行业：电力工程　　　　工种：用电监察员　　　　等级：三

编号	JC3XG0101	行为领域	f	鉴定范围			
考核时限	30min	题型	B	满分	100 分	得分	
试题名称	使用河北电能量采集与监控系统查询指定专变客户运行情况及分析						

续表

编号	JC3XG0101	行为领域	f	鉴定范围	
考核要点及其要求	(1) 正确使用用电信息采集系统 (2) 正确使用 SG186 系统 (3) 正确分析出客户异常原因 (4) 正确计算追补电量				
现场设备、工器具、材料	(1) 工器具：碳素笔（黑）、计算器 (2) 材料：题签、A4 纸 (3) 设备：内网台式电脑				
备注					

评分标准

序号	作业名称	质量要求	分值	扣分标准	扣分原因	得分
1	开工准备	着装规范，着棉质长袖工装	5	未按要求着装，此项目不得分		
2	用电信息采集系统查询使用	(1) 正确使用用电信息采集系统查询数据： ① 电压信息 ② 电流信息 ③ 功率信息 (2) 数据界面截图并保存	30	(1) 未按题签已知条件查询数据，此项目不得分 (2) 每查询错误一处扣 8 分 (3) 未截图保存扣 4 分 (4) 扣完为止		
3	SG186 系统查询使用	(1) 正确使用 SG186 系统查询客户档案信息： ① 用电客户基本信息 ② 计费信息 ③ 计量装置信息 ④ 受电设备信息 (2) 数据界面截图并保存 (3) 客户电量明细（导为excel格式），并保存	30	(1) 未按题签已知条件查询数据，此项目不得分 (2) 每查询错误一处扣 8 分 (3) 未截图保存扣 5 分 (4) 扣完为止		
4	分析原因	分析出客户电量原因	20	(1) 未分析出原因，此项目不得分 (2) 原因分析每错误一处扣 8 分，扣完为止		
5	计算	正确计算追补电量	10	(1) 未计算，此项目不得分 (2) 每计算错误一处扣 5 分，扣完为止		
6	质量否决项	存在作弊等行为	否决	考试现场夹带作弊、不服从考评员安排或顶撞者，取消考评资格		

2.2.12 JC3XG0201 10kV单电源客户受电设备停送电操作（柱上式变压器）

一、作业

（一）工具和材料

1. 工器具：绝缘操作棒1套、10kV高压验电器1支、低压验电笔1支、绝缘手套1双、电工常用工具1套、遮栏若干、标识牌若干。

2. 材料：高压熔丝（各规格）若干、碳素笔（黑）、操作票。

（二）施工的安全要求

1. 现场设置遮栏、悬挂标识牌。

2. 高压熔丝选用正确。

3. 严禁带负荷停送电操作。

4. 操作过程中，确保人身与设备安全。

（三）施工步骤与要求

1. 施工要求

（1）口述安全注意事项。

（2）按题签进行停送电操作。

2. 操作步骤

（1）根据题签任务，选择工具、材料、客户受电变压器在停送电操作过程。

（2）填写操作票：相关规程规定，在电气设备上工作严格执行操作票制度。倒闸操作票涵盖票头、组织措施、履行时间、操作任务、操作项目五部分。

（3）按照题签进行相应的高压熔断器停送电操作，高压熔丝的正确选用。

二、考核

（一）考核场地

柱上式变压器仿真试验场。

（二）考核时间

考核时间为40min。

（三）考核要点

1. 正确填写操作票。

2. 变压器停送电操作程序。

3. 变压器停送电操作要领。

4. 安全文明工作。

三、评分标准

行业：电力工程　　　　工种：用电监察员　　　　等级：三

编号	JC3XG0201	行为领域	f	鉴定范围			
考核时限	40min	题型	C	满分	100分	得分	
试题名称	10kV单电源客户受电设备停送电操作（柱上式变压器）						
考核要点	（1）正确填写操作票 （2）变压器停送电操作程序 （3）变压器停送电操作要领 （4）安全文明工作						

续表

编号	JC3XG0201	行为领域	f	鉴定范围	
现场设备、工器具、材料	（1）工器具：绝缘操作棒1套、10kV高压验电器1支、低压验电笔1支、绝缘手套1双、电工常用工具1套 （2）材料：高压熔丝（各规格）若干、碳素笔（黑）、操作票				
备注	不得超时作业，未完成全部操作的按实际完成评分				

评分标准

序号	作业名称	质量要求	分值	扣分标准	扣分原因	得分
1	开工准备	着装规范，安全帽应完好，安全帽佩戴应正确规范，着棉质长袖工装，穿绝缘鞋，戴绝缘手套	5	未按要求着装，此项目不得分		
2	工器具材料	正确选择所用材料、工具	5	每漏选、错选一处扣1分，扣完为止		
3	操作票填写	（1）票头、组织措施、履行时间填写正确 （2）操作任务栏六要素：电压等级、设备位置、设备名称、设备编号、操作范围、操作目的 （3）专业术语正确 （4）停电操作：熔断器拉开 （5）送电操作：熔断器推上 （5）操作项目顺序正确、齐全	20	（1）票头、组织措施、履行时间漏项或每错误一项扣2分 （2）操作任务要素漏项或每错误一项扣3分 （3）专业术语错误扣2分 （4）顺序错误扣10分 （5）操作项目漏项或每错误一项扣3分 （6）扣完为止		
4	停电	（1）核对设备名称及状态 （2）依据操作票执行 （3）先低压、后高压；先负荷、后电源 （4）熔断器顺序（先中间、后两边；无风两边凭顺手，有风下侧依次行） （5）果断操作，拉开断口90～110mm无停滞 （6）悬挂标识牌	30	（1）未核对，此项目不得分 （2）无票操作，此项目不得分 （3）高、低压流程错误，此项目不得分 （4）低压顺序错误扣10分 （5）高压顺序错误扣10分 （6）停滞扣5分 （7）未正确悬挂标识牌扣5分		
5	送电	（1）核对设备名称及状态 （2）摘除标识牌 （3）依据操作票执行 （4）先高压、后低压；先电源、后合闸 （5）操作熔断器顺序（先两边、后中间；无风两边凭顺手，有风上侧依次行） （6）熔丝选用正确 （7）合闸一次性成功 （8）动、静触头相距90～110mm时停顿、瞄准	30	（1）未核对，此项目不得分 （2）未摘除标识牌扣5分 （3）无票操作，此项目不得分 （4）高、低压流程错误扣5分 （5）高压顺序错误扣5分 （6）低压顺序错误扣5分 （7）熔丝选用不正确扣5分 （8）停顿距离不符扣5分 （9）损伤设备、元件扣10分 （10）扣完为止		

续表

序号	考核项目名称	质量要求	分值	扣分标准	扣分原因	得分
6	清理现场	清理作业现场	10	（1）未清理现场，此项目不得分 （2）清理现场不彻底扣5分		
7	安全否决项	出现危及人身、设备安全行为的操作	否决	整个操作项目得0分		

2.2.13 JC3XG0202 10kV 单电源客户受电设备停送电操作（户内式配电室）

一、作业

（一）工器具和材料

1. 工器具：操作把手 1 个、10kV 高压验电器 1 支、低压验电笔 1 支、绝缘手套 1 双、电工常用工具 1 套、遮栏若干、标识牌若干。

2. 材料：碳素笔（黑）、操作票。

（二）施工的安全要求

1. 现场设置遮栏、悬挂标识牌。

2. 严禁带负荷停送电操作。

3. 操作过程中，确保人身与设备安全。

（三）施工步骤与要求

1. 施工要求。

（1）口述安全注意事项。

（2）按题签进行停送电操作。

2. 操作步骤。

根据题签任务，选择工具、材料、客户受电变压器在停送电操作过程：

（1）填写操作票：相关规程规定，在电气设备上工作严格执行操作票制度。倒闸操作票涵盖票头、组织措施、履行时间、操作任务、操作项目五部分。

（2）按照题签进行相应的高压隔离开关，高压开关柜，低压配电柜停送电操作。

二、考核

（一）考核场地

户内式配电室仿真试验场。

（二）考核时间

考核时间为 40min。

（三）考核要点

1. 操作票的填写。

2. 变压器停送电操作程序。

3. 变压器停送电操作要领。

4. 安全文明工作。

三、评分标准

行业：电力工程　　　　工种：用电监察员　　　　等级：三

编号	JC3XG0202	行为领域	f	鉴定范围			
考核时限	40min	题型	C	满分	100 分	得分	
试题名称	10kV 单电源客户受电设备停送电操作（户内式配电室）						
考核要点	（1）正确填写操作票 （2）变压器停送电操作程序 （3）变压器停送电操作要领 （4）安全文明工作						

续表

编号	JC3XG0202	行为领域	f	鉴定范围	
现场设备、工器具、材料	(1) 工器具：操作把手1个、10kV高压验电器1支、低压验电笔1支、绝缘手套1双、电工常用工具1套 (2) 材料：碳素笔（黑）、操作票				
备注	不得超时作业，未完成全部操作的按实际完成评分				

评分标准

序号	作业名称	质量要求	分值	扣分标准	扣分原因	得分
1	开工准备	着装规范，安全帽应完好，安全帽佩戴应正确规范，着棉质长袖工装，穿绝缘鞋，戴绝缘手套	5	未按要求着装，此项目不得分		
2	工器具材料	一次性选择所用材料、工器具	5	每漏选、错选一处扣1分		
3	操作票填写	(1) 票头、组织措施、履行时间填写正确 (2) 操作任务栏六要素：电压等级、设备位置、设备名称、设备编号、操作范围、操作目的 (3) 专业术语正确 (4) 停电操作：断路器断开；拉隔离开关 (5) 送电操作：断路器合上；拉隔离开关 (6) 操作项目顺序正确、齐全	20	(1) 票头、组织措施、履行时间漏项或每错误一项扣2分 (2) 操作任务要素漏项或每错误一项扣3分 (3) 专业术语错误扣2分 (4) 顺序错误扣10分 (5) 操作项目漏项或每错误一项扣3分 (6) 扣完为止		
4	停电	(1) 核对设备名称及状态 (2) 依据操作票执行 (3) 先低压、后高压；先负荷、后电源 (4) 隔离开关操作顺畅 (5) 悬挂标识牌	25	(1) 未核对，此项目不得分 (2) 无票操作，此项目不得分 (3) 高、低压流程错误扣5分 (4) 低压顺序错误扣5分 (5) 高压顺序错误扣5分 (6) 未正确悬挂标识牌扣5分 (7) 损伤设备、元件扣10分 (8) 扣完为止		
5	送电	(1) 核对设备名称及状态 (2) 摘除标识牌 (3) 依据操作票执行 (4) 先高压、后低压；先电源、后合闸 (5) 隔离开关操作顺畅 (6) 合闸一次性成功	25	(1) 未核对扣5分 (2) 无票操作，此项目不得分 (3) 未摘除标识牌扣5分 (4) 高、低压流程，此项目不得分 (5) 高压顺序错误，此项目不得分 (6) 低压顺序错误扣5分 (7) 损伤设备、元件扣10分 (8) 扣完为止		

续表

序号	考核项目名称	质量要求	分值	扣分标准	扣分原因	得分
6	清理现场	清理作业现场	5	（1）未清理现场，此项目不得分 （2）清理现场不彻底扣2分		
7	安全文明工作	（1）操作过程中无工器具掉落等事件 （2）办理工作终结手续	15	工器具掉落一次扣5分 未办理工作终结手续扣10分 扣完为止		
8	安全否决项	出现危及人身、设备安全行为的操作	否决	整个操作项目得0分		

第四部分　技　　师

1 理论试题

1.1 单选题

La2A3001 在数字电路中，晶体管作为开关应用，因此，它始终（　　）。
（A）工作在放大区；（B）工作在截止区；（C）工作在饱和区；（D）在截止和饱和状态间转换。
答案：D

Lb2A1002 短路电流计算，为了方便，采用（　　）方法计算。
（A）实际值；（B）基准值；（C）有名值；（D）标幺值。
答案：D

Lb2A1003 GIS高压组合电器内部绝缘介质是（　　）。
（A）空气；（B）真空；（C）六氟化硫；（D）氮气。
答案：C

Lb2A1004 直流母线的正极相色漆是（　　）。
（A）蓝色；（B）紫色；（C）棕色；（D）黑色。
答案：C

Lb2A1005 避雷线的主要作用是（　　）。
（A）防止感应雷击电力设备；（B）防止直接雷击电力设备；（C）防止雷电侵入波；（D）防止感应雷击电力设备和防止直接雷击电力设备。
答案：B

Lb2A1006 用来供给断路器跳、合闸和继电保护装置工作的电源（　　）。
（A）只有交流；（B）只有直流；（C）既有交流又有直流；（D）以上均不正确。
答案：C

Lb2A1007 依据《供电营业规则》，供电企业可以对距离发电厂较近的用户，采用（　　）供电方式。
（A）发电厂厂用电源；（B）变电站站用电源；（C）发电厂直配；（D）以上均可。
答案：C

Lb2A1008 依据《供电营业规则》，供电企业接到用户事故报告后，应派人员现场调查，在（　　）内协助用户提出事故调查报告。

（A）七天；（B）八天；（C）十天；（D）十五天。

答案：A

Lb2A1009 在低压计量中，低压供电方式为单相二线者，应安装（　　）。

（A）三相四线有功电能表；（B）单相有功电能表；（C）三相三线无功电能表；（D）三相三线有功电能表。

答案：B

Lb2A1010 带电换表时，若接有电压、电流互感器，则应（　　）。

（A）分别短路、开路；（B）分别开路、短路；（C）均开路；（D）均短路。

答案：B

Lb2A1011 （　　）是电子式电能表的核心。

（A）单片机；（B）脉冲输出电路；（C）看门狗电路；（D）乘法器。

答案：D

Lb2A2012 三相变压器铭牌上所标的容量是指额定三相的（　　）。

（A）有功功率；（B）视在功率；（C）瞬时功率；（D）无功功率。

答案：B

Lb2A2013 采用直流操作电源（　　）。

（A）只能用定时限过电流保护；（B）只能用反时限过电流保护；（C）只能用于直流指示；（D）可用定时限过电流保护，也可用反时限过电流保护。

答案：B

Lb2A2014 电磁式操作机构的断路器大修后，其跳、合闸线圈的绝缘电阻不应小于（　　）。

（A）1000Ω；（B）1MΩ；（C）2MΩ；（D）5MΩ。

答案：C

Lb2A2015 断路器液压操作机构的贮压装置充氮气后（　　）。

（A）必须水平放置；（B）必须直立放置；（C）必须保持15°的倾斜角度放置；（D）可以任意放置。

答案：B

Lb2A2016 理想变压器的一次绕组匝数为1500，二次绕组匝数为300，当在其二次侧接入 200Ω 的纯电阻作负载时，反射到一次侧的阻抗是（　　）Ω。

（A）5000；（B）1000；（C）600；（D）3000。

答案：A

Lb2A2017　SF_6 断路器的优点之一是（　　）。

（A）价格低；（B）灭弧能力强；（C）制造工艺要求不高；（D）结构简单。

答案：B

Lb2A2018　某 10kV 变电所采用环网供电，本变电所 10kV 负荷电流为 60A，穿越电流为 40A，10kV 母线三相短路电流为 1000A，则应按（　　）选择环网柜高压母线截面积。

（A）1060A；（B）1040A；（C）100A；（D）1100A。

答案：C

Lb2A2019　自动操作装置的作用对象一般是（　　）。

（A）系统电压；（B）系统频率；（C）断路器；（D）发电机。

答案：C

Lb2A2020　（　　）指正常情况下没有断开的备用电源或备用设备，而是工作在分段母线状态，靠分段断路器取得相互备用。

（A）明备用；（B）暗备用；（C）冷备用；（D）热备用。

答案：B

Lb2A2021　对于较为重要、容量较大的变电所，操作电源一般采用（　　）。

（A）交流操作电源；（B）直流操作电源；（C）逆变操作电源；（D）照明电源。

答案：B

Lb2A2022　额定电压为 10kV 的断路器用于 6kV 电压上，其遮断容量（　　）。

（A）不变；（B）增大；（C）减小；（D）波动。

答案：C

Lb2A2023　标志断路器开合短路故障能力的数据是（　　）。

（A）短路电压；（B）额定短路开合电流的峰值；（C）最大单相短路电流；（D）短路电流。

答案：B

Lb2A2024　定时限过流保护的动作值是按躲过线路（　　）电流整定的。

（A）最大负荷；（B）平均负荷；（C）末端短路；（D）最大故障电流。

答案：A

Lb2A2025 装有差动、气体和过电流保护的电力变压器，其主保护是（ ）。

（A）过电流和气体保护；（B）过电流和差动保护；（C）差动、过电流和气体保护；（D）差动和气体保护。

答案：D

Lb2A2026 10kV线路首端发生短路时，（ ）保护动作，断路器跳闸。

（A）过电流；（B）速断；（C）低周减载，（D）差动。

答案：B

Lb2A2027 电流互感器的二次电流和一次电流的关系是（ ）。

（A）随着二次电流的大小而变化；（B）随着一次电流的大小而变化；（C）保持恒定不变；（D）无关。

答案：B

Lb2A2028 电压互感器在运行中严禁短路，否则将产生比额定容量下的工作电流大（ ）的短路电流，而烧坏互感器。

（A）几倍；（B）几十倍；（C）几百倍以上；（D）无法计算。

答案：C

Lb2A2029 互感器二次侧负载不应大于其额定负载，但也不宜低于其额定负载的（ ）。

（A）10%；（B）20%；（C）25%；（D）30%。

答案：C

Lb2A2030 电流互感器在运行中必须使（ ）。

（A）铁芯及二次绕组牢固接地；（B）铁芯两点接地；（C）二次绕组不接地；（D）铁芯多点接地。

答案：A

Lb2A2031 某低压三相四线用户负荷为25kW，则应选择的电能表型号和规格为（ ）。

（A）DT型系列/5（20）A；（B）DS型系列/10（40）A；（C）DT型系列/10（40）A；（D）DS型系列/5（20）A。

答案：C

Lb2A2032 高压35kV供电，电压互感器电压比为35kV/100V，电流互感器电流比为 100/5A，其计量的倍率应为（　　）。

（A）350 倍；（B）700 倍；（C）3500 倍；（D）7000 倍。

答案：D

Lb2A2033　直接接入式电能表的标定电流应按正常运行负荷电流的（　　）左右选择。

（A）20％；（B）30％；（C）60％；（D）100％。

答案：B

Lb2A2034　当三相三线电路的中性点直接接地时，宜采用（　　）的有功电能表测量有功电能。

（A）三相三线；（B）三相四线；（C）三相三线或三相四线；（D）三相三线和三相四线。

答案：B

Lb2A3035　接在二次侧的电流线圈的阻抗很小，电流互感器正常运行时，相当于一台（　　）运行的变压器。

（A）开路；（B）短路；（C）空载；（D）满载。

答案：B

Lb2A3036　环网柜高压母线的截面要根据（　　）选择。

（A）本配电所负荷电流；（B）环网穿越电流；（C）本配电所负荷电流与环网电流之差；（D）本配电所负荷电流与环网电流之和。

答案：D

Lb2A3037　（　　）继电器所发出信号不应随电气量的消失而消失，要有机械或电气自保持。

（A）时间；（B）中间；（C）信号；（D）电压。

答案：C

Lb2A3038　变压器差动保护范围为（　　）。

（A）变压器低压侧；（B）变压器高压侧；（C）变压器两侧电流互感器之间设备；（D）变压器中压侧。

答案：C

Lb2A3039　单侧电源线路的自动重合闸装置必须在故障切除后，经一定时间间隔才允许发出合闸脉冲，这是因为（　　）。

（A）需与保护配合；（B）故障点要有足够的去游离时间，以及断路器和传动机构准备再次动作时间；(C) 应躲过线路末端短路时单相短路电流；(D) 应躲过线路末端短路时最大二相短路电流。

答案：B

Lb2A3040 35kV 电力变压器过电流保护，通常采用的接线方式为（　　）。

(A) 三相星形接线；(B) 二相不完全星形接线；(C) 二相电流差接线；(D) 三角形接线。

答案：A

Lb2A3041 并联电力电容器的补偿方式按安装地点可分为（　　）。

(A) 分散补偿、个别补偿；(B) 集中补偿、分散补偿；(C) 集中补偿、个别补偿；(D) 集中补偿、分散补偿、个别补偿。

答案：D

Lb2A3042 断路器在额定电压下能正常接通的最大短路电流（峰值），称断路器的（　　）。

(A) 动稳定电流（又称峰值耐受电流）；(B) 热稳定电流（又称短时耐受电流）；(C) 额定短路关合电流（又称额定短路接通电流）；(D) 额定开断电流。

答案：C

Lb2A3043 对电力系统的稳定性干扰最严重的是（　　）。

(A) 投切大型空载变压器；(B) 发生三相短路故障；(C) 系统内发生大型二相接地短路；(D) 发生单相接地。

答案：B

Lb2A3044 过流保护加装复合电压闭锁可以（　　）。

(A) 扩大保护范围；(B) 增加保护可靠性；(C) 提高保护灵敏度；(D) 扩大保护范围，增加保护可靠性。

答案：C

Lb2A3045 Yd11 接线的变压器，是指（　　）。

(A) 一次侧相电压超前二次侧相电压 30°；(B) 一次侧线电压超前二次侧线电压 30°；(C) 一次侧线电压滞后二次侧线电压 30°；(D) 一次侧相电压滞后二次侧相电压 30°。

答案：C

Lb2A3046 直流母线电压在最大负荷情况下保护动作时不应低于额定电压（　　）。

(A) 85%；(B) 80%；(C) 90%；(D) 75%。

答案：B

Lb2A3047 中性点不直接接地系统中 35kV 的避雷器最大允许电压是（ ）。

（A）38.5kV；（B）40kV；（C）41kV；（D）42kV。

答案：C

Lb2A3048 接闪器是专门用来接受直接雷击的金属物体。以下答案中不是接闪器的是（ ）。

（A）架空避雷线；（B）避雷器；（C）避雷针；（D）避雷网。

答案：B

Lb2A3049 三绕组变压器的零序保护是（ ）和保护区外单相接地故障的后备保护。

（A）高压侧绕组；（B）中压侧绕组；（C）低压侧绕组；（D）高低压侧绕组。

答案：A

Lb2A3050 办理客户用电业务的时间一般每件不超过（ ）。

（A）10 分钟；（B）15 分钟；（C）20 分钟；（D）5 分钟。

答案：C

Lb2A3051 办理居民客户收费业务的时间一般每件不超过（ ）。

（A）10 分钟；（B）15 分钟；（C）20 分钟；（D）5 分钟。

答案：D

Lb2A3052 电流互感器二次阻抗折合到一次侧后，应乘（ ）倍。（电流互感器的变比为 K）

（A）K^2；（B）$1/K^2$；（C）K；（D）$1/K$。

答案：B

Lb2A3053 用直接法检查电压互感器的极性时，直流电流表应接在电压互感器的（ ）。

（A）高电压侧；（B）低电压侧；（C）高、低压侧均可；（D）接地。

答案：A

Lb2A3054 低压三相用户，当用户最大负荷电流在（ ）以上时应采用电流互感器。

（A）30A；（B）60A；（C）75A；（D）100A。

答案：B

Lb2A3055 电流互感器的额定动稳定电流一般为额定热稳定电流的（ ）倍。

（A）0.5倍；（B）1倍；（C）2.55倍；（D）5倍。

答案：C

Lb2A3056 电磁式操作机构的断路器大修后，其跳、合闸线圈的绝缘电阻不应小于（ ）。

（A）1000Ω；（B）1MΩ；（C）2MΩ；（D）5MΩ。

答案：C

Lb2A3057 某单位配电系统接地方式为T—T系统，其特点是（ ）。

（A）配电系统有一个直接接地点，其电气设备的金属外壳用单独的接地棒接地，与电源在接地上无电气联系，属于保护接零；（B）配电系统没有一个直接接地点，其电气设备的金属外壳用单独的接地棒接地，与电源在接地上无电气联系，属于保护接地；（C）配电系统有一个直接接地点，其电气设备的金属外壳用单独的接地棒接地，与电源在接地上无电气联系，属于保护接地；（D）配电系统有三个直接接地点，其电气设备的金属外壳用单独的接地棒接零线，与电源在接地上有电气联系，属于保护接地。

答案：C

Lb2A3058 电磁操作机构，合闸线圈动作电压不低于额定电压的（ ）。

（A）75%；（B）85%；（C）80%；（D）90%。

答案：C

Lb2A3059 智能电能表至少应支持尖、峰、平、谷四个费率；全年至少可设置（ ）个时区。

（A）1；（B）2；（C）3；（D）4。

答案：B

Lb2A3060 485接口允许最长传输距离是（ ）。

（A）1000m；（B）1200m；（C）1500m；（D）2000m。

答案：B

Lb2A3061 对两路及以上线路供电（不同的电源点）的用户，装设计量装置的形式应为（ ）。

（A）两路合用一套计量装置，以节约成本；（B）两路分别装设有功电能表，合用无功电能表；（C）两路分别装设电能计量装置；（D）两路合用电能计量装置，但分别装设无功电能表。

答案：C

Lb2A3062 电能表铭牌标有3×（300/5）A，3×380V，所用的电流互感器其额定变比为200/5A，接在380V的三相三线电路中运行，其实用倍率为（　　）。

（A）3；（B）2/3；（C）4800；（D）8。

答案：B

Lb2A3063　负荷容量为315kV·A以下的低压计费用户的电能计量装置属于（　　）类计量装置。

（A）Ⅰ；（B）Ⅱ；（C）Ⅲ；（D）Ⅳ。

答案：D

Lb2A4064　变压器的铁芯硅钢片（　　）。

（A）片厚则涡流损耗大，片薄则涡流损耗小；（B）片厚则涡流损耗大，片薄则涡流损耗大；（C）片厚则涡流损耗小，片薄则涡流损耗小；（D）片厚则涡流损耗小，片薄则涡流损耗大。

答案：A

Lb2A4065　对互感器的准确度，通常电力系统用的有（　　）、0.5、1、3、3P、4P级等。

（A）0.1；（B）0.2；（C）0.3；（D）0.4。

答案：B

Lb2A4066　断路器电磁操作机构的缺点之一是需配备（　　）。

（A）大容量交流合闸电源；（B）大容量直流合闸电源；（C）大功率贮能弹簧；（D）需有空气压缩系统。

答案：B

Lb2A4067　电力线路过流保护的动作电流按躲过（　　）整定。

（A）最大短路电流；（B）最小短路电流；（C）正常负荷电流；（D）最大负荷电流。

答案：D

Lb2A4068　线路的电流速断保护的整定值是（　　）。

（A）该线路的负荷电流；（B）应躲过线路末端短路时的最大三相短路电流；（C）应躲过线路末端短路时的单相短路电流；（D）应躲过线路末端短路时的最大二相短路电流。

答案：B

Lb2A4069　电力系统中不可能因电弧引起内部过电压是（　　）。

（A）中性点绝缘系统中，单相间隙接地引起；（B）中性点直接接地系统中，单相间隙接地引起；（C）切断空载变压器，由电弧强制熄灭引起的；（D）切断空载长线路和电容负荷时，开关电弧重燃引起。

答案：B

Lb2A4070 配有重合闸后加速的线路，当重合到永久性故障时（　　）。

（A）能瞬时切除故障；（B）不能瞬时切除故障；（C）具体情况具体分析，故障点在Ⅰ段保护范围内时，可以瞬时切除故障；（D）故障点在Ⅱ段保护范围内时，则需带延时切除。

答案：A

Lb2A4071 变压器绕组首尾绝缘水平一样为（　　）。

（A）全绝缘；（B）半绝缘；（C）不绝缘；（D）分级绝缘。

答案：A

Lb2A4072 变压器差动速断的动作条件为（　　）。

（A）单相接地；（B）两相短路；（C）两相接地；（D）三相短路。

答案：D

Lb2A4073 直流控制、信号回路熔断器一般选用（　　）。

（A）1～5A；（B）5～10A；（C）10～20A；（D）20～30A。

答案：B

Lb2A4074 电缆型号由拼音及数字组成，铝芯交联聚乙烯绝缘聚氯乙烯护套阻燃钢带铠装的电缆型号为（　　）。

（A）YJLV22；（B）ZR-YJLV22；（C）ZR-YJV；（D）ZR-YJLV32。

答案：B

Lb2A4075 选择电压互感器二次熔断器的容量时，不应超过额定电流的（　　）。

（A）1.2倍；（B）1.5倍；（C）1.8倍；（D）2倍。

答案：B

Lb2A4076 当线路的主保护或断路器拒动时，用来切除故障的保护被称作（　　）。

（A）主保护；（B）后备保护；（C）辅助保护；（D）异常运行保护。

答案：B

Lb2A4077 电磁式电压互感器接在非直接接地系统中，由于某种原因可能造成系统中感抗等于容抗，使系统发生铁磁谐振，将危及系统安全。在其绕组三角开口处并接一个（　　）是限制铁磁谐振的有效措施。

（A）电感线圈；（B）电容；（C）电阻；（D）电抗器。

答案：C

Lb2A4078 变压器二次侧电压为（ ）V 及以下的总开关，宜采用低压断路器。

（A）800；（B）1250；（C）1000；（D）1600。

答案：C

Lb2A4079 客户提出抄表数据异常后，（ ）个工作日内核实并答复。

（A）5；（B）7；（C）10；（D）15。

答案：B

Lb2A4080 变电所防护直击雷的措施是（ ）。

（A）装设架空地线；（B）每线装阀型避雷器；（C）装设避雷线；（D）装设独立避雷针。

答案：D

Lb2A4081 因供电设备计划检修停电次数，对 10kV 电压等级供电的客户，每年不应超过（ ）次。

（A）1；（B）3；（C）5；（D）7。

答案：B

Lb2A4082 当智能表出现故障时，采用的报警方式为（ ）。

（A）声报警；（B）光报警；（C）声、光报警；（D）以上 A、B、C 均不对。

答案：B

Lb2A5083 在大电流接地系统中，发生单相接地故障时，零序电流和通过故障点的电流在相位上（ ）。

（A）是同相位；（B）是相差 90°；（C）相差 45°；（D）相差 120°。

答案：A

Lb2A5084 对于单侧电源的双绕组变压器，常采用带制动线圈的差动继电器构成差动保护。其制动线圈应装在（ ）。

（A）电源侧；（B）负荷侧；（C）电源侧或负荷侧；（D）需要保护处。

答案：B

Lb2A5085 预装式变电站单台变压器的容量不宜大于（ ）kV·A。

（A）800；（B）1250；（C）1000；（D）1600。

答案：D

Lb2A5086 当配电屏与干式变压器靠近布置时，干式变压器通道的最小宽度应为（ ）mm。

（A）500；（B）600；（C）700；（D）800。

答案：D

Lb2A5087 10kV及以下架空电力线路紧线时，同档内各相导线弧垂宜一致，水平排列时的导线弧垂相差不应大于（　　）mm。

（A）50；（B）40；（C）30；（D）20。

答案：A

Lb2A5088 10kV及以下架空电力线路的导线紧好后，弧垂的误差不应超过设计弧垂的（　　）。

（A）±7%；（B）±5%；（C）±3%；（D）±1%。

答案：B

Lb2A5089 为减小计量装置的综合误差，对接到电能表同一元件的电流互感器和电压互感器的比差、角差要合理地组合配对，原则上，要求接于同一元件的电压、电流互感器（　　）。

（A）比差符号相反，数值接近或相等，角差符号相同，数值接近或相等；（B）比差符号相反，数值接近或相等，角差符号相反，数值接近或相等；（C）比差符号相同，数值接近或相等，角差符号相反，数值接近或相等；（D）比差符号相同，数值接近或相等，角差符号相同，数值接近或相等。

答案：A

Lc2A2090 国家发展改革委关于电动汽车用电价格政策有关问题的通知中，2020年前对电动汽车（　　）实行政府指导价管理。

（A）电费；（B）基本电费；（C）报装服务费；（D）充换电服务费。

答案：D

Lc2A3091 电动汽车充换电设施用电报装服务中，对于居民低压客户，由各单位编制供电方案模板，在（　　）时直接答复供电方案。

（A）受理申请；（B）现场勘查；（C）业务缴费；（D）现场勘查且无异议。

答案：A

Lc2A4092 国家电网公司转发国家能源局关于进一步落实分布式光伏发电有关政策的通知中，发电量选择（　　）项目，就近接入公共电网，用户用电量由电网提供，上、下网电量分开结算，上网电价执行当地光伏电站标杆上网电价政策，用电电价执行国家相关政策。

（A）全部自用；（B）全额上网；（C）自发自用剩余电量上网；（D）补助资金。

答案：B

Lc2A5093　逆变器的检有压自动并网功能要求，检有压（　　）UN时自动并网。

（A）75%；（B）80%；（C）85%；（D）90%。

答案：C

Jd2A2094　几个试品并联在一起进行工频交流耐压试验时，试验电压应按各试品试验电压的（　　）选择。

（A）平均值；（B）最大值；（C）有效值；（D）最小值。

答案：D

Jd2A3095　配电变压器在运行中油的击穿电压应不低于（　　）kV。

（A）20；（B）25；（C）30；（D）35。

答案：A

Jd2A3096　交流耐压试验前后均应测量被试品的（　　）。

（A）$\tan\delta$；（B）泄漏电流；（C）绝缘电阻；（D）极性。

答案：C

Je2A1097　计算线损的电流为（　　）。

（A）有功电流；（B）无功电流；（C）瞬时电流；（D）视在电流。

答案：D

Je2A1098　单回线路供电的三级负荷客户，其电气主接线，采用（　　）接线。

（A）单母线分段；（B）双母线；（C）桥形；（D）单母线或线路变压器组。

答案：D

Je2A1099　单回线路供电的三级负荷客户，其电气主接线，采用（　　）接线。

（A）单母线分段；（B）单母线；（C）线路变压器组；（D）单母线或线路变压器组。

答案：D

Je2A2100　变压器二次带负载进行变换绕组分接的调压，称为（　　）。

（A）无励磁调压；（B）常用调压；（C）有载调压；（D）无载调压。

答案：C

Je2A2101　弹簧贮能操作机构在断路器处于运行状态时，贮能电动机的电源隔离开关应在（　　）。

（A）闭合位置；（B）断开位置；（C）断开或闭合位置；（D）闭锁位置。

答案：A

Je2A2102　隔离开关操作机构巡视检查项目之一是（　　）。

（A）操作手柄是否拆除；（B）电动操作结构电机旋转是否正常；（C）安装工艺是否良好；（D）操作手柄位置是否与运行状态相符。

答案：D

Je2A2103　对运行中的高压电容器进行巡视检查时，应检查（　　）等。

（A）电容器的外形尺寸是否合适；（B）接线桩头所用材料是否合理；（C）接线桩头连接工艺是否合理；（D）接线桩头接触是否良好，有无发热现象。

答案：D

Je2A2104　变压器分接开关接触不良，会使（　　）不平衡。

（A）三相绕组的直流电阻；（B）三相绕组的泄漏电流；（C）三相电压；（D）三相绕组的接触电阻。

答案：A

Je2A2105　SF_6断路器应设有气体检漏和（　　）。

（A）自动排气装置；（B）自动补气装置；（C）气体回收装置；（D）干燥装置。

答案：C

Je2A2106　当两只单相电压互感器按 V/V 接线，二次空载时，二次线电压 V_{ab}=0V，V_{bc}=100V，V_{ca}=100V，那么（　　）。

（A）电压互感器二次回路 B 相断线；（B）电压互感器一次回路 A 相断线；（C）电压互感器一次回路 C 相断线；（D）无法确定。

答案：B

Je2A3107　SF_6负荷开关内的气体压力为零表压时，仍可进行（　　）操作。

（A）短路电流合闸；（B）短路电流分闸；（C）负荷电流分、合闸；（D）短路电流分、合闸。

答案：C

Je2A3108　在多电源和有自备电源的用户线路的（　　）处，应有明显断开点。

（A）低压系统接入点；（B）分布式电源接入点；（C）高压系统接入点；（D）产权分界点。

答案：C

Je2A3109　变压器二次侧突然短路，会产生一个很大的短路电流通过变压器的高压侧和低压侧，使高、低压绕组受到很大的（　　）。

（A）径向力；（B）电磁力；（C）电磁力和轴向力；（D）径向力和轴向力。

答案：D

Je2A3110 在 Yd11 接线的三相变压器中，如果三角形接法的三相绕组中有一相绕向错误，接入电网时发生的后果是（　　）。

（A）联结组别改变；（B）发生短路，烧毁绕组；（C）变比改变；（D）铜损增大。

答案：B

Je2A3111 主变压器复合电压闭锁过流保护当失去交流电压时，（　　）。

（A）整套保护就不起作用；（B）失去复合电压闭锁功能；（C）保护不受影响；（D）以上均不正确。

答案：B

Je2A3112 变压器运行规程规定，新装变压器的瓦斯保护在变压器投运（　　）小时无问题再投入跳闸。

（A）1；（B）8；（C）12；（D）24。

答案：D

Je2A3113 客户受电变压器总容量在 100MV·A 及以上，宜采用（　　）及以上电压等级供电。

（A）10kV；（B）35kV；（C）110kV；（D）220kV。

答案：D

Je2A3114 客户受电变压器总容量在 20～100MV·A 及以上，宜采用（　　）及以上电压等级供电。

（A）10kV；（B）35kV；（C）110kV；（D）220kV。

答案：C

Je2A3115 电压互感器 V/V 接线，线电压 100V，当 U 相极性接反时，则（　　）。

（A）$U_{uv}=U_{vw}=U_{wu}=100V$；（B）$U_{uv}=U_{vw}=100V$、$U_{wu}=173V$；（C）$U_{uv}=U_{wu}=100V$、$U_{vw}=173V$；（D）$U_{uv}=U_{vw}=U_{wu}=173V$。

答案：B

Je2A3116 电压互感器 Y/y 接线，一次侧 U 相断线，二次侧空载时，则（　　）。

（A）$U_{uv}=U_{vw}=U_{wu}=100V$；（B）$U_{uv}=U_{vw}=U_{wu}=57.7V$；（C）$U_{uv}=U_{wu}=50V$，$U_{vw}=100V$；（D）$U_{uv}=U_{wu}=57.7V$，$U_{vw}=100V$。

答案：D

Je2A3117 低压三相四线制线路中，在三相负荷对称情况下，A、C 相电压接线互换，则电能表（　　）。

（A）烧表；（B）反转；（C）正常；（D）停转。

答案：D

Je2A3118　三台单相电压互感器 Y 接线，接于 110kV 电网上，则选用的额定一次电压和基本二次绕组的额定电压为（　　）

（A）一次侧为 110/3kV，二次侧为 100V；（B）一次侧为 $110kV/\sqrt{3}$，二次侧为 $100V/\sqrt{3}$；（C）一次侧为 100kV，二次侧为 100/3V；（D）一次侧为 110kV，二次侧为 100V。

答案：B

Je2A4119　断路器在故障时跳闸拒动，造成越级跳闸，在恢复系统送电前，应将发生拒动的断路器（　　）。

（A）手动分闸；（B）手动合闸；（C）脱离系统并保持原状；（D）手动分闸并检查断路器本身是否有故障。

答案：C

Je2A4120　若变压器的高压套管侧发生相间短路，则（　　）应动作。

（A）气体（轻瓦斯）和气体（重瓦斯）保护；（B）气体（重瓦斯）保护；（C）电流速断和气体保护；（D）电流速断保护。

答案：D

Je2A4121　电压互感器 Y/y_0 接线，$U_u=U_v=U_w=57.7V$，若 U 相极性接反，则 U_{uv} =（　　）V。

（A）33.3；（B）50；（C）57.7；（D）100。

答案：C

Je2A4122　当三相三线有功电能表，负荷对称时，两元件的接线分别为 I_aU_{cb} 和 I_cU_{ab}，负载为感性，转盘（　　）。

（A）正转；（B）反转；（C）不转；（D）转向不定。

答案：C

Je2A4123　现场测得三相三线电能表第一元件接 I_a、U_{cb}，第二元件接 I_c、U_{ab}，则更正系数为（　　）。

（A）无法确定；（B）1；（C）2；（D）0。

答案：A

Je2A4124　在一台 Yd11 接线的变压器低压侧发生 AB 相两相短路。星形侧某相电流为其他两相短路电流的两倍，该相为（　　）。

（A）A 相；（B）B 相；（C）C 相；（D）零相。

答案：B

Je2A5125　双母线系统的两组电压互感器并列运行时，（　　）。

（A）应先并二次侧；（B）应先并一次侧；（C）先并二次侧或一次侧均可；（D）一次侧不能并，只能并二次侧。

答案：B

Je2A5126　当两只单相电压互感器按 V/V 接线，二次线电压 $U_{ab}=100V$，$U_{bc}=100V$，$U_{ca}=173V$，那么，可能电压互感器（　　）。

（A）二次绕组 A 相或 C 相极性接反；（B）二次绕组 B 相极性接反；（C）一次绕组 A 相和 C 相极性接反；（D）一次绕组 B 相极性接反。

答案：A

Je2A5127　在检查某三相三线高压用户时发现其安装的三相三线智能电能表 B 相外接断线，则在其断相期间实际用电量是表计电量的（　　）倍。

（A）1/3；（B）1/2；（C）1；（D）2。

答案：D

Je2A5128　运行中的三相三线有功电能表，若 B 相电压断开。第一元件的功率表达式是（　　），第二元件功率表达式是（　　）。

（A）$P_1=0.5UI\cos(30°+\varphi)$、$P_2=0.5UI\cos(30°-\varphi)$；（B）$P_1=0.5UI\cos(30°-\varphi)$、$P_2=0.5UI\cos(30°+\varphi)$；（C）$P_1=UI\cos(30°+\varphi)$、$P_2=UI\cos(30°-\varphi)$；（D）$P_1=UI\cos(30°-\varphi)$、$P_2=UI\cos(30°+\varphi)$。

答案：B

1.2 判断题

La2B1001 禁止作业人员擅自变更工作票中指定的接地线位置。(√)

La2B1002 最基本的门电路有与门、或门和非门。(√)

La2B2003 辅助继电器可分为中间继电器、时间继电器和信号继电器。(√)

La2B3004 在带电作业过程中如设备突然停电，作业人员应视设备仍然带电。工作负责人应尽快与调度联系，调度未与工作负责人取得联系前不得强送电。(√)

La2B3005 验电时，必须用电压等级适合而且合格的验电器，在检修设备进出线两侧各相分别验电。(√)

La2B3006 任何运行中的星形接线设备的中性点，必须视为带电设备。(√)

Lb2B1007 电力系统过电压可分成：外部过电压和内部过电压。(√)

Lb2B1008 110kV 及以上电压等级的变压器中性点接地极，可以与避雷针的接地极直接连接。(×)

Lb2B1009 电力系统中，用户功率因数的变化直接影响系统有功功率和无功功率的比例变化。(√)

Lb2B1010 消弧线圈常采用过补偿方式运行。(√)

Lb2B1011 国家电网公司供电服务“十项承诺”规定：供电方案答复期限，高压单电源客户不超过 20 个工作日。(×)

Lb2B2012 低压配电装置的长度大于 6m 时，其柜后通道应设两个出口，而两个出口间的距离超过 15m 时，尚应增加出口。(×)

Lb2B2013 低压电容器组应设放电装置，电容器组两端的电压从额定电压值降至 50V 所需的时间不应大于 1min。(×)

Lb2B2014 对三相中性点经消弧线圈接地的配电系统，配电变压器必须采用三点合一接地方式，即避雷器的接地点、变压器外壳和变压器一次侧中性点接在一起共同接地。(×)

Lb2B2015 在供电系统可靠性统计中，临时停电分临时检修停电和临时施工停电两类。(×)

Lb2B2016 瓦斯保护能反映变压器油箱内的任何电气故障，差动保护却不能。(√)

Lb2B2017 并联电容器在电力系统中有改善功率因数的作用，从而减少线损和电压损失，而且变压器输出的无功电流也减少了。(√)

Lb2B2018 当系统运行电压降低时，应增加系统中的无功出力。(√)

Lb2B2019 变压器复合电压过流保护作用是变压器的后备保护。(√)

Lb2B2020 后备保护是主保护或断路器拒动时，用以切除故障的保护。(√)

Lb2B2021 差动保护的电流互感器回路只能有一个接地点。(√)

Lb2B2022 双母线系统的两组电压互感器并列运行时，应先并二次侧。(×)

Lb2B2023 在中性点直接接地系统中，零序电流互感器一般接在中性点的接地线上。(√)

Lb2B2024 电流互感器极性是指它的一次线圈和二次线圈电流方向的关系。(√)

Lb2B2025 我国电流互感器一次绕组和二次绕组是按加极性方式缠绕的。(×)

Lb2B2026 避雷器残压是表征避雷器保护水平的主要参数。(√)

Lb2B2027 中央信号装置分为事故信号和预告信号。(√)

Lb2B2028 为防止电流互感器在运行中烧坏，其二次侧应装熔断器。(×)

Lb2B2029 安装并联电容器的目的，一是改善系统的功率因数，二是调整网络电压。(√)

Lb2B2030 高压电压互感器二次侧要有一点接地，金属外壳也要接地。(√)

Lb2B2031 国家电网公司供电服务“十项承诺”规定：供电方案答复期限，高压单电源客户不超过 15 个工作日。(√)

Lb2B2032 用户因不可抗力因素造成停产，在停产期间免收基本电费，用户应及时告知供电企业。(√)

Lb2B2033 用户申请减容必须是整台或整组变压器的停止或更换小容量变压器用电，减容期限不受时间限制。(√)

Lb2B2034 国家电网公司供电服务“十项承诺”规定：供电方案答复期限，高压双电源客户不超过 40 个工作日。(×)

Lb2B2035 高压电力线路的悬式绝缘子串，在运行中各片绝缘子承受电压相同。(×)

Lb2B2036 电流互感器接入电网时，按相电压来选择。(×)

Lb2B2037 当电压互感器出现内部故障时，严禁采用取下电压互感器高压熔丝或近控拉开高压隔离开关的方式隔离故障电压互感器。(√)

Lb2B2038 断路器的固有分闸时间指分闸线圈通电到第一个灭弧触头刚分开为止。(√)

Lb2B2039 二次侧为双绕组的电流互感器，其准确度等级高的二次绕组应供计量用。(√)

Lb2B2040 电能表脉冲输出电路的基本形式为有源输出和无源输出。(√)

Lb2B2041 自动抄表系统不能持手抄器现场抄表。(×)

Lb2B3042 私自超过合同容量用电的，除应拆除私增容量设备外，用户还应交私增容量 50 元/kW 的违约使用电费。(√)

Lb2B3043 居民用户的家用电器损坏后，超过 7 日还没提出索赔要求的，供电企业不再负赔偿责任。(√)

Lb2B3044 变电所进线段过电压保护，是指在 35kV 及以上电压等级的变电所进出线全线安装避雷线。(×)

Lb2B3045 管型避雷器开断续流的上限，考虑非周期分量；开断续流的下限，不考虑非周期分量。(√)

Lb2B3046 选择导体截面时，线路电压的损失应满足用电设备正常工作时端电压的要求。(√)

Lb2B3047 独立避雷针与电气设备在空中的距离必须不小于 5m。(√)

Lb2B3048 分级绝缘变压器用熔断器保护时，其中性点必须直接接地。（√）

Lb2B3049 农村中采用 TT 系统的低压电网，应装设漏电总保护和漏电末级保护。（√）

Lb2B3050 在 TN-C 系统中，应装设将三相相线和 PEN 线同时断开的开关设备。（×）

Lb2B3051 在同一管道里有几个电气回路时，管道内的每一绝缘导线应采用与其标称电压回路绝缘性相同的绝缘。（×）

Lb2B3052 为保证安全，Y，d11 接线组别的变压器差动保护用电流互感器二次侧均应分别接地。（×）

Lb2B3053 避雷针可安装在变压器的门型构架上。（×）

Lb2B3054 变压器差动保护用电流互感器应装在变压器高、低压侧断路器的靠变压器侧。（√）

Lb2B3055 国家电网公司供电服务“十项承诺”规定：供电方案答复期限，高压双电源客户不超过 30 个工作日。（√）

Lb2B3056 电力系统公共连接点正常电压不平衡度允许值为 2%，短时不得超过 5%。（×）

Lb2B3057 《国家电网公司供电服务质量标准》中所说客户是指已经与供电企业建立供用电关系的组织或个人。（×）

Lb2B3058 国家电网公司供电服务“十项承诺”规定：提供 24h 电力故障报修服务，供电抢修人员到达现场的时间，农村地区一般不超过 90min。（√）

Lb2B3059 在电力系统正常状况下，10kV 及以下三相供电的，为额定值的＋7%，－10%。（×）

Lb2B3060 分接开关带电部分对油箱壁的绝缘属于纵绝缘。（×）

Lb2B3061 接入中性点有效接地的高压线路的三台电压互感器，应按 Y_0/Y_0 方式接线。（√）

Lb2B3062 35kV 以上电压等级的架空线路每档都应加防振器，以防断线。（√）

Lb2B3063 当采用蓄电池组作直流电源时，由浮充电设备引起的波纹系数应大于 5%。（×）

Lb2B3064 高压断路器的“跳跃”是指断路器合上又跳开，跳开又合上的现象。（√）

Lb2B3065 避雷带和避雷网主要用来保护高层建筑物免遭直接雷和感应雷。避雷带和避雷网宜采用圆钢和扁钢。（√）

Lb2B3066 当电流互感器的变比误差超过 10%时，将影响继电保护的正确动作。（√）

Lb2B3067 运行中油闪点降低的主要原因是设备内部产生故障造成局部过热引起油的分解。（√）

Lb2B3068 电容器组各相之间电容的差值应不超过一相电容总值的 25%。（×）

Lb2B3069 新变压器油几乎不含酸性物质，其酸值常近似为 0。（√）

Lb2B3070 继电保护装置所用电流互感器的电流误差，不允许超过10%。（√）

Lb2B3071 消弧线圈与变压器的铁芯是相同的。（×）

Lb2B3072 单芯电缆只有一端铅包接地时，另一端铅包的感应电压不应超过85V，否则两端都应接地或采取铅包分段绝缘的方法。（√）

Lb2B3073 C相电压互感器二次侧断线，将造成三相三线有功电能表可能正转、反转或不转。（√）

Lb2B3074 110kV及以上电压等级的少油断路器，断口加均压电容是为了防止操作时产生过电压。（√）

Lb2B3075 接入中性点非有效接地的高压线路的计量装置，宜采用三相四线有功、无功电能表。（×）

Lb2B3076 铜与铝母线连接时，在干燥室内铜导体搪锡；特别潮湿的室内应使用铜铝过渡接头。（×）

Lb2B4077 在电压为10kV及以下的高压电容器内，每个电容元件都串有一个熔丝，作为电容器的内部短路保护。（√）

Lb2B4078 为提高供电可靠性，装有防雷保护间隙的线路上，一般都不会装自动重合闸装置。（×）

Lb2B4079 室内装设的容量在800kV·A及以上的油浸变压器，应装设瓦斯保护。（×）

Lb2B4080 自动重合闸只对瞬时性故障有效，对永久性故障毫无意义。（√）

Lb2B4081 无励磁调压装置俗称无载调压分接开关，是在变压器不带电的条件下切换低压侧绕组中线圈抽头，以实现低压侧调压的装置。（×）

Lb2B4082 带时限的电流速断保护只能保护本线路全长，但不能作为相邻下一级线路的后备保护。（√）

Lb2B4083 测量电流互感器的大小极性，是为了防止接线错误、继电保护误动作、计量不准确。（√）

Lb2B4084 35kV降压变电站的主变压器，在电压偏差不能满足要求时，应选用无载调压变压器。（×）

Lb2B4085 避雷器的冲击放电电压和残压是表明避雷器保护性能的两个重要指标。（√）

Lb2B4086 变压器瓦斯保护的保护范围不如差动保护大，对电气故障的反应也比差动保护慢。所以，差动保护可以取代瓦斯保护。（×）

Lb2B4087 停用备用电源自动投入装置时，应先停用电压回路。（×）

Lb2B4088 过电流保护在系统运行中变小时，保护范围也将变小。（√）

Lb2B4089 电动机电流速断保护的定值应大于电动机的最大自启动电流。（√）

Lb2B4090 将一台三相变压器的高低压套管的相别标号A和C互换一下，变压器的接线组别不会改变。（×）

Lb2B4091 变压器空载时的主磁通由空载磁动势所产生，负载时的主磁通由一、二次侧的合成磁动势所产生，因此负载时的主磁通大于空载时的主磁通。（×）

Lb2B4092 直流回路两点接地可能造成断路器误跳闸。(√)

Lb2B4093 用熔断器保护的电压互感器回路，可不验算动、热稳定。(√)

Lb2B4094 一般变压器充电时只投入瓦斯保护即可。(×)

Lb2B4095 两台变压器并列运行时，其过流保护要加装低电压闭锁装置。(√)

Lb2B4096 直流回路是绝缘系统，而交流回路是接地系统，因此两者不能共用一条电缆。(√)

Lb2B4097 变压器的差动保护和瓦斯保护的作用、保护范围是相同的。(×)

Lb2B4098 110kV及以上电压等级的多油断路器，断口加均压电容是为了防止操作时产生过电压。(×)

Lb2B4099 把电容器串联在线路上以补偿电路电抗，可以改善电压质量，提高系统稳定性和增加电力输出能力。(√)

Lb2B4100 电力系统公共连接点正常电压不平衡度允许值为2%，短时不得超过5%。(×)

Lb2B4101 《供电服务规范》规定：引起停电的原因消除后应及时恢复供电，不能及时恢复供电的，应向客户说明原因。(×)

Lb2B4102 国家电网公司供电服务“十项承诺”规定：提供24h电力故障报修服务，供电抢修人员到达现场的时间，边远地区一般不超过90min。(×)

Lb2B4103 在电力系统正常状况下，客户受电端的供电电压允许偏差，10kV及以下三相供电的，为额定值的+7%。(×)

Lb2B4104 国家电网公司供电服务“十项承诺”规定：提供24h电力故障报修服务，供电抢修人员到达现场的时间，城区范围一般不超过30min。(×)

Lb2B5105 配电线路应装设速断保护和过负荷保护。(×)

Lb2B5106 《供电服务规范》规定：城市居民客户端电压合格率不低于96%，农网居民客户端电压合格率不低于90%。(×)

Lb2B5107 依据《供电营业规则》，因电能质量某项指标不合格而引起责任纠纷时，不合格的质量责任由电力管理部门认定的电能质量技术检测机构负责技术仲裁。(√)

Lb2B5108 依据《供电营业规则》，对35kV及以上电压供电的用户，应有专用的电流互感器二次线圈和专用的电压互感器二次连接线，并不得与保护、测量回路共用。(√)

Lb2B5109 依据《供电营业规则》，电能表与互感器连接线的电压降超出允许范围时，以允许电压降为基准，按验证后实际值与允许值之差补收电量。补收时间从连接线投入之日起至抄表之日止。(×)

Lb2B5110 依据《供电营业规则》，电压互感器保险熔断无法计算退补电量时，以用户上月用电量为基准，按正常月与故障月的差额补收相应电量的电费，补收时间按抄表记录或按失压自动记录仪记录确定。(×)

Lb2B5111 依据《供电营业规则》，其他非人为原因致使计量记录不准时，以用户上月用电量为基准退补电量，退补时间按抄表记录确定。(×)

Lb2B5112 依据《供电营业规则》，用户不得自行转供电。在公用供电设施尚未达到的地区，在征得该地区有供电能力的用户同意后，供电企业可委托其向附近的用户转供电

力。（×）

Lb2B5113 国家电网公司供电服务“十项承诺”规定：提供 24h 电力故障报修服务，供电抢修人员到达现场的时间，城区范围一般不超过 45min。（√）

Lb2B5114 配电线路应装设速断保护和过负荷保护。（×）

Lb2B5115 《供电服务规范》规定：城市居民客户端电压合格率不低于 95%，农网居民客户端电压合格率不低于 90%。（√）

Lb2B5116 两相电流互感器差接使用一个继电器，当三相短路时，继电器中流过的电流是装有电流互感器两相短路电流的相量和。（×）

Lb2B5117 旁路断路器和兼作旁路的母线或分段断路器上，应设可代替线路保护的保护装置。（√）

Lc2B3118 分布式电源接入系统工程和由其接入引起的公共电网改造部分由电力公司投资建设。（×）

Lc2B4119 对向电网经营企业直接报装接电的经营性集中式充换电设施用电，执行大工业用电价格。2020 年前，暂收基本电费。（×）

Lc2B4120 分布式电源并网申请受理、接入系统方案制订、接入系统工程设计审查、电能表安装、合同和协议签署、并网调试和并网验收、政府补助电量计量和补助资金结算服务中，不收取任何服务费用。（√）

Lc2B5121 电网企业应按规定的并网点及时完成应承担的接网工程，在符合电网运行安全技术要求的前提下，尽可能在用户侧以较低电压等级接入，允许内部多点接入配电系统，避免安装不必要的升压设备。（√）

Jd2B2122 电力变压器进行短路试验的目的是求出变压器的短路电流。（×）

Jd2B2123 绝缘油的介质损耗越大，说明油的质量越好。（×）

Jd2B3124 在 110kV 及以上电压等级的电气设备绝缘监测工作中，强调“油气相色谱分析”“微水含量”和“相对局部放电量”的测量，是由于这些项目能更准确地判断绝缘状态。（√）

Jd2B3125 额定电压为 0.6/1kV 的电缆线路，可用 1000V 或 2500V 绝缘电阻表测量导体对地绝缘电阻代替直流耐压试验。（√）

Jd2B3126 电力电缆在直流耐压试验过程中，当试验电压升至规定值时，便可测量泄漏电流。（×）

Jd2B3127 通过变压器的短路试验数据可求得变压器的阻抗电压百分数。（√）

Jd2B3128 在进行高压试验时，应采用负极性接线。（√）

Je2B1129 在电力系统正常运行情况下，35kV 及以上用户供电电压正、负偏差绝对值之和不超过额定电压的 10%。（√）

Je2B1130 电压互感器的二次回路经常发生熔断器的熔丝熔断、隔离开关辅助触点接触不良、二次接线螺钉松动等故障，使保护装置失去电压而发生误动作。（√）

Je2B1131 供电企业向有重要负荷的用户提供的保安电源，应接自系统的两个不同变电所，符合独立电源的条件，以满足安全的需要。（√）

Je2B1132 绝缘油中各种酸性物质的增加，会提高油品的导电性。（√）

Je2B1133 反映变压器油箱内常见的短路故障的主保护只有差动保护。（×）

Je2B1134 发现客户大型变压器油质异常时，应增加试验次数和项目。（√）

Je2B1135 《国家电网公司业扩供电方案编制导则》规定，受电电压在 10kV 及以上的专线客户，需要实行电力调度管理。（√）

Je2B1136 气体放电灯是谐波源。（√）

Je2B1137 《国家电网公司业扩供电方案编制导则》规定，备用电源自动投入装置，应具有保护动作闭锁的功能。（√）

Je2B1138 电气机车是谐波源。（√）

Je2B2139 两台变压器变比不同，会造成其负荷的分配与短路电压呈反比，短路电压小的变压器将超载运行，另一台变压器只有很小负载。（×）

Je2B2140 两台变压器短路电压比超过 10%，会造成其二次电压大小不等，二次绕组回路中产生环流，它不仅占有变压器容量，也增加变压器损耗。（×）

Je2B2141 35kV 及以上供电电压允许偏差为不超过额定电压的 10%。（×）

Je2B2142 当铁芯饱和后，为了产生正弦波磁通，励磁电流的波形将变为尖顶波，其中含有较大的三次谐波分量，对变压器的运行有较大的影响。（√）

Je2B2143 变压器差动保护动作时，只跳变压器一次侧断路器。（×）

Je2B2144 强迫油循环风冷变压器冷却装置投入的数量应根据变压器温度、负荷来决定。（√）

Je2B2145 变压器充电时，重瓦斯应改投信号。（×）

Je2B2146 应根据电能计量的不同对象，以及确定的客户供电方案和国家电价政策确定电能计量方式、用电信息采集终端安装方案。（√）

Je2B2147 应根据电网条件以及客户的用电容量、用电性质、用电时间、用电负荷重要程度等因素，确定供电方式和受电方式。（√）

Je2B3148 单台电动机的功率，不宜超过配电变压器容量的 50%。（×）

Je2B3149 允许中断供电时间为 15s 以上的供电，可选用快速自启动的发电机组作为应急电源。（√）

Je2B3150 长期停运的断路器在重新投入运行前，应通过远方控制方式进行 2～3 次操作，操作无异常后方能投入运行。（√）

Je2B3151 电压互感器二次回路故障，可能会使反映电压、电流之间相位关系的保护误动。（√）

Je2B3152 高次谐波产生的根本原因是由于电力系统中某些设备和负荷的非线性特性，即所加的电压与产生的电流不呈线性（正比）关系而造成的波形畸变。（√）

Je2B3153 阻抗电压不相等的两台变压器并联时，负载的分配与阻抗电压呈正比。（×）

Je2B3154 在保护盘上或附近进行打眼等振动较大的工作时，应采取防止运行中设备跳闸的措施，必要时经值班调度员或值班负责人同意，将保护暂时停用。（√）

Je2B3155 变压器轻瓦斯保护发出信号应进行检查，并适当降低变压器负荷。（√）

Je2B3156 谐波将会使电网中感性负载产生过电压、容性负载产生过电流，电压质量

下降，给安全运行带来危害。但是对电能计量不会产生太大的影响。（×）

Je2B3157 《国家电网公司业扩供电方案编制导则》规定：根据应用场所的不同选配用电信息采集终端。对高压供电的客户配置专变采集终端，对低压供电的客户配置集中抄表终端，对有需要接入公共电网分布式能源系统的客户配置分布式能源监控终端。（√）

Je2B3158 《国家电网公司业扩供电方案编制导则》规定：自备应急电源是指由客户自行配备的，在正常供电电源全部发生中断的情况下，能够至少满足对客户保安负荷不间断供电的独立电源。（√）

Je2B3159 相位表法即用便携式伏安相位表测量相位，绘制相量图，进行电能计量装置接线分析。（√）

Je2B3160 对10kV及以上三相三线制接线的电能计量装置，其两台电流互感器，可采用简化的三线连接。（×）

Je2B3161 110kV主变压器不装油枕带油运输后，在安装现场只要测得绝缘电阻值不低于制造厂的测定折算值的70%就可以不经干燥投入运行。（×）

Je2B3162 一只电流互感器二次极性接反，将引起相接的三相三线有功电能表反转。（×）

Je2B4163 隔离开关可拉合励磁电流小于2A的空载变压器。（√）

Je2B4164 《国家电网公司业扩供电方案编制导则》规定：具有两回线路供电的一级负荷客户，其电气主接线的确定应符合10kV电压等级，应采用单母线分段接线。装设两台及以上变压器。0.4kV侧应采用单母线分段接线。（√）

Je2B4165 《国家电网公司业扩供电方案编制导则》中规定：10kV及以上电压等级供电的客户，当单回路电源线路容量不满足负荷需求且附近无上一级电压等级供电时，可合理增加供电电源，采用双电源供电。（×）

Je2B4166 《国家电网公司业扩供电方案编制导则》规定：具有两回线路供电的一级负荷客户，其电气主接线的确定应符合35kV电压等级，应采用单母线分段接线或双母线接线。装设两台及以上变压器。6～10kV侧应采用单母线分段接线。（√）

Je2B5167 为控制各类非线性用电设备所产生的谐波对电网电压正弦波形的影响，可采取多种措施，其中有选用结线组别为D，yn11的三相配电变压器。（√）

Je2B5168 《国家电网公司业扩供电方案编制导则》中规定：10kV及以上电压等级供电的客户，当单回路电源线路容量不满足负荷需求且附近无上一级电压等级供电时，可合理增加供电回路数，采用多回路供电。（√）

1.3 多选题

La2C1001 叠加定理适用于线性电路的（　　）计算。

（A）电流；（B）电压；（C）功率；（D）电能。

答案：AB

Lb2C1002 电气设备的状态可分为（　　）。

（A）运行；（B）试验；（C）备用；（D）检修。

答案：ACD

Lb2C1003 关于电流保护，下列说法不正确的是（　　）。

（A）电流速断保护具有可靠的选择性和速动性；（B）电流速断保护在本线路上无死区；（C）过流保护能保护本线路全长；（D）带时限电流速断保护不能保护本线路全长。

答案：BD

Lb2C1004 电力系统中防止外部过电压的主要技术措施有（　　）。

（A）装设符合技术要求的避雷线；（B）装设符合技术要求的避雷器；（C）装设符合技术要求的避雷针；（D）装设符合技术要求的放电间隙；（E）装设符合技术要求的压敏电阻。

答案：ABCD

Lb2C1005 下列属于现场服务内容的有（　　）。

（A）客户侧计费电能表电量抄见；（B）客户侧停电、复电；（C）客户侧用电情况的巡查；（D）客户侧计费电能表现场安装、校验。

答案：ABCD

Lb2C2006 为了防止误操作，高压开关柜应具有以下联锁功能（　　）

（A）防误入带电间隔；（B）防误分合断路器；（C）防带电拉合隔离开关；（D）防带电拉合负荷开关；（E）防带电合接地刀闸；（F）防带接地线合断路器。

答案：ABCEF

Lb2C2007 高压电力电缆的基本结构分为（　　）。

（A）线芯（导体）；（B）绝缘层；（C）屏蔽层；（D）保护层。

答案：ABCD

Lb2C2008 继电保护按保护所起的作用可分为（　　）。

（A）主保护；（B）电流保护；（C）后备保护；（D）辅助保护。

答案：ACD

Lb2C2009 中性点直接接地的低压电力网中的零线在（　　）应重复接地。

（A）开关设备的外壳；（B）电源点；（C）干线和分支线终端处；（D）引入车间或大型建筑物处，距接地点超过 50m。

答案：BCD

Lb2C2010 高压真空断路器有（　　）优点。

（A）结构简单，维护检修工作量少；（B）使用寿命长，运行可靠；（C）能频繁操作，无噪声；（D）真空熄弧效果好，电弧不外露；（E）无爆炸危险。

答案：ABCDE

Lb2C2011 发电厂和变电所中装设的电气设备中二次设备是对一次设备进行测量、控制、监视和保护，有（　　）。

（A）仪用互感器；（B）测量表计；（C）继电保护和自动装置；（D）直流设备。

答案：ABCD

Lb2C2012 《供电营业规则》规定：当用电计量装置不安装在产权分界处时，线路与变压器损耗的有功与无功电量均须由产权所有者负担。在计算用户（　　）时，应将上述损耗电量计算在内。

（A）电度电费；（B）基本电费（按最大需量计收时）；（C）基本电费（按容量计收时）；（D）功率因数调整电费。

答案：ABD

Lb2C2013 《供电营业规则》规定：用户需要备用、保安电源时，供电企业应按其（　　），与用户协商确定。

（A）负荷重要性；（B）用电容量；（C）供电的可靠性；（D）供电的可能性。

答案：ABD

Lb2C2014 供电企业应当对用户受电工程建设提供必要的（　　）。

（A）咨询服务；（B）现场指导；（C）建设规划；（D）技术服务。

答案：AD

Lb2C2015 供电企业应当按照合同约定的（　　）合理调度和安全供电。

（A）数量；（B）质量；（C）时间；（D）方式。

答案：ABCD

Lb2C3016 高压交联聚乙烯电力电缆的优点是（　　）。

（A）允许导体温度达 90℃；（B）允许载流量大；（C）可以高落差或垂直敷设；（D）抗电晕、耐游离放电性能强。

答案：ABC

Lb2C3017 关于变压器的绝缘，下列说法正确的是（　　）。

（A）变压器的绝缘分为主绝缘、纵向绝缘两种；（B）主绝缘是指同一电压等级的一个绕组，其不同部位之间的绝缘；（C）纵向绝缘是指绕组对地之间、相间和同一相而不同电压等级之间的绝缘；（D）变压器的绝缘材料按其耐热等级可分为 Y、A、E、B、F、H 及 C 七个等级。

答案：AD

Lb2C3018 电力系统的无功电源有（　　）。

（A）同步发电机；（B）同步调相机；（C）电力电容器；（D）静止无功补偿装置。

答案：ABCD

Lb2C3019 变压器纵联差动保护应符合的规定有（　　）。

（A）应能躲过励磁涌流；（B）应能躲过外部短路产生的不平衡电流；（C）差动保护范围应包括变压器套管及其引线；（D）差动保护范围应包括变压器套管而不包括其引线。

答案：ABC

Lb2C3020 在并联电容器回路中串入电抗器的作用是（　　）。

（A）母线电压偏高时，降低电容器上的工频电压；（B）如电抗器电抗值选择适当，能减少流入电容器的谐波电流；（C）限制电容投入时的暂态涌流；（D）改善投切电容器的断路器的熄弧条件。

答案：BC

Lb2C3021 35～110kV 变电所，为检修电压互感器和避雷器而设置隔离开关的正确原则是（　　）。

（A）接在母线上的电压互感器和避雷器，不可合用一组隔离开关；（B）接在母线上的电压互感器和避雷器，可合用一组隔离开关；（C）接在主变压器引出线上的避雷器，必须设置隔离开关；（D）接在主变压器引出线上的避雷器，不宜设置隔离开关。

答案：BD

Lb2C3022 在下列有关架空线路的导线连接的表述中，（　　）是正确的说法。

（A）不同规格、不同绞向、不同金属的导线不准在同一档距内连接；（B）同一档距内，每根导线只准有一个接头；（C）同一档距内，每根导线不得超过两个接头；（D）接头至导线固定点，不应小于 1.0m。

答案：ABD

Lb2C3023 关于变压器安装有载调压的意义，说法正确的是（　　）。

（A）用于电压质量要求较严的处所；（B）在安装有电容器时，可充分发挥电容器的作用；（C）能带负荷调整电压，但调整范围较小；（D）可减少电压的波动，减少高峰低谷的电压差。

答案：ABD

Lb2C3024 防止人身间接电击采取以下措施之一者，可不设接地故障保护，这些措施是（　　）。

（A）采用防触电分类为Ⅱ类的电气设备；（B）采用安全超低电压；（C）已装设了完善的短路保护者；（D）采取电气隔离措施。

答案：ABD

Lb2C3025 《供电营业规则》规定：有下列情形之一的（　　），允许变更或解除供用电合同。

（A）当事人双方经过协商同意；（B）由于供电能力的变化或国家对电力供应与使用管理的政策调整，使订立供用电合同时的依据被修改或取消；（C）当事人一方确实无法履行合同；（D）由于不可抗力或一方当事人虽无过失，但无法防止的外因，致使合同无法履行。

答案：BD

Lb2C3026 下列情况，中性导体的截面应与相导体的截面相同（　　）。

（A）单相两线制线路；（B）铜相导体截面积小于等于 $16mm^2$；（C）铝相导体截面积小于等于 $35m^2$；（D）铝相导体截面积小于等于 $25m^2$。

答案：ABD

Lb2C3027 继电保护和自动装置的设计应以合理的运行方式和可能的故障类型为依据，并满足（　　）基本要求。

（A）可靠性；（B）选择性；（C）灵敏性；（D）速动性。

答案：ABCD

Lb2C4028 若两台及以上配电变压器并列运行，应满足（　　）。

（A）变压器一、二次额定电压应分别相等；（B）阻抗电压相同；（C）联结组别相同；（D）容量比不能大于 3：1。

答案：ABCD

Lb2C4029 配电系统的三点共同接地是指（　　）。

（A）变压器的中性点；（B）变压器的外壳；（C）用电设备的接地线；（D）避雷器的接地引下线。

答案：ABD

Lb2C4030 应监测交流系统绝缘的回路是（　　）。

（A）同步发电机的定子回路；（B）110kV中性点接地系统母线；（C）35kV中性点不接地系统母线；（D）10kV中性点不接地系统母线。

答案：ACD

Lb2C4031 10kV配电变压器一、二次侧熔丝的选择原则是（　　）。

（A）100kV·A以上变压器，一次侧熔丝按变压器一次额定电流的1.5～2倍选择；（B）100kV·A以下变压器，一次侧熔丝按变压器一次额定电流的2～3倍选择；（C）100kV·A以下变压器，一次侧熔丝按变压器一次额定电流的1.5～2倍选择；（D）二次侧熔丝按变压器低压侧额定电流选择。

答案：ABD

Lb2C4032 关于采用有载调压变压器的叙述中，说法正确的是（　　）。

（A）35kV及以上电压的变电所中的降压变压器直接向35kV、10（6）kV电网送电时，应采用有载调压变压器；（B）35kV降压变电所的主变压器，在电压偏差不能满足要求时，应采用有载调压变压器；（C）35kV/0.4kV直降的配电变压器应采用有载调压变压器；（D）当10（6）kV电源电压偏差不能满足要求时，且有对电压要求严格的设备，单独设置调压装置技术经济不合理时，亦可采用10（6）kV有载调压变压器。

答案：ABD

Lb2C4033 电压互感器二次回路故障对继电保护的影响有（　　）。

（A）接入继电器电压线圈的电压消失，造成高频保护误动作；（B）接入继电器的电压在数值上和相位上发生畸变，造成差动保护误动作；（C）接入继电器电压线圈的电压消失，造成低电压保护、距离保护会发生误动作；（D）接入继电器的电压在数值上和相位上发生畸变，电流方向保护可能会发生误动作。

答案：CD

Lb2C4034 变电所中的变压器在下列情况之一时，应采用有载调压变压器（　　）

（A）35kV以上电压的变电所中的降压变压器，直接向35kV、10（6）kV电网送电时；（B）35kV降压变电所的主变压器，在电压偏差不能满足要求时；（C）10kV降压变压器电压质量不符合要求时；（D）以上都不对。

答案：AB

Lb2C5035 在低压配电系统中，宜采用四极开关电器的是（　　）。

（A）TT系统电源进线处；（B）TN-S、TN-C-S系统变电器低压总开关；（C）TN-S、TN-C-S系统变电所内低压母联开关；（D）TN、TT系统与IT系统之间的电源转换开关。

答案：AD

Lb2C5036 小接地电流系统的零序电流保护，可利用（　　）电流作为故障信息量。
(A) 网络的自然电容电流；(B) 消弧线圈补偿后的残余电流；(C) 工接地电流（此电流不宜大于10～30A，且应尽可能小）；(D) 11kV中性点不接地系统母线。
答案：ABCD

Lb2C5037 电力系统中因谐振引起内过电压的类型有（　　）。
(A) 不对称开、断负载，引起基波谐振过电压；(B) 中性点绝缘系统中，电磁式电压互感器引起的铁磁谐振过电压；(C) 由空载变压器和空载线路，引起的高次谐波铁磁谐振过电压；(D) 采用电容串联和并联补偿时，所产生的分频谐振过电压；(E) 中性点直接接地系统中非全相运行时，电压互感器引起的分频谐振过电压。
答案：ABCDE

Lc2C3038 对于统购统销的光伏发电客户，其10kV对应接入点可选择为（　　）。
(A) 公共电网变电站10kV母线；(B) 公共电网开关站、配电室或箱变10kV母线；(C) T接公共电网10kV线路；(D) 用户开关站、配电室或箱变10kV母线。
答案：ABC

Jd2C3039 互感器极性的试验方法有（　　）。
(A) 直流法；(B) 观察法；(C) 交流法；(D) 比较法。
答案：ACD

Je2C1040 10kV杆上避雷器安装前应检查（　　）。
(A) 避雷器瓷套有无裂纹及放电痕迹；(B) 有无破损现象，外观是否清洁；(C) 避雷器规格、型号是否与设计一致；(D) 避雷器相关资料是否齐全。
答案：ABCD

Je2C2041 谐波对电网的危害有（　　）。
(A) 会造成电压正弦波畸变；(B) 会使电压质量下降；(C) 会使电网感性负载产生过电流；(D) 会使容性负载产生过电压。
答案：AB

Je2C2042 下列（　　）特殊缺陷，只有在负荷高峰期、雨雾等天气进行夜间巡视才能发现。
(A) 导线断股；(B) 接头打火；(C) 绝缘子闪络放电；(D) 瓷件破损。
答案：BC

Je2C2043 运行中变压器，出现假油面的原因可能有（　　）。
(A) 油标管堵塞；(B) 呼吸器堵塞；(C) 漏油；(D) 防爆管通气孔堵塞。

答案：**ABD**

Je2C2044 电力运行事故由下列原因（ ）造成的，电力企业应承担赔偿责任。

（A）因供电企业的输配电设备故障；（B）不可抗力；（C）因电力企业的人为责任事故；（D）第三者引起的故障。

答案：**ACD**

Je2C2045 自备应急电源一般可由以下（ ）方式取得。

（A）独立于正常电源的发电机组；（B）不间断供电电源（UPS、D-UPS）；（C）集中供电式应急电源（EPS）；（D）蓄电池、干电池、其他新型自备应急电源设备。

答案：**ABCD**

Je2C2046 《国家电网公司业扩供电方案编制导则》规定：应分别装设电能计量装置的有（ ）。

（A）有两条及以上线路分别来自不同电源点或有多个受电点的客户；（B）客户一个受电点内不同电价类别的用电；（C）有送、受电量的地方电网和有自备电厂的客户，应在并网点上装设送、受电电能计量装置；（D）专线客户的变电站端和客户配电室进线端。

答案：**ABC**

Je2C3047 对架空配电线路及设备事故处理的主要任务是（ ）。

（A）尽快查出事故地点和原因，消除事故根源，防止扩大事故；（B）采取措施防止行人接近故障导线和设备，避免发生人身事故；（C）尽量缩小事故停电范围；（D）尽量减少事故损失，对已停电的用户尽快恢复供电。

答案：**ABCD**

Je2C3048 电压互感器二次回路故障对继电保护的影响有（ ）。

（A）接入继电器电压线圈的电压完全消失；（B）会造成低电压继电器误动作；（C）会造成阻抗继电器误动作；（D）接入继电器的电压在数值和相位上发生畸变，电流方向保护装置可能会误动作。

答案：**ABCD**

Je2C3049 在电力系统中可以产生谐波污染的用电设备有（ ）。

（A）日光灯；（B）电气机车；（C）电容器；（D）硅整流装置。

答案：**ABD**

Je2C3050 为控制非线性用电设备的谐波污染，可采取的措施有（ ）。

（A）电容滤波；（B）由短路容量大的电网供电；（C）装设静止补偿器；（D）专用接线组别为D，yn11三相变压器供电。

答案：BCD

Je2C3051 变压器差动保护动作的可能原因是（ ）。

（A）变压器及其套管引出线故障；（B）保护的二次线故障；（C）电流互感器开路或短路；（D）变压器铁芯故障。

答案：ABC

Je2C3052 在正常负荷和正常冷却方式下变压器油温不断升高，导致这种现象的原因可能是（ ）。

（A）绕组局部层间或匝间短路；（B）变压器涡流使铁芯长期过热而引起硅钢片间的绝缘损坏；（C）夹紧铁芯用的穿心螺钉绝缘损坏，使穿心螺钉与硅钢片短接，使螺钉因流过大电流而发热；（D）低压绕组有高电阻短路。

答案：ABCD

Je2C3053 以下用电设备是非线性负荷的为（ ）。

（A）电弧炉；（B）轧钢；（C）电热锅炉；（D）地铁、电气化铁路、整流设备等具有波动性、冲击性、不对称性、非线性的负荷。

答案：ABD

Je2C3054 以下用电单位应配置自备电源的为（ ）。

（A）一级重要客户；（B）二级重要客户；（C）特级重要客户；（D）普通电力客户。

答案：ABC

Je2C4055 防雷保护装置出现（ ）问题时，应停止运行。

（A）接地电阻不合格；（B）接地线断脱；（C）接地线不合要求；（D）避雷器瓷件有破损或严重脏污、支架不牢固。

答案：ABCD

Je2C4056 下列情况中，因高压电引起的人身伤害，电力设施产权人不承担责任的有（ ）。

（A）不可抗力；（B）受害人以触电的方式自杀、自伤；（C）受害人盗窃电能，盗窃、破坏电力设施或者因其他犯罪行为而引起的触电事故；（D）受害人在电力设施保护区从事法律、行政法规所禁止的行为。

答案：ABCD

Je2C4057 高次谐波对电网的危害有（ ）。

（A）可能引起电力系统内的共振现象；（B）电容器或电抗器的过热与损坏；（C）同步电机或异步电机的转子过热，振动；（D）继电保护误动作，计量不准确以及产生通信干扰。

答案：ABCD

Je2C4058 变、配电所的架空及电缆线路断路器因线路故障跳闸处理，以下处理措施错误的是（　　）。

（A）全电缆线路跳闸后允许试送电；（B）装有二次重合闸而重合两次未成功时，不允许试送电，应在排除故障后再送电；（C）装有重合闸的断路器试送电时应将断路器改为非自动状态；（D）装有重合闸的断路器试送电时应退出重合闸。

答案：AC

Je2C4059 变压器运行时，应将重瓦斯保护装置接在跳闸，但遇到情况（　　），应将该变压器的重瓦斯改接信号。

（A）一台断路器控制两台变压器，其中一台转为备用时；（B）变压器在低温运行时；（C）变压器在运行中滤油、补油或潜油泵更换净油器的吸附剂时；（D）当油位计的油面异常或呼吸系统有异常的现场，需要打开放气或放油阀门时。

答案：ACD

Je2C4060 确定电气主接线的一般原则，满足供电可靠、（　　）等要求。

（A）运行灵活；（B）操作检修方便；（C）节约投资；（D）便于扩建。

答案：ABCD

Je2C5061 配电变压器负荷很小时，散热器和油箱都很热，原因可能是（　　）。

（A）散热器油阀门未打开；（B）变压器内部磁路或电路发生了故障；（C）零序电流产生的磁通作用在油箱上；（D）油道全部堵塞。

答案：ABCD

Je2C5062 关于高电压的大型变压器防止绝缘油劣化的措施说法正确的是（　　）。

（A）在变压器油枕内上部的空间充以氮气，可以使油与空气隔绝，可防止油的劣化；（B）加抗氧化剂，可以减缓油的氧化作用；（C）装置热虹吸净油器，可吸收油内所含游离酸、潮气等物，可减缓油的劣化；（D）安装密封橡胶囊，使油与空气隔绝，防止劣化。

答案：ABCD

Je2C5063 关于变压器的涌流，说法正确的是（　　）。

（A）空载变压器刚接上电源时，电源侧出现很大的电流，其值可高达额定电流的6～8倍，该电流就叫作涌流；（B）涌流的波形和幅值的大小，仅与磁化曲线和铁芯剩磁磁通有关；（C）三相变压器中，涌流在每一相中均可能出现；（D）涌流是非正弦波，含有许多谐波分量，其中以直流、二次和三次谐波分量占的比重较大。

答案：ACD

1.4　计算题

La2D1001　如图所示：$E=X_1$ V，$R_1=8\Omega$，$R_2=4\Omega$，$R_3=6\Omega$，$C=1$F。计算 $U_{R_1}=$____ V、$U_{R_2}=$____ V、$U_{R_3}=$____ V。

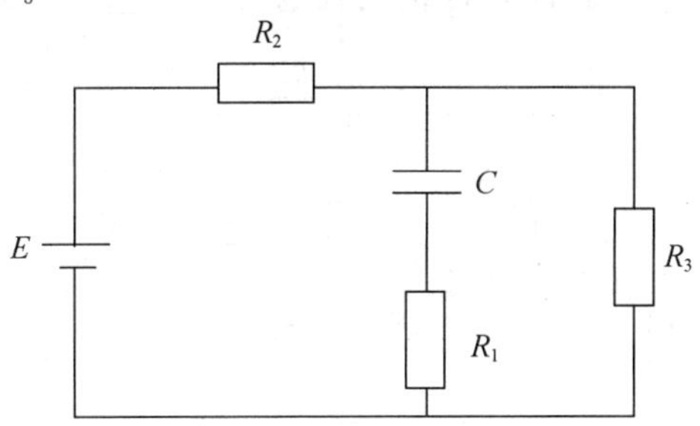

X_1 取值范围：<5，6，8，10，20>

计算公式：电容器 C 阻隔直流，R_1 上无电流流过，$I_{R_1}=0$，则

$$U_{R_1}=I_{R_1}\times R_3$$

$$U_{R_2}=\frac{E}{R_2+R_3}\times R_2=\frac{X_1}{R_2+R_3}\times R_2$$

$$U_{R_3}=\frac{E}{R_2+R_3}\times R_3=\frac{X_1}{R_2+R_3}\times R_3$$

La2D2002　如图所示：R、L、C 串联电路，已知各元件的参数为 $R=6\Omega$，$X_L=8\Omega$，$X_C=2\Omega$。若电源电压 $u=X_1\times\sqrt{2}\sin(314t)$ V，计算电流相量值 $I=$____ A 和有效值 $I=$____ A。(计算结果保留一位小数)

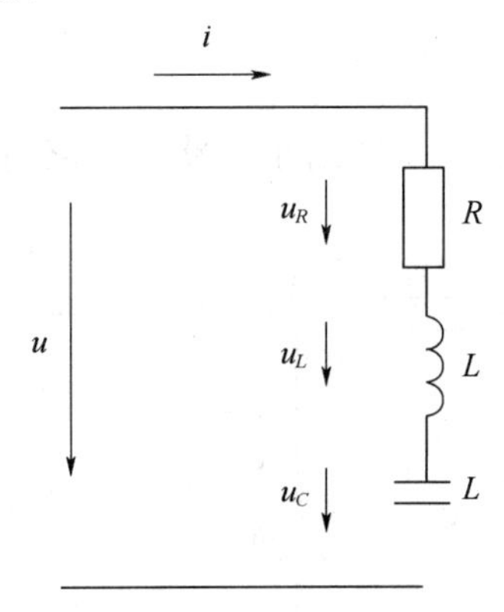

X_1 取值范围：<220，250，300，330，400>

计算公式：

$$\dot{I}=\frac{\dot{U}}{R+\mathrm{j}\ (X_L-X_C)}=\frac{X_1\angle 0^\circ}{6+\mathrm{j}\ (8-2)}=\frac{X_1\angle 0^\circ}{8.5\angle 45^\circ}=\frac{X_1}{8.5}\angle -45^\circ$$

$I=\frac{X_1}{8.5}$

La2D2003 对称三相电路如下图所示，$\dot{U}_U=X_1\angle 0°$（V），单相负载阻抗 $Z=100\angle 45°\Omega$，中线阻抗 $Z_N=2+j2\Omega$。计算各相负载电流 I_U=____；$\dot{I}_V$=____；$\dot{I}_W$=____。

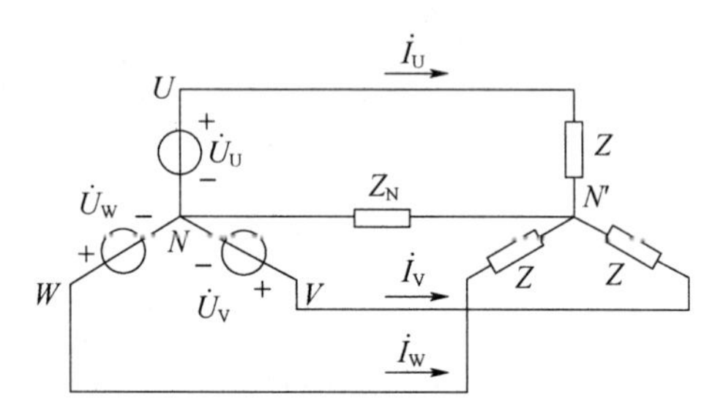

X_1 取值范围：<220，380，400，500>

计算公式：因电路是三相对称电路，故中点电压 $\dot{U}_{NN}=0$，中线不起作用，可将两中点 N'和 N 之间用短接线代替，因此

$$I_{\dot{U}}=\frac{U_{\dot{U}}}{Z}=\frac{X}{100}\angle -45°$$

由对称关系得

$$\dot{I}_V=\frac{\dot{U}_U}{Z}\angle -120°=\frac{X}{100}\angle -165°$$

$$\dot{I}_W=\frac{\dot{U}_U}{Z}\angle 120°=\frac{X}{100}\angle 75°$$

La2D3004 应用弥尔曼定理求下图所示电路的支路电流 I=____________ A。其中，$R_1=R_2$，$R_1=X_1\Omega$，$R_3=1\Omega$。

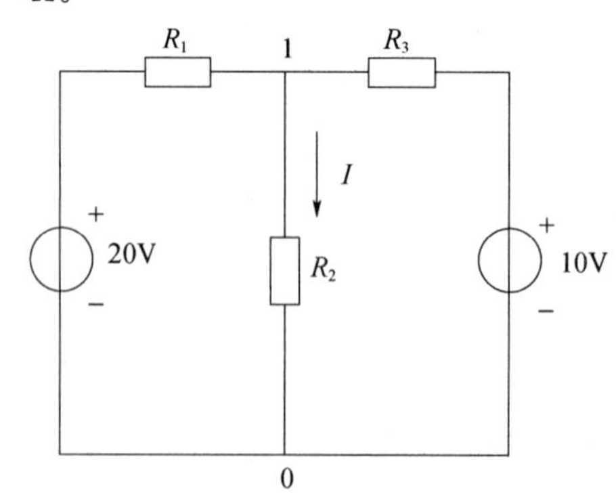

X_1 取值范围：<1，3，4，8，13，28>

计算公式：$U_{10}=\dfrac{\dfrac{20}{R_1}+\dfrac{10}{R_3}}{\dfrac{1}{R_1}+\dfrac{1}{R_2}+\dfrac{1}{R_3}}=\dfrac{\dfrac{20}{X_1}+\dfrac{10}{1}}{\dfrac{1}{X_1}+\dfrac{1}{X_1}+\dfrac{1}{1}}=\dfrac{20+10X_1}{2+X_1}=10$

$$I=\frac{U_{10}}{X_1}=\frac{10}{X_1}$$

La2D4005 如下图所示电路中 R 支路的电流 $I=$________ A。已知：$U_{S_1}=100$，$U_{S_2}=30$，$R_1=1\Omega$，$R_2=3\Omega$，$R=$____ Ω。（计算结果保留一位小数）

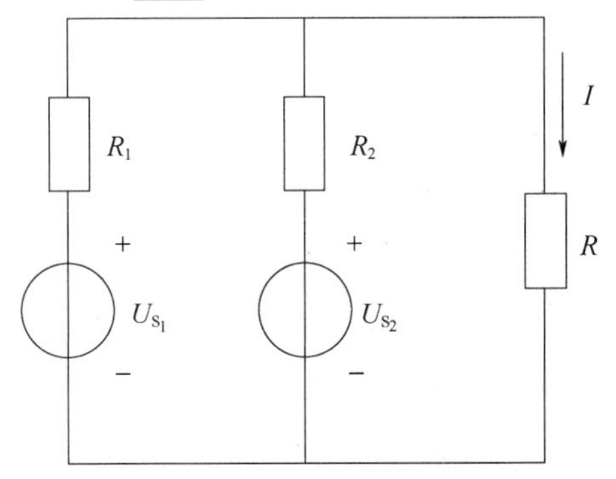

X_1 取值范围：<0.25，1.25，2.25，3.25，4.25>

计算公式：先将每个电压源与电阻串联的支路变换为电流源与电阻并联的电路。其中将两个并联的电流源用一个电流源代替，其电流值为

$I_s=I_{S_1}+I_{S_2}=100+10=110$（A）

两并联电阻 R_1、R_2 的等效电阻为

$R_{12}=R_1//R_2=\dfrac{1\times3}{1+3}=0.75$（$\Omega$）

应用分流公式，求得 R 的电流 I 为

$I=\dfrac{R_{12}}{R_{12}+R}I_s=\dfrac{0.75}{0.75+X_1}\times110$（A）

Lb2D1006 某线路电压为 380V，采用钢芯铝绞线，其截面积为 $S=35\text{mm}^2$，长度 $L=X_1\text{m}$，平均负荷 200kW。计算线路月损耗电能 $\Delta W=$____ kW·h（导线直流电阻 0.0854Ω/km，功率因数为 0.85）。（保留两位小数）

X_1 取值范围：<300，400，450，500，600>

计算公式：

导线电阻 $R=R_0L=R_0X_1=0.0854X_1$

$$I=\frac{P}{\sqrt{3}U\cos\varphi}=\frac{200\times10^3}{\sqrt{3}\times380\times0.85}=357.5$$

$$\Delta W=3I^2Rt\times10^{-3}=3\times357.5^2\times0.0854X\times30\times24\times10^{-3}$$

Lb2D2007 某客户10kV供电，受电容量200kV·A，由两台同系列100kV·A节能变压器并列运行，其单台变压器损耗$\Delta P_0=X_1$kW，$\Delta P_k=1.15$kW。两台变压器负荷率β分别为60%和70%，计算两台变压器的总有功损耗$\Delta P=$____ kW。

X_1取值范围：<0.2，0.25，0.3>

计算公式：$\Delta P=2X_1+(\beta_1^2+\beta_2^2)\Delta P_k$

Lb2D3008 一盏电源电压220V、频率50Hz的荧光灯管的电阻$R=X_1\Omega$，镇流器电感量1.65H，计算其功率因数$\cos\varphi=$____。(计算结果保留两位小数)

X_1取值范围：<300，400，500>

计算公式：镇流器的感抗$X_L=\omega L=2\pi fL=2\times3.14\times50\times1.65=518.36$

总阻抗为$Z=\sqrt{R^2+X_L^2}=\sqrt{X_1{}^2+X_L^2}$

功率因数为$\cos\varphi=\dfrac{R}{Z}=\dfrac{X_1}{\sqrt{X_1{}^2+X_L^2}}$

Lb2D3009 一台三相异步电动机，功率因数为0.9，效率为$\eta_1=0.85$，接法为Y/Δ，电源的额定电压为380V。所带的机械设备的功率为$P=X_1$kW，效率为$\eta_2=0.8$。则该电动机的线电流的额定值为$I_L=$____ A。(计算结果保留小数点后两位)

X_1取值范围：<15，16，17，18，19，20>

计算公式：$I_L=\dfrac{P}{\eta_1\eta_2\sqrt{3}U\cos\varphi}=\dfrac{X_1}{0.85\times0.8\times\sqrt{3}\times380\times0.9}$

Lb2D4010 有两台$S=X_1$kV·A变压器并列运行，第一台变压器的短路电压为4%，第二台变压器的短路电压为5%。计算两台变压器并列运行时负载分配的情况，$S_1=$____ kV·A；$S_2=$____ kV·A。

X_1取值范围：<50，80，100，160，200>

计算公式：第一台变压器分担的负荷

$$S_1=\frac{S_{1n}+S_{2n}}{\dfrac{S_{1n}}{U_{1k}\%}+\dfrac{S_{2n}}{U_{2k}\%}}\times\frac{S_{1n}}{U_{1k}\%}$$

第二台变压器分担的负荷

$$S_2=\frac{S_{1n}+S_{2n}}{\dfrac{S_{1n}}{U_{1k}\%}+\dfrac{S_{2n}}{U_{2k}\%}}\times\frac{S_{2n}}{U_{2k}\%}$$

Je2D1011 已知二次回路所接的测量仪表的总容量为$S_1=X_1$V·A，电流互感器(50A/5A)二次导线的总长度$L=100$m，截面积$S=4\text{mm}^2$，二次回路的接触电阻按$R_0=0.05\Omega$计算，则二次回路负荷的实际总容量$S_2=$____ V·A。(铜导线的电阻率$\rho=0.018\Omega\cdot\text{mm}^2/\text{m}$)

X_1取值范围：<15，18，20>

计算公式：$S_2=X_1+I^2\ (R_0+\rho L/S)$

Je2D2012 某晶体管收音机的输出变压器，原绕组 $N_1=230$ 匝，副绕组匝数 $N_2=80$ 匝，原来接有阻抗 $Z=8\Omega$ 的电动式喇叭，现要改用同样功率而阻抗 $Z'=X_1\Omega$ 的喇叭，试计算副绕组的匝数 $N_2=$____匝才合适。(计算结果保留整数)

X_1 取值范围：<1，2，3>

计算公式：$N_2=N_1\times\dfrac{\sqrt{Z_2}}{\sqrt{Z_1}}=N_1\times\dfrac{\sqrt{X_1}}{\sqrt{Z_1}}$

Je2D3013 两支等高避雷针，其高度为 $h=25\text{m}$，两针相距 $D=X_1\text{m}$，计算在两针中间位置、高度为 $h_x=10\text{m}$ 的平面上保护范围一侧最小宽度 $b_x=$____ m。

X_1 取值范围：<20，25，30，40，50>

计算公式：已知两支针高均为 $h=25\text{m}$，两支针距离 $D=X\text{m}$，被保护设备高度 $h_x=10\text{m}$，当 $h\leqslant30\text{m}$ 时，取 $P=1$，则两针保护范围上边缘的最低高度为

$$h_0=h-\frac{D}{P\times h_x}=25-\frac{X_1}{10}$$

所以两针中间 10m 高度平面上保护范围一侧最小宽度为

$$1.5\left(25-\frac{X_1}{10}-10\right)=1.5\left(15-\frac{X_1}{10}\right)=0.25-\frac{1.5X_1}{10}=2.25-0.15X_1$$

Je2D3014 某 10kV 线路配置电流保护，TA 变比 $K_1=200\text{A}/5\text{A}$，过电流保护整定值 $I=X_1\text{A}$，如果一次电流整定值不变，将 TA 变比改为 K_2，$K_2=300\text{A}/5\text{A}$，则过电流保护整定值 $I=$____ A。(计算结果保留两位小数)

X_1 取值范围：<4，5，10，15，20>

计算公式：$I=\left(\dfrac{200}{5}\div\dfrac{300}{5}\right)X$

Je2D3015 某 10kV 配电变压器，位于配网的末端，电源专用线路长 $L=15\text{km}$，线路电抗值为 $X=X_1\Omega$，线路电压损失是 600V，一次母线的实际电压为 9.4kV，要使母线电压达到 10kV，需补偿电容器的容量是 $Q_C=$____ kW。(计算结果保留两位小数)

X_1 取值范围：<9.5，9.6，9.7，9.8，9.9，10.0，10.1，10.2，10.3，10.4，10.5>

计算公式：已知 $\Delta U=\dfrac{PR+QX}{U}=600\text{V}$

$\because X\gg R$

$$\therefore Q_C=\frac{\Delta U\times U}{X_1}=\frac{600\times10\ 10^3}{X_1}=\frac{6000}{X_1}$$

Je2D3016 某用户采用三相四线制低压供电，装三相四线电能表，电流互感器变比为

150/5，抄表时发现当月电量有较大变化，经万用表实际测量前相电压为220V，电流 $I=X_1$A，此时电能表示数为1234.2，无功电能表示数为3011。6min后，有功电能表示数变为1234.4，无功电能表示数变为301.2。计算该用户实际视在功率 $S_1=$____ kV·A，电能表计量的视在功率 $S_2=$____ kV·A。(计算结果保留两位小数)

X_1 取值范围：<4.8，4.9，5.0，5.1，5.2>

计算公式：根据万用表测量结果得该用户实际视在功率为

$S_1=220\times X_1\times 30\times 3$

根据电能表计算得该用户有功功率为

$P=(1234.4-1234.2)\times 30\div 0.1=60$

无功功率为

$Q=(301.2-301.1)\times 30\div 0.1=30$

总视在功率为

$S_2=\sqrt{P^2+Q^2}$

Je2D3017 某用户采用三相四线制低压供电，装设三相四线电能计算装置，经查其A、B、C三相所配TA变比分别为150/5、100/5、200/5，且C相TA极性反接。计量期间，供电部门按150/5计收其电量 $W=X_1$kW·h，计量装置应补电量 $\Delta W=$____ kW·h。

X_1 取值范围：<210000，220000，230000，240000，250000>

计算公式：

正确的功率 P_{cor} 和错误的功率 P_{inc} 分别为

$P_{cor}=3\times UI\cos\varphi\times 5/150$

$P_{inc}=UI\cos\varphi\times 5/150+UI\cos\varphi\times 5/100-UI\cos\varphi\times 5/200=(7/120)UI\cos\varphi$

$\varepsilon P=(P_{cor}-P_{inc})/P_{inc}\times 100\%=[(1/10)-(7/120)]/(7/120)\times 100\%=71.43\%$

$\Delta W=X_1\times\varepsilon P$

Je2D3018 某高供高计用户计量接线错误，经检查其错误接线的功率为 $P=2UI\sin\varphi$，电能表在错误接线情况下累计电量为 $W=X_1 10^4$kW·h，该用户的功率因数 $\cos\varphi=0.89$，计算实际电能量为 $W=$____ kW·h。(计算结果保留两位小数)

X_1 取值范围：<210000，220000，230000，240000，250000>

计算公式：$W=\dfrac{\sqrt{3}UI\cos\varphi}{2UI\sin\varphi}\times X=2.635X$

Je2D4019 某用户计量接线错误，经检查其错误接线方式是 $U_{WU}(-I_U)$；$U_{VU}(-I_W)$；从错接线至抄表时共用电量 $W=X_1 10^4$kW·h，计算应追电量 $\Delta W=$____ kW·h。(负载为感性 $\phi=15°$)。(计算结果保留两位小数)

X_1 取值范围：<20，21，22，23，25>

计算公式： $G=\frac{P_{正确}}{P}=\frac{\sqrt{3}UI\cos\varphi}{UI\cos(30°-\varphi)+UI\cos(90°-\varphi)}=\frac{2}{1+\tan\varphi}$

$\Delta W=(G-1)\times X_1=0.366X_1$

Je2D5020 如图所示电路，110kV 线路长 $L=X_1$km，线路阻抗 0.4Ω/km。$\cos\varphi=0.8$，计算出 d_1 点短路时的短路电流 $I_d=$____ kA。（保留两位小数）

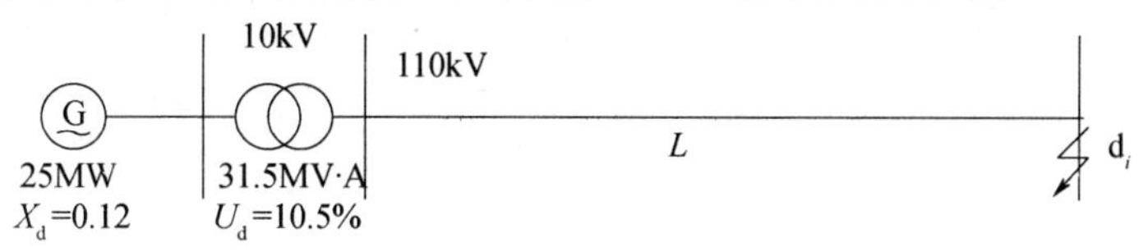

X_1 取值范围：<15，16，17，18，19，20，21>

计算公式：

电路中各元件标幺值

发电机 $X''_{d_i}=\frac{X_{d_i}\%}{100}\times\frac{S_J}{P_e/\cos\varphi}$

变压器 $X''_{d_i}=\frac{U_{d_i}\%}{100}\times\frac{S_J}{S_e}$

架空线 $X''_{d_i}=L\times0.4\times\frac{S_J}{U_J^2}=X\times0.4\times\frac{100}{115^2}$

稳态短路电流标幺值 $I_{d_i}=\frac{1}{X''_{d_i}+X''_{d_i}+X''_{d_i}}$

稳态短路电流 $I_d=I_{d_i}\times I_J$

1.5 识图题

La2E3001 输电线路阻抗为 Z_L，对地导纳为 Y_L，它的 π 型等效电路图是（ ）。

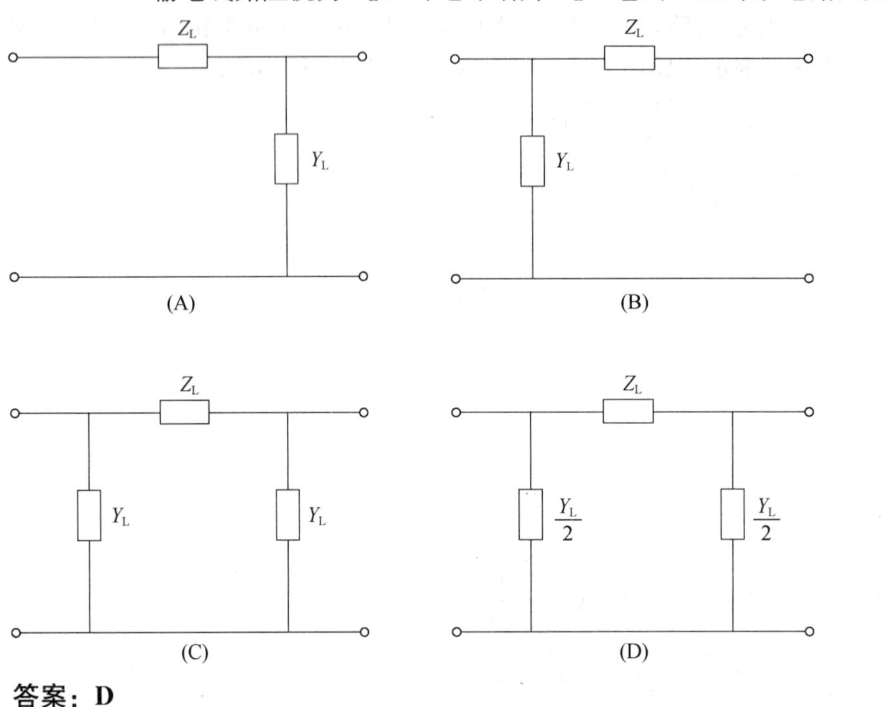

答案：D

Lb2E2002 10kV 供电的一级重要用户，电气主接线如下图所示，其中主供 1 和主供 2 分别来自两个不同方向的变电所，运行方式为两路进线同时运行互为备用（全容量备用），高压侧联络，受电变压器参数见下图，计算该用户应按（ ）kV·A 收取高可靠性费用。

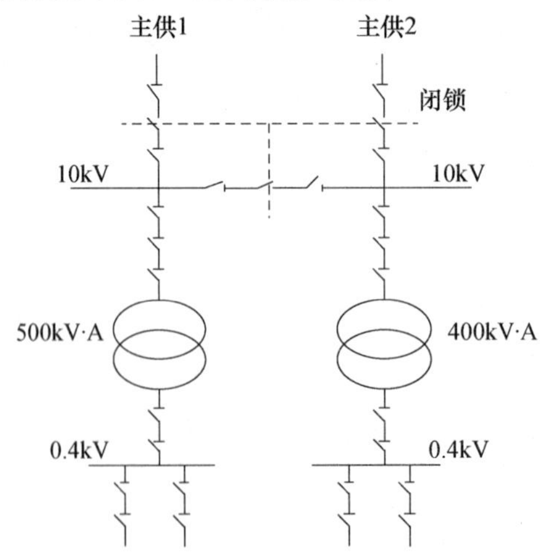

（A）100；（B）400；（C）500；（D）900

答案：D

Lb2E3003 双绕组变压器差动保护原理的正确图形是（　　）。

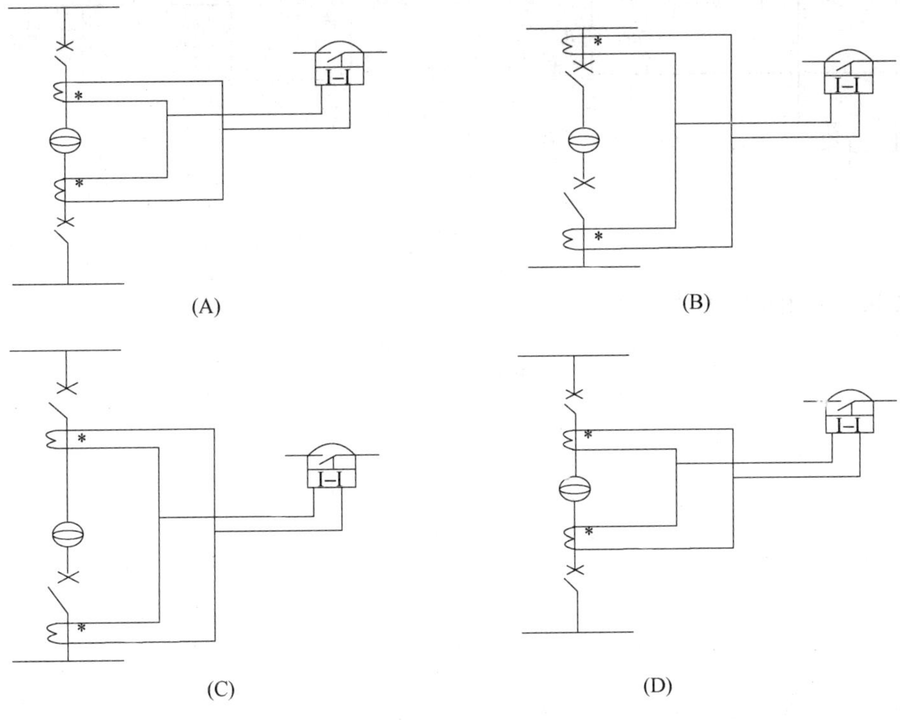

答案：D

Lb2E3004 当三相三线有功电能计量装置的V形连接电压互感器二次有一相断线，如下图所示。电压互感器二次额定电压为100V，如果用电压表测量二次侧线电压U_{12}、U_{23}、U_{31}，在二次空载情况下，电压值应为（　　）。

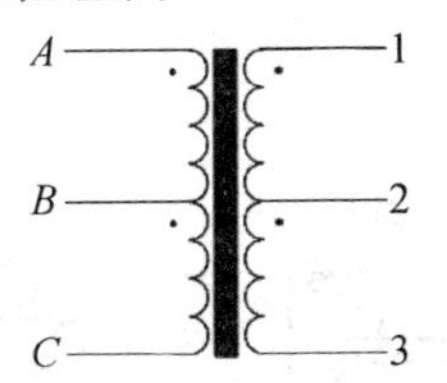

(A) 0，0，0；(B) 0，0，100；(C) 0，100，100；(D) 100，100，100。

答案：B

Lb2E4005 正确的RC滤波电路图是（　　）。

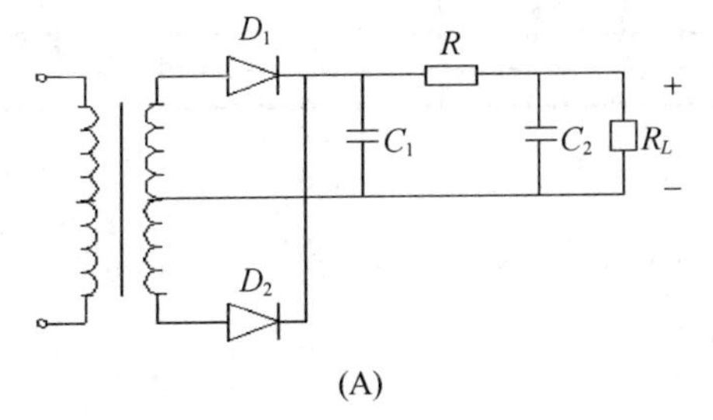

(A)

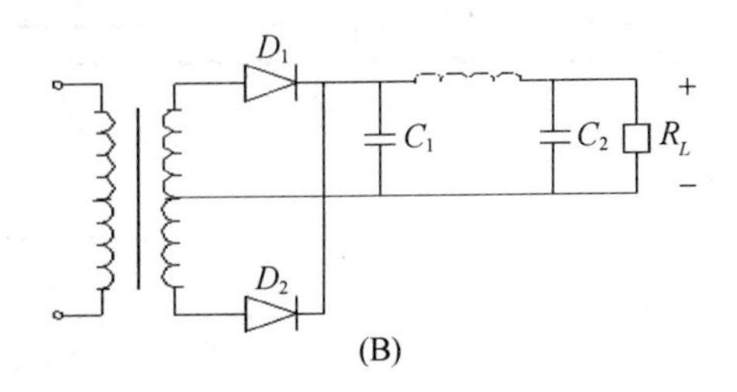

(B)

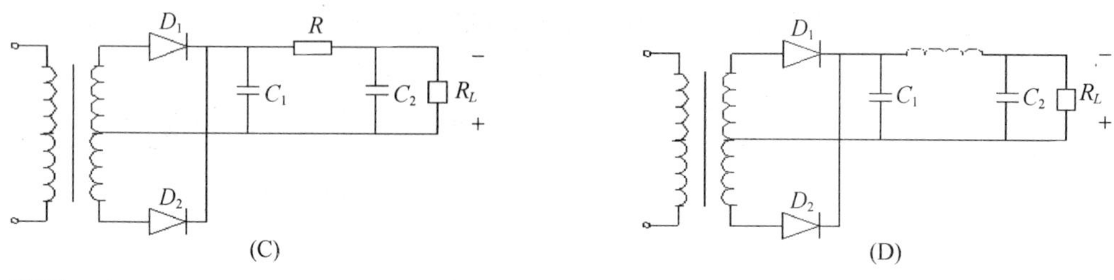

答案：A

Lb2E4006 下图接线方式为（　　）。

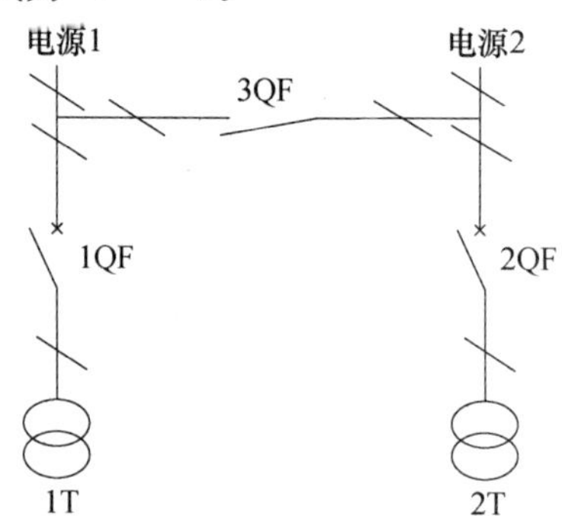

（A）单母线分段；（B）内桥；（C）外桥；（D）双母线。

答案：C

Lb2E5007 三相二元件有功电能表和三相二元件无功电能表，计量35kV及以下中性点非直接接地系统三相三线有功、无功电能的联合接线图。绘制正确的接线图的是（　　）。

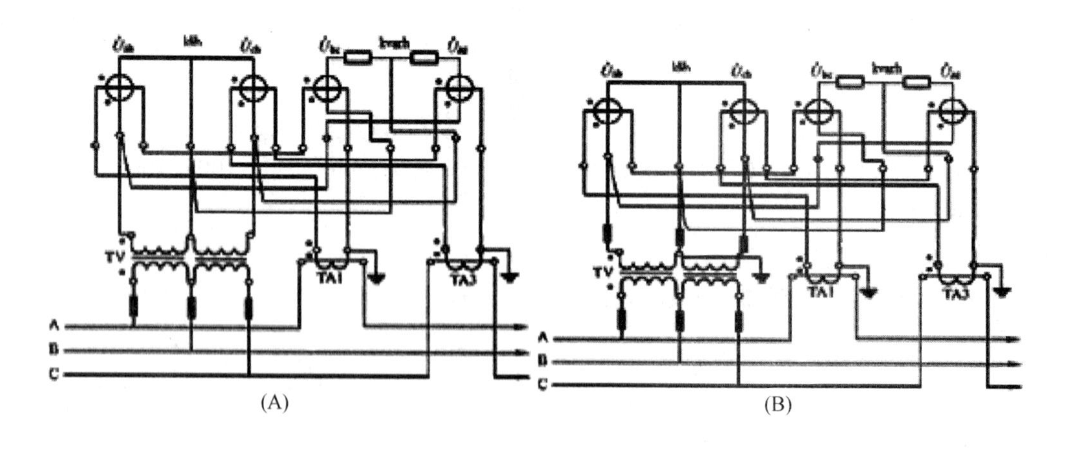

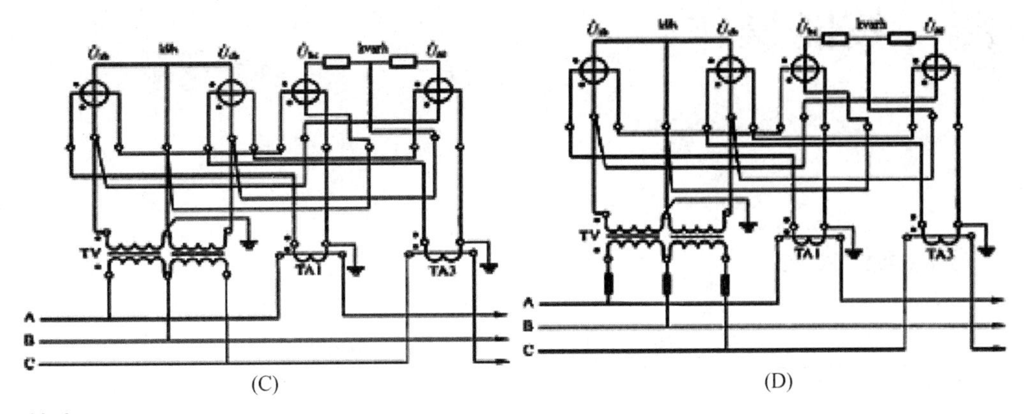

(C) (D)

答案：**D**

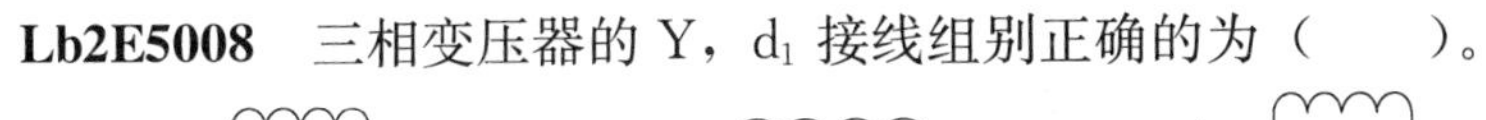

Lb2E5008 三相变压器的 Y，d_1 接线组别正确的为（ ）。

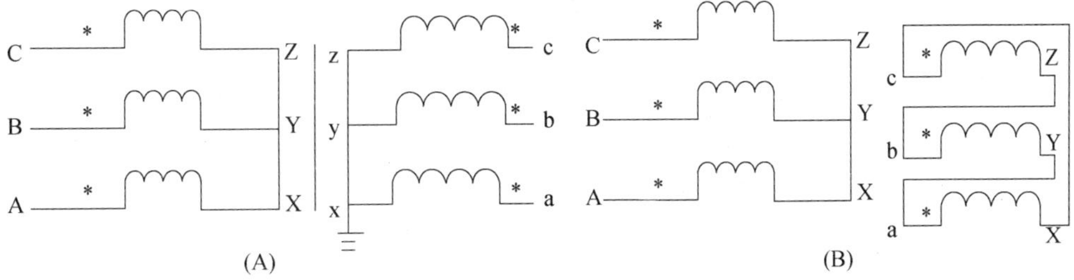

(A) (B)

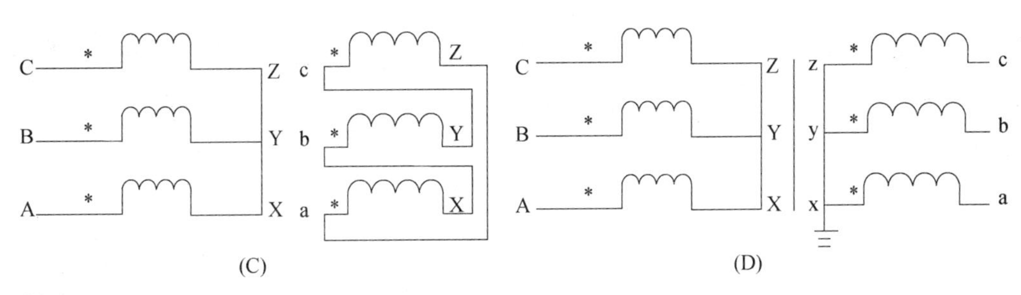

(C) (D)

答案：**C**

2 技能操作

2.1 技能操作大纲

用电监察员（技师）技能鉴定　技能操作考核大纲

等级	考核方式	能力种类	能力项	考核项目	考核主要内容
技师	技能操作	基本技能	01. 识图与绘图	01. 识别三相三线制计量错误接线	1. 正确识别计量装置错误接线图 2. 能够绘制电压互感器、电流互感器接入式三相电能表正确接线图 3. 能够通过接线绘制相量图，并写出功率表达式
				02. 变压器保护展开图识别	1. 正确识别变压器保护展开图 2. 正确表述变压器各种保护原理
		专业技能	01. 客户资料审核	01. 重要客户供电方案审核	1. 重要客户确定 2. 供电电源及自备应急电源配置原则 3. 重要客户供配电方式相关规定
				02. 客户 10kV 受电工程图纸审查	1. 审查客户提交的设计审查资料是否齐全 2. 审查设计图纸的内容是否全面 3. 审查要点是否考虑周全并符合技术、标准及规定要求
				03. 10kV 干式变压器试验报告审查	1. 清楚完整的试验报告的内容 2. 清楚干式变压器交接试验项目和标准
			02. 客户受电工程竣工检查	01. 高压真空断路器竣工验收	1. 竣工报告相关资料审核 2. 现场设备检验 3. 试验报告审核
			03. 窃电查处	01. 高压用户窃电查处	1. 窃电查处流程 2. 现场检查能力 3. 窃电处理规范性
			04. 用电安全检查	01. 客户 10kV 配电室安全运行检查	1. 履行检查手续齐全 2. 配电室及配电装置安全检查 3. 用电检查结果通知书填写正确、规范
			05. 客户服务	01. 编制重大活动保电方案	1. 掌握保电组织措施 2. 掌握保电技术措施 3. 能够编制保电方案
		相关技能	01. 设备倒闸操作	01. 10kV 双电源客户配电室停送电操作	1. 正确填写操作票 2. 能够停送电操作

2.2 技能操作项目

2.2.1 JC2JB0101 识别三相三线制计量错误接线

一、作业

（一）工器具、材料、设备

1. 工具：碳素笔（黑）、2B 铅笔、橡皮、尺子、量角器。
2. 材料：三相三线制计量错误接线图、A4 纸。
3. 设备：无。

（二）安全要求

1. 着装规范，证件（准考证、身份证）齐全。
2. 遵守考场规定，按时独立完成。

（三）操作步骤及工艺要求（含注意事项）

1. 根据给定的图纸，指出接线错误所在。
2. 绘制正确接线图（图 JC2JB0101-1）。
3. 根据给定的图纸，绘制相量图（图 JC2JB0101-2），写出功率表达式。
4. 根据正确接线图，绘制相量图（图 JC2JB0101-3），写出功率表达式。
5. 绘图应使用尺子，角度和长短应正确、无明显差别。
6. 字迹清楚，卷面整洁，严禁随意涂改。

二、考核

（一）考核场地

1. 场地应能同时容纳多个工位，并保证各工位之间的距离合适。
2. 考核工位配有桌椅。

（二）考核时间

考核时间为 40min，许可答题时开始计时，到时停止操作。如若超时操作，则视情况扣除相应分数。

（三）考核要点

1. 能够正确识别计量装置接线图。
2. 能够正确绘制电压互感器、电流互感器接入式三相电能表接线图。
3. 能够通过正确分析相量图，写出功率表达式。
4. 作图应规范，整洁。

三、评分标准

行业：电力工程　　　　工种：用电监察员　　　　等级：二

编号	JC2JB0101	行为领域	d	鉴定范围			
考核时限	40min	题型	B	满分	100 分	得分	
试题名称	识别三相三线制计量错误接线						

续表

编号	JC2ZY0101	行为领域	e	鉴定范围	
考核要点及其要求	(1) 正确识别计量装置接线图 (2) 能够绘制电压互感器、电流互感器接入式三相电能表接线图 (3) 能够通过正确分析相量图，写出功率表达式 (4) 作图应规范，整洁				
现场设备、工器具、材料	(1) 工具：碳素笔（黑）、2B铅笔、橡皮、尺子、量角器 (2) 材料：三相三线制计量错误接线图、A4纸 (3) 设备：无				
备注					

评分标准

序号	作业名称	质量要求	分值	扣分标准	扣分原因	得分
1	准备工作	(1) 着装规范：着工作服，衣扣、衣领扣和袖口扣完整、系紧 (2) 工具：碳素笔（黑）、2B铅笔、橡皮、尺子、量角器 (3) 证件齐全：准考证、身份证齐全	5	着装不规范扣1分 工具每缺一项扣2分 证件不齐全扣2分		
2	根据给定的图纸，指出接线错误所在	电压互感器二次侧VW极性接反 电能表第一元件电压接反 电能表第二元件电压 U_{wu}，错误 电流互感器TAu接电能表第二元件且极性反，错误 电流互感器TAw接电能表第一元件，错误	15	每漏一处或错误扣3分		
3	正确绘制电流互感器、电压互感器接入式三相电能表接线图	(1) 绘图正确 (2) 标注正确 (3) 接线图应横平竖直	20	(1) 绘图错误一处扣5分 (2) 标注（L_1、L_2、L_3 或 U、V、W，电流互感器、同名端、负荷、接地等）未写或错误每处扣2分，扣完10分为止 (3) 绘图不规范每处扣1分，扣完5分为止		

续表

序号	作业名称	质量要求	分值	扣分标准	扣分原因	得分
4	根据给定的错误接线图，绘制相量图，写出功率表达式	（1）相量图正确（图JC2JB0101-2） （2）标注正确 （3）向量（线段）长短、角度正确 （4）表达式正确 $P=P_1+P_2=U_{vu}I_w\cos(90+\varphi)+3U_vI_v\cos\varphi=-UI\sin\varphi+\sqrt{3}UI\cos\varphi=UI(\sqrt{3}\cos\varphi+\sin\varphi)$	25	（1）相量图错误扣5分 （2）标注（电压、电流矢量表示，角度，方向箭头等）未写或错误每处扣2分，扣完10分为止 （3）向量（线段）长短、角度有明显差距，每处扣1分，扣完5分为止 （4）表达式错误扣5分		
5	根据正确接线图，绘制相量图，写出功率表达式	（1）相量图正确（图JC2JB0101-3） （2）标注正确 （3）向量（线段）长短、角度正确 （4）表达式正确 $P=P_1+P_2=\sqrt{3}UI\cos\varphi$	25	（1）相量图错误扣5分 （2）标注（电压、电流矢量表示，角度，方向箭头等）未写或错误每处扣2分，扣完10分为止 （3）向量（线段）长短、角度有明显差距，每处扣1分，扣完5分为止 （4）表达式错误扣5分		
6	卷面整洁	答卷填写应使用黑色碳素笔，字迹清晰、卷面整洁，严禁随意涂改	5	（1）未使用规定笔不得分 （2）字迹潦草，难以分辨，不得分 （3）涂改应使用杠改，超过两处予以扣分，每增加一处扣1分，扣完5分为止		
7	考场纪律	独立完成 服从考评员安排	5	（1）在考场内有违规、违纪行为，如夹带作弊、交头接耳等扣5分 （2）考试现场不服从考评员安排或顶撞考评员者，取消考评资格		

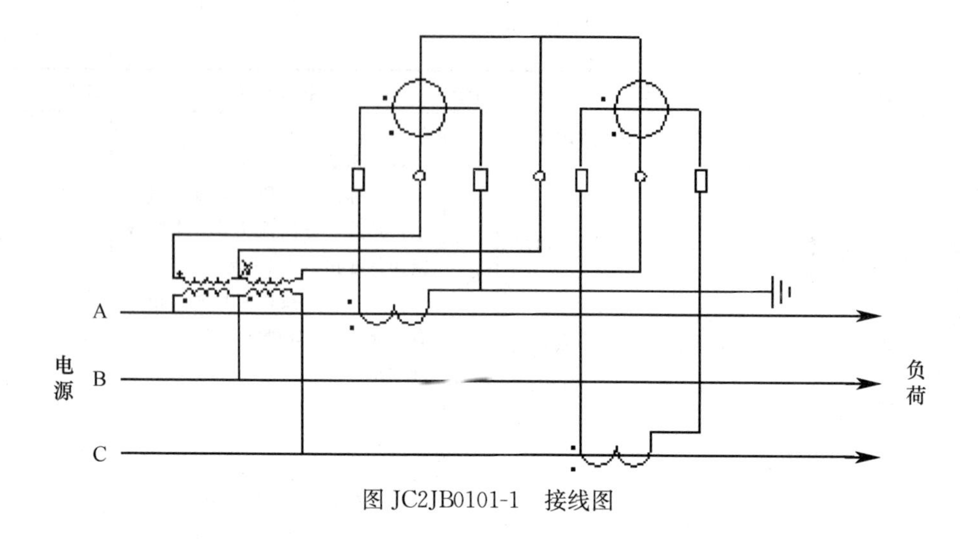

图 JC2JB0101-1　接线图

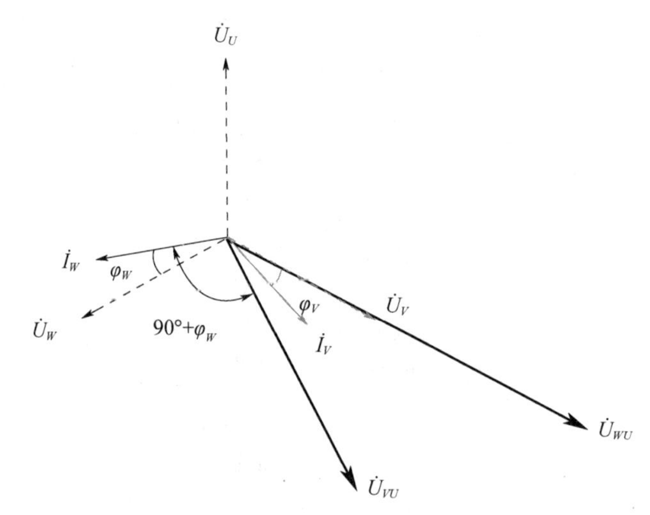

图 JC2JB0101-2　图纸相量图

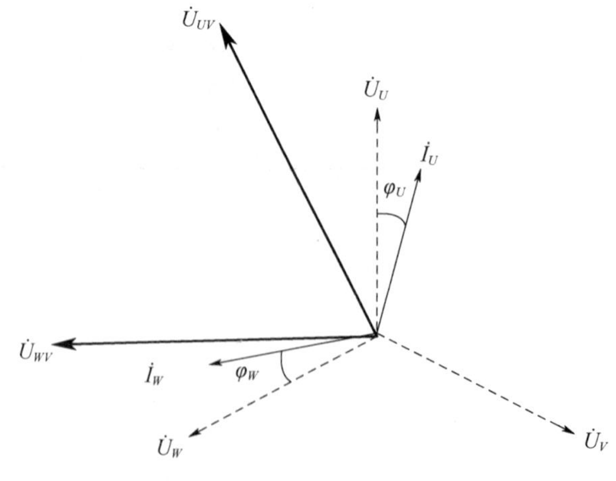

图 JC2JB0101-3　接线相量图

2.2.2 JC2JB0102 变压器保护展开图识别

一、作业

（一）工器具、材料、设备

（1）工器具：碳素笔（黑）。

（2）材料与设备：35/10kV 降压变压器保护的典型展开图、A4 纸。

（二）安全要求

1. 着装规范，准考证、身份证齐全。

2. 遵守考场规定，按时独立完成。

（三）操作步骤及工艺要求（含注意事项）

1. 能够正确识别保护回路。

2. 能够正确识别展开图中的元件。

3. 能够正确表述图纸中各元件作用和各种保护原理。

（1）纵差保护：由差动保护继电器 1～3CJ 和信号继电器 2XJ 组成，其保护范围在电流互感器 1LH、8LH 与 6LH 之间的区域。保护动作后通过出口中间继电器 BCJ 瞬时跳开各侧断路器 DL（由连接片 4～6LP 确定应跳的 DL）。

（2）瓦斯保护：由瓦斯继电器 WSJ、信号继电器 3XJ、4XJ 等组成。轻瓦斯接点 WSJ1 仅作用于信号；重瓦斯接点 WSJ2 则瞬时动作于变压器各侧断路器 DL 跳闸，也可通过切换片 QP 切换于动作信号。

（3）过电流保护：采用复合电压启动的过电流保护。由低电压继电器 YJ、负序电压继电器 FYJ、闭锁中间继电器 BZJ、电流继电器 1～3LJ、时间继电器 1SJ 与信号继电器 1XJ 等组成。电流继电器按三相式“和电流”接线接在 35kV 侧的 2LH 或 7LH 上，这样的优点是只用一套过流保护来反应双电源的过流（即使单电源运行时也能正确动作），节约了一套过流保护（桥上过流）。低电压继电器 YJ 与 FYJ 分别为对称短路与不对称短路的电压启动元件，接在 10kV 侧的电压互感器 2YH 上，它们的作用由 BZJ 来实现。保护动作后，经 1SJ 的整定时限动作于跳各电源侧断路器 DL。在 2YH 二次回路断线时，由 BZJ1 常开接点启动预警信号回路，延时发出信号。

（4）过负荷保护：采用“和电流”过负荷保护，与电流保护合用 2LH 与 7LH。由接于 A 相的启动继电器 4LH 和时间继电器 2SJ 等组成。保护延时动作于信号。

（5）温度保护：由温度继电器 WDJ 与信号继电器 5XJ 等组成。保护动作于信号。

4. 字迹清楚，卷面整洁，严禁随意涂改。

二、考核

（一）考核场地

1. 场地应能同时容纳多个工位，并保证各工位之间的距离合适。

2. 考核工位配有桌椅。

（二）考核时间

考核时间为 40min，许可答题时开始计时，到时停止操作。如若超时操作，则视情况扣除相应分数。

（三）考核要点

1. 正确识别变压器保护展开图。

2. 正确表述变压器各种保护原理。

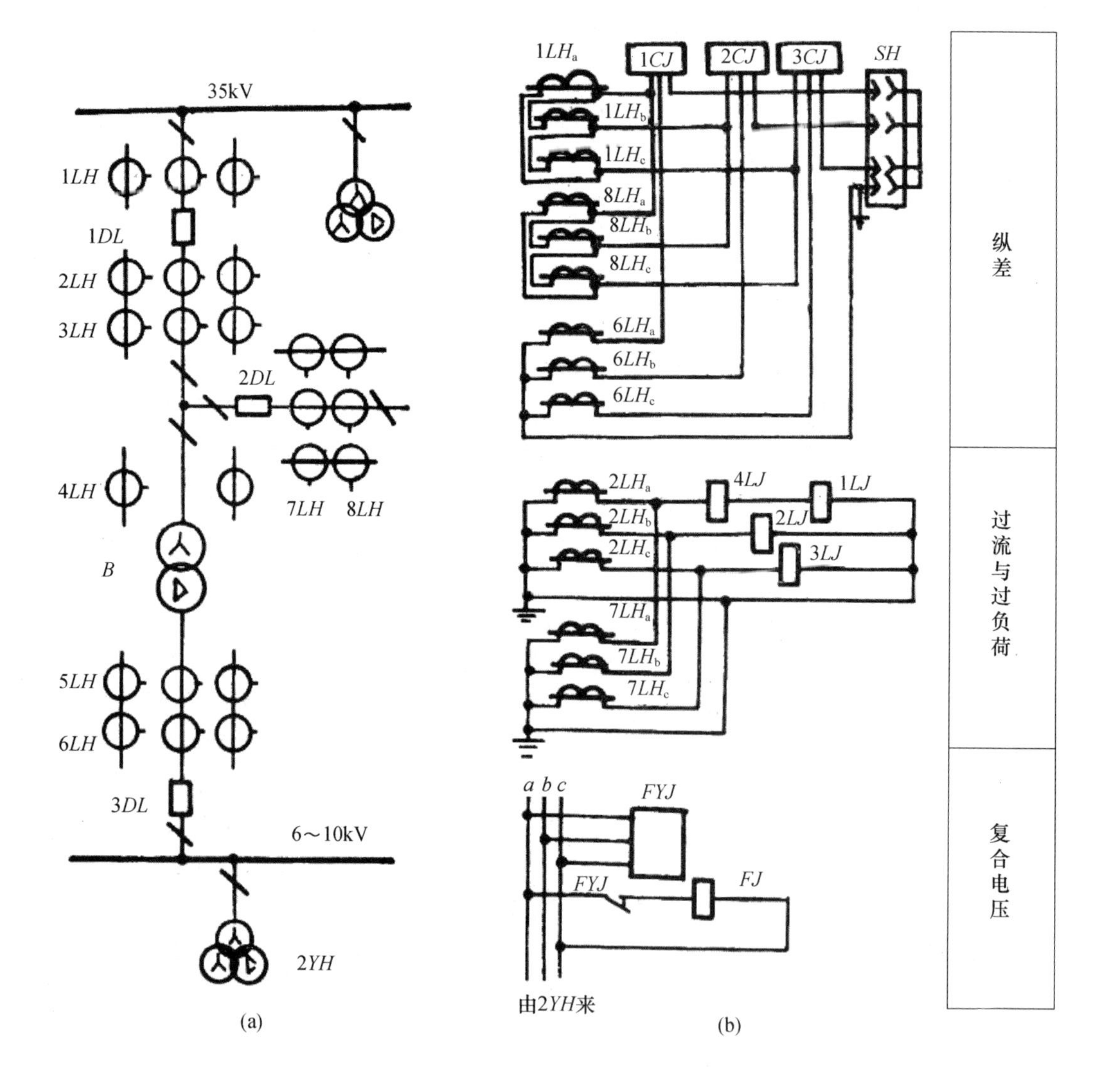

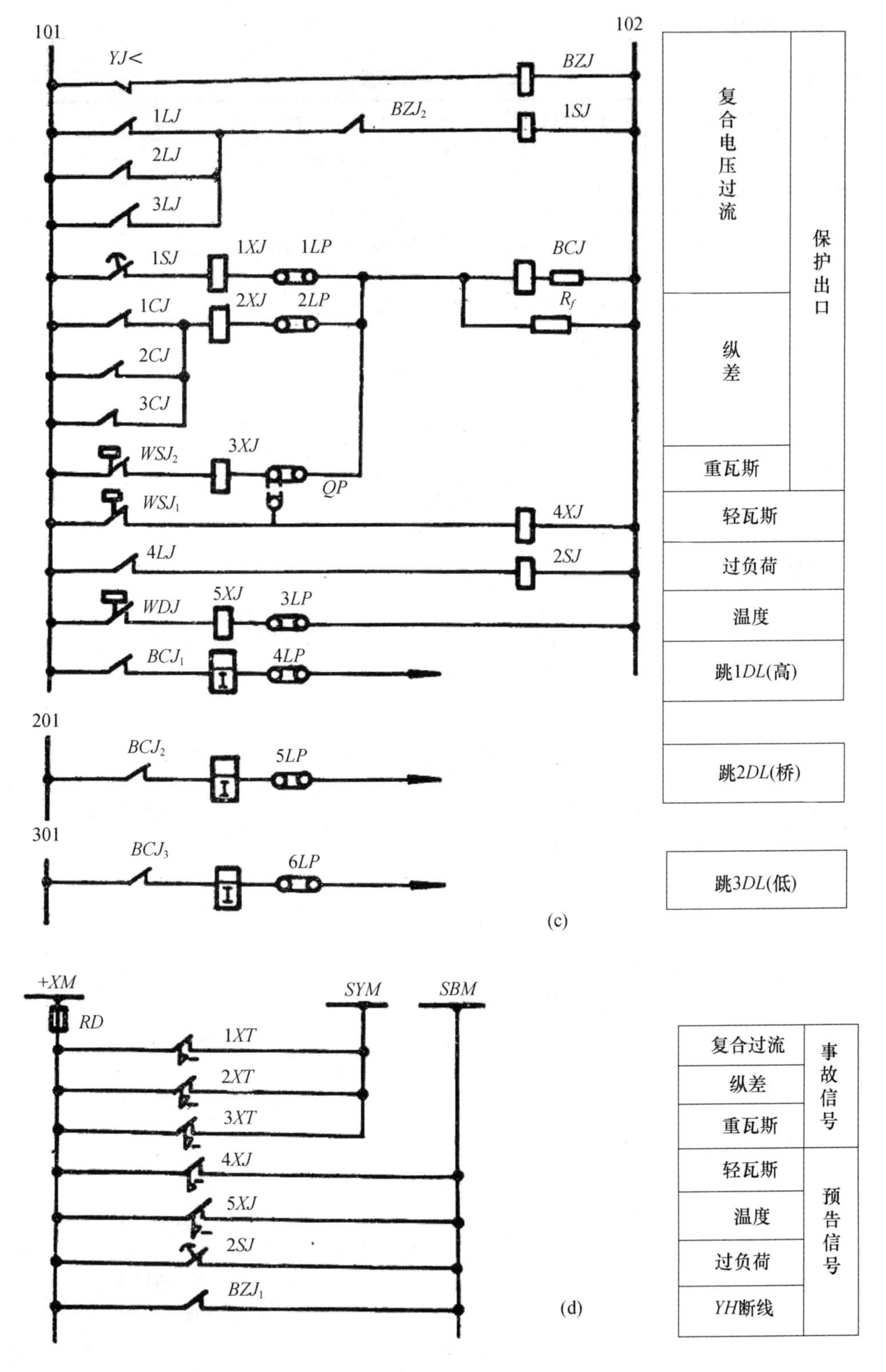

35/10kV 降压变压器保护展开图

(a) 主电路；(b) 交流回路；(c) 直流回路；(d) 信号回路

三、评分参考标准

行业：电力工程 **工种：用电监察员** **等级：二**

编号	JC2JB0102	行为领域	d	鉴定范围		
考核时间	40min	题型	A	满分	100	得分
试题名称	变压器保护展开图识别					
考核要点及其要求	（1）根据给定的图纸，识别每个单元图和图标各元件的名称 （2）根据给定图标各元件，指出元件的动作和保护作用 （3）正确表述变压器各种保护的元件组成和保护作用 （4）字迹清楚，卷面整洁，严禁随意涂改					
现场设备、工器具、材料	（1）工器具：碳素笔（黑） （2）材料与设备：35/10kV降压变压器保护的典型展开图、A4纸					
备注						

评分标准

序号	作业名称	质量要求	分值	扣分标准	扣分原因	得分
1	准备工作	（1）着装规范：着工作服，衣扣、衣领扣和袖口扣完整、系紧 （2）工具：碳素笔（黑） （3）证件齐全：准考证、身份证齐全	5	（1）着装不规范扣2分 （2）工具不符合要求扣1分 （3）证件不齐全扣2分		
2	保护回路识别	补充保护回路的名称	20	未补充或补充错误的，每处扣5分，扣完为止		
3	展开图元件识别	补充展开图元件的名称	20	未补充或补充错误的，每处扣5分，扣完为止		
4	保护的作用和工作原理	说明展开图中两种继电保护的作用和动作原理	50	（1）继电保护的作用表述不正确的，每个扣10分，表述不清楚、不完整的每处扣2分，共20分，扣完为止 （2）继电保护的动作原理描述不正确的，每个扣15分，表述不清楚、不完整的每处扣3分，共30分，扣完为止		
5	卷面整洁	答卷填写应使用黑色碳素笔，字迹清晰、卷面整洁，严禁随意涂改	5	（1）未使用规定笔不得分 （2）字迹潦草，难以分辨，不得分 （3）涂改应使用杠改，超过两处予以扣分，每增加一处扣1分，扣完5分为止		

2.2.3 JC2ZY0101 重要客户供电方案审核

一、作业

（一）工器具、材料、设备

1. 工器具：碳素笔（黑）。

2. 材料：用户供电方案及有关资料、A4 纸。

3. 设备：无。

（二）安全要求

1. 着装规范，准考证、身份证齐全。

2. 遵守考场规定，按时独立完成。

（三）操作步骤及工艺要求（含注意事项）

1. 操作步骤。

（1）重要用电负荷资料。

（2）重要客户等级认定审核。

（3）供电电源配置审核。

（4）自备应急电源配置审核。

（5）电气主接线审核。

（6）运行方式审核。

（7）重要负荷配电审核。

2. 操作要求。

（1）着装规范，主动出示准考证、身份证。

（2）字迹清楚，卷面整洁，严禁随意涂改。

二、考核

（一）考核场地

1. 场地应能同时容纳多个工位，并保证各工位之间的距离合适。

2. 考核工位配有桌椅。

（二）考核时间

考核时间为 40min，许可答题时开始计时，到时停止操作。如若超时操作，则视情况扣除相应分数。

（三）考核要点

1. 能够正确确定重要客户及其等级。

2. 掌握供电电源及自备应急电源配置原则。

3. 掌握重要客户主接线和供配电方式相关规定。

三、评分标准

行业：电力工程　　　　工种：用电监察员　　　　等级：二

编号	JC2ZY0101	行为领域	e	鉴定范围			
时间	40min	题型	A	满分	100 分	得分	
试题名称	重要客户供电方案审核						

续表

编号	JC2ZY0101	行为领域	e	鉴定范围	
考核要点及其要求	(1) 客户重要用电负荷有关资料审核 (2) 供电电源配置合理性审核 (3) 自备应急电源配置合理性审核 (4) 电气主接线及运行方式审核 (5) 供配电方式审核				
现场设备、工器具、材料	(1) 工器具：碳素笔（黑） (2) 材料：A4 纸				
备注					

评分标准

序号	作业名称	操作步骤及质量要求	满分	扣分标准	扣分原因	得分
1	准备工作	(1) 着装规范：着工作服，衣扣、衣领扣和袖口扣完整、系紧 (2) 工具：碳素笔（黑） (3) 证件齐全：准考证、身份证齐全	5	(1) 着装不规范扣 2 分 (2) 工具不符合要求扣 1 分 (3) 证件不齐全扣 2 分		
2	重要客户用电资料审核	(1) 客户报装容量、运行容量和主要用电设备清单 (2) 一级、二级用电负荷设备容量、主要设备清单 (3) 客户重要用电负荷的文字描述。包括用电负荷容量、重要用电设备特性、分布以及最长允许中断时间和突发停电的后果等	10	未审核或审核错误，每处扣 3 分，扣完为止		
3	重要客户及其等级审核	(1) 审核供电方案中是否对用户（重要用户、一般用户）已进行认定或认定是否正确 (2) 审核供电方案中重要等级（特级、一级、二级、临时）是否认定或认定是否正确	10	未审核或审核错误，每项扣 5 分，扣完为止		
4	供电电源配置审核	(1) 重要电力用户的供电电源应采用多电源、双电源或双回路供电。当任何一路或一路以上电源发生故障时，至少仍有一路电源应能满足全部或保安负荷不间断供电 (2) 特级重要电力用户宜采用双电源或多路电源供电；一级重要电力用户宜采用双电源供电；二级重要电力用户宜采用双回路供电；临时重要电力用户按照用电负荷重要性，在条件允许情况下，可以通过临时敷设线路等方式满足双回路或两路以上电源供电条件	20	未审核或审核错误，每处扣 3 分，扣完为止		

续表

序号	考核项目名称	质量要求	分值	扣分标准	扣分原因	得分
		（3）重要电力用户供电电源的切换时间和切换方式应满足保安负荷允许断电时间的要求 （4）用户对电能质量有特殊需求，应当自行加装电能质量治理和控制装置 （5）双电源或多路电源供电的重要电力用户，宜采用同级电压供电。但根据不同负荷需要及地区供电条件，亦可采用不同电压供电 （6）双电源之间合理加装联锁装置 （7）供电电源架空线路不应采用同杆架设供电				
5	自备应急电源配置审核	（1）重要电力用户均应自行配置应急电源 （2）自备应急电源的配置容量至少应满足全部保安负荷正常供电的要求，至少达到保安负荷的120% （3）配置储能装置的自备应急电源容量应满足保安负荷持续供电时间的要求 （4）自备应急电源类型的选择、启动时间、切换方式应满足保安负荷允许断电时间的技术要求 （5）自备应急电源应满足电能质量以及符合国家有关安全、消防、节能、环保等技术规范和标准要求 （6）自备应急电源与工作电源之间的联锁装置	20	未审核或审核错误，每处扣5分，扣完为止		
6	电气主接线审核	（1）具有两回线路供电的一级重要客户，其电气主接线的确定应符合下列要求： 35kV及以上电压等级应采用单母线分段接线或双母线接线。装设两台及以上主变压器。6～10kV侧应采用单母线分段接线 10kV电压等级应采用单母线分段接线。装设两台及以上变压器。0.4kV侧应采用单母线分段接线	10	未审核或审核错误，每处扣5分，扣完为止		

续表

序号	考核项目名称	质量要求	分值	扣分标准	扣分原因	得分
		（2）具有两回线路供电的二级负荷客户，其电气主接线的确定应符合下列要求： 35kV及以上电压等级宜采用桥形、单母线分段、线路变压器组接线。装设两台及以上主变压器。中压侧应采用单母线分段接线 10kV电压等级宜采用单母线分段、线路变压器组接线。装设两台及以上变压器。0.4kV侧应采用单母线分段接线				
7	运行方式审核	（1）特级重要客户可采用两路运行、一路热备用运行方式 （2）一级客户可采用以下运行方式： 两回及以上进线同时运行互为备用 一回进线主供、另一回路热备用 （3）二级客户可采用以下运行方式： 两回及以上进线同时运行 一回进线主供、另一回路冷备用	10	未审核或审核错误，每处扣5分，扣完为止		
8	配电方式审核	（1）重要负荷宜采用放射式接线方式 （2）重要负荷进行双回路独立配电 （3）重要负荷和一般负荷实行配电线路分离 （4）重要负荷应有自备应急电源接入位置和接入装置	10	未审核或审核错误，每处扣5分，扣完为止		
9	卷面整洁	答卷填写应使用黑色碳素笔，字迹清晰、卷面整洁，严禁随意涂改	5	（1）未使用规定笔不得分 （2）字迹潦草，难以分辨，不得分 （3）涂改应使用杠改，超过两处予以扣分，每增加一处扣1分，扣完5分为止		

2.2.4 JC2ZY0102　客户 10kV 受电工程图纸审查

一、操作

（一）工具和材料

1. 工具：碳素笔（黑色）、计算器。

2. 材料：客户 10kV 受电工程设计图纸及客户供电方案。

（二）安全要求

1. 着装规范，两证（准考证、身份证）齐全。

2. 遵守考场规定，按时独立完成。

（三）审查的依据

对 10kV 受电工程设计进行审查，应依据国家和电力行业的有关设计标准、规程进行，同时应按照当地供电部门确定的供电方案要求选择电源、架设线路、设计配电设备等，如果确实需要修改供电方案的，必须经过供电方案批复部门同意。

设计时倡导采用节能环保的先进技术和产品，禁止使用国家明令淘汰的产品。设计审查主要包括以下标准、规程：

GB 311.1—2012《绝缘配合第 1 部分：定义、原则和规则》

GB/T 14549—1993《电能质量公用电网谐波》

GB 50034—2013《建筑照明设计规范》

GB 50038—2005《人民防空地下室设计规范》

GB 50052—2009《供配电系统设计规范》

GB 50053—2013《10kV 及以下变电所设计规范》

GB 50054—2011《低压配电设计规范》

GB 50057—2010《建筑物防雷设计规范》

GB 50058—2014《爆炸危险环境电力装置设计规范》

GB 50060—2008《3～110kV 高压配电装置设计规范》

GB 50061—2010《66kV 及以下架空电力线路设计规范》

GB/T 50062～2008《电力装置的继电保护和自动装置设计规范》

GB/T 50063—2017《电力装置电测量仪表装置设计规范》

GB 50096—2010《住宅设计规范》

GB 50217—2018《电力工程电缆设计规范》

GB 50227—2017《并联电容器装置设计规范》

DLT 401—2017《高压电缆选用导则》

DL/T 448—2016《电能计量装置技术管理规程》

DL/T 601—1996《架空绝缘配电线路设计技术规程》

DL/T 620—1997《交流电气装置的过电压保护和绝缘配合》

DL/T 5003—2017《电力系统调度自动化设计规程》

DL/T 5044—2014《电力工程直流电源系统设计技术规程》

DL/T 5154—2012《架空输电线路杆塔结构设计技术规定》

DL/T 5219—2014《架空输电线路基础设计技术规程》

DL/T 5220—2005《10kV及以下架空配电线路设计技术规程》

DL/T 5221—2016《城市电力电缆线路设计技术规定》

DL/T 5222—2005《导体和电器选择设计技术规定》

DL/T 5352—2018《高压配电装置设计规范》

Q/GDW 161—2007《线路保护及辅助装置标准化设计规范》

JGJ 16—2008《民用建筑电气设计规范》

（四）审查的步骤及要点

1. 受电工程设计资料。要求客户提供受电工程设计及有关资料，应包括以下内容：

（1）设计单位资质材料。

（2）受电工程设计及说明书。

（3）用电负荷分布图以及用电负荷性质。

（4）主要电气设备一览表。

（5）影响电能质量的用电设备清单。

（6）隐蔽工程设计资料。

（7）主要生产设备、生产工艺耗电以及允许中断供电时间。

（8）高压受电设备一、二次接线图及平面布置图。

（9）用电功率因数计算及无功补偿方式。

（10）保护配置及电能计量的方式。

（11）配电网络布置图。

（12）对有冲击负荷、不对称负荷、非线性负荷等有可能影响电网供电的客户，还应提供消除其对电网不良影响的技术措施及有关的设计资料。

（13）供电企业认为应提供的其他资料。

2. 审核设计单位的资质。10kV受电工程设计单位必须取得相应的设计资质，根据原中华人民共和国建设部2007年修订的《工程设计资质标准》规定，只要取得工程设计综合资质、电力行业工程设计丙级（变电工程、送电工程）以上资质、电力专业工程设计丙级（变电工程、送电工程）以上资质的企业就可进行客户10kV受电工程的设计。

3. 审核设计图纸、设计说明与供电方案的一致性。

（1）供电电源：供电电压等级、供电电源配置及运行方式、联锁方式。

（2）自备应急电源：配置容量、自备电源与工作电源的切换方式和联锁方式。

（3）电气主接线和运行方式。

（4）受电变压器（或高压电机）容量及运行状态。

（5）计费计量点和用电信息采集终端的设备配置。

（6）电能质量：功率因数、无功容量配置和谐波治理要求。

（7）继电保护和调度通信配置要求。

4. 电气主接线图纸审核。

（1）掌握电气主接线图中各元件的名称、作用，清楚各电气符号和数据表示的含义。

（2）指出并更正接线图中的错误。

（3）指出并更正接线图中存在的元件遗漏和配置错误。

5. 计量装置配置审核。

（1）电流互感器、电压互感器变比和准确度等级是否符合要求

（2）电能表的参数、准确度等级是否符合要求，是否与互感器相符。

（3）计量二次接线规格选择是否符合规程要求。

6. 继电保护和自动装置审核。

（1）配置的保护装置是否齐全。

（2）调度自动化装置是否满足国家和电力行业规定。

（3）调度通信、数据传输设施配置是否满足有关规定要求。

7. 电源及自备应急电源运行方式审核。

（1）各路电源进线开关之间及其与母联开关之间的联锁装置是否合理，是否满足运行方式要求。

（2）自备应急电源接入位置及其与工作电源之间的联锁装置是否合理、可靠。

8. 有关技术规定的掌握程度。

（1）所有高、低压设备的选型是否合理，是否有国家规定的淘汰设备和高耗能设备。

（2）一次主接线进线及出线方式是否满足客户安全要求，是否满足国家和电力行业的规程及标准。

（3）无功补偿设备配置是否合理，配置容量是否满足就地平衡要求；根据《国家电网公司业扩供电方案编制导则（试行）》规定，当不具备设计计算条件时，10kV 变电站可按变压器容量的 20％～30％确定。

（4）有冲击、不对称和谐波负载的客户谐波治理措施是否符合相关要求。

（5）电源线路路径、架设方式是否符合规程要求，选择的导线截面积载流量能否满足负荷要求。

二、考核

（一）考核场地

1. 场地应能同时容纳多个工位，并保证各工位之间的距离合适。

2. 考核工位配有桌椅。

（二）考核时间

考核时间为 45min，许可答题时开始计时，到时停止操作。如若超时操作，则视情况扣除相应分数。

（三）考核要点

1. 审查客户提交的设计审查资料是否齐全。

2. 审查设计图纸的内容是否全面。

3. 审查要点是否考虑周全并符合技术、标准及规定要求。

三、评分参考标准

行业：电力工程　　　　　　　　　　工种：用电监察员　　　　　　　　　　等级：二

编号	JC2ZY0102	行为领域	e	鉴定范围		
考核时间	45min	题型	B	满分	100 分	得分
试题名称	客户 10kV 受电工程图纸审查					
考核要点 及其要求	（1）受电工程设计资料齐全 （2）审核设计单位的资质 （3）设计图纸（或设计说明）与供电方案的一致性 （4）设计图纸是否符合有关设计规程要求					
现场设备、 工具、材料	（1）工作现场具备的材料：用户供电方案、受电工程设计图纸 （2）工作现场具备的工具：碳素笔、计算器					
备注						

评分标准

序号	作业名称	质量要求	分值	扣分标准	扣分原因	得分
1	受电工程设计资料受理	（1）设计单位资质材料 （2）受电工程设计及说明书 （3）用电负荷分布图 （4）主要电气设备一览表 （5）影响电能质量的用电设备清单 （6）隐蔽工程设计资料 （7）主要生产设备、生产工艺耗电以及允许中断供电时间 （8）高压受电设备一、二次接线图及平面布置图 （9）功率因数计算及无功补偿方式 （10）继电保护、过电压保护及电能计量的方式 （11）配电网络布置图 （12）有冲击负荷、不对称负荷、非线性负荷等可能影响电网供电的客户，还应提供消除其对电网不良影响的技术措施及有关的设计资料	10	受理受电工程设计资料，每缺一项扣 1 分，扣完为止		
2	设计单位资质审核	10kV 受电工程设计单位必须取得相应的设计资质，只要取得工程设计综合资质、电力行业工程设计丙级（变电工程、送电工程）以上资质、电力专业工程设计丙级（变电工程、送电工程）以上资质的企业就可进行客户 10kV 受电工程的设计	5	未审核或审核错误，每处扣 5 分，扣完为止		

续表

序号	考核项目名称	质量要求	分值	扣分标准	扣分原因	得分
3	设计图纸与供电方案的一致性审核	（1）供电电源：供电电压等级、采用单电源或双电源及其运行方式和联锁方式 （2）自备应急电源：配置容量以及与工作电源的切换方式和联锁方式 （3）采用电气主接线和运行方式 （4）受电变压器（或高压电机）容量及运行方式 （5）计费计量点和用电信息采集终端的设置 （6）电能质量：功率因数和谐波治理要求 （7）继电保护和调度通信配置要求	20	未审核或审核错误，每处扣5分，扣完为止		
4	电气主接线审核	（1）掌握电气主接线图中各单元（或元件）的名称、作用，清楚各单元（或元件）符号和数据表示的含义 （2）指出并更正接线图中的结构错误 （3）指出并更正接线图中存在的元件遗漏和配置错误	20	未审核或审核错误，每处扣5分，扣完为止		
5	计量装置配置审核	（1）电流互感器、电压互感器变比和准确度等级是否符合要求 （2）电能表的参数、准确度等级是否符合要求，是否与互感器相符 （3）计量二次接线规格选择是否符合规程要求	10	未审核或审核错误，每处扣5分，扣完为止		
6	继电保护和自动装置审核	（1）配置的保护装置是否齐全 （2）调度自动化装置是否满足国家和电力行业规定 （3）调度通信、数据传输设施配置是否满足有关规定要求	10	未审核或审核错误，每处扣5分，扣完为止		
7	电源及自备应急电源运行方式审核	（1）两路电源进线开关的联锁装置是否合理，是否能满足运行方式要求	10	未审核或审核错误，每处扣5分，扣完为止		

续表

序号	考核项目名称	质量要求	分值	扣分标准	扣分原因	得分
		(2) 各路电源进线开关与母联开关之间的联锁装置是否合理，是否满足运行方式要求 (3) 自备应急电源接入位置及其与工作电源之间的联锁装置是否合理、可靠				
8	有关技术规定的掌握程度	(1) 所有高、低压设备的选型是否合理，是否有淘汰和高耗能设备 (2) 一次主接线进线及出线方式是否满足客户安全要求，是否满足国家和电力行业的规程及标准 (3) 无功补偿设备配置是否合理，配置容量是否满足就地平衡要求；根据《国家电网公司业扩供电方案编制导则（试行）》规定，当不具备设计计算条件时，10kV变电站可按变压器容量的20%～30%确定 (4) 有冲击、不对称和谐波负载的客户应有谐波治理措施 (5) 电源线路路径、架设方式是否符合规程要求，选择的导线截面积载流量能否满足负荷要求	10	未审核或审核错误，每处扣2分，扣完为止		
9	填写审核意见	(1) 字迹清楚、工整，无涂改 (2) 文字含义表达正确	5	(1) 字迹涂改扣2分 (2) 文字含义表达错误或不清楚扣5分		

2.2.5 JC2ZY0103 10kV干式变压器试验报告审查

一、作业

（一）工具和材料

1. 工具：碳素笔（黑色）、计算器。

2. 材料：试验报告、用电检查结果通知书、A4纸。

（二）安全要求

1. 着装规范，两证（准考证、身份证）齐全。

2. 遵守考场规定，按时独立完成。

（三）操作步骤及要求

1. 试验单位资质审核。

试验单位应具有能源局（或原电监会）颁发的“承装（修、试）电力设施许可证”，资质等级符合要求。

2. 试验设备和试验环境。

（1）审核试验设备名称、试验地点、试验时间、试验环境（温度、湿度）等。

（2）试验设备铭牌参数齐全。

3. 试验项目和试验标准审核。

10kV干式变压器试验项目和标准：

（1）测量绕组连同套管的直流电阻。用以判断导线焊接的质量、绕组及匝间有无短路，多股并绕的绕组有无断股，分接开关接触是否良好。

测量绕组连同套管的直流电阻，应符合下列规定：

① 测量应在各分接头的所有位置上进行。

② 1600kV·A及以下容量三相变压器，各相测得值的相互差值应小于平均值的4%，线间测得值的相互差值应小于平均值的2%；1600kV·A以上三相变压器，各相测得值的相互差值应小于平均值的2%；线间测得值的相互差值应小于平均值的1%。

③ 变压器的直流电阻，与同温下产品出厂实测数值比较，相应变化不应大于2%；不同温度下电阻值按照式（JC2ZY0103）换算，即

$$R_2 = R_1 (T + t_2) / (T + t_1) \quad \text{(JC2ZY0103)}$$

式中 R_1、R_2——温度在 t_1、t_2 时的电阻值；

T 计算用常数，铜导线取235，铝导线取225。

④ 由于变压器结构等原因，差值超过②时，可只按③进行比较，但应说明原因。

（2）检查所有分接头的变压比。以验证其比值是否等于变压比，分接开关接线是否与铭牌标识一致。

检查所有分接头的电压比，与制造厂铭牌数据相比应无明显差别，且应符合电压比的规律；电压等级在220kV及以上的电力变压器，其电压比的允许误差在额定分接头位置时为±0.5%。

注：“无明显差别”可按如下考虑：

① 电压等级在35kV以下，电压比小于3的变压器电压比允许偏差不超过±1%。

② 其他所有变压器额定分接下电压比允许偏差不超过±0.5%。

③ 其他分接的电压比应在变压器阻抗电压值（%）的 1/10 以内，但不得超过±1%。

（3）检查变压器三相接线组别和单相变压器引出线的极性。保证变压器接线正确。

检查变压器三相接线组别和单相变压器引出线的极性，必须与设计要求及铭牌上的标记和外壳上的符号相符。

（4）测量绕组连同套管的绝缘电阻。用以判断变压器绕组绝缘是否良好。

绝缘电阻值不应低于出厂试验值的 70%。

（5）绕组连同套管的交流耐压试验。用以判断相间对地的绝缘状况。

绕组连同套管的交流耐压试验，应符合下列规定：

容量为 8000kV・A 以下、绕组额定电压为 110kV 以下的变压器，线端试验应按表 JC2ZY0103进行交流耐压试验。

表 JC2ZY0103　电力变压器和电抗器交流耐压试验电压标准（kV）

系统标称电压	设备最高电压	交流耐压	
		油浸式电力变压器和电抗器	干式电力变压器和电抗器
<1	≤1.1	—	2.5
3	3.6	14	8.5
6	7.2	20	17
10	12	28	24
15	17.5	36	32
20	24	44	43
35	40.5	68	60
66	72.5	112	—
110	126	160	—

注：1. 上表中，变压器试验电压是根据现行国家标准《电力变压器第 3 部分：绝缘水平和绝缘试验和外绝缘空气间隙》（GB 1094.3）规定的出厂试验电压乘以 0.8 制定的。

2. 干式变压器出厂试验电压是根据现行国家标准《干式电力变压器》（GB 6450）规定的出厂试验电压乘以 0.8制定的。

4. 试验报告完整性审核。

① 报告应有明确结论（是否满足规程要求，满足为合格，不满足为不合格），不合格说明原因。

② 试验人员、记录人员、校阅人、试验负责人、审核人及监理签字应齐全，还应注意审核签字日期与试验日期的逻辑关系。

③ 报告应计算准确、数据齐全、无涂改痕迹。

5. 审核结果。

① 开具用电检查结果通知书。

② 用电检查结果通知书应写明试验报告存在的问题和整改期限、整改措施。

③ 用电检查结果通知书应有检查日期、检查人员的用电检查证编号、客户代表签字和用电检查专用印章。

④ 用电检查结果通知书应书写工整、字迹清楚、不得涂改。

二、考核

(一）考核场地

1. 场地应能同时容纳多个工位，并保证各工位之间的距离合适。

2. 考核工位配有桌椅。

(二）考核时间

考核时间为45min，许可答题时开始计时，到时停止操作。如若超时操作，则视情况扣除相应分数。

(三）考核要点

1. 清楚完整的试验报告的内容。

2. 清楚干式变压器交接试验项目和标准。

3. 正确填写用电检查结果通知书。

三、评分参考标准

行业：电力工程　　　　工种：用电监察员　　　　等级：二

编号	JC2ZY0103	行为领域	e	鉴定范围			
考核时间	45min	题型	A	满分	100分	得分	
试题名称	10kV 干式变压器试验报告审查						
考核要点及其要求	(1) 清楚完整的试验报告的内容 (2) 清楚干式变压器交接试验项目和标准 (3) 正确填写用电检查结果通知书						
工具、材料	(1) 工具：碳素笔、计算器 (2) 材料：试验报告、用电检查结果通知书、A4纸						
备注	每项“分值”扣完为止						

评分标准

序号	作业名称	质量要求	分值	扣分标准	扣分原因	得分
1	准备工作	(1) 着装规范：着工作服，衣扣、衣领扣和袖口扣完整、系紧 (2) 工具：碳素笔（黑）、计算器 (3) 证件齐全：准考证、身份证齐全	5	(1) 着装不规范扣2分 (2) 工具不符合要求扣1分 (3) 证件不齐全扣2分		
2	试验单位资质审核	(1) 提出对“承装（修、试）电力设施许可证”审核 (2) 审核资质等级是否符合要求	5	未审核或审核错误，每处扣3分，扣完为止		
3	试验设备和试验环境审核	(1) 审核试验设备名称、试验地点、试验时间、试验环境（温度、湿度）等 (2) 试验设备铭牌参数齐全	10	未审核或审核错误，每处扣5分，扣完为止		

续表

序号	考核项目名称	质量要求	分值	扣分标准	扣分原因	得分
4	试验项目和试验标准审核	（1）测量绕组连同套管的直流电阻 （2）检查所有分接头的电压比 （3）检查变压器三相接线组别和单相变压器引出线的极性 （4）测量绕组连同套管的绝缘电阻 （5）绕组连同套管的交流耐压试验	50	未审核或审核错误，每处扣10分，扣完为止		
5	试验报告完整性审核	（1）报告应有明确结论（是否满足规程要求，满足为合格，不满足为不合格）或说明原因 （2）试验人员、记录人员、校阅人、审核人签字应齐全，还应注意审核签字日期与试验日期的逻辑关系 （3）报告应计算准确、数据齐全、无涂改痕迹	10	未审核或审核错误，每处扣2分，扣完为止		
6	审核结果	（1）开具用电检查结果通知书 （2）用电检查结果通知书应写明试验报告存在的问题和整改期限、整改措施 （3）用电检查结果通知书填写完整。应有检查日期、检查人员的用电检查证编号、客户代表签字 （4）用电检查结果通知书应书写工整、字迹清楚、不得涂改	15	（1）未开具用电检查结果通知书扣15分 （2）用电检查结果通知书内容不全或错误扣5分 （3）用电检查结果通知书不完整扣5分 （4）书写不工整、字迹不清楚或有涂改，每项扣2分。共5分，扣完为止		
7	考场纪律	（1）独立完成 （2）服从考评员安排	5	（1）在考场内有违规、违纪行为，如夹带作弊、交头接耳等现象扣5分 （2）考试现场不服从考评员安排或顶撞考评员者，取消考评资格		

2.2.6 JC2ZY0201　高压真空断路器竣工验收

一、作业

（一）工器具、材料、设备

1. 工器具：碳素笔（黑色）、低压验电笔、手电筒。

2. 材料与设备：高压开关柜、设计、施工、试验资料。

（二）安全要求

1. 着装规范。工作服、安全帽、绝缘鞋、线手套穿戴整齐。

2. 填写用电检查工作单。

3. 检查高压开关柜接地良好，并对外壳验电，确认不带电。

4. 检查断路器和上、下隔离开关均在断位，接地开关在合位上。

5. 检查确认安全工器具合格、无破损。

6. 操作时站在绝缘垫上。

（三）操作步骤及要求

1. 收集验收技术资料。

（1）高压柜施工设计图和安装资料。

（2）真空断路器制造厂家提供的产品说明书、试验记录、合格证件及安装图纸等技术文件。

（3）安装技术记录。

（4）调整试验记录。

（5）真空断路器交接试验报告。

2. 现场设备检验。

（1）核对断路器铭牌，确认容量、型号、电压等级等数据是否与设计相符。

（2）真空断路器应固定牢靠，外表清洁完整。

（3）灭弧室、瓷套与铁件间应黏合牢固，无裂纹及破损。

（4）绝缘部件、瓷件完整、干净、无破损。

（5）检查真空断路器安装应垂直，固定应牢靠，相间支持瓷件在同一水平面上。

（6）电气连接应可靠且接触良好。

① 导电部分的可挠铜片不应断裂，铜片间无锈蚀，固定螺栓应齐全紧固。

② 导电杆表面应洁净，导电杆与导电夹应接触紧密。

③ 导电回路接触电阻值应符合产品的技术要求。

④ 电器接线端子的螺栓搭接面及螺栓应紧固。

（7）真空断路器与其操动机构的联动应正常，无卡阻；分、合闸指示正确。

（8）灭弧室的真空度应符合产品的技术规定。

（9）并联电阻、电容值应符合产品的技术规定。

（10）油漆应完整，相色标志正确，接地良好。

3. 试验报告审核。

（1）测量绝缘电阻。

测量绝缘电阻值，应符合下列规定：

① 整体绝缘电阻值测量，应参照制造厂的规定。

② 绝缘拉杆的绝缘电阻值，在常温下不应低于表 JC2ZY0201-1 的规定。

表 JC2ZY0201-1 绝缘拉杆的绝缘电阻标准

额定电压（kV）	3～15	20～35	60～220	330～500
绝缘电阻值（MΩ）	1200	3000	6000	10000

（2）测量每相导电回路的电阻。

每相导电回路的电阻值测量，宜采用电流不小于 100A 的直流压降法。测试结果应符合产品技术条件的规定。

（3）交流耐压试验。

应在断路器合闸及分闸状态下进行交流耐压试验。当在合闸状态下进行时，试验电压应符合表 JC2ZY0201-2 的规定。当在分闸状态下进行时，真空灭弧室断口间的试验电压按产品技术条件的规定，试验中不应发生贯穿性放电。

表 JC2ZY0201-2 合闸状态下试难电压标准

额定电压（kV）	最高工作电压（kV）	1min 工频耐受电压（kV）峰值			
		相对地	相间	断路器断口	隔离断口
3	3.5	25	25	25	27
6	7.2	32	32	32	36
10	12	42	42	42	49
35	40.5	95	95	95	118
66	72.5	155	155	155	197
110	126	200	200	200	225
		230	230	230	265

（4）测量断路器主触头的分、合闸时间，测量分、合闸的同期性，测量合闸时触头的弹跳时间。应符合下列规定：

① 合闸过程中触头接触后的弹跳时间，40.5kV 以下断路器不应大于 2ms；40.5kV 及以上断路器不应大于 3ms。

② 测量应在断路器额定操作电压及液压条件下进行。

③ 实测值应符合产品技术条件的规定。

（5）审核试验报告完整性。报告要有明确的结论、日期，有试验人员、试验审核人员签字和加盖印章等。

二、考核

（一）考核场地

1. 现场应有高压开关柜及客户竣工报告相关资料。

2. 每个工位配有桌椅。

（二）考核时间

考核时间为 45min，许可答题时开始计时，到时停止操作。如若超时操作，则视情况扣除相应分数。

（三）考核要点

1. 竣工报告相关资料审核。
2. 现场设备检验。
3. 试验报告审核。
4. 安全文明工作。

三、评分参考标准

行业：电力工程　　　　　　　　工种：用电监察员　　　　　　　　等级：二

编号	JC2ZY0201	行为领域	e	鉴定范围			
考核时限	45min	题型	C	满分	100分	得分	
试题名称	高压真空断路器竣工验收						
考核要点及其要求	（1）竣工报告相关资料审核 （2）现场设备检验 （3）试验报告审核 （4）安全文明工作						
现场设备、工器具、材料	高压开关柜、客户竣工报告相关资料						
备注	考生自备工作服、绝缘鞋、安全帽、线手套						

评分标准

序号	考核项目名称	质量要求	分值	扣分标准	扣分原因	得分
1	开工准备	（1）着装规范：着工作服，绝缘鞋，戴安全帽、绝缘手套。衣扣、衣领扣和袖口扣完整、系紧，安全帽绳、鞋带系紧 （2）工具：碳素笔（黑）、低压验电笔、手电筒 （3）证件齐全：准考证、身份证齐全	5	（1）着装不规范扣2分 （2）工具不符合要求扣1分 （3）证件不齐全扣2分		
2	填写用电检查工作单	用电检查工作单填写正确	5	未填写用电检查工作单扣5分 填写错误每项扣2分，涂改每处扣1分 扣完为止		
3	收集验收技术资料	（1）高压柜施工设计图和安装资料 （2）真空断路器制造厂家提供的产品说明书、试验记录、合格证件及安装图纸等技术文件 （3）安装技术记录 （4）调整试验记录 （5）真空断路器交接试验报告	10	未提出有关验收资料，每项扣2分		

续表

序号	考核项目名称	质量要求	分值	扣分标准	扣分原因	得分
4	现场设备检验	（1）核对断路器铭牌、容量、型号、电压等级等数据是否与设计相符 （2）真空断路器应固定牢靠，外表清洁完整 （3）灭弧室、瓷套与铁件间应黏合牢固，无裂纹及破损 （4）绝缘部件、瓷件完整、无损 （5）检查真空断路器安装应垂直，固定应牢靠，相间支持瓷件在同一水平面上 （6）电气连接应可靠且接触良好 ① 导电部分的可挠铜片不应断裂，铜片间无锈蚀，固定螺栓应齐全紧固 ② 导电杆表面应洁净，导电杆与导电夹应接触紧密 ③ 导电回路接触电阻值应符合产品的技术要求 ④ 电器接线端子的螺栓搭接面及螺栓应紧固 （7）真空断路器与其操动机构的联动应正常，无卡阻；分、合闸指示正确 （8）灭弧室的真空度应符合产品的技术规定 （9）并联电阻、电容值应符合产品的技术规定 （10）油漆应完整，相色标志正确，接地良好	40	未指出问题或指出错误的，每处扣5分，扣完为止		
5	试验报告审核	（1）测量绝缘电阻 （2）测量每相导电回路的电阻 （3）交流耐压试验 （4）测量断路器主触头的分、合闸时间，测量分、合闸的同期性，测量合闸时触头的弹跳时间 （5）试验报告完整	20	未审核或审核错误，每处扣5分，扣完为止		

续表

序号	考核项目名称	质量要求	分值	扣分标准	扣分原因	得分
6	验收结果	（1）开具用电检查结果通知书 （2）通知书要求提出存在问题、整改措施、整改期限等相关要求 （3）用电检查结果通知书填写完整。应有检查日期、检查人员的用电检查证编号、客户代表签字 （4）用电检查结果通知书应书写工整、字迹清楚、不得涂改	15	（1）未填写用电检查结果通知书扣15分 （2）用电检查结果通知书内容不全或错误扣5分 （3）书写不工整、字迹不清楚或有涂改，每项扣2分。共5分，扣完为止		
7	安全文明工作	（1）操作过程中无人身伤害、设备损坏、工器具掉落等事件 （2）操作完毕后，清理现场及整理好工器具材料	5	发生人身伤害或设备损坏事故本项不得分 工器具掉落一次扣1分，共3分，扣完为止 未清理现场及整理工器具材料扣2分		

2.2.7 JC2ZY0301 高压用户窃电查处

一、操作

（一）工具、材料和设备

1. 工具：碳素笔（黑色）、尺子、计算器、手电筒、低压验电笔、中号一字改锥、中号十字改锥、斜口钳、尖嘴钳、照相机、摄像机。

2. 材料：封印、高压客户用电检查工作单、第二种工作票、违约用电、窃电处理工作单、违约用电、窃电通知书、A4 纸。

3. 设备：数字钳形电流表 1 块、伏安相位表 1 块、电能表接线智能仿真装置（高压三相三线电流互感器、电压互感器计量装置）。

（二）安全要求

1. 正确填写高压客户用电检查工作单和第二种工作票。

2. 着装符合安全规定。工作服、安全帽、绝缘鞋、绝缘手套穿戴整齐。

3. 正确使用电工工具，不发生工具掉落和损坏现象。

4. 严禁 TA 二次开路、TV 二次短路。

5. 注意与带电体安全距离，防误碰、防高摔，不发生人身伤害和设备损坏事故。

（三）操作步骤及注意事项

1. 开工前准备。

（1）着装整齐，出示准考证、身份证，抽取封签。

（2）根据题目，填写高压客户用电检查工作单和第二种工作票。

（3）检查工具、仪表的完好性，并妥善、整齐放置。

（4）出示用电检查证，口述已办理用电检查工作单和第二种工作票，并交代工作内容、危险点和防范措施。

（5）口述准备工作完毕，报请开始工作。

2. 计量柜（箱）外观检查。

（1）用验电笔检查计量箱外壳、锁孔是否带电。

（2）检查计量柜（箱）封锁是否完好，固定是否牢靠。

3. 电能表检查。

（1）打开计量柜（箱）门，检查电能表封印是否正常、完好。

（2）核对电能表铭牌信息（电能表型号、规格、准确度等级、出厂编号、制造厂家等）。

（3）打开表尾盖封。检查电能表接线是否正确、螺钉是否紧固。电流回路是否有短封线分流现象，电压回路是否有虚接、断开现象。

（4）用钳形表测量电压、电流值，即 U_{uv}、U_{uw}、U_{wv}，I_u、I_w 值（测量电压、电流值是否有问题），同时查看电能表读取的信息是否与测量数据相符（反映表内是否有问题）。

（5）用伏安相位表测量两个元件的电压与电流、电压与电压之间的相位关系。即 $U_{uv}I_u$、$U_{wv}I_w$ 和 $U_{uv}U_{wv}$，反映两个元件的电压和电流相位关系是否正常，并可判断电压相序是否正确、电流是否反向、电压回路是否串接元件等。

4. 接线盒检查。

（1）检查接线盒封印是否正常、完好。

（2）打开接线盒封盖，检查接线盒接线是否正确、连接片位置是否正确、螺钉是否紧固。电流回路是否有短封线分流现象，电压回路是否有虚接、断开现象。

5. 互感器检查。

（1）柜（箱）封印是否正常、完好。

（2）核对电流、电压互感器铭牌信息（型号、规格、准确度等级、出厂编号、制造厂家等）。

（3）检查电流、电压互感器二次接线、极性是否正确，是否有短接、虚接现象。

6. 取证资料。

（1）考生所在工位和计量柜整体图片。

（2）计量柜、电能表、接线盒封印有问题，需要整体和局部图片。

（3）窃电部位与整体相关联的图片。

（4）窃电部位隐蔽不能在整体照片中显现时，可采用从局部到整体（或从整体到局部）进行摄像。

（5）在接线盒、互感器处存在的窃电点应体现与计量电能表有关联的图片。

7. 开具违约用电、窃电通知书。

（1）根据外观检查和通过测量数据分析、判断，找出窃电位置，确定窃电类别。

（2）根据题目给定条件和窃电现状，填写违约用电、窃电通知书，一式两份。

（3）请客户签字。一份交用户，一份留存。

8. 制止窃电。

（1）口述该用户行为完全符合《供电营业规则》第一百条零一条第 X 款，属于窃电行为。

（2）口述根据《供电营业规则》第一百零二条规定，对于用户窃电行为予以制止，并可当场中止供电。用户拒绝承担窃电责任的，报请电力管理部门依法处理。用户窃电数额较大或窃电情节严重，则提请司法机关依法追究刑事责任。

（3）口述实施中止供电时，根据《河北省电力条例》第三十四条规定，报当地人民政府电力行政管理部门备案。

9. 追补电费和收缴违约使用电费。

（1）根据测量数据和表计显示数据，绘出用户窃电时的计量相量图和正确计量相量图。

（2）列出用户窃电时的计量功率表达式和正确计量的功率表达式。

（3）算出更正系数，并根据窃电时间、执行电价，计算出追补电量、追补电费和违约使用电费。窃电时间无法查明时，窃电时间至少以 180 天计算，每日窃电时间按 12 小时计算。窃电金额按对应的分类电价现行销售电价（平段电价）乘以窃电量计算。

10. 清理现场。

（1）计量柜（箱）内无遗留的工具和杂物，工器具和设备仪器摆放整齐。

（2）将违约用电、窃电通知书以及检查记录、测量记录和分析、计算等书面资料有序整理在一起，上交考评员。

二、考核

（一）考核场地

1. 设有多个工位，工位分别编号，工位之间保持合适距离。

2. 每个工位配有桌椅。

（二）考核时间

考核时间为45min，许可答题时开始计时，到时停止操作。如若超时操作，则视情况扣除相应分数。

（三）考核要点

1. 现场安全注意事项。

2. 窃电查处流程。

3. 现场检查能力。

4. 窃电处理规范性。

三、评分参考标准

行业：电力工程　　　　工种：用电监察员　　　　等级：二

编号	JC2ZY0301	行为领域	e	鉴定范围			
考核时间	45min	题型	C	满分	100分	得分	
试题名称	高压用户窃电查处						
考核要点及其要求	（1）现场安全注意事项 （2）窃电查处流程 （3）现场检查能力 （4）窃电处理规范性						
现场设备、工具、材料	（1）工具：碳素笔（黑）、尺子、计算器、手电筒、低压验电笔、中号一字改锥、中号十字改锥、尖嘴钳、照相机、摄像机 （2）材料：封印、高压客户用电检查工作单、第二种工作票、违约用电、窃电处理工作单、违约用电、窃电通知书、A4纸 （3）设备：数字钳形电流表1块、伏安相位表1块、电能表接线智能仿真装置（高压三相三线电流互感器、电压互感器计量装置）						
备注	考生自备工作服、安全帽、绝缘鞋、常用电工工具、文具。						

评分标准

序号	作业名称	质量要求	分值	扣分标准	扣分原因	得分
1	开工前准备	（1）着装规范：着工作服、绝缘鞋，戴安全帽，绝缘手套，衣扣、衣领扣和袖口扣完整、系紧，安全帽绳、鞋带系紧 （2）检查工器具完好，放置整齐：碳素笔（黑）、尺子、计算器、手电筒、低压验电笔、中号一字改锥、中号十字改锥、尖嘴钳、照相机、摄像机、数字钳形电流表1块、伏安相位表1块	10	不符合要求每项扣2分		

续表

序号	考核项目名称	质量要求	分值	扣分标准	扣分原因	得分
		（3）证件齐全：准考证、身份证齐全 （4）填写高压客户用电检查工作单和第二种工作票。字迹清楚、不得涂改 （5）出示用电检查证，口述已办用电检查工作单和第二种工作票，并交代危险点和防范措施；口述准备工作完毕，报请开始工作				
2	计量柜（箱）外观检查	（1）验电：用验电笔检查计量箱外壳、锁孔是否带电 （2）检查计量柜（箱）封锁是否完好，固定是否牢靠	5	（1）未验电或验电方法不正确扣3分 （2）未做外观检查扣2分		
3	电能表检查	（1）检查电能表封印是否正常、完好 （2）核对电能表铭牌信息（电能表型号、规格、准确度等级、出厂编号、制造厂家等） （3）检查电能表接线是否正确、螺钉是否紧固。电流回路是否有短封线分流现象，电压回路是否有虚接、断开现象 （4）用钳形表测量电压、电流值，并记录 （5）用伏安相位表测两个元件的电压与电流及其之间的相位关系，并记录	15	未检查或检查、测量错误每项扣3分		
4	接线盒检查	（1）检查接线盒封印是否正常、完好 （2）检查接线盒接线是否正确、是否有虚接、断开现象	5	（1）未检查接线盒封印扣2分 （2）未检查接线盒接线扣3分		
5	互感器检查	（1）检查柜（箱）封印是否正常、完好 （2）核对电流、电压互感器铭牌信息 （3）检查电流、电压互感器二次接线、极性是否正确，是否有短接、虚接现象	15	未检查或检查错误，每项扣5分		

续表

序号	考核项目名称	质量要求	分值	扣分标准	扣分原因	得分
6	取证资料	（1）考生所在工位和计量柜整体图片 （2）窃电部位图片 （3）在接线盒、互感器处存在的窃电点应体现与计量电能表有关联的图片 （4）窃电部位隐蔽不能在整体照片中显现时，可采用从局部到整体（或从整体到局部）进行摄像	10	（1）无工位和计量柜整体图片扣3分 （2）无窃电部位图片扣3分 （3）图片不能体现窃电点与电能表计量相关的，扣4分		
7	开具违约用电、窃电通知书	（1）找出窃电位置，确定窃电类别 （2）填写违约用电、窃电通知书，一式两份 （3）请客户签字。一份交客户，一份留存	10	（1）未指出窃电位置每处扣2分 （2）未确定窃电类别或判断错误扣2分 （3）违约用电、窃电通知书填写不完整或有涂改每处扣2分，共4分，扣完为止 （4）未与客户沟通或未提出让客户签字，扣2分		
8	窃电制止	（1）明确窃电行为依据 （2）当场中止供电依据 （3）报当地人民政府电力行政管理部门备案	6	未进行口述或文字表述，表述内容缺项或错误每项扣2分		
9	追补电费和收缴违约使用电费	（1）相量图分析 （2）功率表达式、更正系数 （3）追补电量、追补电费、违约使用电费计算	15	（1）相量图分析错误扣5分 （2）功率表达式、更正系数错误分别扣3分和2分 （3）追补电量、追补电费、违约使用电费计算错误分别扣2分、2分、1分		
10	清理现场	（1）工器具整理 （2）资料整理	4	（1）未整理工器具扣2分 （2）资料整理不规范扣2分		
11	安全文明工作	注意保持与带电体的安全距离，不损坏工器具，不发生安全生产事故	5	（1）损坏工器具、发生安全生产事故扣5分 （2）工器具每掉落一次扣1分，扣完为止		

2.2.8 JC2ZY0401 客户10kV配电室安全运行检查

一、操作

(一)工具、材料和设备

1. 工具:碳素笔(黑色)、手电筒。

2. 材料:高压客户用电检查工作单、用电检查结果通知书、A4纸。

3. 设备:10kV模拟配电室。

(二)安全要求

1. 正确填写高压客户用电检查工作单。

2. 着装符合规定。

3. 注意与带电体的安全距离,防误碰、防高摔,不发生人身伤害和设备损坏事故。

(三)操作步骤

1. 配电室整体检查。

(1)建筑物、门、窗有无损坏,基础有无下沉,有无渗、漏水现象。

(2)室内照明和防火设施是否完好。

(3)电缆沟封盖、封堵是否完好。

(4)室内温度是否过高,有无异声、异味现象,通风口和通风设施是否完好。

(5)防小动物设施是否完好、有效。

(6)室内是否清洁,有无乱放杂物现象。

2. 配电柜检查。

(1)配电柜正、背面双重编号是否齐全、规范,与实际是否一致。

(2)各种仪表、信号装置指示是否正常。

(3)柜面接线示意图是否正确,各种标志是否齐全、清晰、明确。

(4)计量柜的前后门体封印、计费电能表和接线盒封印是否完好。

(5)配电柜内有无放置杂物。

3. 断路器检查。

(1)外壳有无渗、漏油和腐蚀现象。

(2)套管有无破损、裂纹、严重脏污和闪络放电的痕迹。

(3)开关固定是否牢固。

(4)引线接点和接地是否良好。

(5)开关分、合位置指示是否正确、清晰。

(6)铭牌参数是否齐全、清晰。

(7)是否在额定参数范围内运行。

(8)五防功能是否完好。

4. 隔离开关和熔断器检查。

(1)瓷件有无裂纹、闪络、破损及脏污。

(2)熔丝管有无弯曲、变形。

（3）触头间接触是否良好，有无过热、烧损、溶化、变形现象。

（4）各部件的组装是否良好，有无松动、脱落。

（5）隔离开关合闸状况是否完好。

（6）引线接点是否完好、是否有断股现象。

（7）五防功能是否完好。

5. 互感器检查。

（1）外壳有无渗、漏油现象。

（2）套管或绝缘子是否清洁，有无裂缝、破损及闪络放电现象。

（3）监听有无不正常的异声及放电声。

（4）外壳接地是否良好。

（5）相色、相标、接线是否正确。

（6）工作接地是否正常、接地点是否牢固可靠。

6. 电容器安全检查。

（1）外壳和架构是否可靠接地。

（2）瓷件有无裂纹、闪络、破损及脏污。

（3）电容器有无膨胀、渗油、漏油和腐蚀现象。

（4）电容器开关、熔断器是否正常完好。

（5）放电回路及各引线接点是否良好。

（6）并联电容器单台熔丝是否熔断。

7. 防雷与接地装置检查。

（1）套管或绝缘子是否清洁，有无裂缝、破损及闪络放电现象。

（2）接地引下线是否良好，有无腐蚀现象。

（3）泄漏电流表、放电计数器是否正常。

8. 安全防护措施检查。

（1）安全运行规程和设备运行安全管理制度是否齐全。

（2）电气设备预防性试验和保护装置的试验是否符合规定要求。

（3）安全工器具是否齐全、完好，与工器具台账是否相符。

（4）安全工器具是否按规定周期进行检验，定置管理是否规范。

（5）安全防护遮栏设置是否符合要求。

（6）安全警示牌是否齐全，警示牌悬挂位置是否正确和规范。

二、考核

（一）考核场地

1. 客户 10kV 配电室。

2. 室内应配有应考者的桌椅。

（二）考核时间

考核时间为 45min，许可答题时开始计时，到时停止操作。如若超时操作，则视情况扣除相应分数。

（三）考核要点

1. 履行工作手续完备。
2. 配电室做整体检查。
3. 配电柜做外观检查。
4. 断路器做检查。
5. 隔离开关做检查。
6. 互感器做检查。
7. 电容器做检查。
8. 防雷与接地装置做检查。
9. 安全防护措施做检查。
10. 将现场检查情况正确填写到用电检查结果通知书。
11. 安全文明工作。

三、评分参考标准

行业：电力工程　　　　　　　　工种：用电监察员　　　　　　　　等级：二

编号	JC2ZY0401	行为领域	e	鉴定范围			
考核时间	45min	题型	C	满分	100 分	得分	
试题名称	客户 10kV 配电室安全运行检查						
考核要点及其要求	（1）着装规范、履行检查手续齐全 （2）配电室及配电装置安全检查 （3）用电检查结果通知书填写正确、规范						
现场设备、工具、材料	（1）工作现场具备设备：10kV 配电室 （2）高压客户用电检查工作单、用电检查结果通知书、答卷纸和碳素笔、手电筒 （3）考生自备工作服、安全帽、绝缘鞋和绝缘手套						
备注							

评分标准

序号	作业名称	质量要求	分值	扣分标准	扣分原因	得分
1	开工准备	（1）着装规范：着工作服、绝缘鞋，戴安全帽、绝缘手套，衣扣、衣领扣和袖口扣完整、系紧，安全帽绳、鞋带系紧 （2）工具：碳素笔（黑）、手电筒 （3）证件齐全：准考证、身份证齐全	5	（1）着装不规范扣 2 分 （2）工具不符合要求扣 1 分 （3）证件不齐全扣 2 分		
2	履行检查手续	（1）填写高压客户用电检查工作单。字迹清楚、不得涂改 （2）主动出示用电检查证	5	（1）未出具高压客户用电检查工作单或不符合要求扣 3 分 （2）未主动出示用电检查证扣 2 分		

续表

序号	考核项目名称	质量要求	分值	扣分标准	扣分原因	得分
3	配电室整体检查	（1）建筑物、门、窗有无损坏，基础有无下沉，有无渗、漏水现象 （2）室内照明和防火设施是否完好 （3）电缆沟封盖、封堵是否完好 （4）室内温度是否过高，有无异声、异味现象，通风口和通风设施是否完好 （5）防小动物设施是否完好、有效 （6）室内是否清洁，有无乱放杂物现象	10	未检查说明或检查漏、错，每项扣2分。共10分，扣完为止		
4	配电柜检查	（1）配电柜正、背面双重编号是否齐全、规范 （2）各种仪表、信号装置指示是否正常 （3）柜面接线示意图是否正确、各种标志是否齐全、清晰、明确 （4）计量柜的前后门体封印、计费电能表和接线盒封印是否完好 （5）配电柜内有无放置杂物	10	未检查说明或检查漏、错，每项扣2分		
5	断路器检查	（1）外壳有无渗、漏油和腐蚀现象 （2）套管有无破损、裂纹、严重脏污和闪络放电的痕迹 （3）开关固定是否牢固可靠 （4）引线接点和接地是否良好 （5）开关分、合位置指示是否正确、清晰 （6）铭牌参数是否齐全、清晰 （7）五防功能是否完好	12	未检查说明或检查漏、错，每项扣2分。共12分，扣完为止		
6	隔离开关和熔断器检查	（1）瓷件有无裂纹、闪络、破损及脏污 （2）熔丝管有无弯曲、变形 （3）触头间接触是否良好，有无过热、烧损、熔化现象	12	未检查说明或检查漏、错，每项扣2分。共12分，扣完为止		

续表

序号	考核项目名称	质量要求	分值	扣分标准	扣分原因	得分
		（4）各部件的组装是否良好，有无松动、脱落 （5）隔离开关合闸状况是否完好 （6）引线接点是否完好、是否有断股现象				
7	互感器检查	（1）外壳有无渗、漏油现象 （2）套管或绝缘子是否清洁，有无裂缝、破损及闪络放电现象 （3）有无不正常的异声及放电声 （4）外壳接地是否良好 （5）相色和相标、接线是否正确 （6）工作接地是否正常、接地点是否牢固可靠	10	未检查说明或检查漏、错，每项扣2分。共10分，扣完为止		
8	电容器安全检查	（1）外壳和架构是否可靠接地 （2）瓷件有无裂纹、闪络、破损及脏污 （3）电容器有无膨胀、渗油、漏油和腐蚀现象 （4）电容器开关、熔断器是否正常完好 （5）放电回路及各引线接点是否良好 （6）并联电容器单台熔丝是否熔断	10	未检查说明或检查漏、错，每项扣2分。共10分，扣完为止		
9	防雷与接地装置检查	（1）套管或绝缘子是否清洁，有无裂缝、破损及闪络放电现象 （2）接地引下线是否良好，有无腐蚀现象 （3）泄漏电流表、放电计数器是否正常	6	未检查说明或检查漏、错，每项扣2分		
10	安全防护措施检查	（1）安全运行规程和设备运行安全管理制度是否齐全 （2）电气设备预防性试验和保护装置的试验是否符合规定要求 （3）安全工器具是否齐全、完好，与工器具台账是否相符 （4）安全工器具是否按规定周期进行检验，定制管理是否规范	10	未检查说明或检查漏、错，每项扣2分。共10分，扣完为止		

续表

序号	考核项目名称	质量要求	分值	扣分标准	扣分原因	得分
		(5) 安全防护遮栏设置是否符合要求 (6) 安全警示牌是否齐全，警示牌悬挂位置是否正确和规范				
11	检查结果	(1) 开具用电检查结果通知书 (2) 通知书要求提出存在问题、整改措施、整改期限等相关要求 (3) 用电检查结果通知书填写完整。应有检查日期、检查人员的用电检查证编号、客户代表签字 (4) 用电检查结果通知书应书写工整、字迹清楚、不得涂改	10	(1) 未填写用电检查结果通知书扣10分 (2) 用电检查结果通知书内容不全或错误每处扣2分，共扣4分，扣完为止 (3) 用电检查结果通知书不完整，每处扣1分 (4) 书写不工整、字迹不清楚或有涂改，每处扣1分。共3分，扣完为止		

2.2.9 JC2ZY0501 编制重大活动保电方案

一、操作

（一）工器具、材料、设备

1. 工器具：碳素笔（黑色）。

2. 材料与设备：保电任务书、A4 纸。

（二）安全要求

1. 着装规范，证件（准考证、身份证）齐全。

2. 遵守考场规定，按时独立完成。

（三）操作步骤及要求

1. 阅读保电任务书。

（1）确定保电时间。

20××年××月××日××时××分—20××年××月××日××时××分。

（2）明确保电地点和保电范围。

明确保电地点（用户）的供电电源变电站、线路。

用户名称	用电地址	供电电源		备用电源	
		变电站	线路	变电站	线路
用户 1	××路××号	××站××开关	××线路××杆	××站××开关	××线××杆
用户 2	…	…			
…					

2. 保电组织措施。

（1）保供电工作领导组织。

保供电工作领导组设组长、副组长、总指挥，组织成员包括调控、运检、营销、安监、物资等部门负责人。

领导组职责：负责保供电工作的组织、指挥和协调，审批保供电方案，监督保供电方案实施，决定和处理保供电工作的重大问题，指挥处理保供电期间的突发事件，对下属部门或单位的保供电工作进行评价和考核。

（2）保供电工作办公室。

保供电工作办公室设主任（领导组织副组长或总指挥）、副主任（各部门负责人），组织成员包括：调控、运检、营销、安监、物资和新闻发布等部门指定人员。

保供电工作办公室职责：贯彻落实保供电工作领导组的指示和要求，根据保供电任务制定和上报保供电方案，协调和处理保供电工作的具体事宜，调查保供电过程中的重大事件，对保供电期间出现的突发事件提出处理意见，对保供电工作进行总结，对参与保供电工作的有关部门提出奖励和处罚的建议和意见。

（3）各主要专业部门保电工作机构。

调控、运检、营销各部门分别成立保电组织，明确工作职责，制订保电措施和工作方案。各部门职责：

① 调控部门。

制定保电期间内电网的运行方式及调度方式；根据保电期间内的电网运行方式制定重点变电站、线路事故处理预案。

② 运检部门。

根据需要安排设备的特巡工作，建立事故处理的应急机制，确保输、变、配、供设备的安全可靠运行，按保电方案要求实施发电车、不间断电源车等移动供电设施的调配工作，组织实施对保电客户供电的电源、输配电线路、变配设施及继电保护和自动装置等进行重点检查。

③ 营销部门。

根据公司下达的保电工作任务，督促开展涉及客户的专项用电检查工作，会同客户进行现场安全检查，汇总保电任务所涉及相关客户的供电资料。

3. 保电技术措施。

各部门按照专业分工分别做好相应的技术措施。

(1) 调控中心。

① 严密监视电网设备情况，保障电网线路、设备运行健康，不超载运行，保证供电线路有足够的供电容量。

② 精心安排好近期线路检修计划，保障保电期间电网处于稳定可靠（正常）运行方式。

③ 做好事故预想，做好突发事故时电网倒方式操作方案。

(2) 运检部门。

① 保电前，针对保电地点所涉及的供电变电站、供电线路开展安全检查，进行安全隐患排查。

② 保电前，对隐患设备进行消缺，不留任何安全隐患，不能及时消除的，制定针对性预防措施并报保电办公室和保电领导组。

③ 保电期间，不安排设备检修，无人值班站安排 24h 正常值班。

④ 保电期间，加强对供电线路和设备进行巡视检查，安排对重要电力设施和特殊区域重点看护。

⑤ 成立各专业抢修队，备足抢修物资、车辆和备品备件，保电期间 24h 待命。

(3) 营销部门。

① 保电前，安排用电检查人员协同电力客户对保电地点的供电电源线路、受电设施、配电线路、保安用电设备、自备应急电源等进行全面用电安全检查。

② 保电前，督促客户对存在的安全隐患进行消缺，现场下达《用电检查结果通知书》，不能及时消除的，制定针对性预防措施，并报保电办公室和保电领导组。必要时，正式向政府有关部门报告。

③ 保电前，协助客户对双电源进行倒闸切换试验，对客户自备应急电源进行启动、投切试验，做好事故预想并开展实地演练。

④ 安排电力保障车支援客户保电，保电前进行电力保障车电源投切演练。

⑤ 保电期间，各保电地点安排用电检查员协同客户一起值班，安排对客户产权供电线路（如：专线）和保安用电设备的重点看护。

⑥ 保电期间，协助客户开展应急处置，协调抢修队支援。

二、考核

（一）考核场地

1. 场地应能同时容纳多个工位，并保证各工位之间的距离合适。

2. 考核工位配有桌椅。

（二）考核时间

考核时间为40min，许可答题时开始计时，到时停止操作。如若超时操作，则视情况扣除相应分数。

（三）考核要点

1. 阅读保电任务书。

2. 保电组织措施。

3. 保电技术措施。

4. 安全文明工作。

三、评分参考标准

行业：电力工程　　　　**工种：用电监察员**　　　　**等级：二**

编号	JC2ZY0501	行为领域	e	鉴定范围			
考核时限	40min	题型	B	满分	100分	得分	
试题名称	编制重大活动保电方案						
考核要点及其要求	（1）阅读保电任务书 （2）保电组织措施 （3）保电技术措施 （4）安全文明工作						
现场设备、工器具、材料	（1）碳素笔（黑） （2）保电任务书、A4纸						
备注	上述栏目未尽事宜						

评分标准

序号	考核项目名称	质量要求	分值	扣分标准	扣分原因	得分
1	准备工作	（1）着装规范：着工作服，衣扣、衣领扣和袖口扣完整、系紧 （2）工具：碳素笔（黑） （3）证件齐全：准考证、身份证齐全	5	（1）着装不规范扣2分 （2）工具不符合要求扣1分 （3）证件不齐全扣2分		
2	阅读保电任务书	（1）确定保电时间 （2）明确保电地点 （3）确定保电范围	10	（1）未确定保电时间或错误扣3分 （2）未明确保电地点或错误扣3分 （3）未确定保电范围或错误扣4分		

续表

序号	考核项目名称	质量要求	分值	扣分标准	扣分原因	得分
3	保电组织措施	（1）保供电工作领导组织组成和职责 （2）保供电工作办公室组成和职责 （3）专业部门保电工作机构组成和职责	30	（1）缺项和漏项每项扣10分 （2）职责内容、条款不完善或错误，每项每条扣3分，每项10分，扣完为止		
4	保电技术措施	（1）调控中心技术措施 （2）运检部门技术措施 （3）营销部门技术措施	45	（1）缺项和漏项每项扣15分 （2）措施内容和条款不完善或错误，每项每条扣5分，每项15分，扣完为止		
5	卷面整洁	答卷填写应使用黑色碳素笔，字迹清晰、卷面整洁，严禁随意涂改	5	（1）未使用规定笔不得分 （2）字迹潦草，难以分辨，不得分 （3）涂改应使用杠改，超过两处予以扣分，每增加一处扣1分，扣完5分为止		
5	考场纪律	独立完成 服从考评员安排	5	（1）在考场内有违规、违纪行为，如夹带作弊、交头接耳等扣5分 （2）考试现场不服从考评员安排或顶撞考评员者，取消考评资格		

2.2.10 JC2XG0101 10kV 双电源客户配电室停送电操作

一、作业

（一）工具和材料

1. 工器具：操作把手 1 个、标示牌若干。

2. 材料：运行方式和有关操作说明材料、碳素笔（黑色）或蓝色圆珠笔、操作票、A4 纸。

3. 设备场地：10kV 典型客户配电实训室。

（二）安全要求

1. 着装符合安全规定，工作服、安全帽、绝缘鞋、绝缘手套穿戴整齐。

2. 正确填写操作票。

3. 禁止两路电源并列运行。

4. 开关分合闸操作时必须有两人在场：一人操作、一人监护。

5. 注意与带电体安全距离，防误碰、防摔，不发生人身伤害和设备损坏事故。

（三）施工步骤与要求

1. 填写操作票。

（1）操作票填写内容项目。

① 应拉合的开关和刀闸，投入或退出同期装置。

② 检查开关和刀闸位置、检查负荷分配。

③ 投入或断开小车开关的插头。

④ 验电、装拆接地线、检查地线是否拆除。

⑤ 检查保护投入及电源投入指示是否正常。

⑥ 检查母线充电及表计指示、检查电压切换是否正常。

⑦ 装设或拆除线路侧刀闸操作把手上的标识牌。

（2）操作票规定。

① 操作任务及操作项目，必须严格按照运行规程中规定的术语进行填写。

② 操作票必须使用石类等笔（黑色）或蓝色圆珠笔填写，字迹要工整不出格。

③ 每张操作票只能填写一个操作任务。

④ 操作票任务必须注明电压等级、使用双重编号，操作任务必须与内容相符。

⑤ 一个操作任务、一张操作票不能满足时，应在第二页操作票的任务栏注明“接＊＊＊号”字样（由于操作任务较长，一页操作任务栏不能满足时，应填写两张操作票）。

⑥ 操作票不得涂改，如有笔误，可在错字上画两平行线，继续填写，但各种设备、地线编号、回路名称不得修改，每张操作票不得修改多于两处，每处不得超过五个字，否则将作废重新填写。

2. 模拟操作。

停送电操作前需要在模拟盘上进行模拟操作。

3. 送电操作（参照 428 页表 JC2XG0101）。

各类配电柜操作说明如下：

（1）进线电缆柜 AH1 的操作。

① 本柜装有强制型电磁锁，在高压有电情况下柜后门不能被打开，并与主进柜间装有机械闭锁，以防止误操作。

② 进线电缆柜中隔离手车不允许带负荷操作（即不允许带负荷将隔离手车从运行位置摇进摇出）。

③ 隔离手车带有紧急解锁装置，隔离手车的摇进需在手动解锁后进行操作。

④ 主进柜合闸操作前，应先将隔离手车摇到位，并经主进断路器将隔离手车闭锁住，方可允许主进柜进行合闸操作。

（2）主进柜 AH2 的操作。

① 主进柜 AH2 的运行操作应在确认主进柜 AH10 断路器和隔离开关均处于分闸状态下进行。

② 推入柜内的断路器手车处于断开/试验位置，若要将其投入运行，首先应将二次插头插好，再将进线柜二次回路所有熔断器合上，此时可对断路器进行电气传动操作试验。

③ 若要继续操作，应检查确认接地线已拆除、各柜门已关好，开关处于分闸状态，方可将断路器推进至工作位置。

④ 将断路器推进至工作位置前，首先，需使用程序锁 12 号钥匙和 18 号钥匙解开程序锁，再将手车操作摇把插入推进机构操作孔，顺时针转动摇把直至听到"嗒"的一声时即为到位，此时断路器动触头与静触头接通，断路器处于备用工作状态，且二次回路插头被锁定不能拔下。

⑤ 将断路器推进至工作位置后，关门前应检查机械闭锁是否将 AH1 与 AH3 柜锁好。

⑥ 将断路器推进至工作位置后，应把程序锁置于全行程位置，将断路器用程序锁锁住。此时，可取下操作控制开关的程序锁的 12 号钥匙（18 号程序锁钥匙不能被取下），关上断路器室柜门。

⑦ 断路器合闸操作前应断开仪表门上的"检修状态"压板，其他压板在合位。

⑧ 此时，用取下的 12 号程序锁钥匙插入控制开关程序锁孔中，并插入 12 号红色翻牌，则可顺时针旋转程序锁钥匙至断路器合闸，柜门上红色指示灯亮，1 段主母线投入运行。

（3）计量柜 AH3 的操作。

① 送电操作前，应确认升压变压器柜上的照明电源断路器已合闸。将进入柜内的计量 PT 手车二次插件插好。

② 计量柜与主进柜间同样装有机械闭锁，故在主进柜断路器处于试验位置时，方可将计量 PT 手车摇至工作位置。

（4）PT 柜 AH5 的操作。

PT 柜的操作主要是操作 PT 手车，将 PT 手车投入运行。

将 PT 手车二次插件插好，再将 PT 柜二次回路所有熔断器合上，此时即可用操作手柄将 PT 手车摇至工作位置。

（5）出线柜 AH4 的操作。

① 应先检查开关柜仪表门上的压板位置是否正确。"检修状态"压板处于断开位置，其他压板处于闭合位置。

② 推入柜内的断路器手车处于断开/试验位置，在投入运行前，应将前后柜门关好，同时检查干式变压器柜高、低压两侧是否均无地线，柜门已锁住。

③ 将断路器手车二次插件插好，再将出线柜二次回路所有熔断器合上，此时可对断路器进行电气传动操作试验。

④ 将断路器推进至工作位置，需使用手车操作摇把插入推进机构操作孔，顺时针转动摇把直至听到“嗒”的一声时即为到位，此时断路器动触头与静触头接通，断路器处于备用工作状态，且二次回路插头被锁定不能拔下。

⑤ 此时，可通过顺时针旋转控制开关至断路器合闸，柜门上红色指示灯亮，1 号变压器（干式）投入运行。

（6）联络柜 AH6、2 号 PT 兼联络 PT 柜 AH7 的操作。

① 当 AH6 合闸时，只能是 AH2 或 AH10 中一台断路器处于合闸状态；若 AH2 与 AH10 柜均处于合闸状态时，禁止 AH6 柜合闸。

② AH6 柜与 AH7 柜具有闭锁关系，AH6 柜合闸操作时，应确认 AH7 柜前门已关闭，将操作手柄从“检修”位旋转至“分断闭锁”位。

③ 取下前门锁 16 号钥匙解开程序锁，将操作手柄插入隔离开关的操作孔内，将隔离圆盘下方的小把手按下，同时将操作手柄带动圆盘向上旋转到隔离合闸位置，合上 AH7 柜上隔离，使程序锁处于全行程位，锁住 AH7 柜上隔离。

④ 将 AH7 柜操作手柄从“分断闭锁”位旋转至“工作”位。

⑤ 将程序锁钥匙旋至合位，取下 16 号程序锁钥匙到 AH6 柜，解开 AH6 柜断路器程序，将断路器从试验位推进至工作位，程序锁全行程时在合位取下 16 号钥匙。

⑥ 用 16 号程序锁钥匙，插入 AH6 柜仪表门上的控制开关程序锁，并换入 16 号红色翻牌，顺时针旋转程序锁钥匙，断路器合闸，柜门上红色指示灯亮，联络柜 AH6、2 号 PT 兼联络柜 AH7 投入运行，2 段主母线带电。

（7）出线柜 AH8 的操作。

① 合闸操作前应先检查仪表门上压板位置是否正确，“检修状态”压板处于断开位置，并合上二次熔断器。

② 检查 AH8 柜门是否已关好，断路器和隔离开关均在分闸位置，同时检查 2 号油浸式变压器柜高、低压两侧是否均无地线，柜门已锁住。

③ 将操作面板手柄从“检修”位置旋转至“分断闭锁”位置。

④ 将隔离操作手柄插入接地开关操作孔内，将接地开关圆盘下方的小把手按下，同时将操作手柄带动圆盘向下旋转，到接地开关分闸位置。

⑤ 将操作手柄插入上隔离操作孔内，将上隔离圆盘下方的小把手按下，同时将操作手柄带动圆盘向上旋转，到上隔离合闸位置。

⑥ 将操作手柄插入下隔离开关的操作孔内，将下隔离圆盘下方的小把手按下，同时将操作手柄带动圆盘向上旋转，到下隔离合闸位置。

⑦ 这时，取下隔离操作手柄，并将面板操作手柄从“分断闭锁”位置旋转至“工作”位置，即可顺时针旋转控制开关对断路器进行合闸操作，红色指示灯亮，合闸完成，2 号变压器（油浸）运行。

（8）进线柜 AH11 的操作。

① 在升压变压器柜投运前，应关闭本柜柜门，用门上的强制型电磁锁将门锁住。

② 在升压变压器柜投运的状态下，本柜高压即带电，柜门不能被打开。

③ 只有在升压变压器柜停电，履行验电、挂地线、悬挂标示牌等技术措施后，方可打开 AH11 柜门。

（9）主进柜 AH10 和计量柜 AH9 的操作。

① 主进柜 AH10 与主进柜 AH2、计量柜 AH9 间装有程序锁，以防止误操作。主进柜 AH10 的程序锁为一锁二钥匙，

② 合闸操作前应先检查主进柜 AH10 仪表门上压板位置是否正确，“检修状态”压板处于断开位置，并合上二次熔断器。

③ 合闸操作时，先将 AH10、AH9 柜前门关闭，取下 AH10 前门程序锁 14 号钥匙，插入 AH9 柜上隔离程序锁并解开。

④ 将 AH9 柜操作手柄从“检修”位旋转至“分断闭锁”位，将操作手柄插入隔离开关的操作孔内，将隔离圆盘下方的小把手按下，同时将操作手柄带动圆盘向上旋转到隔离合闸位置。

⑤ 将 AH9 柜操作手柄从“分断闭锁”位旋转至“工作”位。

⑥ 合上 AH9 柜上隔离后，使程序锁处于全行程位，将程序锁钥匙旋至合位，取下 14 号程序锁钥匙到 AH10 柜，插入 AH10 柜上隔离程序锁，同时用 AH2 柜断路器上取下的程序锁 18 号钥匙，也插入 AH10 柜上隔离程序锁并解开。

⑦ 将 AH10 柜操作手柄从“检修”位旋转至“分断闭锁”位，程序锁钥匙旋至合位，将程序锁调至全行程位置，取下 14 号程序锁钥匙（18 号程序锁钥匙不能被取下）。

⑧ 用 14 号程序锁钥匙，插入 AH10 柜仪表门上的控制开关程序锁，插入 14 号红色翻牌，顺时针旋转程序锁钥匙断路器完成合闸操作，柜门上红色指示灯亮，2 段主母线即投入运行。

⑨ 将 AH10 柜操作手柄从“分断闭锁”位旋转至“工作”位。

4. 停电操作（参照表 JC2XG0101）。

各类配电柜操作说明如下：

（1）出线柜 AH4 的操作。

① 逆时针旋转控制开关至断路器分闸，柜门上绿灯亮，检查断路器确在分闸位置，然后将操作手柄插入断路器手车进出孔，使手车脱离静触头至试验位置。

② 若准备从柜内取出手车，首先应确认手车已处于试验位置，接地开关处于合闸状态下，然后将二次插头拔下并将其锁定在手车上。

③ 将转运车推至柜前，调整转运车的高度至合适位置，使之前的定位杆插入柜体中隔板的插孔，并将转运车与柜体锁定。

④ 解除手车柜体的锁定，将手车平稳地退至转运车上并锁定。

⑤ 将出线柜二次回路所有熔断器断开。

⑥ AH4 柜主进断路器已退出运行，1 号变压器（干式）亦停止运行，可实施验电、挂地线、悬挂标示牌等技术措施。

（2）主进柜 AH2 的操作。

① 插入 12 号绿色翻牌，逆时针旋转 12 号程序锁钥匙至断路器分闸，柜门上绿灯亮，检查断路器确在分闸位置。

② 取下控制开关上的 12 号程序锁钥匙和 18 号程序锁钥匙一起解开断路器上的程序锁至半行程位置，再将操作手柄插入断路器手车进出孔，使手车脱离静触头至试验位置。

③ 用断路器上的 12 号程序锁钥匙将断路器锁定在试验位置，只能摇出断路器，不能摇进断路器。这时，18 号钥匙可取下，实施对主进柜 AH10 隔离开关的操作，而 12 号钥匙不能取下。

④ 将进线柜二次回路所有熔断器断开。

⑤ 实施验电、挂地线、悬挂标示牌等技术措施。

（3）PT 柜 AH5 的操作。

① 若将 PT 手车退出运行，只需用操作手柄将 PT 手车退至试验位置，并将二次插件拔下、二次熔断器断开。

② 若要将 PT 手车退出柜体检修，需实施验电、挂地线、悬挂标示牌等技术措施。

（4）计量柜 AH3 的操作

在主进断路器分闸且退至试验位置，两柜间闭锁解除后，即可将计量 PT 手车从运行位置摇至试验位置，或经转移车移出柜体。

（5）进线电缆柜 AH1 的操作。

① 只有在主进断路器分闸且退至试验位置，两柜间闭锁解除时，方可将隔离手车从运行位置摇至试验位置，或经转移车移出柜体。

② 隔离手车带有紧急解锁装置，隔离手车的摇进摇出需在手动解锁后进行操作。

③ 只有在升压变压器柜停电，并履行验电、挂地线、悬挂标示牌等技术措施后，方可打开 AH1 柜后门。

（6）进线电缆柜 AH11 的操作。

只有在升压变压器柜停电，履行验电、挂地线、悬挂标示牌等技术措施后，方可打开 AH11 柜门。

（7）出线柜 AH8 柜的操作。

① 停电前，开关柜处于运行位置，断路器、隔离开关等设备均处于合闸状态，操作面板手柄处于“工作”位置。

② 进行停电操作时，需逆时针旋转控制开关把手断开断路器，然后将手柄旋转至“分断闭锁”位置。

③ 将操作手柄插入下隔离开关的操作孔内，将下隔离圆盘下方的小把手按下，同时将操作手柄带动圆盘向下旋转，到下隔离分闸位置。

④ 取下操作手柄插入上隔离操作孔内，将上隔离圆盘下方的小把手按下，同时将操作手柄带动圆盘向下旋转，到上隔离分闸位置。

⑤ 取下操作手柄插入接地开关操作孔内，将接地开关圆盘下方的小把手按下，同时将操作手柄带动圆盘向上旋转，到接地开关合闸位置。

⑥ 可将操作手柄从“分断闭锁”位置旋转至“检修”位置，则可打开前柜门，在出

线侧进行验电、挂地线操作，并断开二次侧熔断器。

⑦ 出线柜停电操作完毕，2 号变压器（油浸）已停止运行，可对该开关柜实施验电、挂地线、悬挂标示牌等技术措施。

（8）联络柜 AH6、2 号兼联络 PT 柜 AH7 的操作。

① 分闸操作时，应取下 16 号红色翻牌，插入 16 号绿色翻牌，使用 16 号钥匙逆时针旋转将断路器分闸。

② 取下 16 号程序锁钥匙，打开断路器室门，取下控制开关上的程序锁钥匙，插入断路器程序锁，将断路器程序锁解开，把断路器从工作位移至试验位。

③ 将程序锁解至半行程，钥匙旋至分位取下程序锁钥匙，插入 AH7 柜上隔离程序锁解锁。

④ 将操作手柄旋至“分断闭锁”位，将隔离操作手柄插入隔离开关的操作孔内，将隔离圆盘下方的小把手按下，同时用操作手柄带动圆盘向下旋转到隔离分闸位置，即将 AH7 柜隔离分闸。

⑤ 将程序锁解至半行程位，钥匙旋至分位，取下 16 号程序锁钥匙插入 AH7 柜前门程序锁解锁。

⑥ 将操作手柄旋至“检修”位，即可打开 AH7 和 AH6 柜前门实施验电、挂地线、悬挂标示牌等技术措施。

⑦ 16 号钥匙可返至 AH6 柜控制开关（即 KK）进行断路器的传动试验。

（9）主进柜 AH10、计量柜 AH9 的操作。

① 分闸操作时，先取下 14 号红色翻牌，换入 14 号绿色翻牌，逆时针旋转 14 号程序锁钥匙至断路器分闸，柜门上绿灯亮，检查断路器确在分闸位置。

② 将 AH10 柜操作面板手柄从“工作”位旋至“分断闭锁”位。

③ 取下 14 号程序锁钥匙，插入 AH10 柜上隔离开关程序锁，与 18 号程序锁钥匙一起解开程序锁。

④ 把隔离开关操作手柄插入 AH10 柜上隔离操作孔内，将上隔离圆盘下方的小把手按下，同时将操作手柄带动圆盘向下旋转，到上隔离分闸位置。

⑤ 将 14 号程序锁调至半行程位，钥匙旋至分位取下，插入 AH9 柜上隔离程序锁并解开。

⑥ 将 AH9 柜操作面板手柄从“工作”位旋至“分断闭锁”位。程序锁调至半行程位，钥匙旋至分位。

⑦ 再把隔离开关操作手柄插入 AH9 柜上隔离操作孔内，将上隔离圆盘下方的小把手按下，同时将操作手柄带动圆盘向下旋转，到上隔离分闸位置。

⑧ 将 AH9 操作面板手柄从“分断闭锁”位旋至“检修”位，即可打开 AH9 柜门。用 14 号程序锁钥匙即可打开 AH10 柜门。

⑨ 将 AH10 柜操作面板手柄从“分断闭锁”位旋至“检修”位，用 14 号程序锁钥匙即可打开 AH10 柜门锁。

⑩ 断开 AH9、AH10 柜二次熔断器，实施验电、挂地线、悬挂标示牌等技术措施。

二、考核

（一）考核场地

1. 10kV 典型客户配电实训室。

2. 每个工位配有桌椅。

（二）考核时间

考核时间为50min，许可答题时开始计时，到时停止操作。如若超时操作，则视情况扣除相应分数。

（三）考核要点

1. 正确填写操作票。

2. 掌握配电设备停送电操作程序。

3. 掌握配电设备停送电操作要领。

4. 安全文明工作。

三、评分标准

行业：电力工程　　　　工种：用电监察员　　　　等级：二

编号	JC2ZY0501	行为领域	f	鉴定范围			
考核时限	50min	题型	C	满分	100分	得分	
试题名称	10kV双电源客户配电室停送电操作						
考核要点	（1）正确填写操作票 （2）掌握配电设备停送电操作程序 （3）掌握配电设备停送电操作要领 （4）安全文明工作						
现场设备、工具、材料	（1）工器具：操作把手1个、标示牌若干 （2）运行方式和有关操作说明材料、碳素笔（黑色）或蓝色圆珠笔、操作票、A4纸 （3）设备场地：10kV典型客户配电实训室						
备注							

评分标准

序号	作业名称	质量要求	分值	扣分标准	扣分原因	得分
1	开工准备	（1）着装规范：着工作服、绝缘鞋，戴安全帽、绝缘手套，衣扣、衣领扣和袖口扣完整、系紧，安全帽绳、鞋带系紧 （2）工具：碳素笔（黑）或蓝色圆珠笔 （3）证件齐全：准考证、身份证齐全	5	（1）着装不规范扣2分 （2）工具不符合要求扣1分 （3）证件不齐全扣2分		
2	填写操作票	（1）填写操作票内容与操作任务相符 （2）应按规程规定将有关项目填入操作票内，操作步骤不得错漏和顺序颠倒	30	（1）操作票内容与操作任务相符不得分 （2）步骤错漏和顺序颠倒每处扣3分，共15分，扣完为止		

续表

序号	考核项目名称	质量要求	分值	扣分标准	扣分原因	得分
		（3）操作票文字要使用规范专业术语 （4）操作票票面上的时间、地点、设备双重名称、动词等关键字不得涂改，若有个别错漏字需要修改补充时，应使用规范的符号，字迹应清楚 （5）一份操作票使用两页以上，填写“接＊＊＊号”，填写结束后，盖“以下空白”章		（3）操作票文字使用专业术语不规范，每处扣2分，共6分，扣完为止 （4）有关键字涂改或对错漏字修改补充不规范，每处扣2分，共6分，扣完为止 （5）一份操作票使用两页以上，漏写“接＊＊＊号”或漏盖“以下空白”章扣3分		
3	模拟操作	（1）操作人应根据模拟图或接线图核对所填的操作项目 （2）在模拟操作中，每项进行复述，每执行完一项操作，需在操作项后打蓝勾 （3）操作按照合格操作票项目顺序执行 （4）模拟操作结束，核实设备和回路状态与操作任务是否相符	10	（1）操作人未进行模拟图或线图核与所填的操作项目核对说明扣2分 （2）操作人未进行复述或每项执行完未在指定位置打蓝勾扣3分 （3）操作漏项或顺序颠倒扣3分 （4）模拟操作结束，未核实设备和回路状态扣2分		
4	停送电操作	（1）操作前核对设备名称及状态 （2）完成全部操作项 （3）操作人员应对每项操作进行复述，每执行完一项操作，需在操作项前打红勾 （4）按照操作票项目顺序执行，严禁执行过程中跳项或漏项 （5）设备和回路操作过程熟练、规范 （6）口述验电、拆装接地线、挂指示牌等安全措施 （7）执行完操作应注意打完最后一个红勾，盖“已执行”章，红蓝勾不得多打或打反、出格	40	（1）未核对设备名称及状态扣5分 （2）未完成操作项，每项扣5分，共35分，扣完为止 （3）操作人未进行复述或每项执行完未在指定位置打红勾扣5分 （4）操作漏项、跳项、顺序颠倒或操作错误每项扣5分，共15分，扣完为止 （5）操作过程不熟练、不规范，扣5分 （6）未正确口述验电、拆装接地线、挂指示牌等安全措施，扣4分 （7）漏盖“已执行”章，漏打最后一个红勾，红蓝勾多打或打反、出格，每处扣2分，共6分扣完为止		
5	清理现场	清理作业现场	5	（1）未清理现场扣5分 （2）现场清理不彻底扣2分		
6	安全文明工作	（1）操作过程中无人身伤害、设备损坏、工器具掉落等事件 （2）办理工作终结手续，口述终结工作票，填写检修记录，向调度或相关许可部门汇报	10	（1）发生人身伤害或设备损坏事故，视情况可扣10分或终止考核 （2）工器具掉落一次扣2分，共6分，扣完为止 （3）未口述工作终结手续扣4分		

表JC2XG0101

开关柜编号	AH1	AH2	AH3	AH4	AH5	AH6	AH7	AH8	AH9	AH10	AH11
开关柜用途	1号进线电缆柜	1号电源主进柜	计量柜	变压器出线柜（至TD1#变压器）	电压互感器柜	联络柜	联络PT柜	变压器出线柜（至TD2#变压器）	计量柜	2号电源主进柜	2号进线电缆柜
柜型	KYN33-12	KYN33-12	KYN33-12	KYN33-12	KYN33-12	KYN33-12	XGN66	XGN66			
TMY-3*(60*6)											
电气一次接线图		QF1				QF3				QF2	
出厂编号	K07165	K07166	K07167	K07168	K07169	K07170	XG07099	XG07100	XG07101	XG07102	XG07103
制造规范编号	DX-600-3001	DX-600-3002	DX-600-3003	DX-600-3004	DX-600-3005	DX-600-3006	XGN66-PT09-6002	XGN66-CX16-6002	XGN66-JL01-6002	XGN66-ZJ04-6002	XGN66-JX01-6001
隔离开关	GL-12/630						GN30-12/630	GN30-12D/630 GN19-12C2G/630	GN30-12/630	GN30-12/630	
断路器		VS1-12/630-20KA		VS1-12/630-20KA		VS1-12/630-20KA		VS1-12/630-20KA		VS1-12/630-20KA	
操作机构							JSXGN-1，上带程序锁孔	JSXGN-III，上地、上、下（外形200mm*400mm）	JSXGN-1，程序锁孔、铅封转盘（外形200mm*400mm）	JSXGN-1，程序锁孔（外形200mm*400mm）	
电流互感器		LZZJB9-12A1 0.5/10P10 20/5A 3台	LZZJB9-12A2 0.2/0.2S 防盗盒 15/5A 2台	LZZJB9-12A1 0.5/10P10 10/5A 3台		LZZJB9-12A1 0.5/10P10 10/5A 3台		LZZJB6-12 0.2/10P10 10/5A 3台	LZZJB6-12 0.2/0.2S 防盗盒 15/5A 2台	LZZJB6-12 0.5/10P10 20/5A 3台	
电压互感器			JDZ10-12A1 10/0.1/0.1 0.2/0.2 10/10VA 2台		JDZX9-12G $\frac{10}{\sqrt{3}}/\frac{0.1}{\sqrt{3}}/\frac{0.1}{3}$ 0.5/6P 10/10VA 3台		JDZJ-12 $\frac{10}{\sqrt{3}}/\frac{0.1}{\sqrt{3}}/\frac{0.1}{3}$ 0.5/6P 3台		JDZF16-12 10/0.1/0.1 0.2/0.2 10/10VA 2台		
熔断器			XRNP-12 0.5A-50KA 3只		XRNP-12 0.5A-50KA 3只		RN2-12 0.5A-50KA 3只		RN2-12 0.5A-50KA 3只		
避雷器	HY5WS-17/50										HY5WS-17/50
带电显示	GSN1-12/QC	GSN5-12/TC		GSN5-12/TC		GSN5-12/TC		GSN1-12/TC		GSN1-12/TC	GSN1-12/QC
零序电流互感器				LXK-ϕ80 60/1				LXK-ϕ80 60/1			
接地开关											
消谐器					LXQ-12		LXQ-12				
柜内用排	60*6	60*6	60*6	60*6	60*6	60*6	60*6	80*6	60*6	80*6	60*6
铭牌		其内容中：4S热稳定电流=[illegible]KA 动稳定电流=[illegible]KA	其内容中：4S热稳定电流=[illegible]KA 动稳定电流=[illegible]KA	其内容中：4S热稳定电流=[illegible]KA 动稳定电流=[illegible]KA		其内容中：4S热稳定电流=[illegible]KA 动稳定电流=[illegible]KA		其内容中：4S热稳定电流=[illegible]KA 动稳定电流=[illegible]KA	其内容中：4S热稳定电流=[illegible]KA 动稳定电流=[illegible]KA	其内容中：4S热稳定电流=[illegible]KA 动稳定电流=[illegible]KA	
开关柜外形尺寸（宽*深*高）	800*1500*2320	800*1500*2320	800*1500*2320	800*1500*2320	800*1500*2320	800*1500*2320	950*900*2480	950*900*2480	950*900*2480	950*900*2480	500*900*2480

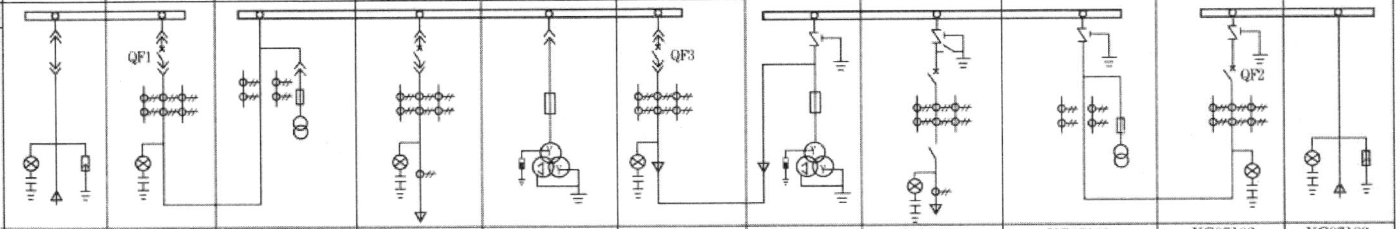

说明：
1、此图为前视图，变配电做采用直流操作。
2、10kV电源为双电源，一用一备，QF1、QF2之间加装电气及机械闭锁。
AH2、AH10两台开关共用一把钥匙，运行方式保证两台开关不能同时合闸。
即两台开关程序锁同锁号；工作位置不能取程序锁钥匙，检修位置才能取程序锁钥匙。
3、AH2柜与AH1、AH3柜要求机械闭锁。
4、AH6柜断路器加装程序锁与AH7柜实现机械闭锁。
5、含汇流母线，热缩，配螺钉。

AH1	AH2	AH3	AH4	AH5	AH6
柜前					高压电缆
AH11	AH10	AH9	AH8	AH7	

标记处	更改文件号	签字	日期	河北省电力培训中心 10KV客户培训配电室	石家庄贝斯特电气有限公司
设计	标准化			图样标记 重量 比例	10KV开关柜配置图
校对	审定				
审核	日期				
工艺	BST01-ZY3-2003A			共 页 第 页	DX-601-3001

第五部分　高级技师

1 理论试题

1.1 单选题

La1A4001 对称三相正弦电压源作星形连接，已知线电压 $U_{uv}=380\sqrt{2}\sin 314t$，则 V 相的电压瞬时表达式为（　　）。

（A）$U_v=380\sqrt{2}\sin(314t-150°)$；（B）$U_v=220\sqrt{2}\sin(314t-150°)$；（C）$U_v=220\sqrt{2}\sin(314t-30°)$；（D）$U_v=220\sqrt{2}\sin(314t+90°)$。

答案：B

Lb1A1002 110kV 的耐张绝缘子串应预留的零值绝缘子片数为（　　）片。

（A）0；（B）1；（C）2；（D）3。

答案：C

Lb1A1003 三相芯式三柱铁芯的变压器（　　）。

（A）ABC 三相空载电流都相同；（B）ABC 三相空载电流都不相同；（C）B 相空载电流大于 AC 相；（D）B 相空载电流小于 AC 相。

答案：D

Lb1A1004 一台降压变压器，如果一次绕组和二次绕组用一样材料和同样截面积的导线绕制，在加压使用时，将出现（　　）。

（A）两绕组发热量一样；（B）二次绕组发热量较大；（C）一次绕组发热量较大；（D）两绕组不发热。

答案：B

Lb1A1005 变压器按中性点绝缘水平分类时，中性点绝缘水平与端部绝缘水平相同叫（　　）。

（A）全绝缘；（B）半绝缘；（C）同级绝缘；（D）串级绝缘。

答案：A

Lb1A1006 变压器安装升高座时，放气塞应在升高座（　　）。

（A）最高处；（B）任意位置；（C）最低；（D）中间。

答案：A

Lb1A1007 交流电路中，电弧电流瞬时过零时电弧将消失，此后若触头间（ ），电弧将彻底熄灭。

（A）恢复电压＞介质击穿电压；（B）恢复电压＝介质击穿电压；（C）恢复电压＜介质击穿电压；（D）以上答案均不对。

答案：C

Lb1A1008 断路器的（ ）装置是保证在合闸过程中，若继电器保护动作需要分闸时，能使断路器立即分闸。

（A）自由脱扣装置；（B）闭锁机构；（C）安全联锁机构；（D）操作机构。

答案：A

Lb1A1009 继电保护装置包括测量部分和定值调整部分、逻辑部分和（ ）。

（A）执行部分；（B）判断部分；（C）采样部分；（D）传输部分。

答案：A

Lb1A1010 继电保护的“三误”是（ ）。

（A）误整定、误试验、误碰；（B）误整定、误接线、误试验；（C）误接线、误碰、误整定；（D）误碰、误试验、误接线。

答案：C

Lb1A1011 依据《城市配电网技术导则》要求：20kV、10kV 配电网中性点接地方式的选择中，单相接地故障电容电流在（ ），宜采用中性点不接地方式。

（A）10A；（B）10A 及以下；（C）10～150A；（D）150A 以上。

答案：B

Lb1A1012 分布式电源应与地区配电网相适应，分布式电源容量不宜超过接入线路安全容量的（ ）

（A）5％～10％；（B）10％～20％；（C）20％～30％；（D）10％～30％。

答案：D

Lb1A2013 电力系统振荡时，各点电压和电流（ ）。

（A）均作往复性摆动；（B）均会发生变化；（C）在振荡的频率高时会发生突变；（D）在振荡的频率低时会发生突变。

答案：A

Lb1A2014 高压架空线路耐张杆和直线杆绝缘子串的片数如相等，则耐张杆与直线杆绝缘水平应为（ ）。

（A）相同；（B）耐张杆绝缘水平高；（C）直线杆绝缘水平高；（D）不确定。

答案：C

Lb1A2015 有效防止电晕放电的措施为（ ）。

（A）使用钢芯铝绞线；（B）使用铝绞线；（C）使用槽形导体；（D）使用分裂导线。

答案：D

Lb1A2016 变压器二次侧负载为 Z，一次侧接在电源上用（ ）的方法可以增加变压器输入功率。

（A）增加一次侧绕组匝数；（B）减少二次侧绕组匝数；（C）减少负载阻抗；（D）增加负载阻抗。

答案：A

Lb1A2017 国内目前生产的三绕组升压变压器，对其阻抗说法正确的是（ ）。

（A）高、低压侧阻抗最大；（B）高、中压侧阻抗最大；（C）中、低压侧阻抗最大；（D）高、中压侧阻抗与中、低压侧阻抗相等。

答案：B

Lb1A2018 与变压器气体继电器连接油管的坡度为（ ）。

（A）2%～4%；（B）1%～5%；（C）13%；（D）5%。

答案：A

Lb1A2019 （ ）接线的电容器组应装设零序平衡保护。

（A）三角形；（B）星形；（C）双星形；（D）开口三角形。

答案：C

Lb1A2020 新投运的耦合电容器的声音应为（ ）。

（A）平衡的嗡嗡声；（B）有节奏的嗡嗡声；（C）轻微的嗡嗡声；（D）没有声音。

答案：D

Lb1A2021 高压断路器的极限通过电流是指（ ）。

（A）断路器在合闸状态下能承载的峰值电流；（B）断路器正常通过的最大电流；（C）在系统发生故障时断路器通过的最大的故障电流；（D）单相接地电流。

答案：A

Lb1A2022 断路器缓冲器的作用（ ）。

（A）分闸过度；（B）合闸过度；（C）缓冲分合闸冲击力；（D）降低分合闸速度。

答案：C

Lb1A2023 断路器的额定关合电流满足（ ）。

（A）不小于短路电流有效值即可；（B）不大于短路电流有效值即可；（C）不小于短路电流冲击值即可；（D）不大于短路电流冲击值即可。

答案：C

Lb1A2024 断路器的跳闸辅助触点应在（ ）接通。

（A）合闸过程中，合闸辅助触点断开后； （B）合闸过程中，动静触头接触前；（C）合闸过程中；（D）合闸终结后。

答案：B

Lb1A2025 断路器均压电容的作用（ ）。

（A）电压分布均匀；（B）提高恢复电压速度；（C）提高断路器开断能力；（D）减小开断电流。

答案：A

Lb1A2026 断路器液压操动机构在（ ）应进行机械闭锁。

（A）压力表指示零压时；（B）断路器严重渗油时；（C）压力表指示为零且行程杆下降至最下面一个微动开关处时；（D）液压机构打压频繁时。

答案：C

Lb1A2027 断路器在气温零下30℃时做（ ）试验。

（A）低温操作；（B）分解；（C）检查；（D）绝缘。

答案：A

Lb1A2028 LCWD-110型电流互感器的第四个字母表示（ ）。

（A）单匝贯穿式；（B）单相；（C）差动保护；（D）绝缘等级。

答案：C

Lb1A2029 电压互感器V/V接线，当V相一次断线，若U_{uw}=100V，在二次侧空载时，U_{uv}=（ ）V。

（A）33.3；（B）57.7；（C）50；（D）100。

答案：C

Lb1A2030 电流互感器极性对（ ）没有影响。

（A）差动保护；（B）方向保护；（C）电流速断保护；（D）距离保护。

答案：C

Lb1A2031 为避免电流互感器铁芯发生饱和现象，可采用（ ）。
（A）优质的铁磁材料制造铁芯；（B）在铁芯中加入钢材料；（C）在铁芯中加入气隙；（D）多个铁芯相串联。
答案：C

Lb1A2032 预装式变电站内带有操作通道时，操作通道的宽度应适于进行任何操作和维护，通道的宽度应不小于（ ）。
（A）800mm；（B）60mm；（C）400mm；（D）200mm。
答案：A

Lb1A2033 单相电弧接地引起的过电压只发生在（ ）。
（A）中性点直接接地系统；（B）中性点绝缘的电网中；（C）中性点经消弧线圈接地的电网中；（D）中性点经高电阻接地的电网中。
答案：B

Lb1A2034 室内配电室如受条件所限，可设置在地下室，但不得设置在（ ）。
（A）最底层；（B）地下一层；（C）地下二层；（D）地下三层。
答案：A

Lb1A2035 变电所的母线上装设避雷器是为了（ ）。
（A）防直击雷；（B）防反击过电压；（C）防雷电进行波；（D）防雷电直击波。
答案：C

Lb1A2036 依据《10kV及以下变电所设计规范》要求：供给一级负荷用电的两回电源线路的电缆不宜通过同一电缆沟；当无法分开时，应采用（ ）。
（A）普通电缆；（B）防火电缆；（C）防爆电缆；（D）阻燃电缆。
答案：D

Lb1A3037 10kV停电检修的线路与另一回带电的10kV线路相交叉或接近至（ ）安全距离以内时，则另一回线路也应停电并予接地。
（A）0.4m；（B）0.7m；（C）1.0m；（D）1.2m。
答案：C

Lb1A3038 户外配电装置，35kV以上的软母线采用（ ）。
（A）多股铜线；（B）多股铝线；（C）钢芯铝铰线；（D）钢芯铜线。
答案：C

Lb1A3039 移动式电气设备等需经常弯移或有较高柔软性要求回路的电缆，应选用的外护层为（　　）。

（A）聚氯乙烯；（B）聚乙烯；（C）橡皮；（D）氯磺化聚乙烯。

答案：C

Lb1A3040　超高压输电线路及变电站，采用分裂导线与采用相同截面的单根导线相比较，（　　）是错误的。

（A）分裂导线通流容量大些；（B）分裂导线较易发生电晕，电晕损耗大些；（C）分裂导线对地电容大些；（D）分裂导线结构复杂些。

答案：B

Lb1A3041　架空绝缘线绝缘层损伤进行绝缘修补时，一个档距内的单根绝缘线绝缘层的损伤修补不宜超过（　　）。

（A）1处；（B）2处；（C）3处；（D）4处。

答案：C

Lb1A3042　若三台接线组别、容量相同的变压器并联运行，第一台短路电压U_{ka}（%）=6.5%，第二台短路电压U_{ka}（%）=6%，第三台短路电压U_{ka}（%）=7%，则（　　）变压器先满负荷。

（A）第一台；（B）第二台；（C）第三台；（D）同时满负荷，与短路电压无关。

答案：B

Lb1A3043　Y，d11连接的三相变压器，空载时绕组中感应的相电动势波形是（　　）波。

（A）正弦；（B）平顶；（C）尖顶；（D）锯齿。

答案：A

Lb1A3044　理想变压器的一次绕组匝数为1500，二次绕组匝数为300。当在其二次侧接入200Ω的纯电阻作负载时，反射到一次侧的阻抗是（　　）Ω。

（A）5000；（B）1000；（C）600；（D）30000。

答案：A

Lb1A3045　220kV及以上变压器新油电气绝缘强度为（　　）。

（A）30kV以上；（B）35kV以上；（C）40kV以上；（D）45kV以上。

答案：C

Lb1A3046　手动投切的电容器组，放电装置应满足电容器的剩余电压降到50V以下的时间为（　　）。

（A）3min；（B）4min；（C）7min；（D）5min。

答案：D

Lb1A3047 根据电网（　　）运行方式的短路电流值校验所选用的电器设备的稳定性。

（A）最小；（B）最大；（C）最简单；（D）最复杂。

答案：B

Lb1A3048 10kV断路器采用CS2型手动操作机构时，因合闸速度慢，所以使断路器的遮断容量限制为（　　）。

（A）不大于200MV·A；（B）不大于150MV·A；（C）不大于100MV·A；（D）不大于80MV·A。

答案：C

Lb1A3049 在拆装35kV断路器的多油套管引线时，断路器（　　）。

（A）应在合闸位置；（B）应在跳闸位置；（C）在跳闸或合闸位置均可；（D）应在预备合闸位置。

答案：A

Lb1A3050 一般高压电器（除电流互感器）可以使用在20℃，相对湿度为（　　）环境中。

（A）70%；（B）80%；（C）85%；（D）90%。

答案：D

Lb1A3051 串级式结构的电压互感器绕组中的平衡绕组主要起到（　　）的作用。

（A）补偿误差；（B）使两个铁芯柱的磁通平衡；（C）使初、次级绕组匝数平衡；（D）电流补偿。

答案：B

Lb1A3052 10kV电压互感器二次绕组三角处并接一个电阻的作用是（　　）。

（A）限制谐振过电压；（B）防止断开熔断器、烧坏电压互感器；（C）限制谐振过电压，防止断开熔断器、烧坏电压互感器；（D）平衡电压互感器二次负载。

答案：C

Lb1A3053 电流互感器进行匝数补偿后，（　　）。

（A）补偿了比差，又补偿了角差；（B）补偿了比差，对角差无影响；（C）能使比差减小，角差增大；（D）对比差无影响，补偿了角差。

答案：B

Lb1A3054 在测量电流互感器极性时，电池正极接一次侧正极，负极接一次侧负极，在二次侧接直流电流表，判断二次侧正极的方法为（　　）。

（A）电池断开时，表针向正方向转，则与表正极相连的是二次侧正极；（B）电池接通时，表针向正方向转，则与表正极相连的是二次侧正极；（C）电池断开时，表针向反方向转，则与表负极相连的是二次侧正极；（D）电池接通时，表针向反方向转，则与表负极相连的是二次侧正极。

答案：B

Lb1A3055 电容式电压互感器同电磁式电压互感器相比，其暂态特性（　　）。

（A）电容式的好；（B）电磁式的好；（C）二者相同。

答案：B

Lb1A3056 对变压器差动保护进行相量图分析时，应在变压器（　　）时进行。

（A）停电；（B）检修；（C）载有一定负荷；（D）冷备用。

答案：C

Lb1A3057 零序保护的最大特点（　　）。

（A）只反映接地故障；（B）只反映相间故障；（C）同时反映相间故障及接地故障；（D）只反映三相接地故障。

答案：A

Lb1A3058 变压器的纵联差动保护要求之一，应能躲过（　　）和外部短路产生的不平衡电流。

（A）短路电流；（B）负荷电流；（C）过载电流；（D）励磁涌流。

答案：D

Lb1A3059 在大接地电流系统中，线路发生接地故障时，保护安装处的零序电压（　　）。

（A）距故障点越远就越高；（B）距故障点越近就越高；（C）与距离无关；（D）距离故障点越近就越低。

答案：B

Lb1A3060 自耦变压器公共绕组过负荷保护是为了防止（　　）供电时，公共绕组过负荷而设置的。

（A）高压侧向中、低压侧；（B）低压侧向高、中压侧；（C）中压侧向高、低压侧；（D）高压侧向中压侧。

答案：C

Lb1A3061 快速切除线路任意故障的主保护是（　　）。

（A）距离保护；（B）纵联差动保护；（C）零序电流保护；（D）速断保护。

答案：B

Lb1A3062 主变压器差动保护投入运行前测量负荷六角图是（ ）。

（A）用来判别电流互感器的极性和继电器接线是否正确；（B）用来判别差动保护的差流回路是否存在差流；（C）用来检查主变压器的负荷平衡情况；（D）用来检查差动保护装置动作情况。

答案：A

Lb1A3063 横差方向保护反映（ ）故障。

（A）母线短路；（B）变压器及套管；（C）母线上的设备接地；（D）线路短路。

答案：D

Lb1A3064 电流互感器的零序接线方式，在运行中（ ）。

（A）只能反映零序电流，用于零序保护；（B）能测量零序电压和零序方向；（C）只能测零序电压；（D）只能测量零序功率。

答案：A

Lb1A3065 《供电营业规则》中规定，计算电量的倍率或铭牌倍率与实际不符的，以（ ）为基准，按（ ）退补电量，退补时间以（ ）确定。

（A）实际倍率，正确与错误倍率的差值，抄表记录为准；（B）用户正常月份用电量，正常月与故障月的差额，抄表记录或按失压自动记录仪记录；（C）其实际记录的电量，正确与错误接线的差额率，上次校验或换装投入之日起至接线错误更正之日止；（D）用户正常同期月份用电量，正常同期月与故障月的差额，抄表记录或按失压自动记录仪记录。

答案：A

Lb1A4066 在超高压系统中，采用圆形母线主要是为了（ ）。

（A）减少涡流损失；（B）提高电晕起始电压；（C）加强机械强度。

答案：B

Lb1A4067 为了防止三绕组自耦变压器在高压侧电网发生单相接地故障时（ ）出现过电压，所以自耦变压器的中性点必须接地。

（A）高压侧；（B）中压侧；（C）低压侧；（D）中压侧和低压侧。

答案：B

Lb1A4068 三相双绕组变压器相电动势波形最差的是（ ）。

（A）Y，y连接的三铁芯柱式变压器；（B）Y，y连接的三相变压器组；（C）Y，d连接的三铁芯柱式变压器；（D）Y，d连接的三相变压器组。

答案：B

Lb1A4069 校验熔断器的最大开断电流能力应用（　　）进行校验。

（A）最大负荷电流；（B）冲击短路电流的峰值；（C）冲击短路电流的有效值；（D）额定电流。

答案：C

Lb1A4070 电压互感器二次导线压降引起的角差，与（　　）成正比。

（A）导线电阻；（B）负荷导纳；（C）负荷电纳；（D）负荷功率因数。

答案：C

Lb1A4071 电流互感器的二次负荷阻抗的幅值增大时，（　　）。

（A）比差正向增加，角差正向增加；（B）比差负向增加，角差正向增加；（C）比差正向增加，角差负向增加；（D）比差负向增加，角差负向增加。

答案：B

Lb1A4072 以下有关电力系统谐振说法错误的是（　　）。

（A）高频谐振，过电压的倍数较高；（B）分频谐振，过电压倍数较低，一般不超过2.5倍的相电压；（C）基频谐振，其特点是两相电压升高，一相电压降低，线电压基本不变，过电压倍数不到3.2倍，过电流却很大；（D）基频谐振，过电压倍数达到3.2倍，过电流不大。

答案：D

Lb1A4073 （　　）是指当主保护或断路器拒动时，由相邻电力设备或线路的保护来实现。

（A）主保护；（B）远后备保护；（C）进后备保护；（D）辅助保护。

答案：B

Lb1A4074 单电源线路速断保护的保护范围是（　　）。

（A）线路的10%；（B）线路的20%～50%；（C）约为线路的60%；（D）线路的30%～60%。

答案：B

Lb1A4075 电流速断保护（　　）。

（A）能保护线路全长的90%；（B）不能保护线路全长；（C）能保护线路全长并延伸至下一段；（D）能保护线路全长但不能延伸至下一段。

答案：B

Lb1A4076 关于TA饱和对变压器差动保护的影响，说法正确的是（　　）。

（A）由于差动保护具有良好的制动特性，区外故障时没有影响；（B）由于差动保护具有良好的制动特性，区内故障时没有影响；（C）可能造成差动保护在区内故障时拒动或延缓动作，在区外故障时误动作；（D）由于差动保护具有良好的制动特性，区外、内故障时均没有影响。

答案：C

Lb1A4077 变压器采用微机型保护装置，其瓦斯保护的接线应是（　　）。

（A）轻瓦斯和重瓦斯都经过微机保护装置动作信号和跳闸；（B）轻瓦斯和重瓦斯的信号进入微机保护装置，重瓦斯跳闸应设独立的出口继电器进行跳闸；（C）轻、重瓦斯均设独立的继电器，与微机保护装置无关；（D）重瓦斯经过微机保护装置动作信号和跳闸，轻瓦斯不经过微机保护装置动作信号和跳闸。

答案：B

Lb1A4078 三段式距离保护中Ⅰ段的保护范围是全长的（　　）。

（A）70％；（B）70％～80％；（C）80％；（D）80％～85％。

答案：D

Lb1A4079 依据《10kV及以下变电所设计规范》要求：变电所中低压为0.4kV的单台变压器的容量不宜大于（　　）kV·A。

（A）800；（B）1250；（C）1000；（D）1600。

答案：B

Lb1A4080 依据《10kV及以下变电所设计规范》要求：室内变电所的每台油量为（　　）的三相变压器，应设在单独的变压器室内。

（A）100kg；（B）150kg；（C）200kg；（D）100kg及以上。

答案：D

Lb1A4081 依据《国家电网公司业扩供电方案编制导则》规定：在保证受电变压器不超载和安全运行的前提下，应同时考虑减少电网的无功损耗。一般客户的计算负荷宜等于变压器额定容量的（　　）。

（A）80％～120％；（B）65％～80％；（C）70％～80％；（D）70％～75％。

答案：D

Lb1A5082 三台具有相同变比连接组别的三相变压器，其额定容量和短路电压分别为：S_a＝1000kV·A，U_{ka}（％）＝6.25％，S_b＝1800kV·A U_{kb}（％）＝6.6％，S_c＝3200kV·A，U_{kc}（％）＝7％，它们并联运行后带负荷量为5500kV·A，则变压器总设备容量的利用率ρ是（　　）。

（A）0.6；（B）0.8；（C）0.923；（D）1.2。

答案：C

Lb1A5083 在110kV系统中，为避免因铁磁谐振使电压互感器爆炸，应优先选用（　　）。

（A）干式电压互感器；（B）SF_6气体绝缘电压互感器；（C）油浸式电压互感器；（D）电容式电压互感器。

答案：D

Lb1A5084 变压器的（　　），其动作电流整定按躲过变压器负荷侧母线短路电流来整定，一般应大于额定电流3～5倍整定。

（A）电流速断保护；（B）过电流保护；（C）差动保护；（D）零序电流保护。

答案：A

Lb1A5085 检查微机型保护回路及整定值的正确性（　　）。

（A）可采用打印定值和键盘传动相结合的方法；（B）可采用检查VFC模数变换系统和键盘传动相结合的方法；（C）只能用由电流电压端子通入与故障情况相符的模拟量，保护装置处于与投入运行完全相同状态的整组试验方法；（D）采用直流整组试验的方法。

答案：C

Lb1A5086 距离保护是以距离（　　）元件作为基础构成的保护装置。

（A）测量；（B）启动；（C）振荡闭锁；（D）逻辑。

答案：A

Lb1A5087 变压器差动保护二次电流相位补偿的目的是（　　）。

（A）保证外部短路时差动保护各侧电流相位一致，不必考虑三次谐波及零序电流不平衡；（B）保证外部短路时差动保护各侧电流相位一致，滤去可能产生不平衡的三次谐波及零序电流；（C）调整差动保护各侧电流的幅值；（D）改变差动保护电流的相位。

答案：B

Lc1A2088 智能电能表型号中Y字母代表（　　）。

（A）分时电能表；（B）最大需量电能表；（C）费控电能表；（D）无功电能表。

答案：C

Lc1A2089 某型号的感应式电能表，如果基本电流为5A时的电流线圈的总匝数是16匝，那么基本电流为10A时的电流线圈的总匝数是（　　）匝。

（A）4；（B）6；（C）8；（D）10。

答案：C

Lc1A2090 在下列计量方式中，用户用电量需要计入变压器损耗的是（　　）。

（A）高供高计；（B）低供低计；（C）高供低计；（D）高供高计和低供低计。

答案：C

Lc1A2091 电能计量装置的综合误差实质上是（　　）。

(A) 互感器的合成误差；(B) 电能表测量电能的线路附加误差；(C) 电能表的误差、互感器的合成误差以及电压互感器二次导线压降引起的误差的总和；(D) 电能表和互感器的合成误差。

答案：C

Lc1A3092 三相三线有功电能表校验中当调定负荷功率因数 cosφ＝0.866（感性）时，A、C 两元件 cosφ 值分别为（　　）。

(A) 1.0、0.5（感性）；(B) 0.5（感性）、1.0；(C) 1.0、0.5（容性）；(D) 0.866（感性）、1.0。

答案：B

Lc1A3093 由于电能表相序接入发生变化，影响到电能表读数，这种影响称为（　　）。

(A) 接线影响；(B) 输入影响；(C) 相序影响；(D) 接入系数。

答案：C

Lc1A4094 当测量结果服从正态分布时，随机误差绝对值大于标准误差的概率是（　　）。

(A) 50％；(B) 68.3％；(C) 31.7％；(D) 95％。

答案：C

Lc1A4095 接入中性点非有效接地的高压线路的计量装置，宜采用（　　）。

(A) 三台电压互感器，按 Y0/Y0 方式接线；(B) 两台电压互感器，按 V/V 方式接线；(C) 三台电压互感器，按 Y/Y 方式接线；(D) 两台电压互感器，接线方式不定。

答案：B

Lc1A4096 为减小计量装置的综合误差，对接到电能表同一元件的电流互感器和电压互感器的比差、角差要合理地组合配对，原则上，要求接于同一元件的电压、电流互感器（　　）。

(A) 比差符号相反，数值接近或相等，角差符号相同，差值接近或相等；(B) 比差符号相反，数值接近或相等，角差符号相反，数值接近或相等；(C) 比差符号相同，数值接近或相等，角差符号相反，数值接近或相等；(D) 比差符号相同，数值接近或相等，角差符号相同，数值接近或相等。

答案：A

Le1A5097 高压开关柜的五防联锁功能常采用断路器、隔离开关、接地开关与柜门之间的强制性（　　）的方式实现。

（A）电气闭锁或微机闭锁；（B）电磁闭锁或电气闭锁；（C）机械闭锁或电磁闭锁；（D）人工操作闭锁。

答案：C

Jd1A1098 用摇表测量高压电缆等大电容量设备的绝缘电阻时，若不接屏蔽端G，测量值比实际值（ ）。

（A）偏小；（B）偏大；（C）无关；（D）指针指向∞。

答案：A

Jd1A3099 10～35kV电气设备绝缘特性试验项目中，决定性试验项目是（ ）。

（A）绝缘电阻和吸收比；（B）绝缘电阻；（C）交流耐压；（D）电容值和介质损耗角。

答案：C

Jd1A3100 影响变压器吸收比的因素有（ ）。

（A）铁芯、插板质量；（B）真空干燥程度、零部件清洁程度和器身在空气中暴露时间；（C）线圈导线的材质；（D）变压器油的标号。

答案：B

Jd1A4101 35kV以上少油断路器在测直流试验电压时，每柱对地的泄漏电流一般不大于（ ）。

（A）5μA；（B）8μA；（C）10μA；（D）15μA。

答案：C

Jd1A4102 工作人员在工作中的正常活动范围与带电设备的安全距离，35kV有遮栏时为（ ）。

（A）0.40m；（B）0.6m；（C）1.0m；（D）1.5m。

答案：B

Je1A1103 电气化铁路，对于电力系统来说，属于（ ）。

（A）铁磁饱和型谐波源；（B）电子开关型谐波源；（C）电弧型谐波源；（D）三相平衡型谐波源。

答案：B

Je1A1104 依据《国家电网公司业扩供电方案编制导则》规定：非电性质保安措施应符合客户的生产特点、负荷特性，满足无电情况下保证（ ）的需要。

（A）连续生产；（B）正常生活；（C）重要设备运转；（D）客户安全。

答案：D

Je1A2105 依据《国家电网公司业扩供电方案编制导则》规定：建筑面积大于 $50m^2$ 的住宅用电每户容量宜不小于（ ）。

（A）4kW；（B）8kW；（C）10kW；（D）12kW。

答案：B

Je1A2106 依据《国家电网公司业扩供电方案编制导则》规定：建筑面积在 $50m^2$ 及以下的住宅用电每户容量宜不小于（ ）。

（A）4kW；（B）8kW；（C）10kW；（D）12kW。

答案：A

Je1A2107 油浸风冷式变压器，当风扇故障时，变压器允许带负荷为额定容量的（ ）。

（A）65％；（B）70％；（C）75％；（D）80％。

答案：B

Je1A3108 在同样电流下，导线接头的电压降不能大于同长度导线电压降的（ ）。

（A）1.2倍；（B）1.25倍；（C）1.3倍；（D）1.5倍。

答案：A

Je1A3109 依据《国家电网公司业扩供电方案编制导则》规定：100kV·A及以上高压供电的电力客户，在高峰负荷时的功率因数不宜低于（ ）。

（A）0.95；（B）0.9；（C）0.85；（D）0.8。

答案：A

Je1A3110 依据《国家电网公司业扩供电方案编制导则》规定：谐波源指向公共电网注入谐波电流或在公共电网中产生谐波电压的电气设备。以下设备中（ ）不会产生谐波电压。

（A）电气机车、电弧炉；（B）整流器、逆变器、变频器；（C）弧焊机、感应加热设备；（D）异步电动机。

答案：D

Je1A3111 依据《国家电网公司业扩供电方案编制导则》规定：农业用电在高峰负荷时的功率因数不宜低于（ ）。

（A）0.95；（B）0.9；（C）0.85；（D）0.8。

答案：C

Je1A3112 电容器组的过流保护反映电容的（ ）故障。

（A）内部；（B）外部短路；（C）接地；（D）内部开路。

答案：B

Je1A3113 断路器零压闭锁后，断路器（　　）分闸。

（A）能；（B）不能；（C）不一定；（D）无法判定。

答案：B

Je1A3114 主变瓦斯保护动作可能是由于（　　）造成的。

（A）主变两侧断路器跳闸；（B）110kV套管两相闪络；（C）主变内部绕组严重匝间短路；（D）主变大盖着火。

答案：C

Je1A3115 关于变压器事故跳闸的处理原则，以下说法错误的是（　　）。

（A）主保护（瓦斯、差动等）动作，未查明原因消除故障前不得送电；（B）如只是过流保护（或低压过流）动作，检查主变无问题可以送电；（C）如因线路故障，保护越级动作引起变压器跳闸，则故障线路开关断开后，可立即恢复变压器运行；（D）若系统需要，即使跳闸原因尚未查明，调度员仍可自行下令对跳闸变压器进行强送电。

答案：D

Je1A3116 变压器油色谱分析结果中，总烃高，乙炔占主要成分，则判断变压器故障是（　　）。

（A）严重过热；（B）火花放电；（C）电弧放电；（D）铁芯一点接地。

答案：C

Je1A3117 变压器气体继电器内有气体，信号回路动作，取油样化验，油的闪点降低且油色变黑并有一种特殊的气味，这表明变压器（　　）。

（A）铁芯接片断裂；（B）铁芯片局部短路与铁芯局部熔毁；（C）铁芯之间绝缘损坏；（D）绝缘损坏。

答案：B

Je1A4118 电力线路零序电流保护动作，其故障形式为（　　）。

（A）相间短路；（B）接地故障；（C）过负荷；（D）过电压。

答案：B

Je1A4119 变压器中性点零序过流保护和间隙过压保护若同时投入，则（　　）。

（A）保护形成配合；（B）保护失去选择性；（C）保护将误动；（D）保护将拒动。

答案：C

Je1A5120 依据《国家电网公司业扩供电方案编制导则》规定：单母线或线路变压器

组接线这种客户电气主接线适用于（　　）。

（A）特殊重要客户；（B）三级负荷客户；（C）具有两回线路供电的二级负荷客户；（D）具有两回线路供电的一级负荷客户。

答案：B

Je1A5121　依据《国家电网公司业扩供电方案编制导则》规定：35kV 及以上电压等级宜采用桥形、单母线分段、线路变压器组接线这种客户电气主接线适用于（　　）。

（A）特殊重要客户；（B）三级负荷客户；（C）具有两回线路供电的二级负荷客户；（D）具有两回线路供电的一级负荷客户。

答案：C

Je1A5122　当母线由于差动保护动作而停电时，应做的处理为（　　）。

（A）立即汇报领导，等调度下指令；（B）双母线运行而又因母差保护动作同时停电时，现场值班人员应不等调度指令，立即拉开未跳闸的开关；（C）双母线之一停电时（母差保护选择性切除），现场值班人员应不等调度指令，立即将跳闸线路切换至运行母线；（D）立即组织对失压母线进行强送。

答案：B

Je1A5123　高压电容器组断电后，若需再次合闸，应在其断电（　　）后进行。

（A）3min；（B）5min；（C）10min；（D）15min。

答案：A

1.2 判断题

Lb1B1001 灵敏度是仪表的重要技术指标之一，它是指仪表测量量变化与仪表输出量变化的比值。(√)

Lb1B1002 依据《电缆线路施工及验收规范》要求：电缆管在人行横道下面时，不应小于0.7m。(×)

Lb1B1003 电杆在运行中要承受导线、金具、风力所产生的拉力、压力、剪力的作用，这些作用力称为电杆的荷载。(√)

Lb1B1004 变压器中性点接地属于保护接地。(×)

Lb1B1005 《国家电网公司供电服务规范》中，根据国家有关法律法规，本着平等、自愿、诚实信用的原则，以合同形式明确供电企业与客户双方的权利和义务，明确责任分界点，维护双方的合法权益。(×)

Lb1B1006 《国家电网公司供电服务规范》是电网经营企业和供电企业在电力供应经营活动中，为客户提供供电服务时应达到的基本行为规范。(×)

Lb1B2007 低压电容器组应接成中性点不接地星形。(×)

Lb1B2008 快速切除短路故障可以提高电力系统动态稳定。(√)

Lb1B2009 选择户外跌落式熔断器时，要使被保护线段的三相短路电流计算值大于其断流容量下限值，小于其断流容量的上限。(√)

Lb1B2010 10kV电压互感器在高压侧装有熔断器，其熔断丝电流应为1.5A。(×)

Lb1B2011 埋设在地下的接地体应焊接连接，埋设深度应大于1m。(×)

Lb1B2012 电气设备动稳定电流是表明断路器在最大负荷电流作用下，承受电动力的能力。(×)

Lb1B2013 串联在线路上的补偿电容器是为了补偿无功。(×)

Lb1B2014 氧化锌避雷器具有动作迅速、通流容量大、残压低、无续流等优点。(√)

Lb1B2015 变压器差动保护对绕组匝间短路没有保护作用。(×)

Lb1B2016 当备用电源无电压时，备用电源自动投入装置不应动作。(√)

Lb1B2017 为了使用户的停电时间尽可能短，备用电源自动投入装置可以不带时限。(×)

Lb1B2018 《国家电网公司供电服务规范》中供电可靠率规定：城市地区供电可靠率不低于99%，农网供电可靠率不低于98%。(×)

Lb1B2019 《国家电网公司供电服务规范》中供电可靠率规定：供电设备计划检修时，对35kV及以上电压等级供电的客户的停电次数，每年不应超过3次。(×)

Lb1B2020 《国家电网公司供电服务规范》中供电方案时限规定：已受理的用电报装，供电方案答复时限，低压电力客户最长不超过1个月。(×)

Lb1B2021 国家电网公司供电服务“十项承诺”规定：对欠电费客户依法采取停电措施，提前7天送达停电通知书，费用结清后48小时内恢复供电。(×)

Lb1B3022 低压架空进户线重复接地可在建筑物的进线处做引下线，N 线与 PE 线可在重复接地节点处连接。(×)

Lb1B3023 配电变压器的无功补偿装置容量可按变压器最大负载率为 75%，负荷自然功率因数为 0.95 考虑，补偿到变压器最大负荷时其高压侧功率因数不低于 0.95。(√)

Lb1B3024 电力系统的无功补偿与无功平衡是保证系统频率稳定的基本条件。(×)

Lb1B3025 三绕组变压器的各绕组按照容量搭配关系的比例传递功率。(×)

Lb1B3026 三台单相电压互感器 Y 接线，接于 110kV 电网上。则选用的额定一次电压和基本二次绕组的额定电压一次侧为 110kV，二次侧为 100V。(×)

Lb1B3027 35kV 以上的电缆进线段，要求在电缆与架空线的连接处装设管型避雷器。(×)

Lb1B3028 在验收避雷器的放电计数器时，密封应良好，绝缘垫及接地应良好、牢固。(√)

Lb1B3029 35kV 以上的电缆进线段，要求在电缆与架空线的连接处装设阀型避雷器。(×)

Lb1B3030 110kV 以下电压等级的系统是以防护外过电压为主；110kV 及以上电压等级的系统是以防护内过电压为主。(√)

Lb1B3031 近后备保护是指当主保护拒动时，由本电力设备或线路的另一套保护来实现后备的保护。(√)

Lb1B3032 对分级绝缘的变压器，保护动作后，应先断开中性点接地的变压器，后断开中性点不接地的变压器。(×)

Lb1B3033 大电流接地系统中不需要单独装设零序保护。(×)

Lb1B3034 瓦斯保护能反应变压器油箱内的任何故障，如铁芯过热烧伤、油面降低等，但差动保护对此无反应。(√)

Lb1B3035 纵差保护不能反映发电机定子绕组和变压器绕组匝间短路。(×)

Lb1B3036 双绕组变压器差动保护的正确接线，应该是正常及外部故障时，高、低压侧二次电流相位相同，流入差动继电器差动线圈的电流为变压器高、低压侧二次电流为相量和。(×)

Lb1B3037 发电机的低压过流保护的低电压元件是用来区别故障电流和正常过负荷电流，提高整套保护灵敏度的措施。(√)

Lb1B3038 变压器的差动保护和瓦斯保护都是变压器的主保护，它们的作用不能完全替代。(√)

Lb1B3039 新安装的变压器差动保护在变压器充电时，应将其停用，瓦斯保护投入运行，待测试差动保护极性正确后再投入运行。(×)

Lb1B3040 当电压互感器二次断线时，备自投装置不应动作。(√)

Lb1B3041 采用自动重合闸装置不能够提高电力系统动态稳定。(×)

Lb1B3042 凡电压或电流的波形只要不是标准的正弦波，其中必然包含高次谐波。整流负载和非线性负载是电力系统的谐波源。(√)

Lb1B4043 消弧线圈运行中从一台变压器的中性点切换到另一台时，可以短时将两

台变压器的中性点同时接到一台消弧线圈的中性母线上。(×)

Lb1B4044 电力系统发生振荡的原因是：在某个频率下系统中导线对地分布电容的容抗 X_C 和电压互感器并联运行的综合电感的感抗 X_L 相等，形成了谐振。(√)

Lb1B4045 自耦变压器的大量使用，会使系统的单相短路电流大为增加，有时甚至超过三相短路电流。(√)

Lb1B4046 电力系统发生振荡时，按相对于工频的频率分类可能会出现三种形式的谐振：基频谐振、高频谐振、分频谐振。(√)

Lb1B4047 变压器中性点经小电阻接地是提高电力系统动态稳定的措施之一。(√)

Lb1B4048 10kV 电压互感器在高压侧装有熔断器，其熔断丝电流应为 5A。(×)

Lb1B4049 并联电容器装置设置失压保护的目的在于防止所连接的母线失压对电容器产生的危害。(√)

Lb1B4050 零序电流保护不反应电网的正常负荷、振荡和相间短路。(√)

Lb1B4051 对三绕组变压器的差动保护各侧电流互感器的选择，应按各侧的实际容量来选择电流互感器的变比。(×)

Lb1B4052 发电机定子绕组过电流的作用是反应发电机外部短路，并做发电机纵差保护的后备。(√)

Lb1B4053 为使变压器差动保护在变压器过激磁时不误动，在确定保护的整定值时，应增大差动保护的 5 次谐波制动比。(×)

Lb1B4054 设置变压器差动速断元件的主要原因是防止区内故障 TA 饱和产生高次谐波致使差动保护拒动或延缓动作。(√)

Lb1B5055 速断保护能够保护输电线路全程。(×)

Lb1B5056 中性点非直接接地系统中，电压互感器二次绕组三角开口处并接一个电阻的作用是限制铁磁谐振。(√)

Lb1B5057 配电变压器的有功损耗分为空载损耗和负载损耗两种，其中空载损耗和运行电压平方成正比，负载损耗和运行电流平方成正比。(√)

Lb1B5058 断路器在合闸过程中，若继电器保护装置不动作，自由脱扣机构也可靠动作。(×)

Lb1B5059 电力系统中出现内过电压的基本原因是电弧引起和谐振造成的。(√)

Lb1B5060 Dy11 接线的变压器采用差动保护时，应该是高压侧电流互感器二次侧是三角形接线，低压侧电流互感器二次侧是星形接线。(×)

Lb1B5061 变压器中性点零序过流保护和间隙过压保护应同时投入。(×)

Lb1B5062 母线充电保护只是在对母线充电时才投入使用，充电完毕后要退出。(√)

Lb1B5063 依据《3～110kV 高压配电装置设计规范》要求：市区或污秽地区的 35～110kV 配电装置必须采用屋内配电装置。(×)

Lc1B1064 电网企业对电力用户减容（暂停）设备，自设备加封之日起，减容（暂停）部分免收基本电费。减容（暂停）后容量达不到实施两部制电价规定容量标准的，应改按相应用电类别单一制电价计费，并执行相应的分类电价标准。(√)

Lc1B1065 基本电价计费方式由用户自行选择，其变更周期不少于90天，电力用户可在电网企业下一个月抄表之日前15个工作日，向当地电网企业申请变更基本电价计费方式。(√)

Lc1B2066 高压用户的成套设备中装有自备电能表及附件时，需经供电企业检验合格，方可作为计费电能表。(×)

Lc1B2067 电力互感器测量绝缘电阻应使用2kV兆欧表。(×)

Lc1B2068 电能表电池采用环保产品，电池容量不小于1Ah。电能表应安装时钟电池及抄表电池，其中时钟电池断电后可维持电能表的时钟连续运行3年以上，使用寿命不小于8年，抄表电池使用寿命不小于3年且便于更换及维护。(×)

Lc1B2069 电能表现场检验误差测定次数一般不得少于3次，取其平均值作为实际误差，对有明显错误的数值应舍去。(×)

Lc1B2070 某10kV用户接50/5电流互感器，若电能表读数为20kW·h，则用户实际用电量为200kW·h。(×)

Lc1B2071 对三相四线制连接的电能计量装置，其电流互感器二次绕组与电能表之间宜采用六线连接。(√)

Lc1B2072 高压供电的用户，原则上应采用高压计量，计量方式和电流互感器的变比应由供电部门确定。(√)

Lc1B3073 二次回路的绝缘电阻测量，采用1000V兆欧表进行测量，其绝缘电阻不应小于5MΩ。(×)

Lc1B3074 某用户供电电压为380V/220V，有功电能表抄读数为2000kW·h，无功电能表抄读数为1239.5kW·h，该用户的平均功率因数为0.8。(×)

Lc1B3075 现场校验后，客户不认可结果，应主动提醒客户，如果对现场校验的数据不满，可申请实验室检定。(√)

Lc1B4076 三相三线电能计量装置中，若“+”角差对A相电流互感器的综合误差产生“+”方向的变化，则“+”角差对C相电流互感器的综合误差产生“-”方向的变化。(√)

Jd1B3077 现场做110kV电压等级的变压器交流耐压时，可用变压比来估算其数值。(×)

Je1B1078 电弧炼钢炉所引起的高次谐波，在熔化初期及熔解期，高次谐波较少；在冶炼期，高次谐波较多。(×)

Je1B1079 35kV及以上公用高压线路供电的，以用户厂界外或用户变电所外第一基电杆为分界点。(√)

Je1B1080 依据《国家电网公司业扩供电方案编制导则》规定：如某负荷断电后会造成将引起爆炸或火灾，则该负荷是一种保安负荷。(√)

Je1B1081 依据《国家电网公司业扩供电方案编制导则》规定：如某负荷断电后会造成直接引发人身伤亡的，则该负荷是一种保安负荷。(√)

Je1B1082 由中压架空线路供电的用户，在其产权分界点处宜安装用于隔离用户内部故障的负荷开关或断路器。(√)

Je1B2083 高次谐波可能引起电力系统发生谐振现象。(√)

Je1B2084 依据《国家电网公司业扩供电方案编制导则》规定：高压供电的客户，宜在高压侧计量；但对10kV供电且容量在315kV·A及以下、35kV供电且容量在500kV·A及以下的，高压侧计量确有困难时，可在低压侧计量，即采用高供低计方式。(√)

Je1B2085 依据《国家电网公司业扩供电方案编制导则》规定：高压供电的客户，宜在高压侧计量；但对10kV供电且容量在200kV·A及以下、35kV供电且容量在1000kV·A及以下的，高压侧计量确有困难时，可在低压侧计量，即采用高供低计方式。(×)

Je1B3086 依据《国家电网公司业扩供电方案编制导则》规定：客户变电所中的电力设备和线路，应装设反应短路故障和异常运行的继电保护和安全自动装置，满足可靠性、选择性、灵敏性和安全性的要求。(×)

Je1B3087 依据《国家电网公司业扩供电方案编制导则》规定：备用电源自动投入装置，应具有保护动作闭锁的的功能。(√)

Je1B3088 依据《国家电网公司业扩供电方案编制导则》规定：客户变电所中的电力设备和线路的继电保护应有主保护、后备保护、异常运行保护和辅助保护。(×)

Je1B3089 依据《国家电网公司业扩供电方案编制导则》规定：10kV及以上变电所宜采用数字式继电保护装置。(√)

Je1B3090 测量电流互感器的极性，是为了防止接线错误、继电保护误动作、计量不准确。(√)

Je1B3091 有一只三相四线有功电能表，三相负荷平衡，B相电流反接达一年之久，累计电量为5000kW·h，那么差错电量为5000kW·h。(×)

Je1B3092 计算电量的倍率或铭牌倍率与实际不符的，以实际倍率为基准，按正确与错误倍率的差值退补电量，退补时间以抄表记录为准确定。(√)

Je1B3093 重瓦斯或差动保护之一动作跳闸，未查明原因和消除故障之前不得强送。(√)

Je1B3094 在断路器异常运行及处理中，值班人员发现断路器发生故障分闸拒动，造成越级跳闸，在恢复系统送电前应将故障断路器脱离电源并保持原状，在查清拒动原因并消除故障后方可投入运行。(√)

Je1B3095 变压器在运行中补油，补油前应将气体（重瓦斯）保护改接信号，补油后应立即恢复至跳闸位置。(×)

Je1B3096 变压器投产时，进行五次冲击合闸前要投入瓦斯保护和差动保护。充电良好后停用差动保护，待做过负荷试验，验明正确后，再将它投入运行。(√)

Je1B3097 对分级绝缘的变压器，保护动作后，应先断开中性点接地的变压器，后断开中性点不接地的变压器。(×)

Je1B4098 依据《国家电网公司业扩供电方案编制导则》规定：在保证受电变压器不超载和安全运行的前提下，应同时考虑减少电网的无功损耗。一般客户的计算负荷宜等于变压器额定容量的80%～120%。(×)

Je1B4099 依据《国家电网公司业扩供电方案编制导则》规定：当不具备设计计算条件时，35kV及以上变电所电容器安装容量可按变压器容量的10%～30%确定。（√）

Je1B4100 依据《国家电网公司业扩供电方案编制导则》规定：当不具备设计计算条件时，10kV变电所电容器安装容量可按变压器容量的30%～40%确定。（×）

Je1B4101 在互感器投入运行前，必须进行一、二次绕组极性试验，如果极性判断错误，会使接入电能表的电压或电流的相位相差90°。（×）

Je1B4102 零序电流保护反应电网的正常负荷、振荡和相间短路。（×）

Je1B4103 变压器的瓦斯保护范围在差动保护范围内，这两种保护均为瞬动保护，所以可用差动保护来代替瓦斯保护。（×）

Je1B4104 当变压器故障涉及固体绝缘时，会引起变压器油中一氧化碳和二氧化碳的明显增长。（√）

Je1B4105 为了检查差动保护躲过励磁涌流的性能，在差动保护第一次投运时，必须对变压器进行五次冲击合闸试验。（√）

Je1B5106 依据《国家电网公司业扩供电方案编制导则》规定：客户负荷注入公共电网连接点的谐波电压限值及谐波电流允许值应符合《电能质量　公用电网谐波》(GB/T 14549—1993）国家标准的限值。（√）

Je1B5107 35kV及以下电压等级的断路器，必须选用真空断路器或SF_6断路器。（×）

Je1B5108 依据《国家电网公司业扩供电方案编制导则》规定：客户的冲击性负荷产生的电压波动允许值，应符合《电能质量　电压波动和闪变》（GB/T 12326—2008）国家标准的限值。（√）

1.3 多选题

Lb1C1001 配电变压器运行电压过高的危害有（　　）。

（A）会造成铁芯饱和、励磁电流增大；（B）铁损增加；（C）会使铁芯发热，使绝缘老化；（D）会影响变压器的正常运行和使用寿命。

答案：ABCD

Lb1C2002 当需要限制客户变电所6～10kV线路的短路电流时，可采用下列（　　）措施。

（A）变压器并列运行；（B）变压器分列运行；（C）采用高阻抗变压器；（D）在变压器低压侧出线装设电抗器。

答案：BCD

Lb1C2003 发电厂和变电所直流系统宜采用的接线方式有（　　）。

（A）单母线；（B）双母线；（C）单母线分段；（D）双母线加旁路母线。

答案：AC

Lb1C2004 带电作业在（　　）情况下应停用重合闸，并不得强送电。

（A）中性点有效接地的系统中有可能引起单相接地的作业；（B）中性点非接地的系统中有可能引起短路接地的作业；（C）中性点非有效接地的系统中有可能引起相间短路的作业；（D）工作票签发人或工作负责人认为需要停用重合闸的作业。

答案：ACD

Lb1C2005 运行中会出现高次谐波的设备有（　　）。

（A）电弧炉；（B）变频装置；（C）换流设备；（D）电焊机。

答案：ABCD

Lb1C2006 依据《国家电网公司业扩供电方案编制导则》规定：根据对供电可靠性的要求以及中断供电危害程度，重要电力客户可以分为特级、一级、二级重要电力客户和临时性重要电力客户。根据重要电力客户的分级，下列属临时性重要电力客户的是（　　）。

（A）举办大型演唱会的剧院；（B）国家安全局通信保障机构；（C）高考期间考场；（D）化肥厂氯气生产车间。

答案：AC

Lb1C3007 TN-S系统适用于设有变电所的工业和民用建筑中（　　）。

（A）对供电连续性要求高、对接触电压有严格限制者；（B）单相负荷较大或非线性负荷较多者；(C) 有较多信息技术系统者；(D) 有爆炸、火灾危险者。

答案：BCD

Lb1C3008 当电力系统出现谐振时，出现的现象和后果有（ ）。

(A) 过电压；(B) 过电流；(C) 瓷绝缘子放电；(D) 电压互感器一次熔断器熔断。

答案：ABCD

Lb1C3009 高电压的大型变压器防止绝缘油劣化的措施有（ ）。

(A) 充氮气；(B) 加抗氧化剂；(C) 装置热虹吸净油器；(D) 装密封橡胶囊。

答案：ABCD

Lb1C3010 关于三绕组变压器，下列说法正确的是（ ）。

(A) 它的每相铁芯柱上放三个线圈，可有三种不同电压；(B) 它可用在需要两种不同二次侧电压的场合；(C) 它可以替代两台双绕组变压器；(D) 一般来说，它的高压绕组放在最外层，低压或中压绕组放在内层。

答案：ABCD

Lb1C3011 引起电力系统电弧过电压的原因是（ ）。

(A) 开断电容器组时开关出现电弧重燃；(B) 真空断路器合闸时发生弹跳；(C) 切、合空载线路；(D) 中性点绝缘系统单相间隙接地。

答案：ABD

Lb1C3012 变压器纵差保护的动作电流按躲过（ ）整定。

(A) 短路电流；(B) 空载投运时激磁涌流；(C) 互感器二次不平衡电流；(D) 变压器最大负荷电流。

答案：BCD

Lb1C3013 中小容量的高压电容器组普遍采用（ ）作为相间短路保护。

(A) 电流速断保护；(B) 延时电流速断保护；(C) 过负荷保护；(D) 纵差保护。

答案：AB

Lb1C3014 节能降损的技术措施重点有（ ）。

(A) 简化电压等级；缩短供电半径，减少迂回供电；(B) 合理选择导线截面和变压器规格、容量；(C) 制订防窃电措施；(D) 淘汰高能耗变压器。

答案：ABCD

Lb1C3015 符合下列哪种情况时，应视为一级负荷（ ）。

(A) 中断供电将造成人身伤害时；(B) 中断供电将在经济上造成较大损失时；(C) 中

断供电将影响重要用电单位的正常工作；(D) 中断供电将在经济上造成重大损失时。

答案：ACD

Lb1C3016 (　　) 可作为应急电源。

(A) 独立于正常电源的发电机组；(B) 供电网络中独立于正常电源的专用馈电线路；(C) 干电池；(D) 蓄电池。

答案：ABCD

Lb1C3017 符合下列哪种情况时，应视为二级负荷 (　　)。

(A) 中断供电将造成人身伤害时；(B) 中断供电将在经济上造成较大损失时；(C) 中断供电将影响重要用电单位的正常工作；(D) 中断供电将在经济上造成较大损失时。

答案：BD

Lb1C4018 电力系统中限制短路电流的方法有 (　　)。

(A) 合理选择主接线和运行方式；(B) 加装限流电抗器；(C) 采用分裂低压绕组变压器；(D) 装设串联电容器，变压器并列运行。

答案：ABC

Lb1C4019 下列属于架空线路防雷保护措施的有 (　　)。

(A) 架设避雷线；(B) 加强线路绝缘；(C) 利用导线三角形排列的顶线兼做防雷保护线；(D) 装设自动重合闸装置。

答案：ABCD

Lb1C4020 下列关于各级电压的线路的防雷保护方式正确的是 (　　)。

(A) 220kV 线路宜沿全线架设双避雷线；(B) 110kV 线路一般沿全线架设避雷线，在山区和雷电活动特殊强烈地区，宜架设双避雷线；(C) 110kV 线路在少雷区可不沿全线架设避雷线，但应装设自动重合闸装置；(D) 35kV 及以下线路，一般不沿全线架设避雷线，但新建或改造的 35kV 线路如作为主供电源应全线架设避雷线。

答案：ABCD

Lb1C4021 电力系统中电弧引起的过电压有 (　　)。

(A) 中性点绝缘系统中，单相间隙接地引起；(B) 切断空载长线路和电容负荷时，开关电弧重燃引起；(C) 切断空载变压器，由电弧强制熄灭引起；(D) 不对称开、断负载引起。

答案：ABC

Lb1C4022 自动投入装置应符合下列要求 (　　)。

(A) 工作电源和设备上的电压，不论任何原因消失时，备用电源自动投入装置均应动作；(B) 备用电源必须在工作电源已经断开，且备用电源有足够高的电压时，才允许启动；(C) 在检修受电设备的情况下，手动断开工作回路时，不启动自动投入装置；(D) 保证自动投入装置只动作一次。

答案：ABCD

Lb1C4023 谐波对电网的危害有（　　）等。

(A) 会造成电压正弦波畸变，使电压质量下降；(B) 会使电网中感性负载产生过电压；(C) 会使容性负载产生过电流；(D) 用电计量不准和继电保护误动作。

答案：ABCD

Lb1C4024 正常运行情况下，用电设备端子处电压偏差允许值（以额定电压的百分数表示）宜符合下列要求：应急照明、道路照明和警卫照明等为（　　）、（　　）。

(A) －5％；(B) ＋5％；(C) －10％；(D) ＋10％。

答案：BC

Lb1C5025 供电设施、受电设施的（　　）和运行应符合国家标准或电力行业标准。

(A) 设计；(B) 安装；(C) 施工；(D) 试验。

答案：ACD

Lb1C5026 供电设施因计划检修需要停电时，应提前7天将（　　）、（　　）、（　　）和（　　）进行公告，并告知重要客户。

(A) 停电区域；(B) 停电线路；(C) 停电时间；(D) 恢复供电的时间。

答案：ABCD

Lb1C5027 为减少用电设备对电网的谐波污染，常采用的技术措施有（　　）。

(A) 加装交流滤波装置；(B) 改变电容器组的串联电抗器；(C) 装设平衡装置；(D) 增加换流装置的相数或脉冲数。

答案：ABD

Lc1C2028 电能计量装置管理的目的是为了（　　）。

(A) 保证电能计量量值的准确；(B) 保证电能计量量值的统一；(C) 保证电能计量装置运行的安全可靠；(D) 保证企业内部考核指标。

答案：ABC

Lc1C3029 产生最大需量误差的原因主要有（　　）。

(A) 计算误差；(B) 需量周期误差；(C) 频率误差；(D) 脉冲数误差。

答案：ABD

Lc1C4030 专变采集终端本地通信调试的参数包括（　　）。

（A）电能表地址；（B）规约；（C）波特率；（D）信号频率。

答案：ABC

Je1C1031 低压线路供电半径在市中心区、市区不宜大于（　　）；超过（　　）时，应进行电压质量校核。

（A）150m；（B）200m；（C）250m；（D）100m。

答案：AC

Je1C1032 电缆着火或电缆终端爆炸时，应按如下处理（　　）。

（A）立即切断电源；（B）室内电缆故障，应立即启动事故排风扇；（C）进入发生事故的电缆层（室）应使用空气呼吸器；（D）用干式灭火器进行灭火。

答案：ABCD

Je1C2033 依据《国家电网公司业扩供电方案编制导则》规定：非电性质保安措施应符合客户的（　　）、（　　），满足无电情况下客户安全的需要。

（A）生产特点；（B）客户需求；（C）负荷特性；（D）正常生活。

答案：AC

Je1C2034 当接入电容器的电网谐波水平显著时，应在电容器回路采用的措施是（　　）。

（A）串入电抗器；（B）视串入电抗器电抗器的大小，适当提高电容器的额定电压；（C）串入电阻器；（D）串入压敏电阻。

答案：AB

Je1C2035 依据《国家电网公司业扩供电方案编制导则》规定：根据对供电可靠性的要求以及中断供电危害程度，重要电力客户可以分为（　　）、（　　）、（　　）重要电力客户和临时性重要电力客户。

（A）特级；（B）一级；（C）二级；（D）三级。

答案：ABC

Je1C2036 有载调压变压器应遵守的规定有（　　）。

（A）操作分接开关时应逐级调压，同时监视分接位置及电压、电流的变化；（B）三相变压器分相安装的有载分接开关，宜三相同步电动操作；（C）有载调压变压器并列运行时，其调压操作应轮流逐级或同步进行；（D）有载调压变压器与无励磁调压变压器不能并列运行。

答案：ABC

Je1C2037 关于强迫冷却变压器的运行，说法正确的是（　　）。

（A）变压器投运时必须投入冷却器；（B）变压器空载时允许短时不投冷却器；（C）变压器轻载时应投入全部冷却器；（D）当冷却系统故障切除全部冷却器时，允许带额定负载运行 20min。

答案：ABD

Je1C3038 依据《国家电网公司业扩供电方案编制导则》规定：谐波源指向公共电网注入谐波电流或在公共电网中产生谐波电压的电气设备。以下设备中（　　）会产生谐波电压。

（A）电气机车、电弧炉；（B）整流器、逆变器、变频器；（C）弧焊机、感应加热设备；（D）异步电动机。

答案：ABC

Je1C3039 下列属于变压器的油箱内部故障的有（　　）。

（A）内部绕组相间短路；（B）内部绕组匝间短路；（C）油箱漏油造成油面降低；（D）绝缘套管及引出线相间短路。

答案：AB

Je1C3040 隔离开关可用于拉、合（　　）。

（A）励磁电流小于 2A 的空载变压器；（B）电容电流不超过 5A 的空载线路；（C）避雷器；（D）电压互感器。

答案：ABCD

Je1C5041 对用户重大事故调查的方法有（　　）等。

（A）接到发生事故通知后，立即到事故现场，通知电气负责人召集有关人员参加事故分析会；（B）听取值班人员和目睹者的事故过程介绍，检查记录是否正确；（C）查阅事故现场的保护动作情况；（D）检查事故设备损坏部位，损坏程度。

答案：ABCD

Je1C5042 线路的停、送电均应按照（　　）的指令执行。

（A）值班调度人员；（B）变电站运行值班负责人；（C）线路工作负责人；（D）线路工作许可人。

答案：AD

Je1C5043 依据《10kV 及以下变电所设计规范》要求：变电所位置的选择不应设在有爆炸危险环境的（　　）。

（A）正上方；（B）正下方；（C）正前方；（D）正后方。

答案：AB

1.4 计算题

La1D1001 如图所示，一电阻 R 和一电容 C、电感 L 并联，现已知电阻支路的电流 $I_R=X_1$A，电感支路的电流 $I_L=10$A，电容支路的电流 $I_C=14$A。计算总电流 $I=$________A，功率因数为 $\cos\varphi=$________。（保留一位小数）

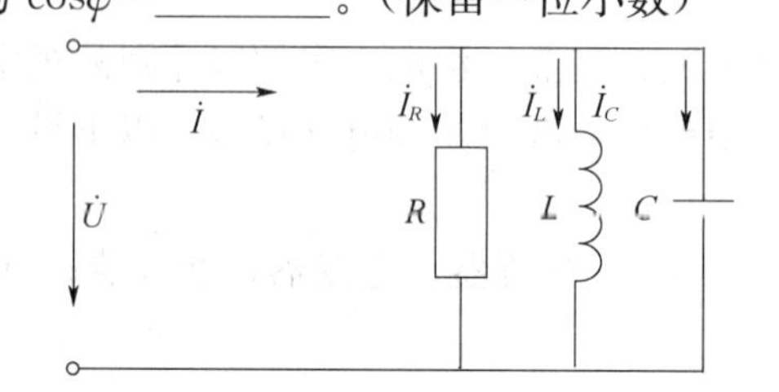

X_1 取值范围：<3，5，8，10>

计算公式：$I=\sqrt{I_R^2+(I_C-I_L)^2}=\sqrt{(X_1)^2+(14-10)^2}$

$\cos\varphi=\frac{I_R}{I}=\frac{X}{I}$

La1D2002 如图所示，感抗 $X_L=X_1\Omega$，可变电容器 C 及电阻 R 构成的电路。要调节该可变电容器的容抗，使端子 a、b 间的功率因数为 1.0，则 $X_C=$____Ω。

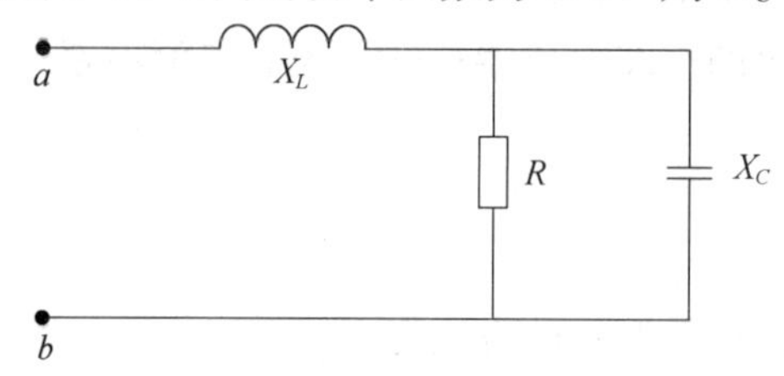

X_1 取值范围：<10，20，30，40，50>

计算公式：$X_C=X_L$

La1D3003 如图所示，电源电压对称，相电压为 $\dot{U}=X_1\angle 0°$V，三相四线制电阻性负载，已知 $R_U=22\Omega$，$R_V=R_W=11\Omega$，计算 $I_U=$________A；$I_V=$________A；和 $I_W=$________A；$I_N=$________A。

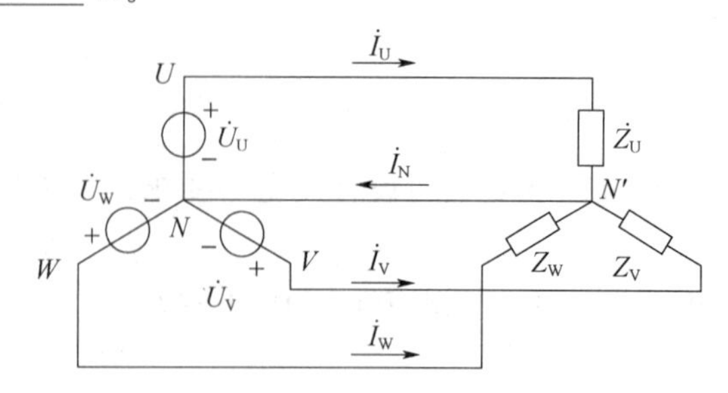

X_1 取值范围：<110，220，330，440>

计算公式：$\dot{I}_U=\frac{\dot{U}}{Z}=\frac{X_1}{22}\angle 0°$

$\dot{I}_V=\frac{\dot{U}}{Z}=\frac{X_1}{11}\angle 120°$

$\dot{I}_W=\frac{\dot{U}}{Z}=\frac{X_1}{11}\angle -120°$

$\dot{I}_N=\dot{I}_U+\dot{I}_V+\dot{I}_W=\frac{X_1}{22}\angle 0°+\frac{X_1}{11}\angle 180°=\frac{X_1}{22}\angle 180°$

La1D3004 已知星形连接的三相对称电源，接一星形四线制平衡负载 $Z=3+j4W$，若电源线电压为 $U=X_1$V，问 A 相断路时，中线电流 $I_0=$________ A。

X_1 取值范围：<380，400，450，500>

计算公式：

$\dot{I}_0=\dot{I}_B+\dot{I}_C=\frac{X_1\angle -120°}{\sqrt{3}\ (3+j4)}+\frac{X_1\angle 120°}{\sqrt{3}\ (3+j4)}$

La1D4005 已知星形连接的三相对称电源，接一三线制星形平衡负载 $Z=6+j8W$，若电源线电压为 $U=X_1$V，问 A 相断路时，线电流 $I_A=$____ A；$I_B=$____ A；$I_C=$____ A。

X_1 取值范围：<380，400，450，500>

计算公式：$I_A=0$

$I_B=I_C=\frac{X}{2Z}=\frac{X}{2\sqrt{6^2+8^2}}$

La1D4006 如图所示，已知 $R_1=6$kΩ，$R_2=3$kΩ，$R=X_1$kΩ，$U_S=24$V，$I_S=4$mA。试求 R 支路中的电流 $I=$________ mA。

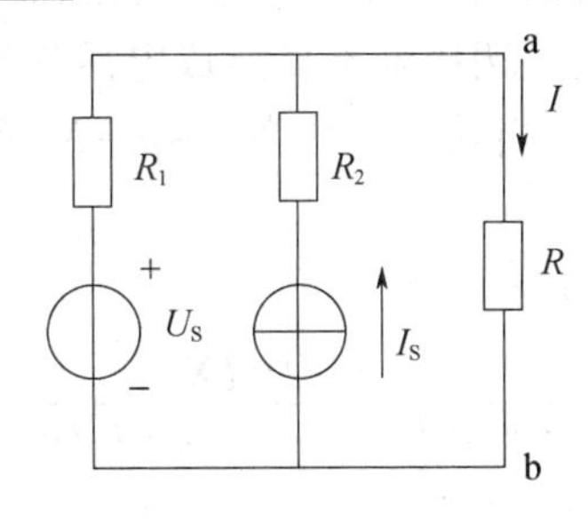

X_1 取值范围：<2，6，18，42>

计算公式：将 ab 两端短路，求有源二端网络的短路电流 I_{SC}。即

$I_{SC}=\frac{U_S}{R_1}+I_S=\frac{24}{6}+4=8$

将有源二端网络内部所有独立电源置零，即将电压源 U_S 用短路替代，将电流源 I_S 用开路替代，得到一无源二端网络，其等效电阻 R_{ab} 为：

$R_{ab}=R_1=6$

R 支路中的电流 I 为：

$$I=\frac{R_{ab}}{R_{ab}+R}I_{SC}=\frac{6}{6+X_1}\times 8$$

Lb1D3007 某 10kV 供电高压电力用户，其配电变压器容量为 $S_e=320\text{kV}\cdot\text{A}$，该变压器的铁损耗为 1.9kW，铜损耗为 6.2kW，空载电流 $I_0=7\%$，短路电压 $U_d=4.5\%$，已知变压器视在功率为 $S=X_1\text{kV}\cdot\text{A}$。计算该配电变压器此时的有功功率损耗 $\Delta P_T=$________ kW；无功功率损耗 $\Delta Q_T=$________ kW。（保留两位小数）

X 取值范围：<256，300，320，360>

计算公式： $\Delta P_T=\Delta P_0+\Delta P_k\left(\frac{X_1}{S_e}\right)^2=1.9+6.2\times\left(\frac{X_1}{320}\right)^2$

$$\Delta Q_T=I_0S_e+U_dS_e\left(\frac{X_1}{S_e}\right)^2=7\%\times 320+4.5\%\times 320\times\left(\frac{X_1}{320}\right)^2$$

Lb1D3008 某三相高压用户安装的是三相三线两元件智能电表，TV、TA 均采用 V 形接线，当 U 相保险熔断时测得表头 UV 电压幅值为 $U_{UV}=25\text{V}$，WV 电压幅值为 $U_{WV}=100\text{V}$，U_{UV} 与 U_{WV} 电压同相，U 相保险熔断期间抄录电量为 $X_1\text{kW}\cdot\text{h}$，应追补的电量 $\Delta W=$________（故障期间平均功率因数为 $\cos\varphi=0.866$）

X_1 取值范围：<100000，120000，130000，150000>

计算公式：

$$G=\frac{P_{正确}}{P}=\frac{\sqrt{3}UI\cos\varphi}{0.25UI\cos(90^\circ+\varphi)+UI\cos(30^\circ-\varphi)}=1.714$$

$$\Delta W=(G-1)\times X_1=0.714X$$

Lb1D3009 某客户 10kV 高供高计用户，电压互感器采用 V 形接线，原计量正确，后因长期运行发现 V 相高压熔丝一端接触不良造成电压失准，现测得 $U_{UV}=75\text{V}$，$U_{WV}=85\text{V}$，$U_{UW}=100\text{V}$，求该状态下，当功率因数为 $\cos\varphi=X_1$ 的更正系数 $G=$________。（保留两位小数）

X_1 取值范围：<1.0，0.866>

计算公式： $G=\frac{P_{正确}}{P}=\frac{\sqrt{3}UIX_1}{0.75UI\cos(30^\circ+\varphi)+0.85UI\cos(30^\circ-\varphi)}$

Lb1D4010 如图所示电路，110kV 线路长 $L=X_1\text{km}$，线路阻抗 0.4Ω/km。$\cos\varphi=0.8$，计算出 d_1 点短路时的短路电流 $I_d=$________ kA。（保留两位小数）

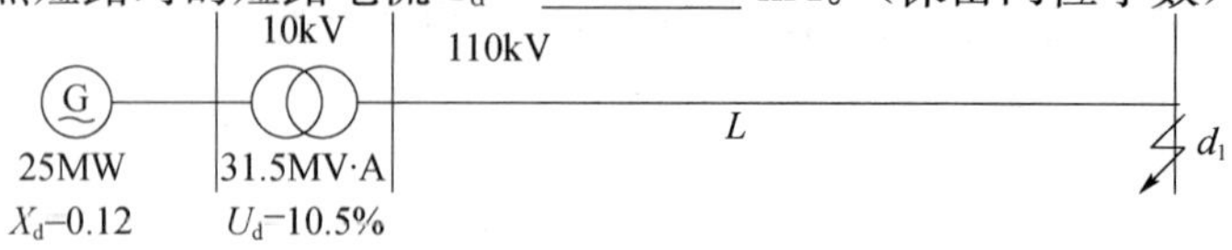

X_1 取值范围：<15，16，17，18，19，20，21>

计算公式：

电路中各元件标幺值

发电机 $X''_{d*}=\frac{X_d\%}{100}\times\frac{S_J}{P_e/\cos\varphi}=$（12/100）×（100/25/0.8）=0.384

变压器 $X''_{d*}=\frac{U_d\%}{100}\times\frac{S_J}{S_e}=$（10.5/100）×（100/31.5）=0.333

架空线 $X''_{*}=L\times0.4\times\frac{S_J}{U_J^2}=X\times0.4\times100/115^2$

稳态短路电流标幺值 $I_*=\frac{1}{X''_{d*}+X''_{d*}+X''_{*}}=$1/（0.384+0.333+0.0635）=1.28

稳态短路电流 $I_d=I_*\times I_J$

Lb1D4011 如图所示电路，110kV 线路长 $L=X_1$km，线路阻抗 0.4Ω/km。$\cos\varphi=$0.8，计算出 d_1 点短路时的冲击电流 $I_{冲击}=$________ kA。（保留两位小数）

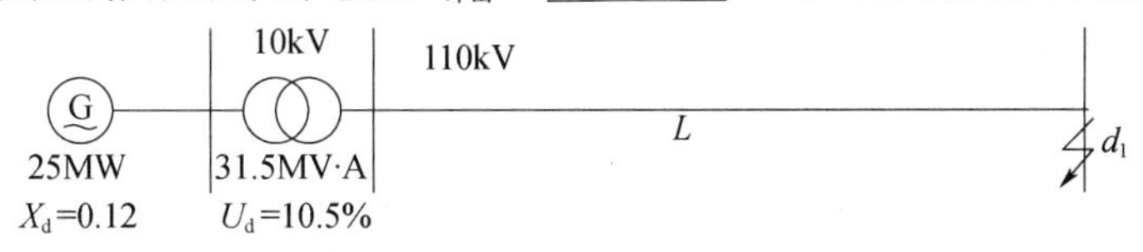

X_1 取值范围：<10，11，12，13，14，15，16，17，18，19，…，46，47，48，49，50>

计算公式：电路中各元件标幺值

发电机 $X''_{d*}=\frac{X_d\%}{100}\times\frac{S_J}{P_e/\cos\varphi}=$（12/100）×（100/25/0.8）=0.384

变压器 $X''_{d*}=\frac{U_d\%}{100}\times\frac{S_J}{S_e}=$（10.5/100）×（100/31.5）=0.333

架空线 $X''_{*}=X\times0.4\times\frac{S_J}{U_J^2}=X\times0.4\times100/115^2$

稳态短路电流标幺值 $I_*=\frac{1}{X''_{d*}+X''_{d*}+X''_{*}}=$1/（0.384+0.333+0.094）=1.23

稳态短路电流 $I_d=I_*\times I_J$

$I_{冲击}=2.55\times I_d=1.57$kA

Lb1D5012 如图所示电路，110kV 线路长 $L=X_1$km，线路阻抗 0.4Ω/km。$\cos\varphi=$0.8，计算出 d_1 点短路时流过 T_1 变压器 110kV 侧的短路电流 $I_d=$________ kA。（保留两位小数）

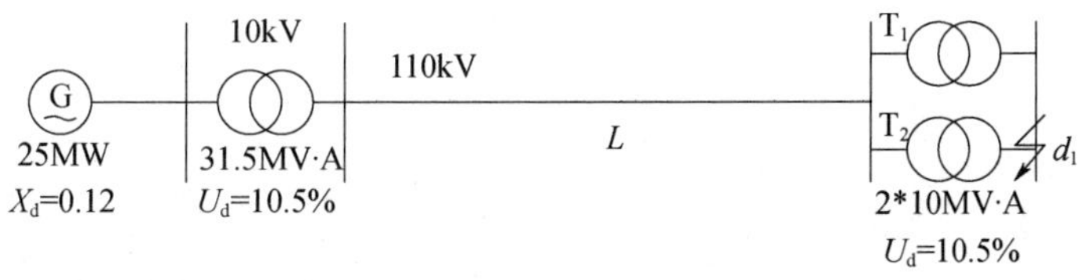

X_1 取值范围：<10，11，12，13，14，15，…，46，47，48，49，50>

计算公式：电路中各元件标幺值

发电机 $X''_{d*}=\frac{X_d\%}{100}\times\frac{S_J}{P_e/\cos\varphi}=$（12/100）×（100/25/0.8）=0.384

升压变压器 $X''_{d*}=\frac{U_d\%}{100}\times\frac{S_J}{S_e}=$（10.5/100）×（100/31.5）=0.333

架空线 $X''_{*}=L\times0.4\times\frac{S_J}{U_J^2}=X\times0.4\times100/115^2$

降压变压器 $X''_{d*}=\frac{1}{2}\times\frac{U_d\%}{100}\times\frac{S_J}{S_e}=1/2$（10.5/100）×（100/10）=0.525

稳态短路电流标幺值 $I_*=\frac{1}{X''_{d*}+X''_{d*}+X''_{*}+X''_{d*}}=0.77$

流过 T_1 变压器短路电流

$I_d=\frac{1}{2}\times I_*\times I_J$

1.5 识图题

Lb1E1001 下图接线为（ ）。

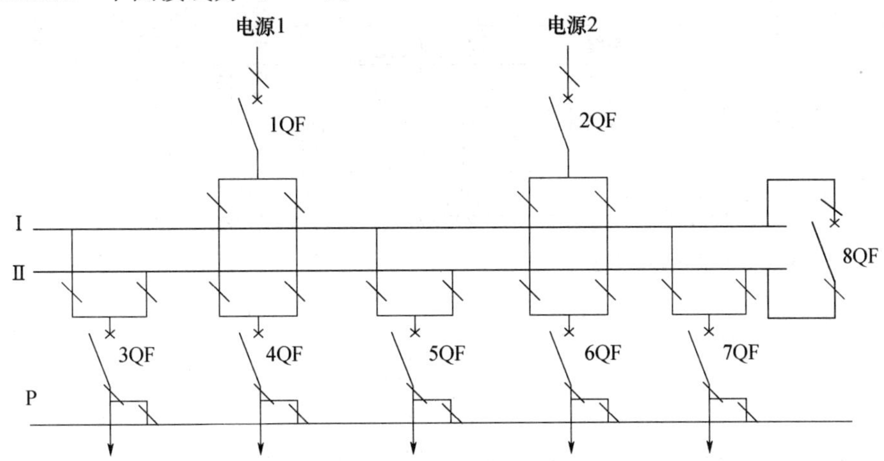

（A）单母线分段；（B）三母线；（C）双母线；（D）双母线带旁路。

答案：D

Lb1E2002 下图为（ ）接线方式图。

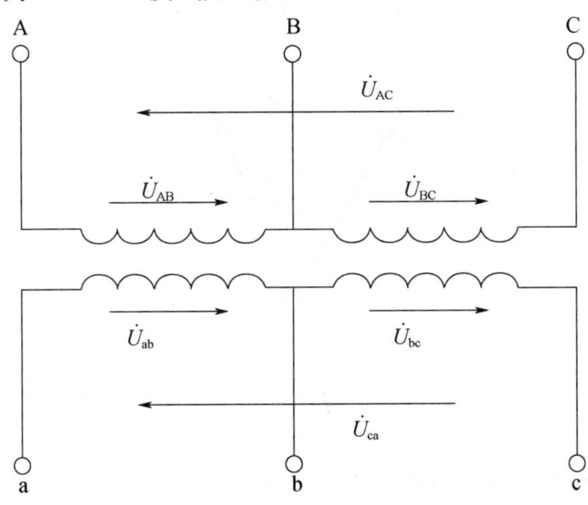

（A）三相变压器；（B）两台单相变压器V形；（C）两相变压器；（D）两台单相变压器Y形。

答案：B

Lb1E3003 如图所示，变压器低压系统采用接零保护，中性点接地电阻 $R_0=4\Omega$，保护零线重复接地电阻 $R_0'=4\Omega$，C相对地电压为220V。当保护零线断线时，发生漏电的电器的金属外壳对地电压约为（　　）V。如果保护零线没有重复接地时，发生漏电的电器的金属外壳对地电压约为（　　）V。

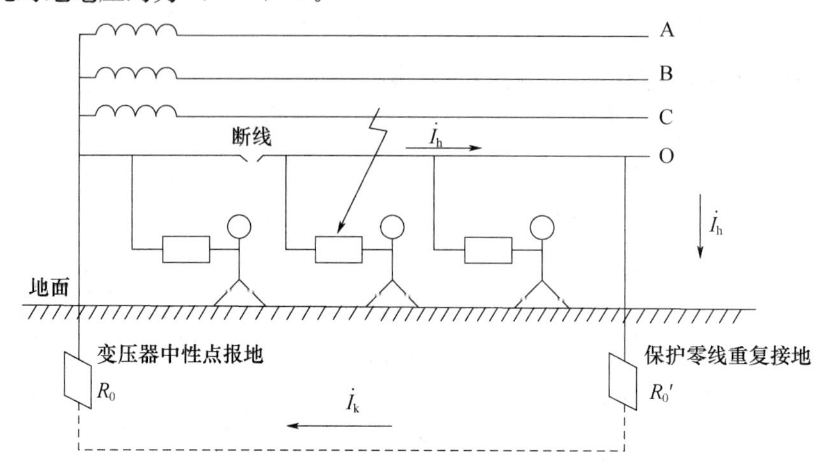

（A）110，220；（B）0，220；（C）110，110；（D）220，220。

答案：A

Lb1E4004　一用户三相三线有功电能表的错误接线方式为第一元件 U_{ab}、$-I_a$；第二元件 U_{ac}，$-I_c$。此错误接线方式的相量图如下。第一、二元件电压与电流的夹角是（　　）。

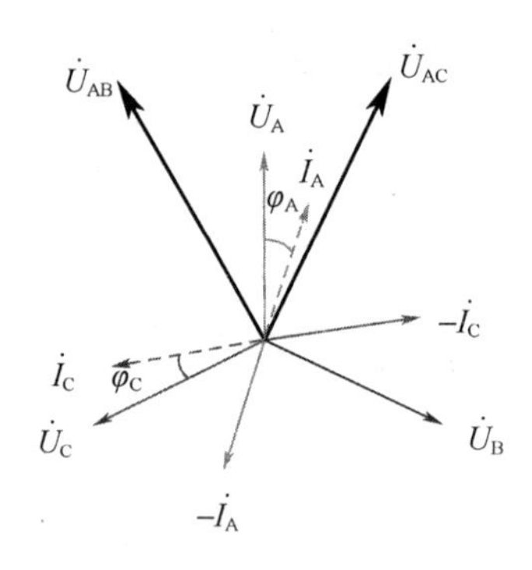

（A）(30°＋φ)、(150°－φ)；（B）(150°－φ)、(30°＋φ)；

（C）(30°－φ)、(150°＋φ)；（D）(150°＋φ)、(30°－φ)。

答案：B

Lb1E4005　当三相三线有功电能计量装置的 V 形连接电压互感器二次有一相断线，其情况如图所示。电压互感器二次额定电压为 100V，如果用电压表测量二次侧线电压 U_{12}、U_{23}、U_{31}，在二次带负载情况下，电压值应（　　）。

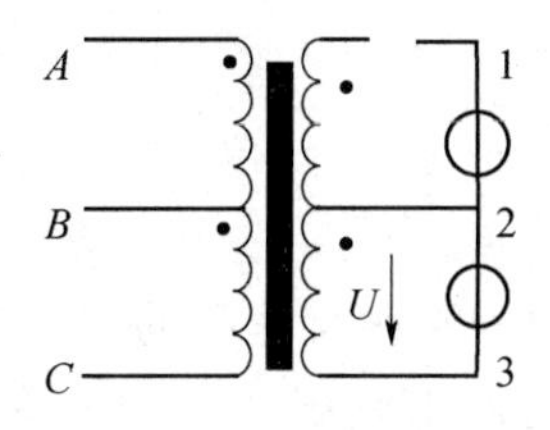

（A）0，0，0；（B）0，0，100；（C）0，100，100；（D）100，100，100。

答案：C

La1E5006 如图所示为内相角60°型（DX_2 型）无功电能表的内、外部接线图。内部接线图绘制正确的是（　　）。

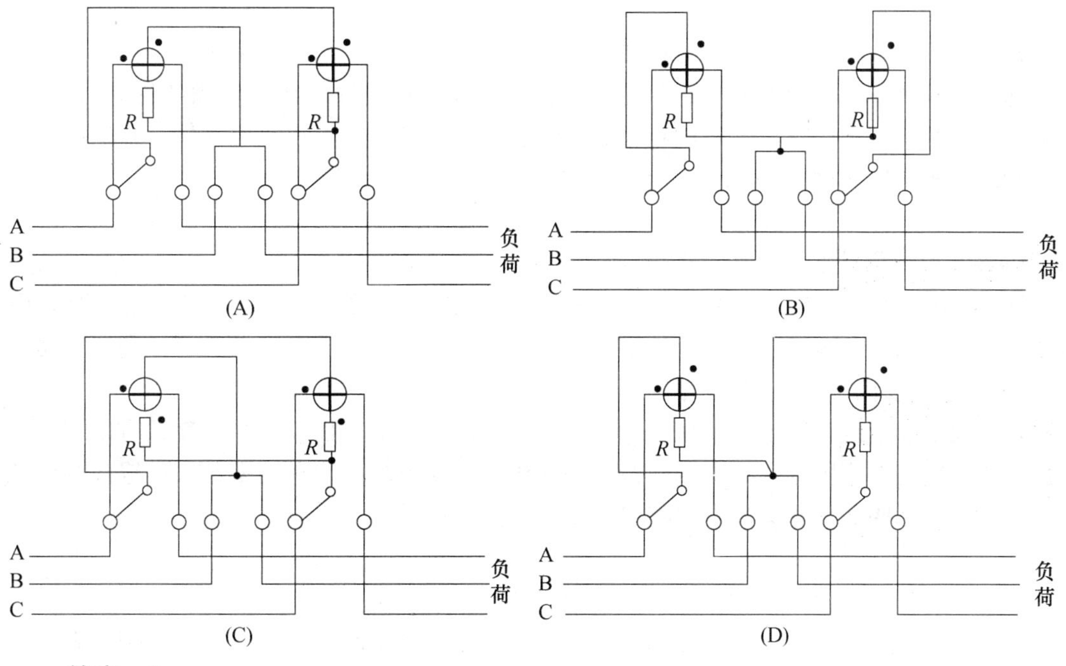

答案：A

1.6 论述题

La1F1001 什么是正弦交流电及正弦交流电的“三要素”?

答:(1)大小和方向都随时间按正弦规律作周期变化的电压和电流叫作正弦交电流电,简称“交流电”。

(2)正弦交流电的“三要素”是指用来描述交流电特征的三个最主要的因素:最大值(或有效值)、频率(或周期)及初相位(角)。

La1F1002 三相电源分别与负载三角形、负载星形连接时,相、线电压和电流的关系如何?

答:三相电源与负载三角形连接时,线电压和相电压的关系是线电压等于相电压;线电流和相电流的关系是线电流等于相电流的倍,并在相位上滞后相应的相电流 30°角。三相电源与负载星形连接时,线电压和相电压的关系是线电压等于相电压的倍,并在相位上超前相应的相电压 30°角;线电流和相电流的关系是线电流等于相电流。

La1F2003 为什么要采用高压输送电能?

答:发电机的出口电压一般较低,如用此电压远距离输送电能时,由于电压较低,电流较大,而线路的电能损耗与电流的平方成正比,因此,当输送电流较大时,则在线路上将损耗大量的电能。若为了把线路损耗减小到最小而增大导线截面,就将耗用大量的金属材料,大大增加了线路的投资费用。所以,为了使损耗最小、投资最少,就只有采用提高电压、减小输送电流的办法。对同样截面的导线,电压越高,输送功率越大,输送的距离越远。所以,远距离输送大功率电能时,要采用高压输送。

Lc1F2004 为什么低压网络中普遍采用三相四线制供电?

答:由于三相四线制供电可以同时获得线电压和相电压两种电压,这对于用电者来说是比较方便的。在低压网络中,常采用动力负荷与照明负荷混合供电,即将 380V 线电压供三相电动机用,220V 相电压供照明和单相负荷用。另外,在三相负荷不对称时,因中性线的阻抗很小,所以也能够消除因三相负荷不对称时中性点的电压位移,从而能保证负荷的正常工作。所以综上所述,三相四线制供电获得广泛的应用。

Lc1F3005 三相四线制供电系统中,中性线的作用是什么?为什么中性线上不允许装刀闸和熔断器?

答:中性点接地系统中,中性线的作用是作单相负荷的零线或当不对称的三相负载接成星形连接时,使其每相电压保持对称。在有中性点接地的电路中,偶然发生一相断线,也只影响本相的负载,而其他两相的电压保持不变。但如中性线因某种原因断开,则当各相负载不对称时,势必引起中性点位移,造成各相电压的不对称,破坏各相负载的正常运行甚至烧坏电气设备。而在实际中,负载大多是不对称的,所以中性线不允许装刀闸和熔断器，以防止出现断路现象。

La1F3006 什么叫并联谐振？有何危害？

答： 在电感和电容并联的电路中，当电容电抗与电感电抗相等时，电容电抗与电感电抗相互抵消，成为电阻性电路时，由此产生的电磁谐振叫作并联谐振。并联谐振是一种完全的补偿，电源无需提供无功功率，只提供电阻所需要的有功功率。谐振时，电路的总电流最小，而支路的电流往往大于电路的总电流，因此并联谐振也称为电流谐振。发生并联谐振时，在电感和电容元件中流过很大的电流，因此会造成电路的熔断器熔断或烧毁电气设备的事故。

Lc1F3007 试述磁电系仪表的工作原理。

答： 磁电系仪表的工作原理是以载流动圈与永久磁铁间隙中的磁场相互作用为基础的，当可动线圈通过电流（被测电流）时，线圈电流与永久磁铁的磁场相互作用，产生电磁力，形成转矩，从而使可动部分转动。游丝（或张丝）产生反作用力矩，当转动力矩与反作用力矩平衡时，指示器静止在平衡位置，此时偏转角 α 等于测量机构的灵敏度与通过电流的乘积，即偏转角与被测电流成正比，至此达到测量的目的。

Lc1F4008 违约用电包括哪些内容？应如何处理？

答：（1）《电力供应与使用条例》第三十条规定，用户不得有下列危害供电、用电安全，扰乱供电、用电秩序的行为：

① 擅自改变用电类别。

② 擅自超过合同约定的容量用电。

③ 擅自超过计划分配的用电指标。

④ 擅自使用已经在供电企业办理暂停使用手续的电力设备，或者擅自启用已经被供电企业查封的电力设备。

⑤ 擅自迁移、更动或者擅自操作供电企业的用电计量装置、电力负荷控制装置、供电设施以及约定由供电企业调度的用户受电设备。

⑥ 未经供电企业许可，擅自引入、供出电源或者将自备电源擅自并网。

（2）《供电营业规则》第一百条规定，危害供用电安全，扰乱供用电秩序的行为，属于违约用电行为。供电企业对查获的违约用电行为应及时予以制止。有下列违约用电行为者，应承担其相应的违约责任：

① 在电价低的线路上，擅自接用电价高的用电设备或私自改变用电类别的，应按实际使用日期补交其差额电费，并承担二倍差额电费的违约使用电费。使用起讫日期难以确定的，实际使用时间按三个月计算。

② 私自超过合同约定的容量用电的，除应拆除私自增容设备外，属于两部制电价的用户，应补交私增设备容量使用月数的基本电费，并承担三倍私增容量基本电费的违约使用电费；其他用户应承担私增容量每千瓦（千伏安）50 元的违约使用电费。如用户要求继续使用者，按新增办理手续。

③ 擅自超过计划分配的用电指标的，应承担高峰超用电力每次每千瓦 1 元和超用电量与现行电价电费五倍的违约使用电费。

④ 擅自使用已在供电企业办理暂停手续的电力设备或启用供电企业封存的电力设备的，应停用违约使用的设备。属于两部制电价的用户，应补交擅自使用或启用封存设备容量和使用月数的基本电费，并承担二倍补交基本电费的违约使用电费；其他用户应承担擅自使用或启用封存设备容量每次每千瓦（千伏安）30 元的违约使用电费。启用属于私增容量被封存设备的，违约使用者还应承担本条第 2 项规定的违约责任。

⑤ 私自迁移、更动和擅自操作供电企业的用电计量装置、电力负荷管理装置、供电设施以及约定由供电企业调度的用户受电设备者，属于居民用户的，应承担每次 500 元的违约使用电费；属于其他用户的，应承担每次 5000 元的违约使用电费。

⑥ 未经供电企业同意，擅自引入（供出）电源或将备用电源和其他电源私自并网的，除当即拆除接线外，应承担其引入（供出）或并网电源容量每千瓦（千伏安）500 元的违约使用电费。

Lc1F4009 简述电力系统过电压的类型及其防护的主要技术措施。

答：电力系统中主要有两种类型的过电压。一种是外部过电压，称大气过电压，它是由雷云放电产生的；另一种是内部过电压，是由电力系统内部的能量转换或传递过程产生的。其主要的防护技术措施是：（1）外部过电压，装设符合技术要求的避雷线、避雷针、避雷器（包括由间隙组成的管型避雷器）和放电间隙。（2）内部过电压，适当地选择系统中性点的接地方式，装设性能良好的磁吹避雷器、氧化锌避雷器和压敏电阻，选择适当特性的断路器，采用铁芯弱饱和的互感器、变压器，装设消除或制止共振的电气回路装置等。

Lc1F4010 泄漏电流试验与绝缘电阻试验相比有何优点？

答：两项试验基于同一原理，基本上都是在被测电介质上加一试验用直流电压测量流经电介质内的电流。但前者比后者加的电压高而且还可连续调整。由于在电磁强度小于某一定值时，电介质的电导率与电场强度无关，当电场强度大于某定值时，电介质的电导率与电场强度呈非线性增长关系。所以针对不同的电介质施加有效的高电压，可以发现用兆欧表检测难以发现的缺陷，并且根据试验中在不同电压下测量的相应电流，能分析出介质的缺陷和激化的临界点，有益于对介质耐电强度的分析判断。

Lc1F3011 为什么高压负荷开关要与熔断器配合使用？

答：高压负荷开关在 10kV 系统和简易的配电室中被广泛采用。它虽有灭弧装置，但灭弧能力较小，因此高压负荷开关只能用来切断或接通正常的负荷电流，不能用来切断故障电流。为了保证设备和系统的安全运行，高压负荷开关应与熔断器配合使用，由熔断器起过载和短路保护作用。通常高压熔断器装在高压负荷开关后面，这样当更换高压熔断器时，只拉开负荷开关，停电后再进行更换是比较安全的。

Lb1F3012 什么是桥式主接线？内桥式和外桥式接线各有什么优缺点？

答： 桥式接线是在单元式接线的基础上发展而来的，将两个线路—变压器单元通过一组断路器连在一起称为桥式接线。根据断路器的位置分"内桥"和"外桥"两种。内桥接线的优点是：设备比较简单，引出线的切除和投入比较方便，运行灵活性好，还可采用备用电源自投装置。其缺点是：当变压器检修或故障时，要停掉一路电源和桥断路器，并且把变压器两侧隔离开关拉开，然后再根据需要投入线路断路器，这样操作步骤较多，继电保护装置也较复杂。所以内桥接线一般适用于故障较多的长线路和变压器不需要经常切换的运行方式。外桥接线的优点是：变压器在检修时，操作较为简便，继电保护回路也较为简单。其缺点是：当主变压器断路器的电气设备发生故障时，将造成系统大面积停电；此外，变压器倒电源操作时，需先停变压器，对电力系统而言，运行的灵活性差。因此，外桥接线适用于线路较短和变压器需要经常切换的地方。

Lb1F4013 用电检查人员应遵守哪些行为规范？

答：（1）用电检查人员实施现场检查时人数不得少于两人。

（2）执行用电检查任务前，用电检查人员应按规定填写《用电检查工作单》，经审核批准后，方能赴用户处执行查电任务。

（3）用电检查人员在执行查电任务时，应向被检查的用户出示《用电检查证》，并请用户派员随同配合检查。

（4）用电检查人员在执行查电任务时，应遵守用户的保卫保密规定。

（5）用电检查人员在检查现场不得替代用户进行电工作业。

（6）用电检查人员必须遵纪守法，依法检查，廉洁奉公，不徇私舞弊，不以电谋私。

Lb1F2014 什么是变压器的不平衡电流，Y，y 接线的变压器不平衡电流过大有何影响？

答： 变压器不平衡电流系指三相变压器绕组之间的电流差。当变压器三相负载不平衡时，会造成变压器三相电流不平衡，由于不平衡电流的存在，将使变压器阻抗压降不平衡，二次侧电压也不平衡，这对变压器和用电设备是不利的。尤其是在 Y，yn0 接线的变压器中，零线将出现零序电流，而零序电流将产生零序磁通，绕组中将感应零序电动势，使中性点位移。其中电流大的一相电压下降，而其他两相电压上升，另外对充分利用变压器的出力也是很不利的。当变压器的负荷接近额定值时，由于三相负载不平衡，将使电流大的一相过负荷，而电流小的一相负荷达不到额定值。所以一般规定变压器零线电流不应超过变压器额定电流的 25%。变压器的零线导线截面的选择也是根据这一原则决定的。所以，当零线电流超过额定电流的 25%时，要及时对变压器三相负荷进行调整。

Lc1F3015 如何开展用户侧安全隐患排查治理？

答： 用户侧安全隐患是指产权属于用户的供配电设施缺陷、用电安全管理不到位等存在的安全隐患。开展用户侧用电安全隐患排查治理要做到服务、通知、报告、督导"四到位"。

（1）服务到位。用电检查人员要如期开展周期检查、季节性专项检查、特殊检查等。及时发现隐患，并提供技术指导服务。

（2）通知到位。发现用户存在用电安全隐患，要现场下达用电检查结果通知书，说明隐患所在、整改指导意见、治理期限以及隐患消除前的应急预案和防范措施。

（3）报告到位。发现用户存在重大安全隐患或未能按时整改的隐患要正式函告用户上级主管部门和以正式文件向政府主管部门报告。

（4）督导到位。对检查出的用电安全隐患进行定期或不定期督促客户整改，跟踪用户整改进度，可采用现场、电话、信函等方式告知用户，并留有工作记录。

Lb1F2016 供电企业用电检查人员资格及工作范围是如何规定的？

答：（1）用电检查人员资格划分为一级用电检查员、二级用电检查员和三级用电检查员资格。（2）三级用电检查员仅能担任0.4kV及以下电压受电用户的用电检查工作。二级用电检查员能担任10kV及以下电压供电用户的用电检查工作。一级用电检查员能担任220kV及以下电压供电用户的用电检查工作。

Lb1F2017 重要用户自备应急电源运行有哪些要求？

答：（1）自备应急电源应符合国家标准规定的技术条件，应定期进行安全检查、预防性试验、启机试验和切换装置的切换试验。

（2）未与供电企业签订并网调度协议的自备发电机组严禁并入公共电网运行。签订并网调度协议的发电机组用户应严格执行电力企业的调度安排和安全管理规定。

（3）重要电力用户的自备应急电源在使用过程中应杜绝和防止以下情况发生：①自行变更自备应急电源接线方式；②自行拆除自备应急电源的闭锁装置或者使其失效；③自备应急电源发生故障后长期不能修复并影响正常运行；④擅自将自备应急电源引入，转供其他用户；⑤其他可能发生自备应急电源向电网倒送电的情况。

Lb1F3018 用电检查的主要范围如何？在什么情况下可以延伸？

答：用电检查的主要范围是用户受电装置，但被检查的用户有下列情况之一者，检查的范围可延伸至相应目标所在处。（1）有多类电价的。（2）有自备电源设备（包括自备发电厂）的。（3）有二次变压配电的。（4）有违章现象需延伸检查的。（5）有影响电能质量的用电设备。（6）发生影响电力系统事故需做调查的。（7）用户要求帮助检查的。（8）法律规定的其他用电检查。

Lb1F3019 依据《国家电网公司安全用电服务若干规定》，用电安全检查分为几类，各自有什么特点？

答：用电安全检查分为定期检查、专项检查和特殊检查三大类。定期检查可以和专项检查相结合。

定期检查是指根据规定的检查周期和客户实际用电情况，制订检查计划，并按照计划开展的检查工作。

专项检查是指每年的春季、秋季安全检查以及根据工作需要安排的专业性检查，检查重点是客户受电装置的防雷情况、电气设备试验情况、继电保护和安全自动装置等情况。

特殊检查是指因重要保电任务或其他需要而开展的用电安全检查。

Lb1F2020 重要用户供电电源配置有哪些技术要求？

答：（1）重要电力用户的供电电源应采用多电源、双电源或双回路供电。当任何一路或一路以上电源发生故障时，至少仍有一路电源应能满足保安负荷不间断供电。

（2）特级重要电力用户宜采用双电源或多路电源供电；一级重要电力用户宜采用双电源供电；二级重要电力用户宜采用双回路供电。

（3）临时重要电力用户按照用电负荷重要性，在条件允许情况下，可以通过临时敷设线路等方式满足双回路或两路以上电源供电条件。

（4）重要电力用户供电电源的切换时间和切换方式应满足重要电力用户允许断电时间的要求。切换时间不能满足重要负荷允许断电时间要求的应自行采取技术手段解决。

（5）重要电力用户供电系统应当简单可靠，简化电压层级。如果用户对电能质量有特殊需求，应当自行加装电能质量控制装置。

（6）双电源或多路电源供电的重要电力用户，宜采用同级电压供电。但根据不同负荷需要及地区供电条件，亦可采用不同电压供电。不应采用同杆架设供电。

Lb1F2021 供电企业用电检查的内容有哪些？

答：用电检查的内容是：（1）用户执行国家有关电力供应与使用的法规、方针、政策、标准、规章制度情况。（2）用户受（送）电装置工程施工质量检验。（3）用户受（送）电装置中电气设备运行安全状况。（4）用户保安电源和非电性质的保安措施。（5）用户反事故措施。（6）用户进网作业电工的资格、进网作业安全状况及作业安全保障措施。（7）用户执行计划用电、节约用电情况。（8）用电计量装置、电力负荷控制装置、继电保护和自动装置、调度通信等安全运行状况。（9）供用电合同及有关协议履行的情况。（10）受电端电能质量状况。（11）违约用电和窃电行为。（12）并网电源、自备电源并网安全状况。

Je5F2022 用电检查部门如何做好无功管理？

答：无功电力应就地平衡。用户应在提高用电自然功率因数的基础上，按有关标准设计和安装无功补偿设备，并做到随其负荷和电压变动及时投入或切除，防止无功电力倒送。除对电网有特殊要求的用户外，用户的功率因数应达到《供电营业规则》的有关规定：用户无功补偿设备应符合国家标准，安装质量应符合规程要求；无功补偿设备容量与用电设备装机容量配置比例必须合理；督促用户及时更换故障电容器，凡功率因数不符合《供电营业规则》规定的新用户，可拒绝接电；对已送电的用户，应督促和帮助用户采取措施，提高功率因数；在规定期限内仍未采取措施达到要求的用户，可中止或限制供电。

Lb1F4023 什么叫临时用电？办理临时用电的规定和注意事项有哪些？

答：对基建工地、农田水利、市政建设、抢险救灾等非永久性用电，由供电企业供给临时电源的叫临时用电。办理临时用电的规定如下：（1）临时用电期限除供电企业准许外，一般不得超过6个月，逾期未办理延期手续或永久性正式用电手续的，供电企业应终止供电。（2）使用临时电源的用户不得向外转供电，也不得转让给其他用户，供电企业也不受理其变更用电事宜，如需改为正式用电，应按新装用电办理。（3）因抢险救灾需要紧急供电时，供电企业应迅速组织力量，架设临时电源供电。架设临时电源所需工程费用和应付电费，由地方人民政府有关部门负责从救灾经费中拨付。营业部门在办理临时用电手续时，应注意以下事项：（1）用户申请临时用电时，必须明确提出使用日期。如有特殊情况需延长用电期限者，应在期满前向供电企业提出申请，经同意后方可继续使用。（2）临时用电应按规定的分类电价，装设计费电能表收取电费。如因紧急任务或用电时间较短，也可不装设电能表，按用电设备容量、用电时间和规定的电价计收电费。（3）在供电前，供电企业应按临时供电的有关内容与临时用电户签订“临时供用电合同”。

Lb1F4024 非并网自备发电机安全管理是如何规定的？

答：用户装设的自备发电机组必须经供电部门审核批准，由用电检查部门发给《自备发电机使用许可证》后方可投入运行，用电检查部门应对持有《自备发电机使用许可证》的用户进行年检；对未经审批私自投运自备发电机者，一经发现，用电检查部门可责令其立即拆除接引线，并按《供电营业规则》第100条第6款进行处理。凡有自备发电机组的用户，必须制定并严格执行现场倒闸操作规程。未经用电检查人员同意，用户不得改变自备发电机与供电系统的一、二次接线，不得向其他用户供电。为防止在电网停电时用户自备发电机组向电网反送电，不论是新投运还是已投入运行的自备发电机组，均要求在电网与发电机接口处安装可靠闭锁装置。用电检查部门对装有非并网自备发电机并持有《自备发电机使用许可证》的用户应单独建立台账进行管理。用户自备发电机发生向电网反送电的，对用电检查部门记为安全考核事故。

Lb1F2025 什么是用户事故？用电检查部门对用户事故管理的方针和原则是什么？

答：用户事故系指供电营业区内所有高、低压用户在所管辖电气设备上发生的设备和人身事故及扩大到电力系统造成输配电系统停电的事故。

（1）由于用户过失造成电力系统供电设备异常运行，而引起对其用户少送电或者造成其内部少用电的。例如：①用户影响系统事故：用户内部发生电气事故扩大造成其他用户断电或引起电力系统波动大量甩负荷。②专线供电用户事故：用户进线有保护，事故时造成供电变电所出线断路器跳闸或两端同时跳闸，但不算用户影响系统事故。

（2）供电企业的继电保护、高压试验、高压装表工作人员，在用户受电装置处因工作过失造成用户电气设备异常运行，从而引起电力系统供电设备异常运行，对其他用户少送电者。

（3）供电企业或其他单位代维护管理的用户，电气设备受电线路发生的事故。

（4）用户电气工作人员在电气运行、维护、检修、安装工作中发生人身触电伤亡事故，按照国务院1991年75号令构成事故者。

用电检查部门对用户事故管理要贯彻“安全第一，预防为主”的方针和“用户事故不出门”的原则。

Lb1F2026 用户需要保安电源时供电企业按什么要求确定？应如何办理？

答： 用户需要保安电源时，供电企业应按其负荷重要性、用电容量和供电的可能性，与用户协商确定。用户重要负荷的保安电源，可由供电企业提供，也可由用户自备。遇有下列情况之一者，保安电源应由用户自备。(1) 在电力系统瓦解或不可抗力造成供电中断时，仍需保证供电的。(2) 用户自备电源比从电力系统供给更为经济合理的。供电企业向有重要负荷的用户提供的保安电源，应符合独立电源的条件。有重要负荷的用户在取得供电企业供给的保安电源的同时，还应有非电性质的应急措施，以满足安全的需要。

Lb1F5027 竣工检验重点项目应包括哪些内容？对检查中发现的问题应如何通知客户？

答： 竣工检验重点项目应包括线路架设或电缆敷设；高、低压盘（柜）及二次接线检验；继电保护装置及其定值；配电室建告设及接地检验；变压器及开关试验；环网柜、电缆分支箱检验；中间检查记录；电力设备入网交接试验记录；运行规章制度及入网工作人员资质检验；安全措施检验等。对检查中发现的问题，应以受电工程缺陷整改通知单书面通知客户整改。客户整改完成后，应报请供电企业复验。

Lb1F2028 《供电营业规则》对转供电有什么规定？

答： 用户不得自行转供电。在公用供电设施尚未到达的地区，供电企业征得该地区有供电能力的直供用户同意，可采用委托方式向其附近的用户转供电力，但不得委托重要的国防军工用户转供电。委托转供电应遵守下列规定：

(1) 供电企业与委托转供户（以下简称“转供户”）应就转供范围、转供容量、转供期限、转供费用、转供用电指标、计量方式、电费计算、转供电设施建设、产权划分、运行维护、调度通信、违约责任等事项签订协议。

(2) 转供区域内的用户（以下简称“被转供户”），视同供电企业的直供户，与直供户享有同样的用电权利，其一切用电事宜按直供户的规定办理。

(3) 向被转供户供电的公用线路与变压器的损耗电量应由供电企业负担，不得摊入被转供户用电量中。

(4) 在计算转供户用电量、最大需量及功率因数调整电费时，应扣除被转供户、公用线路与变压器消耗的有功、无功电量。最大需量按下列规定折算：照明及一班制，每月用电量 180kW·h时，折合为 1kW；二班制，每月用电量 360kW·h，折合为 1kW；三班制，每月用电量 540kW·h，折合为 1kW；农业用电，每月用电量 270kW·h，折合为 1kW。

(5) 委托的费用，按委托的业务项目的多少，由双方协商确定。

Lc1F4029 计量装置超差，退补电费如何处理？

答： 由于计费计量的互感器、电能表的误差及其连接线电压降超出允许范围或其他非人为原因致使计量记录不准时，供电企业应按下列规定退补相应电量的电费。(1) 互感器或电能表误差超出允许范围时，以“0”误差为基准，按验证后的误差值退补电量。退补时间从上次校验或换装后投入之日起至误差更正之日止的1/2时间计算。(2) 连接线的电压降超出允许范围时，以允许电压降为基准，按验证后实际值与允许值之差补收电量。补收时间从连接线投入或负荷增加之日起至电压降更正之日止。(3) 其他非人为原因致使计量记录不准时，以用户正常月份的用电量为基准退补电量，退补时间按抄表记录确定。退补电费期间，用户先按抄表电量如期交纳电费，待误差确定后，再行退补。

Je1F5030 窃电行为包括哪些内容？如何进行依法查处？

答：(1)《电力供应与使用条例》规定，禁止窃电行为，窃电行为包括：

① 在供电企业的供电设施上，擅自接线用电。

② 绕越供电企业的用电计量装置用电。

③ 伪造或者开启法定的或者授权的计量检定机构加封的用电计量装置封印用电。

④ 故意损坏供电企业用电计量装置。

⑤ 故障使供电企业的用电计量装置计量不准或者失效。

⑥ 采用其他方法窃电。

(2)《供电营业规则》规定，供电企业对查获的窃电者，应予制止，并可当场中止供电。窃电者应按所窃电量补交电费，并承担补交电费三倍的违约使用电费。拒绝承担窃电责任的，供电企业应报请电力管理部门依法处理。窃电数额较大或情节严重的，供电企业应提请司法机关依法追究刑事责任。

(3)《河北省电力条例》规定，为了制止正在发生的窃电行为，供电企业按照下列要求，可以依法中断对有窃电行为电力用户的供电：

① 通知当事人。

② 报当地人民政府电力行政管理部门备案。

③ 不影响其他电力用户正常用电。

④ 不影响社会公共利益或者公共安全。

Lb1F5031 《功率因数调整电费办法》是如何规定功率因数的标准值和实施范围的？

答：(1) 功率因数考核值为0.90的，适用于以高电压供电户，其受电变压器容量与不经过变压器接用的高压电动机容量总和在160kV·A (kW) 以上的工业客户；3200kV·A (kW) 及以上的电力排灌站；以及装有带负荷调整电压装置的电力客户。(2) 功率因数考核值为0.85的适用于100kV·A (kW) 及以上的工业客户和100kV·A (kW) 及以上的非工业客户和电力排灌站，以及大工业客户未划由电力企业经营部门直接管理的趸售客户。(3) 功率因数考核值为0.80的适用于100kV·A及以上的农业客户和大工业客户划由电力企业经营部门直接管理的趸售客户。

Lc1F4032 什么样的用户应负担线路与变压器的损耗电量？为什么？

答：如专线或专用变压器属用户财产，若计量点不设在变电所内或变压器一次侧，则应负担线路与变压器损耗电量。用电计量装置原则上应装在供电设施的产权分界处。如产权分界处不适宜装表的，对专线供电的高压用户，可在供电变压器出口装表计量；对公用线路供电的高压用户，可在用户受电装置的低压侧计量。当用电计量装置不安装在产权分界处时，线路与变压器损耗的有功与无功电量均须由产权所有者负担。在计算用户基本电费、电量电费及功率因数调整电费时，应将上述损耗电量计算在内。

Lc1F5033 为什么实行峰谷电价？其电费如何计算？

答：（1）实行峰谷电价，体现了电能商品的时间价差。电力企业利用价格经济杠杆作用，调动用户削峰填谷的积极性，有利于提高负荷率和设备利用率，是一项有效的电力需求侧管理手段，同时，也会降低电力企业运行成本，提高生产率。实行分时电价，可公平处理不同用户之间用电的利益关系，使用户合理承担电力成本，提高用户、电力企业和社会的经济效益，都有明显的效果。（2）实行峰谷电价计算电费的方法：①由于各地的分类电价不同，以分类电价为基准的高峰电价上浮比例和低谷电价下浮比例不同以及划分峰、谷、平各个时段的小时数不同，峰谷电价的具体价格，应按各大电力系统或省电力系统的规定执行。大工业电价中的基本电费不实行峰谷电价；现行目录电价内的电力建设基金、三峡建设基金及城市附加费不实行峰谷电价。②实行峰谷电价的用户必须安装分时电能表分别计量高峰、低谷电量。电费计算方法：高峰电费＝高峰时段电量×高峰电价，平段电费＝（总电量－高峰时段电量－低谷时段电量）×分类电价，低谷电费＝低谷时段电量×低谷电价，对实行单一制电价，用户总电费＝高峰电费＋平段电费＋低谷电费；对实行两部制电价，用户总电费＝高峰电费＋平段电费＋低谷电费＋基本电费；对执行功率因数调整电费的用户，实行峰谷分时电价后，仍继续执行功率因数调整电费办法。

Jf1F4034 供电企业和用户应如何签订供用电合同？其具体条款有何规定？在什么情况下允许变更或解除供用电合同？

答：供电企业和用户应当在供电前根据用户需要和供电企业的供电能力签订供用电合同。供用电合同应当具备以下条款：（1）供电方式、供电质量和供电时间。（2）用电容量和用电地址、用电性质。（3）计量方式和电价、电费结算方式。（4）供电设施维护责任的划分。（5）合同的有效期限。（6）违约责任。（7）双方共同认为应当约定的其他条款。供用电合同的变更或解除，必须依法进行。有下列情形之一的，允许变更或解除供用电合同：①当事人双方经过协商同意，并且不会因此损害国家利益和扰乱供用电秩序。②由于供电能力的变化或国家对电力供应与使用管理的政策调整，使订立供用电合同时的依据被修改或取消。③当事人一方依照法律程序确定确实无法履行合同。④由于不可抗力或一方当事人虽无过失，但无法防止的外因，致使合同无法履行。

Lb1F3035 在电力系统正常状况下，供电企业供到用户受电端的供电电压允许偏差？

答：35kV及以上电压供电的，电压正、负偏差的绝对值之和不超过额定值的10％；

10kV及以下三相供电的，为额定值的±7％；

220V单相供电的，为额定值的＋7％，－10％。

在电力系统非正常状况下，用户受电端的电压最大允许偏差不应超过额定值的±10%。用户用电功率因数达不到本则第四十一条规定的，其受电端的电压偏差不受此限制。

Lc1F3036 《承装（修、试）电力设施许可证管理办法》规定，承装（修、试）电力设施许可证分为哪几级？分别从事什么业务？

答：承装（修、试）电力设施许可证分为一级、二级、三级、四级和五级。取得一级承装（修、试）电力设施许可证的，可以从事所有电压等级电力设施的安装、维修或者试验业务。取得二级承装（修、试）电力设施许可证的，可以从事220kV以下电压等级电力设施的安装、维修或者试验业务。取得三级承装（修、试）电力设施许可证的，可以从事110kV以下电压等级电力设施的安装、维修或者试验业务。取得四级承装（修、试）电力设施许可证的，可以从事3kV伏以下电压等级电力设施的安装、维修或者试验业务。取得五级承装（修、试）电力设施许可证的，可以从事10kV以下电压等级电力设施的安装、维修或者试验业务。

Je1F5037 某大型煤矿因拖欠电费两个月之久，经多次催缴仍无效，供电公司将对其停电，请问停电的法律依据是什么？应按什么程序办理停电？何时送电？有何注意事项？

答：

（1）停电的法律依据：

《电力供应与使用条例》第三十九条规定：逾期未交付电费的，供电企业可以从逾期之日起，每日按照电费总额的千分之一至千分之三加收违约金，具体比例由供用电双方在供用电合同中约定；自逾期之日起计算超过30日，经催交仍未交付电费的，供电企业可以按照国家规定的程序停止供电。

（2）《供电营业规则》第六十七条规定：除因故中止供电外，供电企业需对用户停止供电时，应按下列程序办理停电手续：

① 应将停电的用户、原因、时间报本单位负责人批准。批准权限和程序由省电网经营企业制度。

② 在停电前三至七天内，将停电通知书送达用户，对重要用户（如本例中该大型煤矿）的停电，应将停电通知书报送同级电力管理部门。

③ 在停电前30分钟，将停电时间再通知用户一次，方可在通知规定时间实施停电。

（3）国家电网公司供电服务“十项承诺”，对欠电费客户依法采取停电措施，提前七天送达停电通知书，费用结清后24小时内恢复供电。本例中，该大型煤矿交清电费及电费违约金后，供电企业应24小时内为其恢复供电。

（4）该大型煤矿属于重要客户，对重要客户和高危企业停限电，在严格执行上述法律法规条款的基础上，还要注意如下事项：

① 停电前向上级电力管理部门和政府有关部门报告。

② 停限电前，认真核对停限电计划和停限电通知书发送记录，确认客户在计划停限电时间前7天以前收到停限电通知书。

③ 停限电前对客户用电情况要认真了解，充分估计停限电对客户的影响，督促客户及时调整有关重要用电负荷，投入应急保安电源及非电保安措施，做好停电应急准备。

④ 严格按照停（限）电通知书上确定的时间实施停限电工作。

⑤ 在实施停限电操作30分钟前将停限电时间再次通知客户，详细记录通知信息，并做好电话录音。

⑥ 停限电前再次查询客户是否已缴清电费，已缴清电费的应及时终止停电流程。

Je1F5038 客户服务中心用电检查人员对某水泥厂办理变更用电过程中发现：该厂两个月前自行将已办理暂停手续的一台400kV·A变压器启用，该厂办公用电接在其生活用电线路上，造成每月少计办公用电5000kW·h，其接用时间无法查明，同时该厂未经批准向周边一用户送电，经查该用户共有用电负荷4kW，请按照《供电营业规则》分析该厂有哪些违约用电行为，怎么处理？（假设办公用电与生活用电差价为0.3元/（kW·h））。

答：该厂共有三个方面的违约用电行为，分别为：

（1）擅自使用已在供电企业办理暂停手续的电力设备或启用供电企业封存的电力设备。

（2）擅自接用电价高的用电设备或私自改变用电类别。

（3）未经供电企业同意，擅自引入（供出）电源或将备用电源和其他电源私自并网的。

处理如下：

（1）补交基本电费＝20×400×2＝16000（元），违约使用电费＝2×16000＝32000（元），停用违约使用的变压器或办理恢复变压器用电手续。

（2）补交高价低接所引起的差额电费＝5000×3×0.3＝4500（元），违约使用电费＝4500×2＝9000（元）。

（3）补交私自供出电源的违约使用电费＝4×500＝2000（元），总计共交费16000＋32000＋4500＋9000＋2000＝47000（元）。

Je1F5039 某供电公司一位用电检查员贾某，在星期天与两名同学在饭店就餐。席间，发现该饭店电表计量箱箱门被打开，表盘玻璃松动，有明显撬痕。就餐结束后，该用电检查人员在吧台出示了用电检查证，指出私启电表箱属于窃电行为，当场对该饭店终止了供电，让该饭店听候处理。请分析本次查电违反了哪些规定。

答案：（1）违反了“供电企业用电检查人员实施现场检查时，用电检查人员的人数不得少于两人”的规定。

（2）违反了“经审查批准后，方能赴用户处执行查电任务”的规定。

（3）违反了“经现场检查确认用户的设备状况、电工作业行为、运行管理等方面有不符合安全管理规定的，或者在电力使用上有明显违反国家规定的，用电检查人员应开具用电检查结果通知书或违章用电、窃电通知书一式两份，一份送达用户并由用户代表签收，一份存档备案”的规定。

Je1F5040 供电企业收到某大型石油炼化生产企业 110kV 受电新装用电项目设计图纸。该企业申请容量 50000kV·A，保安负荷 500kW，图纸审查情况如下：

（1）110kV 线路工程设计单位为某电力工程甲级设计单位。（2）采用 110kV 单电源供电，应急电源由客户自备。（3）采用 1 台 50000kV·A 主变受电。（4）保安负荷 500kW（停电会造成设备爆炸），自备柴油发电机组容量 480kW。

请分析设计图纸存在哪些问题并简要说明原因。

答： 图纸设计不符合以下规定：

（1）图纸设计不符合《重要电力用户供电电源及自备应急电源配置技术规范》GB/Z 29328—2012 中"一级重要电力用户宜采用双电源供电"的规定。该户为一级重要电力用户，未采用双电源供电。

（2）图纸设计不符合《国家电网公司业扩供电方案编制导则》9.3.1 中"35kV 级以上电压等级应采用单母线分段接线或双母线接线。装设两台及以上主变压器"的规定。图纸只有 1 台变压器受电。

（3）图纸设计不符合《重要电力用户供电电源及自备应急电源配置技术规范》GB/Z 29328—2012 中"重要电力用户均应自行配置应急电源，电源容量至少应满足全部保安负荷正常供电的要求。"的规定。发电机组容量为 480kW 小于保安负荷 500kW，不能满足全部保安负荷正常供电的要求。

Je1F5041 重要用户应如何配置自备应急电源？

答：（1）重要电力用户均应自行配置应急电源，电源容量至少应满足全部保安负荷正常供电的要求。有条件的可设置专用应急母线。

（2）自备应急电源的配置应依据保安负荷的允许断电时间、容量、停电影响等负荷特性，按照各类应急电源在启动时间、切换方式、容量大小、持续供电时间、电能质量、节能环保、适用场所等方面的技术性能，选取合理的自备应急电源。

（3）重要电力用户应具备自备应急电源接入条件，有特殊供电需求及临时重要电力用户，应配置应急发电车接入装置。

2 技能操作

2.1 技能操作大纲

用电监察员（高级技师）技能鉴定　技能操作考核大纲

等级	考核方式	能力种类	能力项	考核项目	考核主要内容
高级技师	技能操作	基本技能	01. 电能计量装置的抄读与电费计算	01. 多电价大工业客户电能计量装置的抄读与电费计算	1. 电能计量装置的现场抄读 2. 计量装置故障的判断和更正系数计算 3. 正确电量计算 4. 电费计算
		专业技能	01. 供用电合同审查	01. 重要电力用户供用电合同签订审查	1. 供用电合同的基本信息 2. 重要电力用户供用电合同的关键信息 3. 供用电合同的法律效力
			02. 客户安全检查	01. 35kV 客户配电室的继电保护及自动装置安全检查	1. 用电检查的程序和要求 2. 继电保护及自动装置安全检查
				02. 客户 35kV 油浸变压器试验报告审查	1. 承试单位的资质审核 2. 试验报告数据的审核
				03. 110kV 双电源客户受电工程图纸审查	1. 设计单位资质审核 2. 电气主接线图 3. 计量用电流互感器、电压互感器的要求
			03. 供电方案编制	01. 依据客户负荷明细确定供电容量	1. 设备利用率、同时系数 2. 变压器经济运行负载率 3. 变压器标准容量
				02. 高压客户接入系统和受电系统供电方案编制	1. 供电方案中客户基本信息 2. 客户接入系统方案 3. 客户受电系统方案
				03. 高压客户计量和计费供电方案编制	1. 供电方案中客户基本信息 2. 客户计量、计费方案 3. 用电信息采集终端安装方案 4. 功率因数考核标准
			04. 特殊客户的安全检查	01. 客户并网电厂安全检查	1. 调度协议的检查 2. 购售电合同履行情况的检查 3. 厂内工业用电的检查
		相关技能	01. 新装客户变电站启动	01. 35～110kV 新装客户变电站启动	1. 启动组织的组成 2. 启动方案的编制和审核 3. 启动方案的实施和主要设备的技术要求

2.2　技能操作项目

2.2.1　JC1JB0101　多电价的大工业客户电能计量装置的抄读与电费计算

一、作业

（一）工具、材料和设备

1. 工具：碳素笔、手电筒、电工个人工具、计算机、打印机、计算器等办公用品、三挡折叠人字形绝缘梯。

2. 材料：工作证件、抄表册、抄表卡、抄表器、业务工作单、A4 白纸。

3. 设备：装有三相多功能电能表的抄表模拟装置多台，400kV·A 配电变压器两台。

（二）安全要求

1. 正确填用第二种工作票，工作服、安全帽、绝缘鞋完好符合安规要求。

2. 上门抄表主动出示证件，遵守制度并请客户配合。

3. 进入配电室抄表过程中，分清高低压设备，始终与高压带电设备保持 0.7m 及以上安全距离，防止电缆沟盖板损坏跌落。

4. 使用试电笔测试配电柜本体不带电，严禁头部进入配电柜抄读电表。

5. 登高 2m 以上应系好安全带，保持与带电设备的安全距离，在梯子上作业应有专人扶持。

6. 发现客户违规用电应做好记录，及时通知相关负责人，处理中不应与客户发生冲突。

（三）操作步骤及要求

1. 操作步骤。

（1）出示证件后到模拟抄表装置指定电能表位处抄表。

（2）核对表计表号、互感器倍率，查看表计是否正常、自检信息是否正确，封印是否完好。

（3）核对变压器铭牌容量。

（4）按操作要求准确抄录电能表示数。

（5）按操作要求正确计算电费。

（6）对发现的电能表故障及客户违规用电情况做好记录，现场确认，收集证据，填写业务工作单并要求用户签字，同时通知相关负责人。

（7）清理现场，请客户在检查工作单上签字，确认工作完毕。

2. 操作要求。

（1）使用蓝色或黑色碳素笔抄录电能表示数，抄录示数时，必须上下位数对齐。

（2）抄录电能表示数有效位数，靠前位数为零时以“0”填充，不得空缺，按表计显示抄读电能表小数位。

（3）核对电能表峰、平、谷时段电量之和是否等于总电量。

（4）计算峰、平、谷各时段电费。

（5）计算功率因数及功率因数调整电费。

（6）以 Word 电子文档形式，完成电费计算。

二、考核

（一）考核场地

1. 场地面积应能同时容纳两个工位（操作台），并保证工位之间的距离合适，操作面积不小于 $1500 \times 2500mm^2$。

2. 每个工位配有桌椅。

3. 室内配有通电试验用的三相电源（有接地保护）两处以上。

（二）考核时间

考核时间为 45min，其中抄表限时 10min，从报开工起到报完工止。

（三）考核要点

1. 履行工作许可手续完备。
2. 抄表卡填写正确规范。
3. 核对变压器铭牌容量。
4. 准确抄录电能表示数。
5. 计算更正系数。
6. 按步骤、列公式、正确计算电费。
7. 将发现的问题记录在业务工作单上。
8. 以 Word 电子文档形式呈现结果。
9. 安全文明工作。

三、评分标准

行业：电力工程　　　　工种：用电监察员　　　　等级：一

编号	JC1JB0101	行为领域	d	鉴定范围			
考核时限	45min	题型	C	满分	100 分	得分	
试题名称	多电价的大工业客户电能计量装置的抄读与电费计算						
考核要点及其要求	（1）给定条件与要求：某工业客户变压器总容量 800kV·A，10kV 供电，计量方式为高供高计，本月（10 月）抄表有功总表表示数为 11.00（其中峰 4.40，谷 3.30），无功总表表示数为 5.33，下有一个居民照明分表（直入表），照明表示数为 2000.00，所有表上月表示数为 0.00，工作人员在进行检查时发现该户计量装置封印完好，但总表 V 相电压回路断路。试计算该户本月应收电费。总表电流互感器为 50/5A，峰电价 0.72 元/（kW·h），谷电价 0.36 元/（kW·h），平电价 0.60 元/（kW·h），居民照明电价 0.50 元/（kW·h）。基本电价按变压器容量收取，25 元/（kV·A/月） （2）正确规范抄录电能表止码 （3）计算有功更正系数（假设无功更正系数与有功更正系数相同） （4）列出相应的计算公式，然后代入数据计算出结果。每步计算结果均保留两位小数，单位用文字或字母正确表示 （5）以 Word 电子文档形式呈现计算过程及结果，打印，并正确陈述						
现场设备、工器具、材料	设备：三相多功能电能表的模拟抄表装置 材料：抄表册、抄表卡、业务工作单、A4 白纸 工具：计算机、打印机、计算器等办公用品，三挡折叠人字形绝缘梯						

续表

编号	JC1JB0101	行为领域	d	鉴定范围	
备注	抄读与电费计算分开进行。抄读在模拟抄表装置上完成，限时10min；电费计算以给定条件为准，限时30min 可提供现行电价表，增加本考核项目的考点 考生自备工作服、安全帽、线手套、绝缘鞋				

评分标准

序号	作业名称	质量要求	分值	扣分标准	扣分原因	得分
1	开工准备	（1）正确佩戴安全帽、穿工作服、穿绝缘鞋、戴手套 （2）正确填写工作票，履行开工许可证手续	6	（1）未按要求着装扣2分 （2）未填写工作票扣2分 （3）未履行开工手续扣2分		
2	工器具检查	（1）熟练使用自动化办公系统 （2）电气安全器具的检查。检查低压检测电笔外观质量和电气性能，并在有电的电源插座上验电，确认正常	3	（1）指导后使用，扣1分 （2）工器具未进行检查扣1分，借用工具、仪表扣1分		
3	核对现场信息	核对变压器容量、表计表号、互感器倍率，查看表计是否报警、自检信息是否正确，封印是否完好	10	（1）未检查一项扣2分，共8分，扣完为止 （2）发现问题未记录填写工作单扣2分		
4	抄读示数	准确抄录电能表示数（峰、平、谷、总有功、总无功及照明表）	12	缺一项扣2分，扣完为止		
5	计算有功更正系数	（1）绘制相量图 如图“图JC1JB0101-1 正常矢量图”“图JC1JB0101-2 V相电压断路矢量图” （2）计算有功更正系数 更正系数 $g=[UI\cos(30°+\varphi)+UI\cos(30°-\varphi)]/[0.5UI\cos(30°-\varphi)+0.5UI\cos(30°+\varphi)]=2$	14	（1）未绘制相量图或绘制错误扣7分 （2）未计算更正系数或计算错误扣7分		
6	正确电量计算	（1）居民照明电量： 2000－0＝2000（kW·h） （2）总有功电量： （11－0）×10×100×2＝22000（kW·h） （3）大工业总有功电量： 22000－2000＝20000（kW·h） （4）峰电量： 20000×4.4/11＝8000（kW·h）	21	每缺少一项电量计算或计算错误扣3分，扣完为止		

续表

序号	考核项目名称	质量要求	分值	扣分标准	扣分原因	得分
		（5）平电量： 20000×（11－4.4－3.3）/11＝6000（kW·h） （6）谷电量：20000×3.3/11＝6000（kW·h） （7）无功总电量： （5.33－0）×1000×2＝10660（kW·h）				
7	电费计算	（1）居民电费：2000×0.5＝1000（元） （2）基本电费：25×800＝20000（元） （3）峰电费：8000×0.72＝5760（元） （4）平电费：6000×0.6＝3600（元） （5）谷电费：6000×0.36＝2160（元） （6）功率因数调整电费： $\cos\varphi=\frac{22}{\sqrt{22^2+10.66^2}}=0.90$ 因此功率因数调整电费为0（元）	18	每缺少一项电费计算扣3分，扣完为止		
8	总电费计算	总电费＝居民电费＋基本电费＋峰电费＋平电费＋谷电费＋功率因数调整电费＝1000＋20000＋5760＋6000＋3600＋0＝36360（元）	5	未完成扣5分		
9	结果呈现	以Word电子文档形式保存，打印	5	（1）未完成打印，扣3分 （2）未保存，扣2分		
10	安全文明工作	（1）规范填写工作单，清理现场 （2）操作符合规程和安全要求，无违章现象	6	（1）未填写工作单，未清理现场，每项扣1.5分 （2）操作中发生违规或不安全现象扣3分		

注：评分标准5（1）的附图

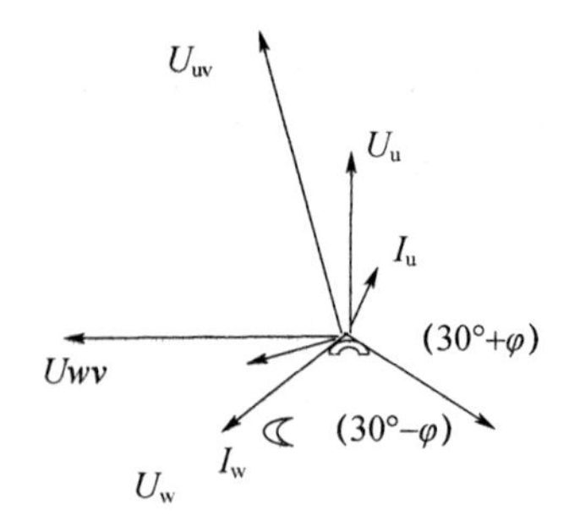

图 JC1JB0101-1　正常矢量图

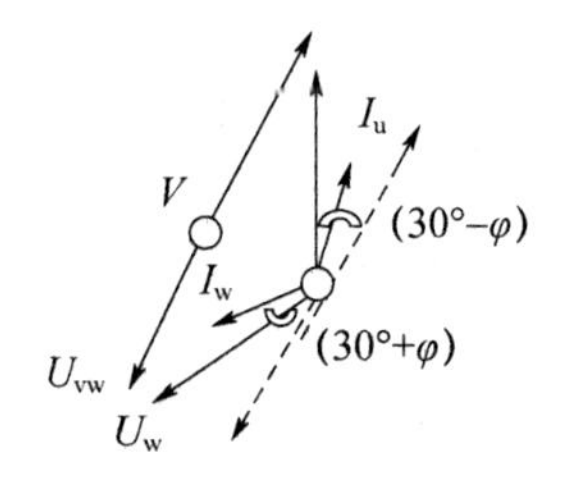

图 JC1JB0101-2　V 相电压断路矢量图

2.2.2 JC1ZY0101　重要电力用户供用电合同签订审查

一、作业

（一）工具和材料

1. 工具：碳素笔、计算器、计算机、打印机、办公桌椅等办公用品，计算机具备联网条件，可以登录SG186营销业务系统，系统登录账号及密码。

2. 材料：工作证件、供用电合同审查工作记录单、A4白纸。

（二）操作步骤及作业要求

1. 操作步骤。

（1）出示证件后到办公桌前就座，要求被检查方提供重要电力用户名单及用户编号。

（2）进入SG186营销业务系统查阅用户档案信息，包括用户用电信息、用户自然信息、地址、证件、联系信息、银行账号、供电电源、供电容量、电价策略、计量装置、自备应急电源配置、产权分界点、供用电合同文本、供用电合同授权、有效期等，导出供用电合同并打印，与SG186营销业务系统数据进行对比，将发现的不规范现象逐一记录在A4白纸上。

（3）与被检查方人员交流沟通，了解核实用户情况，逐一指出不规范事项，征求被检查方意见。

（4）被检查方无异议后将问题记录在“供用电合同审查工作记录单”上，双方签字确认。

2. 作业要求。

（1）使用黑色碳素笔记录。

（2）与被检查方充分交流，掌握实际情况。

（3）记录不规范签约行为。

（4）与被检查方核对并签字确认。

二、考核

（一）考核场地

每个工位不小于6m^2，配备1台可登录SG186营销业务系统的计算机，1台激光打印机。

（二）考核时间

考核时间为30min，从报开工时起到报完工止。

（三）考核要点

1. 履行工作手续完备。

2. 营销业务系统应用操作熟练。

3. 不规范现象查找正确。

4. 记录单填写正确规范。

5. 安全文明工作。

三、评分标准

行业：电力工程　　　　　　　　工种：用电监察员　　　　　　　　等级：一

编号	JC1ZY0101	行为领域	e	鉴定范围			
考核时限	30min	题型	A	满分	100分	得分	
试题名称	重要电力用户供用电合同签订审查						
考核要点及其要求	(1) 给定条件：具体重要电力用户名单，由考评员在供用电合同文本中设定若干错误信息或缺陷 (2) 着装规范 (3) 履行工作手续完备 (4) 营销业务系统应用操作熟练 (5) 基本信息和关键信息不规范现象查找正确 (6) 记录单填写正确、规范						
现场工具、材料	(1) 工作现场具备做工具：办公桌椅、联网计算机、打印机、营销业务系统账号及密码。 (2) 工作现场具备的材料：A4白纸、供用电合同审查工作记录单，重要电力用户供用电合同若干份（由考评员随机抽取1份）。						
备注	考生自备工作服						

评分标准

序号	作业名称	质量要求	分值	扣分标准	扣分原因	得分
1	开工准备	着装规范、穿工作服，佩戴证件	5	未按要求的，一项扣2分，扣完为止		
2	工器具检查	检查记录单、办公器材、营销业务系统是否完备	5	未按要求检查的一项扣2分，扣完为止		
3	核实用户基本信息	根据用户编号，进入营销业务系统查阅用户档案信息，包括用户用电信息、用户自然信息、地址、证件、联系信息、银行账号等	10	每一项未查阅扣1分，扣完为止		
4	核实用户关键信息	(1) 电源是否满足相应重要电力用户的双电源要求 (2) 供电容量是否满足全部和重要负荷的用电要求 (3) 电价策略（基费、电价、峰谷、功率因数调整标准）是否正确 (4) 计量装置（计量位置、计量方式、计量精度、表计关系）是否准确 (5) 自备应急电源配置（配置方式、配置容量、切换方式）是否满足保安负荷要求	40	每一项未查阅扣5分，扣完为止		

续表

序号	考核项目名称	质量要求	分值	扣分标准	扣分原因	得分
		（6）产权分界点信息（文字描述、示意图）是否准确 （7）供用电合同文本选择是否准确 （8）供用电合同授权、有效期是否符合规定				
5	打印合同	通过营销业务系统调阅打印供用电合同	10	（1）不会导出打印扣5分 （2）指导使用一次扣5分		
6	查找缺陷及交流沟通	查找合同签约过程中存在的缺陷及不规范现象，逐一记录在A4白纸上。就不规范现象与被检查方进行交流，确定是否属实	20	（1）未将检查结果暂记录在A4白纸上，扣10分 （2）未与被检查方就问题进行交流核实，扣10分		
7	记录单填写	将问题记录在供用电合同审查工作记录单上，双方签字确认	10	（1）问题漏填或错误一项扣3分 （2）双方未签字确认每次扣5分 （3）扣完为止		
8	工作时间	按要求在规定的时间内完成指定工作，不设速度分		到规定时间立即停止工作，未完成项不得分		

2.2.3 JC1ZY0201 35kV客户配电室的继电保护及自动装置安全检查

一、作业

（一）工具、材料和设备

1. 工具：碳素笔、手电筒、计算机。

2. 材料：业务工作单。

3. 设备：模拟35kV客户变电站继电保护及自动装置屏。

（二）35kV客户配电室的继电保护及自动装置安全检查要求

1. 继电保护及自动装置。

（1）设备自投、低频、低压等装置是否能正常投入。

（2）保护盘柜及柜上的继电器、连接片、试验端子、熔断器、端子排等是否符合安全要求（包括名称、标识是否齐全、清晰）；室外保护端子箱是否防水、防潮、通风、整洁。

（3）需定期测试技术参数的保护是否按规定测试，记录是否齐全、正确。

（4）继电保护装置是否有检验规程。

（5）电流互感器和电压互感器测量精度是否满足保护要求。电流互感器应进行10%误差校核。

（6）继电保护装置应做80%额定直流电压下的传动试验，保证在80%额定直流电压下的保护装置正确动作（包括对断路器跳合闸线圈进行最低跳闸电压和最低合闸电压试验，其值应满足《继电保护及电网安全自动装置检验条例》的要求，并在80%额定电压下进行传动）。

（7）现场并网继电保护设备异常、投入和退出以及动作情况有关记录是否齐全，内容是否完整。

（8）继电保护装置定值正确，通知单、定值单、装置定值一致。

（9）用于静态保护的交流二次电缆是否采用屏蔽电缆。

（10）直流正、负极和闸线隔离。

（11）电压互感器二次星形接线绕组与开口三角接线绕组的“N”必须分开引入控制室，不能共用一根电缆芯引入控制室。

2. 站用配电系统。

（1）备用站用变压器（含冷备用）自启动容量是否进行过校核。

（2）保安电源是否可靠。

（3）站用电系统（35kV等级以上）的设备是否存在威胁电网安全运行的重要缺陷。

（4）备用电源自投装置应经常处于良好状态，定期试验按规定进行，并记录完整。

（5）有无防止全站停电事故的措施并落实。

二、考核

（一）考核场地

1. 模拟35kV客户变电站继电保护及自动化装置屏。

2. 室内应配有桌椅两套。

（二）考核时间

考核时间为45min，到时停止操作，按实际完成内容打分。

（三）考核要点

1. 履行工作手续完备。
2. 对客户变电室继电保护及自动装置进行安全检查。
3. 对站用配电系统进行安全检查。
4. 将现场检查情况正确填写至用电检查结果通知书。
5. 安全文明工作。

三、评分标准

行业：电力工程　　　　　　　　　　工种：用电监察员　　　　　　　　　　等级：一

编号	JC1ZY0201	行为领域	e	鉴定范围			
考核时限	45min	题型	B	满分	100 分	得分	
试题名称	35kV 客户配电室的继电保护及自动装置安全检查						
考核要点及其要求	（1）给定条件：35kV 客户电气设备、外观、机械、接地、绝缘及耐压等例行试验合格，制造标准符合国家标准规定，质量合格 （2）着装规范、劳动防护措施齐全 （3）履行工作手续完备 （4）安全检查无漏项 （5）用电检查结果通知书填写正确、规范						
现场设备、工具、材料	（1）工作现场具备设备：35kV 客户配电室 （2）工具：碳素笔、手电筒、计算机 （3）用电检查工作单						

评分标准

序号	作业名称	质量要求	分值	扣分标准	扣分原因	得分
1	着装	正确佩戴安全帽、穿绝缘鞋、戴手套	5	未按要求穿戴，每项扣 2 分，扣完为止		
2	证件出示	（1）进客户配电室应首先出示“用电检查证” （2）至少两人工作 （3）携带用电检查工作单	10	（1）未出示证件，扣 5 分 （2）单人工作，扣 3 分 （3）未携带用电检查工作单，扣 2 分		
3	查看继电保护及自动装置安全运行情况	（1）设备自投、低频、电压等装置是否能正常投入 （2）保护盘柜及柜上的继电器、连接片、试验端子、熔断器、端子排等是否符合安全要求（包括名称、标志是否齐全、清晰）；室外保护端子箱是否防水、防潮、通风、整洁 （3）需定期测试技术参数的保护是否按规定测试，记录是否齐全、正确	55	（1）未检查自投装置，扣 5 分 （2）未检查保护盘柜等，扣 5 分 （3）未检查保护测试记录，扣 5 分		

续表

序号	考核项目名称	质量要求	分值	扣分标准	扣分原因	得分
		（4）继电保护装置是否有检验规程 （5）电流互感器和电压互感器测量精度是否满足保护要求。电流互感器应进行10%误差校核 （6）继电保护装置应做80%额定直流电压下的传动试验，保证在80%额定直流电压下保证装置正确动作（包括对断路器跳合闸线圈进行最低跳闸电压和最低合闸电压试验，其值应满足《继电保护及电网安全自动装置检验条例》的要求，并在80%额定电压下进行传动） （7）现场并网继电保护设备异常、投入和退出以及动作情况有关记录是否齐全，内容是否完整 （8）继电保护装置定值正确，通知单、定值单、装置定值相互一致 （9）用于静态保护的交流二次电缆是否采用屏蔽电缆 （10）直流正、负极和跳闸线隔离 （11）电压下互感器二次星形接线绕组的“N”必须分开引入控制室，不能共用一根电缆芯引入控制室		（4）未检查继电保护装置检验，扣5分 （5）未检查互感器测量精度，扣5分 （6）未检查保护装置的传动试验，扣5分 （7）未检查并网继电保护设备动作情况，扣5分 （8）未检查继电保护装置定值，扣5分 （9）未检查静态保护的交流二次电缆，扣5分 （10）未检查直流正、负极和跳闸线，扣5分 （11）未检查电压互感器二次接线，扣5分		
4	查看站用配电系统运行情况	（1）备用站用变压器（含冷备用）自启动容量是否进行过校核 （2）保安电源是否可靠 （3）站用电系统（35kV等级以上）的设备是否存在威胁电网安全的重要缺陷 （4）备用电源自投装置应经常处于良好状态，定期试验按规定进行，并记录完整 （5）有无防止全站停电事故的措施并落实	20	（1）未检查备用站用变压器（含冷备用）扣4分 （2）未检查保安电源是否可靠，扣4分 （3）未检查站用电系统（35kV等级以上）的设备是否存在威胁电网安全的重要缺陷，扣4分 （4）未检查备用电源自投装置状态及记录，扣4分 （5）未检查防止全站停电事故的措施，扣4分		

续表

序号	考核项目名称	质量要求	分值	扣分标准	扣分原因	得分
5	填写用电检查工作单	（1）按规定填写用电检查工作单 （2）经现场检查确认用户的设备状况、电工作业行为、运行管理等方面有不符合安全规定的，或者在电力使用上有明显违反国家有关规定的，用电检查人员应开具用电检查结果通知书一式两份，一份送达用户并由用户代表签收，一份存档备查	10	（1）未填写不用电检查工作单，扣5分。客户未签字，扣2分 （2）存在安全隐患的，未填写用电检查结果通知书，扣5分。客户未签字，扣2分		
6	工作时间	按要求在规定的时间内完成指定工作，不设速度分		到规定时间立即停止工作，未完成项不得分		

2.2.4 JC1ZY0202　客户 35kV 油浸变压器试验报告审查

一、作业

（一）工具和材料

1. 工具：碳素笔、计算机。

2. 材料：工作证件、用电检查工作单、用电检查结果通知书、试验报告。

（二）对审查试验报告人员的要求

1. 掌握全面的安全技术知识。

电气试验报告审查人员必须具有全面的安全技术知识、良好的安全、自我保护意识，严格遵守《电力安全工作规程》。

2. 具有全面熟练的专业电气知识和试验技术。

(1) 了解各种电气设备的形态、用途、结构及原理。

(2) 熟悉电气设备，了解继电保护及电气设备的控制原理及实际接线。

(3) 熟悉各类试验设备、仪器、仪表的原理、结构、用途及使用方法。

（三）电气设备交接性试验报告分析审查要点

1. 出具试验报告的单位是否具有电监会颁发的“承装（修、试）电力设施许可证”，并具有相应的资格等级。

2. 设备铭牌内容是否完备，主要性能参数是否记录齐全。

3. 试验环境（温度、湿度）、试验时间（静置时间达到后方可取油等）是否符合 GB 50150—2006 的规定。

4. 试验数据应符合 GB 50150—2006 的要求，部分数据还应与设备出厂参数相比较，结果应符合交接标准及厂家技术要求的规定。

5. 对不符合要求的数据，应有备注或要求生产厂家出具有效力的保证函之类的纸质材料，附于报告之后。

6. 报告应有明确结论或说明原因。

7. 试验负责人、审核人及监理签字应齐全，还应注意审核签字日期与试验日期的逻辑关系。

8. 试验报告应完整，单份报告中应无缺项、无漏项；整份报告中，工程中所有一次设备均应有相关试验数据支撑，否则不具备投运条件。

（四）35kV 客户油浸变压器试验项目

1. 绕组连同套管的绝缘电阻。

2. 铁芯、夹件绝缘电阻。

3. 绕组泄漏电流。

4. 绕组的 $\tan\delta$。

5. 直流电阻。

6. 电压比。

7. 电压矢量关系。

8. 有载调压开关切换试验。

9. 绝缘油试验。

（五）35kV 客户油浸变压器引用标准

1. 绕组连同套管的绝缘电阻。

测量绕组连同套管的绝缘电阻、吸引比或极化指数，应符合下列规定：

（1）绝缘电阻值不低于产品出厂试验值的 70%。

（2）当测量温度与产品出厂试验时的温度不符合时，可按表 JC1ZY0202-1 换算到同一温度时的数值进行比较。

表 JC1ZY0202-1　油浸式电力变压器绝缘电阻的温度换算系数

温度差 K	5	10	15	20	25	30	35	40	45	50	55	60
换算系数 A	1.2	1.5	1.8	2.3	2.8	3.4	4.1	5.1	6.2	7.5	9.2	11.2

注：1. 表中 K 为实测温度减去 20℃的绝对值。

2. 测量温度以上层油温为准。

当测量绝缘电阻的温度差不是表中所列数值时，其换算系数 A 可用线性插入法确定，也可按式（JC1ZY0202-1）计算。

即
$$A=1.5^{K/10} \quad \text{(JC1ZY0202-1)}$$

校正到 20℃时的绝缘电阻值可用式（JC1ZY0202-2）和式（JC1ZY0202-3）计算：

当实测温度为 20℃以上，则　$R_{20}=ARt$　（JC1ZY0202-2）

当实测温度为 20℃以下时，则　$R_{20}=Rt/A$　（JC1ZY0202-3）

式中　R_{20}——校正到 20℃时的绝缘的电阻值，MΩ；

Rt——在测量温度下的绝缘电阻值，MΩ。

（3）变压器电压等级为 35kV 及以上且容量在 4000kV·A 及以上时，应测量吸收比。吸收比与产品出厂值相比应无明显差别，在常温下应不小于 1.3；当 R_{60S} 大于 3000MΩ 时，吸收比可不做考核要求。

2. 铁芯、夹件绝缘电阻。

测量与铁芯绝缘的各紧固件（连接片可拆开者）及铁芯（由外引接地线的）绝缘电阻应符合下列规定：

（1）进行器身检查的变压器，应测量可接触到的穿芯螺栓、铁轭夹件及绑扎钢带对铁轭、铁芯、油箱及绕组压环的绝缘电阻。当铁轭梁及穿芯螺栓一端与铁芯连接时，应将连接片断开后进行试验。

（2）不进行器身检查的变压器或进行器身检查的变压器，所有安装工作结束后应进行铁芯和夹件（有外引接地线的）的绝缘电阻测量。

（3）铁芯必须为一点接地；对变压器上有专用的铁芯接地线引出套管时，应在注油前测量其对外壳的绝缘电阻。

（4）采用 2500V 绝缘电阻表测量，持续时间为 1min，应无闪络及击穿现象。

3. 绕组泄漏电流。

测量绕组连同套管的直流泄漏电流，应符合下列规定：

（1）当变压器电压等级为 35kV 及以上且容量在 8000kV·A 及以上时，应测量直流泄漏电流。

（2）试验电压标应符合表JC1ZY0202-2的规定。当施加试验电压达1min时，在高压端读取泄漏电流。泄漏电流值不宜超表JC1ZY0202-3的规定。

表JC1ZY0202-2　油浸式电力变压器直流泄漏试验电压标准

绕组额定电压（kV）	6～10	20～35	63～330	500
直流试验电压（kV）	10	20	40	60

表JC1ZY0202-3　油浸电力变压器绕组直流泄漏电流参考值

额定电压（kV）	试验电压峰值（kV）	在下列温度时的绕组直流泄漏电流值（μA）							
		10℃	20℃	30℃	40℃	50℃	60℃	70℃	80℃
2～3	5	11	17	25	39	55	83	125	178
6～15	1	22	33	50	77	112	166	250	356
20～35	20	33	50	74	111	167	250	400	570

4. 绕组的$\tan\delta$。

测量绕组连同套管的介质耗损角正切值$\tan\delta$，应符合下列规定：

（1）当变压器电压等级为35kV及以上且容量在8000kV·A及以上，应测量介质损耗角正切值$\tan\delta$。

（2）被侧绕组的$\tan\delta$值不应大于产品出厂试验值的130％。

（3）当测量时的温度与产品出厂试验温度不符合时，可按表JC1ZY0202-4换算到同一温度时的数值进行比较。

表JC1ZY0202-4　介质损耗角正切值$\tan\delta$（％）温度换算系数

温度差K	5	10	15	20	25	30	35	40	45	50
换算系数A	1.15	1.3	1.5	1.7	1.9	2.2	2.5	2.9	3.3	3.7

注：① 表中K为实测温度减去20℃的绝对值。

② 测量温度以上层油温为准。

③ 进行较大的温度换算且试验结果超过第二款规定时，应进行综合分析判断。

当测量时的温度差不是表中所列数值时，其换算系数A可用线性插入法确定，也可按式（JC1ZY0202-4）计算，即$A=1.3^{K/10}$式JC1ZY0202-4

校正到20℃时的介质耗损角正切值可用式（JC1ZY0202-5）和式（JC1ZY0202-6）计算：

当测量温度在20℃以上，则　$\tan\delta_{20}=\tan\delta_t/A$　（JC1ZY0202-5）

当测量温度在20℃以下，则　$\tan\delta_{20}=A\tan\delta_t$　（JC1ZY0202-6）

式中　$\tan\delta_{20}$——校正到20℃时介质耗损角正切值；

$\tan\delta_t$——在测量温度下的介质耗损角正切值。

5. 直流电阻。

测量绕组连同套管的直流电阻，应符合下列规定：

（1）测量应在各分接头的所在位置上进行。

（2）1600kV·A及以下电压等级三相变压器，各相测得值的相互差值应小于平均值的 4%，线间测得值的相互差值应小于平均值的 2%；1600kV·A 以上三相变压器，各相测得值的相互差值应小于平均值的 2%；线间测得值的相互差值应小于平均值的 1%。

（3）变压器的直流电阻，与同温下产品出厂实测数值比较，相应变化不应大于 2%；不同温度下电阻值按照式（JC1ZY0202-7）换算，即

$$R_2 = R_1 (T + t_2) / (T + t_1) \qquad \text{(JC1ZY0202-7)}$$

式中 R_1、R_2——分别为温度在 t_1、t_2 时的电阻值；

T——计算用常数，铜导线取 235，铝导线取 225。

（4）由于变压器结构等原因，差值超过（2）时，可只按（3）进行比较。但应说明原因。

6. 电压比。

检查所有分接头的电压比，与制造厂铭牌数据相比应无明显差别，且应符合电压比的规律；电压等级在 220kV 及以上的电力变压器，其电压比的允许误差在额定分接头位置时为±0.5%。

“无明显差别”可按如下考虑：

（1）电压等级在 35kV 以下，电压比小于 3 的变压器电压比允许偏差不超过±0.1%。

（2）其他所有变压器额定分接下电压比允许偏差不超过±0.5%。

（3）其他分接的电压比应在变压器阻抗电压值（%）的 1/10 以内，但不得超过±1%。

7. 电压矢量关系。

检查变压器的三相接线组别单相变压器引出线的级性，必须与设计要求及铭牌上的标记和外壳上的符号相符。

8. 有载调压开关切换试验

有载调压切换装置的检查和试验，应符合下列规定：

（1）变压器带电前应进行有载调压切换装置切换过程试验，检查切换开关切换触头的全部动作顺序，测量过渡电阻阻值的和切换时间。测得的过渡电阻阻值、三相同步偏差、切换时间的数值、正方向切换时间偏差均符合制造厂技术要求。由于变压器结构及接线原因无法测量，所示不进行该项试验。

（2）在变压器无电压下，手动操作不少于两个循环、电动操作不少于五个循环。其中电动操作时电源电压为额定电压的 85%及以上。操作无卡涩、联动程序，电气和机械限位正常。

（3）循环操作后进行绕组连同套管在所有分接下直流电阻和电压比测量，试验结果应符合其要求。

（4）在变压器带电条件下进行有载调压开关电动操作，动作应正常。操作过程中，各侧电压应在系统电压允许范围内。

（5）绝缘油注入切换开关油箱前，其击穿电压应符合表 JC1ZY0202-5 的规定。

9. 绝缘油的试验项目及标准，应符合表 JC1ZY0202-5 的规定。

表 JC1ZY0202-5　绝缘油的试验项目及标准

序号	项目	标准	说明
1	外状	透明、无杂质或悬浮物	外观目视

续表

序号	项目	标准	说明
2	介质损耗因数 tanδ（%）	90℃时，注入电气设备前≤0.5，注入电气设备后≤0.7	按《液体绝缘材料相对电容率、介质损耗因数和直流电阻率的测量》GB/T 5654—2007 中的有关要求进行试验
3	体积电阻率 （90℃，Ω·m）	$\geqslant 6\times10^{10}$	按《绝缘油体积电阻率测定法》GB/T 5654—2009 中的有关要求进行试验
4	击穿电压	35kV 及以上电压等级	（1）按《绝缘油击穿电压测定法》GB/T 507—2002 或《电力系统油质试验方法—绝缘油介电强度测定法》DL/T 429.9——1991 中的有关要求进行试验 （2）油样应取自被试设备 （3）该指标为平板电极可按 GB/T 507—2002 中的有关要求进行试验 （4）注入设备的新油均不应低于本标准

二、考核

（一）考核场地

1. 室内应配有应考者桌椅两套。
2. 提供 4 份及以上的试验报告（报告内容完整、不完整；试验参数正确、不正确）。

（二）考核时间

考核时间为 40min，从报审查起到报完工止。

（三）考核要点

1. 清楚试验报告的内容。
2. 清楚变压器交接试验的标准。

三、评分标准

行业：电力工程　　　　工种：用电检查员　　　　等级：一

编号	JC1ZY0202	行为领域	e	鉴定范围			
考核时限	40min	题型	A	满分	100 分	得分	
试题名称	客户 35kV 油浸变压器试验报告审查						
考核要点及其要求	（1）试验测试项目审查 ①绝缘电阻测量；②铁芯、夹件绝缘电阻；③绕组泄漏电流；④绕组的 tanδ；⑤直流电阻；⑥电压比；⑦电压矢量关系；⑧有载调压开关切换试验；⑨绝缘油试验。 （2）履行工作手续完备 （3）审查无漏项 （4）用电检查结果通知书填写正确、规范						
现场设备、工具、材料	（1）工作现场具备设备：提供 4 份及以上的试验报告（报告内容完整、不完整；试验参数正确、不正确），考生从其中抽起一份进行审查 （2）工具：碳素笔、计算机						

续表

评分标准						
序号	作业名称	质量要求	分值	扣分标准	扣分原因	得分
1	着装	穿工作服	5	未穿工作服扣5分		
2	证件出示	出示用电检查证	5	未出示扣5分		
3	检查出具试报告单位资质	出具试验报告的单位是否具有电监会颁发的“承装（修、试）电力设施许可证”，并具有相应的资格等级	5	未检查扣5分		
4	检查设备铭牌	设备铭牌内容是否完备，主要性能参数是否记录齐全	10	未检查一项扣2分，扣完为止		
5	检查试验条件	试验环境（温度、湿度）、试验时间（静置时间达到后方可取油样等）是否符合GB 50150—2006的规定	10	未检查一项扣2分，扣完为止		
6	检查试验数据及引用标准	（1）试验数据应符合GB 50150—2006的要求，部分数据还应与设备出厂参数相比较，结果应符合交接标准及厂家技术要求的规定 （2）对不符合要求的数据，应有备注或要求生产厂家出具有效力的保证函之类的纸质材料，附加报告之后 ① 绝缘电阻测量 ② 铁芯、夹件绝缘电阻 ③ 绕组泄漏电流 ④ 绕组的tanδ ⑤ 直流电阻 ⑥ 电压比 ⑦ 电压矢量关系 ⑧ 有载调压开关切换试验 ⑨ 绝缘油试验	30	测试数据缺项或错误一项扣3分，扣完为止		
7	检查试验报告的完整性	（1）报告应有明确的结论或原因说明 （2）试验负责人、审核人及监理签字应齐全，还应注意审核签字日期与试验日期的逻辑关系 （3）试验报告应完整，单份报告中应无缺陷、无漏项；整份报告中，工程中所有一次设备均应有相关试验数据支撑，否则不具备投运条件	20	（1）结论错误扣10分 （2）检查报告不完整一项扣3分 （3）扣完为止		

续表

序号	考核项目名称	质量要求	分值	扣分标准	扣分原因	得分
8	用电检查工作单、用电检查结果通知书	(1) 按规定填写用电检查工作单与检查内容相符 (2) 用电检查结果通知书填写正确，无错漏	15	(1) 未填用电检查工作单或填写错误扣5分 (2) 未填写用电检查结果通知书扣10分，遗漏一项扣3分 (3) 扣完为止		

2.2.5 JC1ZY0203 110kV双电源客户受电工程图纸审查

一、作业

（一）工具和材料

1. 工具：计算器、碳素笔、草稿纸。

2. 材料：双电源110kV用户供电方案及受电工程设计图纸。

（二）审查的依据要求

对110kV及以上受电工程设计进行审查，应依据国家和电力行业的有关设计标准、规程进行，同时应该按照当地供电部门确定的供电方案要求选择电源、架设线路、设计配电设备等，如果确实需要修改供电方案的，必须经过供电方案批复部门同意。设计时，倡导采用节能环保的先进技术和产品，禁止使用国家明令淘汰的产品。设计审查主要包括以下标准、规程：

GB 311.1—2012《绝缘配合　第1部分：定义、原则和规则》

GB/T 14549—1993《电能质量　公用电网谐波》

GB 50034—2013《建筑照明设计规范》

GB 50038—2005《人民防空地下室设计规范》

GB 50052—2009《供配电系统设计规范》

GB 50053—2013《10kV及以下变电所设计规范》

GB 50054—2011《低压配电设计规范》

GB 50057—2010《建筑物防雷设计规范》

GB 50058—2014《爆炸危险环境电力装置设计规范》

GB 50059—2011《35kV～110kV变电站设计规范》

GB 50060—2008《3～110kV高压配电装置设计规范》

GB 50061—2010《66kV及以下架空电力线路设计规范》

GB 50096—2011《住宅设计规范》

GB 50217—2018《电力工程电缆设计规范》

GB 50227—2017《并联电容器装置设计规范》

GB/T 50062—2008《电力装置的继电保护和自动装置设计规范》

GB/T 50063—2017《电力装置电测量仪表装置设计规范》

DL/T 401—2017《高压电缆选用导则》

DL/T 448—2016《电能计量装置技术管理规程》

DL/T 601—1996《架空绝缘配电线路设计技术规程》

DL/T 620—1997《交流电气装置的过电压保护和绝缘配合》

DL/T 5003—2017《电力系统调度自动化设计技术规程》

DL/T 5044—2014《电力工程直流电源系统设计技术规程》

DL/T 5092—1999《（110～500）kV架空送电线路设计技术规程》

DL/T 5103—2012《35kV～110kV无人值班变电站设计规程》

DL/T 5154—2012《架空输电线路杆塔结构设计技术规定》

DL/T 5216—2017《35kV～220kV城市地下变电站设计规定》

DL/T 5219—2014《架空输电线路基础设计技术规程》

DL/T 5220—2005《10kV及以下架空配电线路设计技术规程》

DL/T 5221—2016《城市电力电缆线路设计技术规定》

DL/T 5222—2005《导体和电器选择设计技术规定》

DL/T 5352—2018《高压配电装置设计规范》

Q/G DW161—2007《线路保护及辅助装置标准化设计规范》

JGJ 16—2008《民用建筑电气设计规范（附条文说明［另册］）》

（三）审查步骤及要点

1. 审查步骤。

审查应提供的资料。110kV受电工程客户用电容量较大，并且多数采用专线供电，这类客户应提供对应供电设备的图纸，以审核110kV受电工程设备、保护、调度远动等是否与供电设备配套。其他审查资料，应包括以下内容：

（1）设计单位资质材料。

（2）受电工程设计及说明书。

（3）用电负荷分布图以及用电负荷性质。

（4）主要电气设备一览表。

（5）影响电能质量的用电设备清单。

（6）隐蔽工程设计材料。

（7）主要生产设备、生产工艺耗电以及允许中断供电时间。

（8）高压受电设备一、二次接线图及平面布置图。

（9）用电功率因数计算及无功补偿方式。

（10）继电保护、过电压保护及电能计量的方式。

（11）配电网络布置图。

（12）对有冲击负荷、不对称负荷、非线性负荷等有可能影响电网供电的客户，还应提供消除其他对电网不良影响的技术措施及有关的设计资料。

（13）供电企业认为应提供的其他资料。

2. 审查设计单位的资质

110kV受电工程设计单位必须取得相应的设计资质，根据原中华人民共和国建设部2007年修订的《工程设计资质标准》规定，设计资质分为四个序列：工程设计综合资质、工程设计行业资质、工程设计专业资质、工程设计专项资质。

工程设计综合资质是指涵盖21个行业的设计资质；工程设计行业资质是指涵盖某个行业资质标准中的全部设计类型的设计资质；工程设计专业资质是指某个行业资质标准中某个专业的设计资质；工程设计专项资质是指为适应和满足行业发展的需要，对已形成产业的专项技术独立进行设计以及设计、施工一体化而设立的资质。

根据《工程设计资质标准》规定，110kV受电工程的设计单位必须取得工程设计综合资质、电力行业工程设计丙级（变电工程、送电工程）以上资质、电力专业工程设计丙级

（变电工程、送电工程）以上资质。

3. 审查设计图纸。

110kV 受电工程设计图纸包括以下内容：

（1）供配电专业的各级电压主配电装置配置图、主控制室和继电器室平面布置图、主变压器及高压电抗器继电保护原理图及接线图、计算机监控系统方框图、站用电系统图、直流系统图、控制保护逻辑图，二次接线回路图和屏面布置图、同期系统图、UPS 系统接线图、蓄电池布置图、站用电屏布置图、二次线安装接线图、端子排图等。

（2）送电专业的两端变电站进出线平面布置图、单项短路电流曲线、涞航线组装图等。

（3）变电土建专业的站址位置图、总平面布置图、竖向布置及站址排水图、站区综合管道平面图、主控制楼和屋内配电装置建筑/立面图、屋外构架透视图、构架组装图、基础平面布置图、设备支架平面布置图、主控制楼和主配电装置结构和基础及沟道布置图、通信调度楼建筑与结构布置图、辅助建筑施工图、站区沟道施工图、道路平面布置图、围墙和挡土墙施工图、屋外构架及基础施工图、设备支架及基础施工图、土方平衡图、梁板柱沟道及楼梯配筋图、建筑构配件加工图、节点大样图、门窗加工订货图；变电其他专业的自动控制盘盘面布置图、采暖通风系统布置图、管道施工图、控制信号原理接线图、采暖通风设备制造总图、非标准设备制造图、热工仪表单元接线图及控制盘背面接线图、排水计量装置安装图等。

（4）安装调相机的还包括设计调相机的有关图纸。

4. 审查要点。

（1）设计图纸是否依据有关技术标准、规程、规范、设计手册和图集要求。

（2）设计图纸是否按照供电部门批复的供电方案进行设计。

（3）规程概况叙述是否详细，应分析该受电工程在系统中的地位，对系统有无影响。

（4）提供的设计图纸内容明细是否齐全。

（5）电力系统供电电源是否满足客户用电的可靠性。

（6）电源线路路径是否合理，地形与交通对线路有无影响，主要交叉跨越是否满足安全要求等；导线截面积选择的规格能否满足客户长远用电负荷增长的需求。

（7）变电站地址选择的是否合理，各级电压的电气设备布置是否合理。

（8）所有高、低压设备的选型是否合理，是否有淘汰和高耗能设备。

（9）变电站主接线方式、各级电压出现方式是否满足客户用电负荷、安全要求。

（10）是否有专用的电容器室，安装电容器容量是否满足就地平衡要求；是否满足《供用电营业规则》对无功补偿的规定。

（11）有冲击、不对称和谐波负载的客户应有谐波治理措施。

（12）电能计量装置准确度等级是否符合规程，电流互感器、电压互感器的变比和准确度等级是否满足规程规定。

（13）双电源供电的客户电气设备运行方式是否合理，是否满足用电负荷的要求。

（14）调度自动化及通信是否满足国家和电力行业规定。

（15）安装的保护装置是否能满足所有电气设备对保护的要求。

（16）应根据有关规定时限进行审核，高压供电的客户审核时间最长不超过一个月。

（17）将审核结果填写在“客户受电工程图纸审核结果通知单”中，以书面形式答复客户。

（18）当地供电部门对客户要求的其他注意事项。

二、考核

（一）考核场地

1. 双电源110kV用户供电方案及受电工程设计图纸。

2. 场地面积应能同时容纳多个工位（办公桌），并能保证工位之间的距离合适，每个工位配有桌椅、办公器材。

（二）考核时间

考核时间为40min，从报审查开始到报审查完毕止。

（三）考核要点

1. 审查客户提交的设计审查资料是否齐全。

2. 审查设计单位的资质是否符合规定要求。

3. 审查设计图纸的内容是否全面。

4. 审查要点是否考虑周全并符合技术、标准及规定要求。

三、评分标准

行业：电力工程　　　　工种：用电监察员　　　　等级：一

编号	JC1ZY0203	行为领域	e	鉴定范围			
考核时限	40min	题型	B	满分	100分	得分	
试题名称	110kV双电源客户受电工程图纸审查						
考核要点及其要求	（1）给定条件：某公司申请正式用电，新建110kV专用变电站一座，新装63000kV·A变压器两台，负荷性质为大工业用电，对供电可靠性的要求为非重要用户 （2）电源方案：主供电源由涞水变电站4号母线111间隔出专线至该户新建专用变电站对其供电，供电电压等级为110kV，供电容量为126000kV·A（63000×2）。备用电源由涞水变电站5号母线112间隔出专线至该户新建专用变电站对其供电，供电电压等级为110kV，供电容量为126000kV·A（63000×2） （3）主、备供总表电价类别均为大工业电价，采用高供高计，分别装于主、备供进线处 （4）电气主接线形式为双母线分段接线，运行方式为双电源供电 （5）继电保护要求：零序、差动 （6）根据以上给定条件审查用户受电工程设计图纸中的错误						
现场设备、工具、材料	工作现场具备的材料：用户供电方案、受电工程设计图纸 工作现场具备的工具：计算器、碳素笔、草稿纸						
备注	考评员根据评分标准中的要求自行设置设计图纸中的错误点，考生找出并改正错误即得分，否则扣分						

评分标准

序号	作业名称	质量要求	分值	扣分标准	扣分原因	得分
1	审查提供的资料	（1）设计单位资质材料 （2）受电工程设计及说明书 （3）用电负荷分布图及性质 （4）主要电气设备一览表	10	未发现缺少资料，每项扣1分，扣完为止		

续表

序号	考核项目名称	质量要求	分值	扣分标准	扣分原因	得分
		(5) 影响电能质量的用电设备清单 (6) 隐蔽工程设计资料 (7) 主要生产设备、生产工艺耗电以及允许中断供电时间 (8) 高压受电设备一、二次接线图及平面布置图 (9) 功率因数计算及无功补偿方式 (10) 继电保护、过电压保护及电能计量的方式 (11) 配电网络布置图 (12) 有冲击负荷、不对称负荷、非线性负荷等可能影响电网供电的客户，还应提供消除其对电网不良影响的技术措施及有关的设计资料				
2	审查设计单位资质	110kV受电工程的设计单位必须取得工程设计电力行业工程设计丙级（变电工程、送电工程）以上资质	10	(1) 工程类别错误的，扣5分 (2) 资格等级错误的，扣5分		
3	读懂电气主接线图	(1) 采用先上后下、从左到右的方法通读、讲解电气主接线图中各数据的意义 (2) 讲解电气主接线图结构 (3) 找出并更正接线图结构错误	30	(1) 抽取图中数据进行提问，考生讲解错误的，每项扣3分 (2) 考评员可通过更改接线方式、电气元件安装等设置错误点，考生未找出并更正的，每项扣3分 (3) 扣完为止		
4	正确配置电能表、电压及电流互感器	(1) 电能表准确度等级是否符合规程 (2) 电流互感器、电压互感器的变比是否正确 (3) 电流互感器、电压互感器准确度等级是否满足规程规定	15	电能表的安装位置、准确度等级回答错误或错图未找出并更正的，每项扣3分，共6分，扣完为止 电流互感器及电压互感器变比、准确度等级回答错误或错图未找出并更正的，每项扣3分，共9分，扣完为止		
5	核对供电方案与电气主接线图的一致性	核对客户供电方案中供电容量、电源接入、电压等级、运行方式、继电保护要求、重要客户等级、自备应急电源配置等内容与电气主接线图中是否一致，找出不相符的地方	15	未找出或找出来更正的，每项扣3分，扣完为止		

续表

序号	考核项目名称	质量要求	分值	扣分标准	扣分原因	得分
6	有关技术规定的掌握程度	（1）设计图纸是否依据有关技术标准、规程、规范、设计手册和图集要求绘制 （2）设计图纸是否按照供电部门批复的供电方案进行设计 （3）工程概况叙述是否详细，应分析该受电工程在系统中的地位，对系统有无影响 （4）提供的设计图纸内容明细是否齐全 （5）供电电源是否满足客户用电的可靠性 （6）电源线路路径是否合理，地形与交通对线路有无影响，主要交叉跨越是否满足安全要求等；导线截面积选择的规格是否满足客户长远用电负荷增长的需求 （7）变电站地址选择是否合理，各级电压的电气设备布置是否合理 （8）所有高、低压设备的选型是否合理，是否有淘汰和高耗能设备 （9）变电站主接线方式、各级电压出线方式是否满足客户用电负荷、安全要求 （10）是否有专用的电容器室，安装电容器容量是否满足就地平衡要求；是否满足《供用电营业规则》对无功补偿的规定 （11）有谐波负载的客户应有谐波治理措施 （12）双电源供电的客户电气设备运行方式是否合理，是否满足用电负荷的要求 （13）调度自动化及通信是否满足规定 （14）安装的保护装置是否能满足所有电气设备对保护的要求	20	（1）设备选型、继电保护、电源配置等回答错误或错图未找出并更正的，每项扣2分，共10分扣完为止 （2）电源的可靠性、无功补偿、导线选型等回答错误或错图未找出并更正的，每项扣2分，共10分扣完为止		

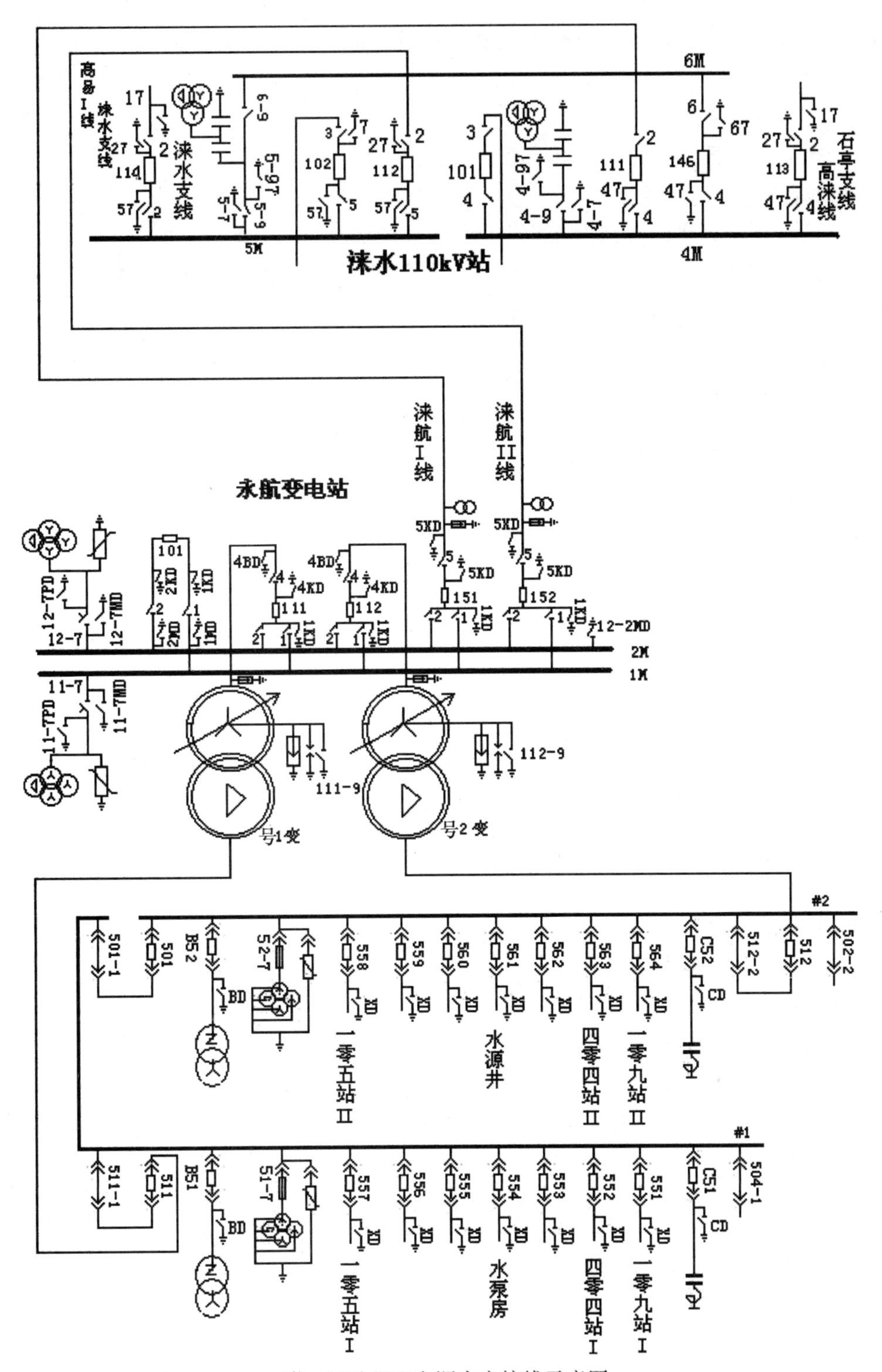

附：110kV 双电源客户接线示意图

2.2.6 JC1ZY0301 依据客户负荷明细确定供电容量

一、作业

（一）工具和材料

1. 工具：计算器、碳素笔、草稿纸。

2. 材料：客户负荷明细。

（二）确定供电容量的步骤及要点

依据客户负荷明细、应提供的资料。综合考虑设备利用率、同时系数、需用有功负荷、无功负荷以及变压器经济运行。确定供电容量的步骤为：

1. 计算各组的装机有功负荷、实际有功负荷。

2. 计算各组无功负荷。

3. 计算全厂的总有功负荷、总无功负荷、总视在负荷。

4. 考虑变压器经济负载率，确定需用变压器容量。

5. 考虑客户受电工程投资规模、电价策略以及负荷重要程度，选定需用10kV变压器台数和每台容量。

6. 确定供电容量。

二、考核

（一）考核场地

1. 客户负荷明细。

2. 场地面积应能同时容纳多个工位（办公桌），并能保证工位之间的距离合适，每个工位配有桌椅、办公器材。

（二）考核时间

考核时间为30min，从报确定供电容量开始到报确定供电容量完毕止。

（三）考核要点

1. 电工基础知识。

2. 利用率的含义及用途。

3. 同时系数的含义及用途。

4. 变压器经济运行负载率。

5. 变压器标准容量。

6. 供电容量与变压器总容量和不经变压器高压电机容量之间的关系。

三、评分标准

行业：电力工程　　　　工种：用电监察员　　　　等级：一

编号	JC1ZY0301	行为领域	e	鉴定范围			
考核时限	30min	题型	B	满分	100分	得分	
试题名称	依据客户负荷明细确定供电容量						

续表

编号	JC1ZY0301	行为领域	e	鉴定范围	
考核要点及其要求	(1) 给定条件：某机修厂配电装置对机床、长时间工作制的水泵和通风机以及卷扬机运输机组等三组负荷供电，如图JC1ZY0301-1。已知机床组（热加工车间）有50kW电动机4台，10kW电动机30台；水泵和通风机（生产用）组有100kW电动机5台；卷扬运输机组（非联锁）有70kW电动机4台。各用电设备组的需要系数及功率因数见表JC1ZY0301-1，各用电设备组之间的同时使用系数取0.85				

表 JC1ZY0301-1　用电设备组需要系数及功率因数

用电设备组名称	使用条件	需要系数 K_r	功率因数 $\cos\varphi$	$\tan\varphi$
机床组	热加工车间	0.2	0.60	1.33
水泵和通风机组	生产用	0.75	0.8	0.75
卷扬运输机组	非联锁的	0.6	0.75	0.88

请在采用需要系数法并考虑同时使用系数的情况下，确定某机修厂的供电容量

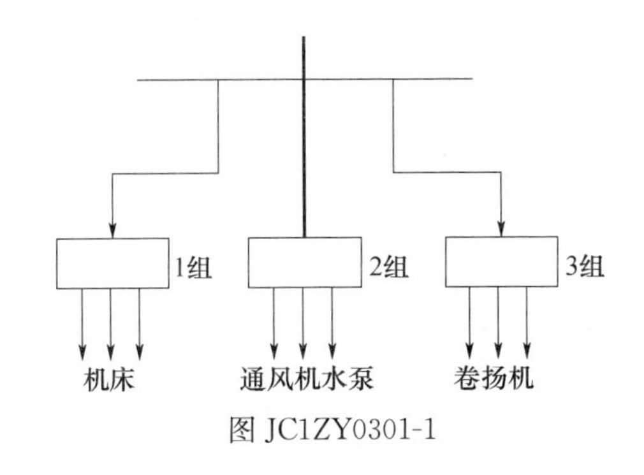

图 JC1ZY0301-1

(2) 电工基础知识

(3) 利用率、同时系数的含义及用途

(3) 变压器经济运行负载率、标准容量

(4) 供电容量与变压器总容量和不经变压器高压电机容量之间的关系

现场设备、工具、材料	工作现场具备的材料：客户负荷明细 工作现场具备的工具：计算器、碳素笔、草稿纸

评分标准

序号	作业名称	质量要求	分值	扣分标准	扣分原因	得分
1	开工准备	着装规范、穿工作服，佩戴证件	5	未按要求，一项扣2分，扣完为止		
2	工器具、资料检查	检查办公器材、客户资料是否完备齐全	5	未检查一项，扣2分，扣完为止		

续表

序号	作业名称	质量要求	分值	扣分标准	扣分原因	得分
3	计算各组负荷	(1) 机床组 装机有功负荷 $P_{11}=50\times4+10\times30=500$ (kW) 实际需用有功负荷 $P_1=0.2\times500=100$ (kW) 实际需用无功负荷 $Q_1=100\times1.33=133$ (kW) (2) 水泵和通风机 装机有功负荷 $P_{21}=100\times5=500$ (kW) 实际需用有功负荷 $P_2=0.75\times500=375$ (kW) 实际需用无功负荷 $Q_2=375\times0.75=281.3$ (kW) (3) 卷扬运输机组 装机有功负荷 $P_{31}=70\times4=280$ (kW) 实际需用有功负荷 $P_3=0.6\times280=168$ (kW) 实际需用无功负荷 $Q_3=168\times0.88=148$ (kW)	45	每个计算步骤错误，扣 5 分。每组 15 分，扣完为止		
4	计算厂总负荷	(1) 总有功负荷 $P=0.85\times(P_1+P_2+P3)=0.85\times(100+375+168)=546.55$ (kW) (2) 总无功负荷 $Q=0.85\times(Q_1+Q_2+Q_3)=0.85\times(133+281.3+148)=477.96$(kVar) (3) 总视在负荷 $S=\sqrt{P^2+Q^2}=726.1$(kV·A)	20	每个计算步骤错误，扣 8 分，扣完为止		
5	计算需用变压器容量	需用变压器容量＝总视在负荷/变压器经济负载率＝726.1/0.75＝968.11 (kV·A)	6	计算公式错误，扣 3 分 计算结果错误，扣 3 分 说明：变压器经济负载率选择为 0.70～0.75 之间并计算正确的不扣分		
6	确定变压器台数和容量	考虑受电工程投资、电价策略以及负荷重要程度，选定 1 台 1000kV·A 变压器	8	(1) 未选，扣 8 分 (2) 选定错误，扣 4 分 说明：需用变压器容量大于 1000kV·A时，选择 1 台 1250kV·A 变压器或 2 台 630kV·A 或 630＋400kV·A 的不扣分		

续表

序号	作业名称	质量要求	分值	扣分标准	扣分原因	得分
7	**确定供电容量**	供电容量＝变压器容量总和＝1×1000kV·A＝1000kV·A	6	未确定，扣6分 说明：对应供电容量为1030kV·A、1250kV·A、1260kV·A的不扣分		
9	**清理现场**	清理现场杂物，恢复物品原状	5	未清理，扣3分 未恢复，扣2分		

2.2.7 JC1ZY0302 高压客户接入系统和受电系统供电方案编制

一、作业

（一）工具和材料

1. 工具：计算器、碳素笔、草稿纸。

2. 材料：高压新装客户基本信息、现场勘查信息、客户用电申请登记表、客户主要用电设备清单。

（二）编制供电方案的基本原则

1. 应能满足供用电安全、可靠、经济、运行灵活、管理方便的要求，并留有发展余度。

2. 符合电网建设、改造和发展规划要求；满足客户近期、远期对电力的需求，具有最佳的综合经济效益。

3. 具有满足客户需求的供电可靠性及合格的电能质量。

4. 符合相关国家标准、电力行业技术标准和规程，以及技术装备先进要求，并应对多种供电方案进行技术经济比较，确定最佳方案。

（三）编制供电方案的基本要求

1. 根据电网条件以及客户的用电容量、用电性质、用电时间、用电负荷重要程度等因素，确定供电方式和受电方式。

2. 根据重要客户的分级确定供电电源及数量、自备应急电源及非电性质的保安措施配置要求。

3. 根据确定的供电方式及国家电价政策确定电能计量方式、用电信息采集终端安装方案。

4. 根据客户的用电性质和国家电价政策确定计费方案。

5. 客户自备应急电源及非电性质保安措施的配置、谐波负序治理的措施应与受电工程同步设计、同步建设、同步验收、同步投运。

6. 对有受电工程的，应按照产权分界划分的原则，确定双方工程建设出资界面。

（四）高压客户供电方案编制的主要内容

1. 客户基本用电信息：户名、用电地址、行业、用电性质、负荷分级，核定的用电容量，拟定的客户分级。

2. 供电电源及每路进线的供电容量。

3. 供电电压等级，供电线路及敷设方式要求。

4. 客户电气主接线及运行方式，主要受电装置的容量及电气参数配置要求。

5. 计量点的设置，计量方式，计费方案，用电信息采集终端安装方案。

6. 无功补偿标准、应急电源及保安措施配置，谐波治理、继电保护、调度通信要求。

7. 受电工程建设投资界面。

8. 供电方案的有效期。

9. 其他需说明的事宜。

二、考核

（一）考核场地

1. 高压新装客户基本信息、现场勘查信息、客户用电申请登记表、客户主要用电设备清单。

2. 场地面积应能同时容纳多个工位（办公桌），并能保证工位之间的距离合适，每个工位配有桌椅、办公器材。

（二）考核时间

考核时间为45min，从供电方案编制开始到供电方案编制完毕止。

（三）考核要点（按表JC1ZY0302-3“高压供电方案答复单”中横线答题操作）

1. 补充客户基本信息。

2. 供电电源及每路进线的供电容量。

3. 供电电压等级、供电线路及敷设方式要求。

4. 客户电气主接线及运行方式，主要受电装置的容量及电气参数配置要求。

5. 无功补偿标准、应急电源及保安措施配置，谐波治理、继电保护、调度通信要求。

三、评分标准

行业：电力工程　　　　　　　　　　工种：用电监察员　　　　　　　　　　等级：一

编号	JC1ZY0302	行为领域	e	鉴定范围			
考核时限	45min	题型	B	满分	100分	得分	
试题名称	高压客户接入系统和受电系统供电方案编制						
考核要点及其要求	1）给定条件： （1）高压新装客户基本信息：经过规划批准，某市决定在经济开发区内新建第三污水处理厂，主要承担开发区污水处理工作，该开发区规划要求新建管线全部入地敷设。2014年8月26日，第三污水处理厂向供电公司提交了用电申请，用电设备额定容量为2010kW，自然功率因数为0.8，用电设备同时系数为0.8，其中保安负荷按全容量配置。客户负责投资建设从其受电装置至供电电源点的配套电气工程。 （2）现场勘查信息：经现场勘查，经济开发区内10kV供电系统均为中性点不接地运行方式，新建第三污水处理厂附近仅有以下供电电源： ① 110kV新华变电站10kVⅠ段母线出线的新华1号线（公用）全部为电缆线路，线路可开放容量1100kV·A；该线路3号环网柜与该厂处于同一道路同一侧，距该厂直线距离为0.3km，且有空余的第4开关间隔。路径全程可以纳入城区管网规划。 ② 110kV安平变电站10kVⅠ段母线出线的安平1号线（公用）全部为电缆线路，线路可开放容量1500kV·A；该线路5号环网柜距该厂直线距离为0.5km，且有空余的第3开关间隔；路径全程可以纳入城区管网规划。 ③ 110kV安平变电站10kVⅠ段母线出线的安平2号线（公用）全部为电缆线路，线路可开放容量1100kV·A；该线路8号环网柜距该厂直线距离为1.2km，且有空余的第5开关间隔；路径全程可以纳入城区管网规划。 ④ 110kV锦江变电站10kVⅡ段母线出线的锦江6号线（公用）全部为架空线路，线路可开放容量2000kV·A；该线路17号杆（转角杆）距该厂最近，直线距离为1.2km，且线路与该厂之间相隔一条高速客运铁路专线。 ⑤110kV祥和变电站10kVⅠ段母线出线的祥和号#线（公用）全部为电缆线路，线路可开放容量1600kVA；该线路6号环网柜距该厂直线距离为1.5km，且有空余的第2开关间隔；路径全程可以纳入城区管网规划。 3）其他说明：①变压器负载率按照70%考虑。②按照受电变压器额定容量配置计量装置。③不同用电类别应分别设计量装置。④高峰负荷时用电功率因数标准按照《国家电网公司业扩供电方案编制导则》执行。表JC1ZY0302-1所列为客户用电申请登记表；表JC1ZY0302-2所列为客户主要用电设备清单							

续表

编号	JC1ZY0302	行为领域	e	鉴定范围	
考核要点及其要求	2）补充客户基本信息 3）供电电源及每路进线的供电容量要求 4）供电电压等级，供电线路及敷设方式要求 5）客户电气主接线及运行方式，主要受电装置的容量及电气参数配置要求 6）无功补偿标准、应急电源及保安措施配置，谐波治理、继电保护、调度通信要求				
现场设备、工具、材料	（1）工作现场具备的材料：客户负荷明细、高压新装客户基本信息、现场勘查信息、客户用电申请登记表、客户主要用电设备清单 （2）工作现场具备的工具：计算器、碳素笔、草稿纸				

评分标准

序号	作业名称	质量要求	分值	扣分标准	扣分原因	得分
1	开工准备	着装规范、穿工作服，佩戴证件	4	未按要求的，一项扣2分，扣完为止		
2	工器具、资料检查	检查办公器材、客户资料是否完备齐全	5	未检查的，一项扣2分，扣完为止		
3	补充客户基本信息	（1）用电类别：大工业或工商业及其他（两部制） （2）拟定客户分级：二级或二级重要客户 （3）供电容量：2500kV·A	6	（1）答错或未补充，扣2分 （2）答错或未补充，扣2分 （3）答错或未补充，扣2分		
4	编制客户接入系统方案	（1）供电企业向客户提供双电源或双回路三相交流50Hz电源 （2）第一路电源电源性质：主供电源类型：公用或专变 供电电压：10kV 供电容量：1250kV·A 供电电源接电点：110kV安平变电站10kV安平1号线、5号环网柜第3开关间隔 进出线路敷设方式及路径：建议采用电缆敷设方式 （3）第二路电源电源性质：主供电源类型：公用或专变 供电电压：10kV 供电容量：1250kV·A 供电电源接电点：110kV祥和变电站祥和5号线、6号环网柜第2开关间隔 进出线路敷设方式及路径：建议采用电缆敷设方式 （4）产权分界点均设在现有电源点出线开关处	42	（1）答错或未编制，扣3分 （2）每个项目答错或未编制，扣3分。共18分 （3）每个项目答错或未编制，扣3分。共18分 （4）答错或未编制，扣3分		

续表

序号	考核项目名称	质量要求	分值	扣分标准	扣分原因	得分
5	编制客户受电系统方案	（1）受电点建设类型：采用变电所或变电站或变电室或配电室或配电所方式 （2）受电容量：合计2500kV·A （3）电气主接线：采用单母线分段或线路变压器组方式 （4）运行方式：电源采用两回进线同时运行方式，电源联锁采用电气和机械联锁 （5）无功补偿：在高峰负荷时的功率因数不宜低于0.95 （6）继电保护：宜采用数字式继电保护装置，电源进线采用相间短路保护或过负荷保护或单相接地保护或带时限速断、过电流保护或主保护、后备保护和异常运行保护，必要时可增设辅助保护 （7）调度、通信及的自动化：与电力调度部门或用电检查部门建立调度关系；通信方案建议利用用电信息采集系统采集客户端的电流、电压及负荷等相关信息，配置专用通信市话与调度部门进行联络 （8）客户自备应急电源容量应不低于200kW （9）电能质量要求：如果存在非线性负荷设备接入电网，应委托有资质的机构出具电能质量评估报告，并提交初步治理技术方案	33	（1）答错或未编制，扣3分 （2）答错或未编制，扣3分 （3）答错或未编制，扣3分 （4）每个答错或未编制，扣3分，如果电气主接线处填：线路变压器组，则未编制不扣分，共6分 （5）答错或未编制，扣3分 （6）答错或未编制，扣3分 （7）每个项目答错或未编制，扣3分，共6分 （8）答错或未编制，扣3分 （9）答错或未编制，扣3分		
6	答题	集中在高压供电方案答复单上答题	5	未在高压供电方案答复单答题，扣3分		
7	清理现场	清理现场杂物，恢复物品原状	5	未清理，扣3分，未恢复，扣2分		

表 JC1ZY0302-1　客户用电申请登记表

客户基本信息			
户　　名	第三污水处理厂	户　　号	20160826
（证件名称）	营业执照	（证件号码）	011011＊＊＊＊＊＊
行　　业	污水处理行业	重要客户	是☑　　否□
用电地址	＊＊＊县（市/区）　＊＊＊街道（镇/乡）　＊＊＊社区（居委会/村）		
	＊＊＊道路　＊＊＊　小区　＊＊＊组团（片区）		
通信地址	某市黄花岗路 28 号	邮编	258411
电子邮箱	dswsclc＊＊＊@163. com		
法人代表	董某某	身份证号	2589471956745＊＊＊＊＊
固定电话	5854＊＊＊	移动电话	1384368＊＊＊＊
客户经办人资料			
经办人	王某某	身份证号	2589471979745＊＊＊＊＊
固定电话	5854＊＊＊	移动电话	1394362＊＊＊＊
用电需求信息			
业务类型	新装☑　增容□　临时用电□		
用电类别	工业☑　非工业□　商业□　农业□　其他□		
第一路电源容量	—	原有容量：千伏安　申请容量：千伏安	
第二路电源容量	—	原有容量：千伏安　申请容量：千伏安	
申请容量	2010 千伏安		
自备电源	有☑　　无□	容　　量：　200 千瓦	
需要增值税发票	是☑　　否□	非线性负荷	有□　　无☑

特别说明：

本人（单位）已对本表及附件中的信息进行确认并核对无误，同时承诺提供的各项资料真实、合法、有效。

经办人签名（单位盖章）：

2016 年 8 月 26 日

供电企业填写	受理人：张某	申请编号：02578874596
	受理日期：　2016 年 8 月 26 日	供电企业（盖章）：＊＊＊

表 JC1ZY0302-2　客户主要用电设备清单

户　　号	20140826	申请编号	02578874596
户　　名	第三污水处理厂		

序号	设备名称	型号	总容量	负荷等级	备注
1	降解设备 1	＊＊＊	2 台×100 千瓦	二级	
2	降解设备 2	＊＊＊	2 台×50 千瓦	二级	保安负荷
3	沉淀设备 1	＊＊＊	2 台×100 千瓦	二级	
4	沉淀设备 2	＊＊＊	2 台×50 千瓦	二级	保安负荷
5	水泵	＊＊＊	4 台×95 千瓦	二级	

续表

序号	设备名称	型号	总容量）	负荷等级	备注
6	控制设备	＊＊＊	4 台×220 千瓦	三级	
7	办公用电	＊＊＊	150 千瓦	三级	
用电设备容量合计： ＊＊＊台 2010 千瓦			根据用电设备容量及用电情况统计用户需求负荷为 2010 千瓦		

经办人签名（单位盖章）： 2016 年 8 月 26 日

表 JC1ZY0302-3 高压供电方案答复单

<table>
<tr><td colspan="5">客户基本信息</td></tr>
<tr><td>户　　号</td><td>20140826</td><td>申请编号</td><td>02578874596</td><td rowspan="6">（档案标识二维码）</td></tr>
<tr><td>户　　名</td><td colspan="3">第三污水处理厂</td></tr>
<tr><td>用电地址</td><td colspan="3">某市黄花岗路 28 号</td></tr>
<tr><td>用电类别</td><td></td><td>行业分类</td><td>污水处理行业</td></tr>
<tr><td>拟定客户分级</td><td></td><td>供电容量</td><td>千伏安</td></tr>
<tr><td>联系人</td><td>王某某</td><td>联系电话</td><td>58546＊＊＊</td></tr>
</table>

营业费用			
费用名称	单价（元/千伏安）	数量/容量	应收金额（元）
＊＊＊	＊＊＊	＊＊＊	＊＊＊

告知事项

依据国家有关政策、贵户用电需求以及当地供电条件，经双方协商一致，现将贵户供电方案答复如下：

☑受电工程具备供电条件，供电方案详见正文。

口为受电工程不具备供电条件，主要原因是　/　，待具备供电条件时另行答复。

本供电方案有效期自客户签收之日起一年内有效。如遇有特殊情况，需延长供电方案有效期的，客户应在有效期到期前十天向供电企业提出申请，供电企业视情况予以办理延长手续。

贵户接到本通知后，即可委托有资质的电气设计、承装单位进行设计和施工。

请贵户在竣工报验前交清上述营业费用。

客户签名（单位盖章）：　　　　供电企业（盖章）：

年　月　日　　　　年　月　日

一、客户接入系统方案

1. 供电电源情况

供电企业向客户提供　　　　　　　　三相交流 50Hz 电源。

（1）第一路电源

电源性质：________　　　　电源类型：________

供电电压：________千伏安　　　　供电容量：________千伏安

供电电源接电点：________

进出线路敷设方式及路径：建议________，具体路径和敷设方式以设计勘察结果以及政府规划部门最终批复为准。

（2）第二路电源

电源性质：________　　　　　　　　电源类型：________

供电电压：________千伏　　　　　　供电容量：________千伏安

供电电源接电点：____________________________________

进出线路敷设方式及路径：建议________，具体路径和敷设方式以设计勘察结果以及政府规划部门最终批复为准。产权分界点均设在________处。

二、客户受电系统方案

1. 受电点建设类型：采用________方式

2. 受电容量：合计________千伏安

3. 电气主接线：采用________方式。

4. 运行方式：电源采用________方式，电源联锁采用________方式

5. 无功补偿：按无功电力就地平衡的原则，按照国家标准、电力行业标准等规定设计并合理装设无功补偿设备。补偿设备宜采用自动投切方式，防止无功倒送，在高峰负荷时的功率因数不宜低于________。

6. 继电保护：宜采用数字式继电保护装置，电源进线采用____________。

7. 调度、通信及其自动化：与____建立调度关系；配置相应的通信自动化装置进行联络，通信方案建议____________________。

8. 自备应急电源及非电保安措施：客户自备应急电源容量应不低于________千瓦。

9. 电能质量要求：

(1) 如果存在________负荷设备接入电网，应委托有资质的机构出具电能质量评估报告，并提交初步治理技术方案。

(2) 用电负荷注入公用电网连接点的谐波电压限值及谐波电流允许值应符合《电能质量公用电网谐波》GB/T 14549 国家标准的限值。

(3) 冲击性负荷产生的电压波动允许值，应符合《电能质量电压波动和闪变》GB/T 12326 国家标准的限值。

2.2.8 JC1ZY0303 高压客户计量和计费供电方案编制

一、作业

（一）工具和材料

1. 工具：计算器、碳素笔、草稿纸。

2. 材料：高压新装客户基本信息、现场勘查信息、客户用电申请登记表、客户主要用电设备清单。

（二）编制供电方案的基本原则

1. 应能满足供用电安全、可靠、经济、运行灵活、管理方便的要求，并留有发展余度。

2. 符合电网建设、改造和发展规划要求；满足客户近期、远期对电力的需求，具有最佳的综合经济效益。

3. 具有满足客户需求的供电可靠性及合格的电能质量。

4. 符合相关国家标准、电力行业技术标准和规程，以及技术装备先进要求，并应对多种供电方案进行技术经济比较，确定最佳方案。

（三）编制供电方案的基本要求

1. 根据电网条件以及客户的用电容量、用电性质、用电时间、用电负荷重要程度等因素，确定供电方式和受电方式。

2. 根据重要客户的分级确定供电电源及数量、自备应急电源及非电性质的保安措施配置要求。

3. 根据确定的供电方式及国家电价政策确定电能计量方式、用电信息采集终端安装方案。

4. 根据客户的用电性质和国家电价政策确定计费方案。

5. 客户自备应急电源及非电性质保安措施的配置、谐波负序治理的措施应与受电工程同步设计、同步建设、同步验收、同步投运。

6. 对有受电工程的，应按照产权分界划分的原则，确定双方工程建设出资界面。

（四）高压客户供电方案编制的主要内容

1. 客户基本用电信息：户名、用电地址、行业、用电性质、负荷分级，核定的用电容量，拟定的客户分级。

2. 供电电源及每路进线的供电容量。

3. 供电电压等级，供电线路及敷设方式要求。

4. 客户电气主接线及运行方式，主要受电装置的容量及电气参数配置要求。

5. 计量点的设置，计量方式，计费方案，用电信息采集终端安装方案。

6. 无功补偿标准、应急电源及保安措施配置，谐波治理、继电保护、调度通信要求。

7. 受电工程建设投资界面。

8. 供电方案的有效期。

9. 其他需说明的事宜。

二、考核

（一）考核场地

场地面积应能同时容纳多个工位（办公桌），并能保证工位之间的距离合适，每个工位配有桌椅、办公器材。

（二）考核时间

考核时间为45min，从供电方案编制开始到供电方案编制完毕止。

（三）考核要点（按表JC1ZY0303-3“高压供电方案答复单”中横线答题操作）

1. 补充客户基本信息。

2. 计量点的设置，计量方式，计费方案，用电信息采集终端安装方案。

3. 供电方案的有效期。

三、评分标准

行业：电力工程　　　　工种：用电监察员　　　　等级：一

编号	JC1ZY0303	行为领域	e	鉴定范围			
考核时限	45min	题型	B	满分	100分	得分	
试题名称	高压客户计量和计费供电方案编制						
考核要点及其要求	1）给定条件： （1）高压新装客户基本信息：经过规划批准，某市决定在经济开发区内新建第三污水处理厂，主要承担开发区污水处理工作，该开发区规划要求新建管线全部入地敷设。2016年8月26日，第三污水处理厂向供电公司提交了用电申请，用电设备额定容量2010kW，自然功率因数为0.8，用电设备同时系数为0.8，其中保安负荷按全容量配置。客户负责投资建设从其受电装置至供电电源点的配套电气工程 （2）现场勘查信息：经现场勘查，经济开发区内10kV供电系统均为中性点不接地运行方式，新建第三污水处理厂附近仅有以下供电电源： ① 110kV新华变电站10kVⅠ段母线出线的新华1号线（公用）全部为电缆线路，线路可开放容量1100kV·A；该线路3号环网柜与该厂处于同一道路同一侧，与该厂直线距离为0.3km，且有空余的第4开关间隔。路径全程可以纳入城区管网规划 ② 110kV安平变电站10kVⅠ段母线出线的安平1号线（公用）全部为电缆线路，线路可开放容量1500kV·A；该线路5号环网柜与该厂直线距离为0.5km，且有空余的第3开关间隔。路径全程可以纳入城区管网规划 ③ 110kV安平变电站10kVⅠ段母线出线的安平2号线（公用）全部为电缆线路，线路可开放容量1100kV·A；该线路8号环网柜与该厂直线距离为1.2km，且有空余的第5开关间隔；路径全程可以纳入城区管网规划 ④ 110kV锦江变电站10kVⅡ段母线出线的锦江6号线（公用）全部为架空线路，线路可开放容量2000kV·A；该线路17号杆（转角杆）距该厂最近，直线距离为1.2km，且线路与该厂之间相隔一条高速客运铁路专线 ⑤ 110kV祥和变电站10kVⅠ段母线出线的祥和5号线（公用）全部为电缆线路，线路可开放容量1600kV·A；该线路6号环网柜与该厂直线距离为1.5km，且有空余的第2开关间隔；路径全程可以纳入城区管网规划 （3）其他说明 ① 变压器负载率按照70%考虑 ② 按照受电变压器额定容量配置计量装置 ③ 不同用电类别应分别设计计量装置 ④ 高峰负荷时用电功率因数标准按照《国家电网公司业扩供电方案编制导则》执行。表JC1ZY0303-1所列为客户用电申请登记表；表JC1ZY0303-2所列为客户主要用电设备清单							

续表

编号	JC1ZY0303	行为领域	e	鉴定范围	
考核要点及其要求	2）补充客户基本信息 3）计量点的设置，计量方式，计费方案，用电信息采集终端安装方案 4）供电方案的有效期				
现场设备、工具、材料	（1）工作现场具备的材料：客户负荷明细高压新装客户基本信息、现场勘查信息、客户用电申请登记表、客户主要用电设备清单 （2）工作现场具备的工具：计算器、碳素笔、草稿纸				

评分标准

序号	作业名称	质量要求	分值	扣分标准	扣分原因	得分
1	开工准备	着装规范、穿工作服，佩戴证件	3	未按要求的，一项扣1分，扣完为止		
2	工器具、资料检查	检查办公器材、客户资料是否完备齐全	3	未按要求检查的，一项扣1分，扣完为止		
3	补充客户基本信息	（1）用电类别：大工业或大工业或工商业及其他（两部制） （2）拟定客户分级：二级或二级重要客户 （3）供电容量：2500kV·A	6	（1）答错或未补充，扣2分 （2）答错或未补充，扣2分 （3）答错或未补充，扣2分		
4	方案的有效期限	本供电方案有效期自客户签收之日起1年内有效	3	答错，扣3分		
5	编制计量点1计量、计费方案	（1）计量方式为高供高计，接线方式为三相三线，计量点电压10kV （2）电能表参数3×100V；3×1.5（6）A或3×0.3（1.2）A （3）电压互感器变比为10000/100V或10/0.1kV，准确度等级为0.2s （4）电流互感器变比为75/5或75/1，准确度等级为0.2S 电价为：10kV大工业电价或1～10kV大工业电价或10kV工商业及其他（两部制）	22	（1）每个项目答错，扣2分。共6分 （2）每个项目答错，扣2分。共4分 （3）每个项目答错，扣2分。共4分 （4）每个项目答错，扣2分。共4分 （5）答错或未编制，扣4分		
6	编制计量点2计量、计费方案	（1）计量方式为高供高计，接线方式为三相三线，计量点电压10kV （2）电能表参数3×100V；3×1.5（6）A或3×0.3（1.2）A	22	（1）每个项目答错，扣2分。共6分 （2）每个项目答错扣2分。共4分		

续表

序号	考核项目名称	质量要求	分值	扣分标准	扣分原因	得分
		（3）电压互感器变比为 10/0.1kV 或 10000/100V，准确度等级为 0.2s （4）电流互感器变比为 75/5 或 75/1，准确度等级为 0.2S （5）电价为：10kV 大工业电价或 1～10kV 大工业电价或 10kV 工商业及其他（两部制）或 1～10kV 工商业及其他（两部制）		（3）每个项目答错扣 2 分。共 4 分 （4）每个项目答错扣 2 分。共 4 分 （5）答错，扣 4 分		
7	编制计量点 3 计量、计费方案	（1）计量方式为高供低计，接线方式为三相四线，计量点电压 220/（380）V （2）电能表参数 3×220/380）或 3×380（220）V；3×1.5（6）A 或 3×0.3（1.2）A （3）电压互感器变比为无，准确度等级为无 （4）电流互感器变比为 200/5，准确度等级为 0.2S 或 0.5S （5）执行电价为：10kV 非居民照明电价或 10kV 工商业及其他（单一制）或 1～10kV 非居民照明电价或 1～10kV 工商业及其他（单一制） （6）其中计量点 3 是计量点 1 和 2 的子计量点	26	（1）每个项目答错扣 2 分。共 6 分 （2）每个项目答错扣 2 分。共 4 分 （3）每个项目答错扣 2 分。共 4 分 （4）每个项目答错扣 2 分。共 4 分 （5）答错，扣 4 分 （6）每个项目答错或未编制，扣 2 分。共 4 分		
8	用电信息采集终端安装方案	用电信息采集终端安装方案：配装专变采集终端 3 台，终端装设于计量点 1、计量点 2、计量点 3 处，用于远程监控及电量数据采集	6	每个项目答错或未编制，扣 2 分		
9	功率因数考核标准	功率因数调整电费的考核标准为标准考核的 0.90	3	答错，扣 3 分		
10	答题	集中在“高压供电方案答复单”上答题	3	未在“高压供电方案答复单”上答题，扣 3 分		
11	清理现场	清理现场杂物，恢复物品原状	3	未清理，扣 1.5 分 未恢复，扣 1.5 分		

表 JC1ZY0303-1　客户用电申请登记表

客户基本信息			
户　　名	第三污水处理厂	户　　号	20160826
(证件名称)	营业执照	(证件号码)	011011 * * * * * *
行　　业	污水处理行业	重要客户	是☑　　否□
用电地址	* * * 县（市/区）　* * * 街道（镇/乡）　* * * 社区（居委会/村） * * * 道路　　* * *　小区　　* * * 组团（片区）		
通信地址	某市黄花岗路 28 号	邮编	258411
电子邮箱	dswsclc * * * @163. com		
法人代表	董某某	身份证号	2 5 8 9 4 7 1 9 5 6 7 4 5 * * * * *
固定电话	5854 * * *	移动电话	1 3 8 4 3 6 8 * * * *
客户经办人资料			
经办人	王某某	身份证号	2 5 8 9 4 7 1 9 7 9 7 4 5 * * * * *
固定电话	5854 * * *	移动电话	1 3 9 4 3 6 2 * * * *
用电需求信息			
业务类型	新装☑　　增容□　　临时用电□		
用电类别	工业☑　　非工业□　　商业□　　农业□　　其它□		
第一路电源容量	—	原有容量：千伏安　申请容量：千伏安	
第二路电源容量	—	原有容量：千伏安　申请容量：千伏安	
申请容量	2010 千伏安		
自备电源	有☑　　无□	容　　量：　200 千瓦	
需要增值税发票	是☑　　否□	非线性负荷	有□　　无☑

特别说明：

本人（单位）已对本表及附件中的信息进行确认并核对无误，同时承诺提供的各项资料真实、合法、有效。

经办人签名（单位盖章）：

2016 年 8 月 26 日

供电企业填写	受理人：张某	申请编号：02578874596
	受理日期：2016 年 8 月 26 日	供电企业（盖章）：* * *

表 JC1ZY0303-2　客户主要用电设备清单

户　　号	20140826	申请编号	02578874596
户　　名	第三污水处理厂		

序号	设备名称	型号	总容量	负荷等级	备注
1	降解设备 1	* * *	2 台×100 千瓦	二级	
2	降解设备 2	* * *	2 台×50 千瓦	二级	保安负荷
3	沉淀设备 1	* * *	2 台×100 千瓦	二级	
4	沉淀设备 2	* * *	2 台×50 千瓦	二级	保安负荷
5	水泵	* * *	4 台×95 千瓦	二级	
6	控制设备	* * *	4 台×220 千瓦	三级	

续表

序号	设备名称	型号	总容量	负荷等级	备注
7	办公用电	* * *	150 千瓦	三级	
用电设备容量合计： * * * 台 2010 千瓦			根据用电设备容量及用电情况统计 用户需求负荷为 2010 千瓦		

经办人签名（单位盖章）：　　　　　　　　　　2016 年 8 月 26 日

表 JC1ZY0303-3　高压供电方案答复单

客户基本信息				
户　　号	20140826	申请编号	02578874596	（档案标识二维码）
户　　名	第三污水处理厂			
用电地址	某市黄花岗路 28 号			
用电类别		行业分类	污水处理行业	
拟定客户分级		供电容量	千伏安	
联系人	王某某	联系电话	58546 * * *	

营业费用			
费用名称	单价（元/千伏安）	数量（容量）	应收金额（元）
* * *	* * *	* * *	* * *
告知事项			

依据国家有关政策、贵户用电需求以及当地供电条件，经双方协商一致，现将贵户供电方案答复如下：

☑为受电工程具备供电条件，供电方案详见正文。

□为受电工程不具备供电条件，主要原因是　　，待具备供电条件时另行答复。

本供电方案有效期自客户签收之日起　　　　内有效。如遇有特殊情况，需延长供电方案有效期的，客户应在有效期到期前十天向供电企业提出申请，供电企业视情况予以办理延长手续。

贵户接到本通知后，即可委托有资质的电气设计、承装单位进行设计和施工。

请贵户在竣工报验前交清上述营业费用。

客户签名（单位盖章）：　　　　　　　　　　供电企业（盖章）：

年　月　日　　　　　　　　　　　　　　　　年　月　日

计量计费方案

1. 计量点设置计量方式计费方案：

计量点 1：

计量方式为__________，接线方式为__________，计量点电压__________千伏；

电能表参数__________伏，__________安；

电压互感器变比为__________、准确度等级为__________；

电流互感器变比为__________、准确度等级为__________；

执行电价为：______________________________；

计量点 2：

计量方式为______________，接线方式为______________，计量点电压______________千伏；

电能表参数______________伏，______________安；

电压互感器变比为______________、准确度等级为______________；

电流互感器变比为______________、准确度等级为______________；

执行电价为：____；

计量点3：

计量方式为______________，接线方式为______________，计量点电压______________千伏；

电能表参数______________伏，______________安；

电压互感器变比为______________、准确度等级为______________；

电流互感器变比为______________、准确度等级为______________；

执行电价为：______________；

其中计量点________是计量点______________的子计量点。

主计量点计量装置安装在供电设施与受电设施分界处，子计量点计量装置安装在受电点内部。

2. 用电信息采集终端安装方案：配装______________终端________台，终端装设于______________处，用于远程监控及电量数据采集。

3. 功率因数考核标准：根据国家《功率因数调整电费办法》的规定，功率因数调整电费的考核标准为______________。

根据政府主管部门批准的电价（包括国家规定的随电价征收的有关费用）执行，如发生电价和其他收费项目费率调整，按政府有关电价调整文件执行。

2.2.9 JC1ZY0401 客户并网电厂安全检查

一、作业

（一）工具和材料

1. 工具：计算器、碳素笔、草稿纸。

2. 材料：客户并网电厂模拟现场、并网调度协议、购售电合同。

（二）客户并网电厂安全管理要求

客户并网电厂与电网企业应参照并网调度协议（示范文本）和购售电合同（示范文本）及时签订并网调度协议和购售电合同，不得无协议并网运行。客户并网电厂应在电力调度机构的指挥下，落实调频、调峰、调压有关措施、保证电能质量符合国家标准。客户并网电厂继电保护和安全自动装置、调度通信、调度自动化、励磁系统及电力系统稳定器装置、调速系统、高压侧或升压站电气设备等运行和检修安全管理制度，操作票和工作票制度等，必须符合电力监管机构及所在电网有关安全管理的规定。客户并网电厂应根据发电设备检修导则和设备健康状况，提出设备检修申请，检修计划批准后厂网双方必须严格执行，保证厂网设备的安全运行。

针对电厂并入电网后可能发生的情况，造成人身伤亡、重大设备和电网损坏等恶性事故，电力企业依照有关法律法规与并网电厂签订有关合同和协议，并派遣用电检查人员进行现场安全检查。

（三）客户并网电厂安全检查的主要内容

1. 调度协议的检查。

电气值班人员持证、执行调度机构的指令、受令和回令。值班人员须熟悉工作票、操作票填写规范。一、二次设备的运行状态、接线方式是否符合调度的命令。继电保护和自动装置在校验定检过程中必须执行调度机构所下达的定值。发电机启动、并列、解列、停机均执行调度命令。调峰、调频、调压均按调度机构所下达的指示实施。设备检修按调度机构批准的计划执行。

2. 购售电合同履行情况的检查。

发电计划执行情况、计量方式符合计量规程要求，电网提供备用容量现场检查准确，电费结算方式正确。

3. 主控制室的检查。

主控室模拟图板与一次设备主接线图相符，运行方式符合调度值班员的指令。控制室干净整洁、办公用品摆放有序，规章制度和各种票据齐全正确，安全技术用品和消防设施齐全合格。控制盘外观洁净、着色统一，模拟线正确，各种仪表指示正常，盘头字清晰美观，盘前盘后编号统一。继电保护和其他自动装置外观完整无损。检无压装置和同期装置正确可靠。事故信号装置、预告信号装置完整良好：灯光和音响信息均正确无误。直流系统运行良好，充电机与蓄电池运行正常，母线电压和电池电压均合乎要求，直流系统绝缘良好，绝缘监视回路正确，无正负电源接地信号。

4. 厂内工业用电的检查。

检查厂用电继电保护装置有无异常声音和其他不良现象，各信号装置显示是否正确。生产用变压器及厂用变压器（供电气设备控制设备用）的运行温度有无变化，声音是否正常。断路器隔离开关位置和位置信号是否均一致，闭锁装置功能齐全可靠。电流、电压互感器均运行无变化，二次回路正确良好。避雷器的外观良好，记录器数字显示正确。夜间观察一次线设备的运行状况，有无打火及放电现象。发电机的接地系统为独立的接地系统，与其他的接地装置无连线。电气设备的运行、维护、检查标准与变电站发电厂（客户配电室）设备相同。无外部电源供入和对外供出情况。

二、考核

（一）考核场地

（1）客户并网电厂模拟现场。

（2）场地面积应能同时容纳多个工位（办公桌），并能保证工位之间的距离合适，每个工位配有桌椅、办公器材。

（二）考核时间

考核时间为45min，从安全检查开始到安全检查完毕止。

（三）考核要点

1. 调度协议的检查。

2. 购售电合同履行情况的检查。

3. 主控制室的检查。

4. 厂内工业用电的检查。

三、评分标准

行业：电力工程　　　　工种：用电监察员　　　　等级：一

编号	JC1ZY0401	行为领域	e	鉴定范围		
考核时限	45min	题型	B	满分	100分	得分
试题名称	客户并网电厂安全检查					
考核要点及其要求	（1）调度协议的检查 （2）购售电合同履行情况的检查 （3）主控制室的检查 （4）厂内工业用电的检查					
现场设备、工具、材料	（1）工作现场具备的材料：客户并网电厂模拟现场、并网调度协议、购售电合同 （2）工作现场具备的工具：碳素笔、草稿纸					

评分标准

序号	作业名称	质量要求	分值	扣分标准	扣分原因	得分
1	开工准备	（1）正确佩戴安全帽、穿工作服、穿绝缘鞋、戴手套 （2）正确填写工作票，履行开工许可证手续	5	（1）未按要求佩戴安全帽、穿工作服等，扣1.5分 （2）未填写工作票或工作票填写错误的，扣2分 （3）未履行开工手续，扣1.5分		
2	工器具检查	（1）熟练使用自动化办公系统 （2）电气安全器具的检查。检查低压检测电笔外观质量和电气性能，并在有电的电源插座上验电，确认正常	5	（1）指导后使用，一次扣1分，共3分，扣完为止 （2）工器具未进行检查，扣2分		

续表

序号	考核项目名称	质量要求	分值	扣分标准	扣分原因	得分
3	调度协议的检查	（1）电气值班人员持证、执行调度机构的指令、受令和回令 （2）值班人员须熟悉工作票、操作票填写规范 （3）一、二次设备的运行状态、接线方式是否符合调度的命令 （4）继点保护和自动装置在校验定检过程中必须执行调度机构所下达的定值 （5）发电机启动、并列、解列、停机均执行调度命令 （6）调峰、调频、调压均按调度机构所下达的指示实施 （7）设备检修按调度机构批准的计划执行	21	（1）～（7）每项未检查，扣3分		
4	购售电合同履行情况的检查	（1）发电计划执行执行情况 （2）计量方式符合计量规程要求 （3）电网提供备用容量现场检查准确，电费结算方式正确	9	（1）～（3）每项未检查，扣3分		
5	主控制室的检查	（1）模拟图板与一次设备主接线图相符，运行方式符合调度值班员的指令 （2）控制室干净整洁、办公用品摆放有序，规章制度和各种票据齐全正确，安全技术用品和消防设施齐全合格 （3）控制盘外观洁净、着色统一，模拟线正确，各种仪表指示正常，盘头字清晰美观，盘前盘后编号统一 （4）继电保护和其他自动装置外观完整无损 （5）检无压装置和同期装置正确可靠 （6）事故信号装置、预告信号装置完整良好，灯光和音响信息均正确无误 （7）直流系统运行良好，充电机与蓄电池运行正常，母线电压和电池电压均合乎要求，直流系统绝缘良好，绝缘监视回路正确，无正负电源接地信号	21	（1）～（7）每项未检查，扣3分		

续表

序号	考核项目名称	质量要求	分值	扣分标准	扣分原因	得分
6	厂内工业用电的检查	（1）检查发电机停运后改为电网供电情况有无变化，确认发电机的开关、刀闸已断开，电压、电流表计的指示在同样的负荷情况下有无变化 （2）继电保护装置有无异常声音和其他不良现象，各信号装置显示是否正确 （3）生产用变压器及厂用变压器（供电气设备控制设备用）的运行温度有无变化，声音是否正常 （4）断路器隔离开关位置和位置信号是否均一致，闭锁装置功能是否齐全可靠 （5）电流、电压互感器均运行无变化，二次回路正确良好 （6）避雷器的外观良好，记录器数字显示正确 （7）夜间观察一次线设备的运行状况，有无打火及放电现象 （8）发电机的接地系统为独立的接地系统，与其他的接地装置无连线。电气设备的运行、维护、检查标准与变电站发电厂（客户配电室）设备相同 （9）无外部电源供入和对外供出情况	29	（1）～（8）每项未检查，扣3分，（9）未检查，扣5分		
7	填写用电检查工作单	（1）按规定填写《用电检查工作单》，客户签字 （2）经现场检查确认用户的设备状况、电工作业行为、运行管理等方面是否有不符合安全规定的，或者在电力使用上有无明显违反国家有关规定的，用电检查人员应开具用电检查结果通知书一式两份，一份送达用户并由用户代表签收，一份存档备查	10	（1）未填写用电检查工作单，扣5分。客户未签字，扣2分 （2）存在安全隐患的，未填写用电检查结果通知书，扣5分。客户未签字，扣2分 （3）不存在安全隐患的，不扣分		
8	工作时间	按要求在规定的时间内完成指定工作，不设速度分	—	到规定时间立即停止工作，未完成项不得分		

2.2.10 JC1XG0101 35～110kV新装客户变电站启动

一、作业

（一）工具和材料

1. 工具：碳素笔、草稿纸。

2. 材料：110kV客户变电站（宝丰站）一次接线图见“图JC1XG0101-1”主要设备。

（二）35～110kV新装客户变电站启动要求

35～110kV客户直接与电网相连，其变电所的启动送电直接影响电网的安全运行，为此制订客户送电前启动方案。

1. 启动组织。

35kV客户变电所的启动，由客户同供电企业用电营业等有关部门及用电检查员进行。110kV及以上客户变电所和较复杂的35kV客户变电所的启动，应由客户组织设计单位、施工单位、重要高压设备生产厂家、供电企业用电营业部门等有关部门组成启动委员会进行启动会议。每次会议做好记录，下发会议纪要。

2. 启动方案。

启动委员会讨论客户启动方案，指定专人负责编写，供电企业调度部门参与配合。启动方案应明确启动日期、启动范围、启动运行方式、启动试验要求、启动步骤、调度联系、指挥及操作分工等事项。启动方案经有关部门审核并经启动委员会通过后，即据以拟写操作票。

3. 启动实施。

实际启动的前提条件是变电所验收合格，包括设备安装、调试校验、人员配置、规程制度及消防、安全器具等配置。

实施启动前要完成下列预备工作：有关启动人员熟悉启动方案及分工职责，调度操作发令、受令人员明确；启动工作所需工具、测试仪器等现场到位；人员现场就位；用户变电所的运行接线、继电保护定值设置、连接片位置等符合启动方案要求的预备状态。

指挥人员下令启动工作开始，按启动方案实施。变电站投入运行后，应及时检查线路、母线的电压是否正常、三相电压是否平衡，检查电能表运转是否正常、相序是否正确，主变压器投入的瞬间继电保护是否正常，带有差动保护的变压器应带电测向量。

4. 主变压器启动规定。

在额定电压下冲击合闸5次，第1次受电后持续时间不应小于10min，其余每次间隔时间宜为5min。110kV及以下油浸变压器加压冲击前静置24h。对接于中性点接地的变压器，进行冲击合闸时，其中性点必须接地。

5. 向每组电容器组充电三次，每次停电间隔最少5min（注意电压调整，防止10kV电压越限）。

6. 现场启动完毕，启动结果，向供电企业负责人汇报。向客户现场负责人交代运行注意事项。

二、考核

（一）考核场地

场地面积应能同时容纳多个工位（办公桌），并能保证工位之间的距离合适，每个工位配有桌椅、办公器材。

（二）考核时间

考核时间为45min，从变电站启动开始到变电站启动完毕止。

（三）考核要点

1. 成立启动组织。
2. 制订启动方案。
3. 监督启动方案实施。
4. 主要设备启动技术要求。
5. 启动完毕。

三、评分标准

行业：电力工程　　　　**工种：用电监察员**　　　　**等级：一**

编号	JC1XG0101	行为领域	f	鉴定范围			
考核时限	45min	题型	C	满分	100分	得分	
试题名称	35～110kV新装客户变电站启动						
考核要点及其要求	（1）给定条件：110kV客户变电站（宝丰站）由供电公司220kV孙村变电站供电，主要参数为： C51电容器组参数：4008kV·AR，C52电容器组参数：2004kV·AR 1号主变参　型号SFSZ10－40000/110，电压比110±8×1.25%/37.5/10.5kV 额定电流比：210/600/2199（A），连接组别YNyn0d11 短路电压：V_{12}＝10.5%，V_{13}＝17.5%，V_{23}＝6.5% 负载损耗：P_{12}＝178.7kW，P_{13}＝184.7kW，P_{23}＝151.7kW 空载损耗：28.4kW，空载电流：0.093% 线路参数：110kV，孙宝线（孙村168～宝丰141），LGJ－240/8.136kM 宝丰站一次接线示意图如图“图JC1XG0101-1” （2）成立启动组织 （3）制订启动方案 （4）监督启动方案实施 （5）主要设备启动要求 （6）启动完毕						
现场设备、工具、材料	工具：碳素笔、草稿纸 材料：110kV客户变电站（宝丰站）一次接线图见图JC1XG0101-1、主要设备参数						
备注	每个“分值”扣完为止						

评分标准

序号	作业名称	质量要求	分值	扣分标准	扣分原因	得分
1	开工准备	着装规范、穿工作服，佩戴证件	3	未按要求着装，缺一项扣1.5分，扣完为止		
2	工器具、资料检查	检查办公器材、客户资料是否完备齐全	3	未检查一项，扣1.5分，扣完为止		

续表

序号	考核项目名称	质量要求	分值	扣分标准	扣分原因	得分
3	启动组织	应由客户组织设计单位、施工单位、重要高压设备生产厂家、供电企业组成启动组织（启动委员会），并召开会议	6	（1）未成立启动组织的，扣3分，启动组织不齐全的，扣1分 （3）未召开会议的，扣3分		
4	启动方案编制和审核	启动方案应明确启动日期、启动范围、启动运行方式、启动试验要求、启动步骤、调度联系、指挥及操作分工等事项	12	（1）未编写启动方案的，扣10分，启动方案项目不齐全的或启动方案不正确的，每项扣2分。共10分，扣完为止 （2）启动方案未审核的，扣2分		
5	启动的前提条件	变电站验收合格，包括设备安装、调试校验、人员配置、规程制度及消防、安全器具等配置	10	验收项目不全的，每项扣2分。共10分，扣完为止		
6	启动实施前要完成的预备工作	有关启动人员熟悉启动方案及分工职责，调度操作发令、受令人员明确；启动工作所需工具、测试仪器等到位现场；人员现场就位；用户变电所的运行接线、继电保护定值设置、连接片位置等符合启动方案要求的预备状态	12	（1）人员不熟悉启动方案及分工职责的，扣2分 （2）调度操作发、受令人员不明确的，扣2分 （3）所需工具、测试仪器等未到位的，每项扣1分。共4分，扣完为止 （4）用户变电所的运行接线、继电保护定值设置等不符合方案要求的预备状态的，每项扣1分。共4分，扣完为止		
7	启动实施	指挥人员下令启动工作开始，按启动方案实施。变电所投入运行后，应及时检查线路、母线的电压是否正常、三相电压是否平衡，检查电能表运转是否正常、相序是否正确，主变压器投入的瞬间继电保护是否正常，带有差动保护的变压器应带电测量相量图	28	（1）每项送电前，未检查接地线、短路线是否拆除的，每次扣1分，共8分，扣完为止，一次性全部检查不扣分 （2）断路器及隔离刀闸顺序不正确的，每次扣1分，共8分，扣完为止 （3）未检查电能表运转是否正常的，扣2分 （4）未及时检查电压、相序的，扣2分。共6分，扣完为止 （5）带有差动保护的变压器未带电测量相量图的，扣4分		

续表

序号	考核项目名称	质量要求	分值	扣分标准	扣分原因	得分
8	主要设备启动技术要求	（1）变压器在额定电压下冲击合闸5次，第1次受电后持续时间不应小于10min，其余每次间隔时间宜为5min。110kV及以下油浸变压器加压冲击前静置24h，220kV变压器静置48h。对接于中性点接地的变压器，进行冲击合闸时，其中性点必须接地 （2）向每组电容器组充电三次，每次停电间隔最少5min（注意电压调整，防止10kV电压越限）	20	（1）变压器只在额定电压下冲击合闸1次的，扣4分。冲击持续时间不足的，扣2分。油浸变压器加压冲击前静置时间不足的，扣3分 （2）对接于中性点接地的变压器，其中性点未接地的，扣2分。共12分，扣完为止 （3）每组电容器只在额定电压下冲击合闸1次的，扣4分。冲击持续时间不足的，扣1分。共8分，扣完为止		
9	启动完毕	现场启动完毕，启动结果向供电企业负责人汇报 向客户现场负责人交代运行注意事项	6	（1）未向供电企业负责人汇报的，扣3分 （2）未交代运行注意事项的，扣3分		

附 1：宝丰站一次接线图

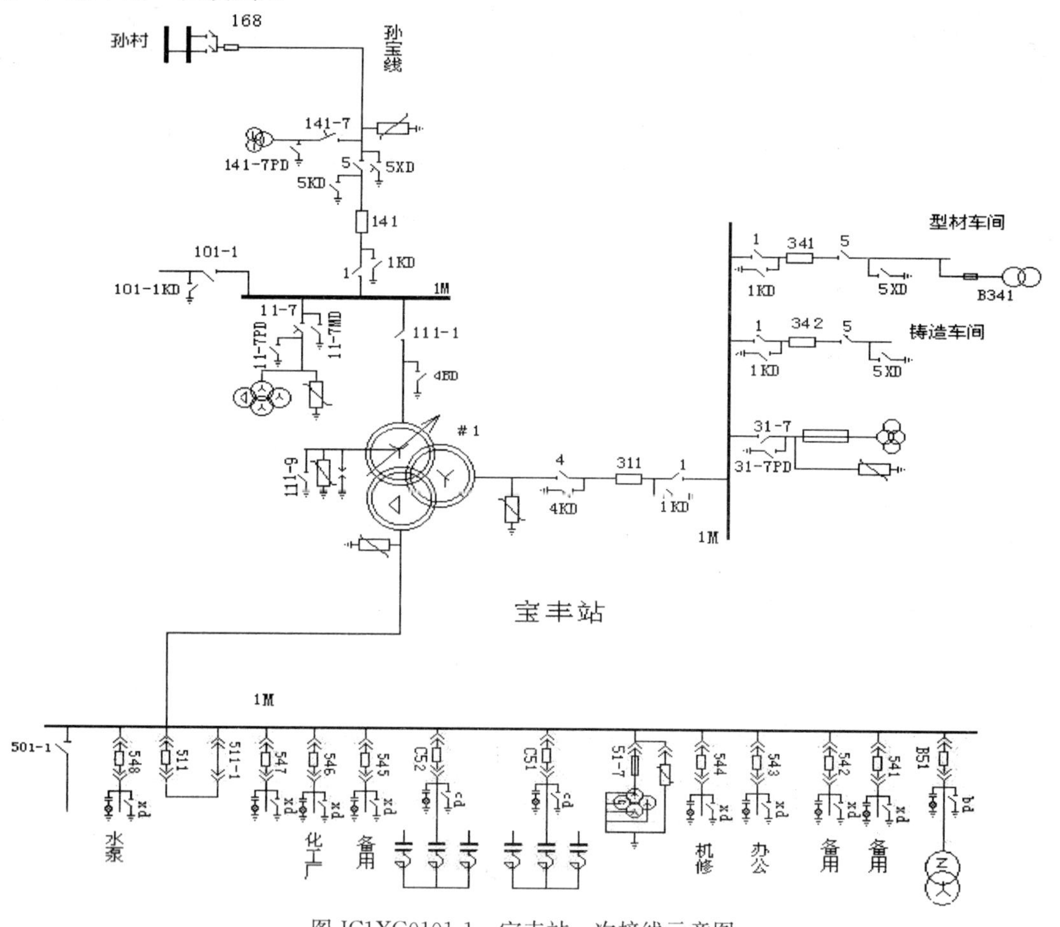

图 JC1XG0101-1　宝丰站一次接线示意图

参考启动方案：宝丰站（客户站）启动方案

一、启动时间：XX 年 X 月 X 日 X 点

二、启动设备：

1. 110kV 孙宝线。

2. 宝丰站一期设备。(图 JC1XG0101-1)

三、启动前准备

1. 宝丰公司向地调提 110kV 孙宝线启动票；

2. 宝丰公司向地调提宝丰站一期设备启动票。

3. 检修工区向地调提孙村 168 保护定值改为充孙宝线及宝丰站主变定值工作票。

4. 宝丰公司向地调提 35kV、10kV 投出线启动票。

四、启动前报备用

1. 宝丰公司报。

孙宝线线路施工完毕，线路参数测试完毕，接地线、短路线拆除，人员撤离，具备送电条件。

2. 宝丰公司报。

341 型材车间、342 铸造车间、543 办公、544 机修、546 化工厂、548 水泵线路施工完毕，接地线、短路线拆除，具备送电条件。

3. 孙村站报。

168 开关冷备用。

4. 宝丰站报。

141 线路 PT 及 BL 安装调试完毕，试验合格，接地线、短路线拆除，具备送电条件。

110kV1 号母线，11－7，11－7PD，11－7MD，101－1－1KD，141、141－1－5－1KD－5KD－5XD，141－7，141－7PD，111－1，4BD，1 号主变及其附属设备，1 号主变 110kV 侧中性点间隙、BL，1 号主变 110kV 侧中性点接地刀闸 111－9；

35kV1 号母线，311、311－4－1－4KD－1KD，31－7、31－7PD 及 PT、BL，341、341－1－5－1KD－5XD，B341 站变，342、342－1－5－1KD－5XD。

10kV1 号母线，501－1，511 开关及小车、511－1 小车，51－7，B51 开关及小车、B51 站变、B51－BD，C51 开关及电容器组、C51 小车、C51－CD，C52 开关及电容器组、C52 小车、C52－CD，541 开关及 541 小车、541－XD，542 开关及 542 小车、542－XD，543 开关及 543 小车、543－XD，544 开关及 544 小车、544－XD，545 开关及 545 小车、545－XD，546 开关及 546 小车、546－XD，547 开关及 547 小车、547－XD，548 开关及 548 小车、548－XD。

上述开关刀闸在断位，接地线、短路线拆除、具备送电条件。相应开关的 TA 及二次回路安装完毕，传动正确，保护装置、自动装置定值与地调核对无误。相应的远动二次回路安装完毕，传动正确，远动装置收、发联调正确。1 号主变高压侧分头位置“额定”。

543 线、544 线、546 线、548 线站外“0”号杆处线路开关、刀闸均在断位。

五、投运前方式准备

1. 启动前，地调将以下新设备调度权借给宝丰站，宝丰站按以下方式要求进行操作。操作完毕后，向地调汇报并将调度权交还地调。

2. 101－1 刀闸在合位。

3. 投入 1 号主变微机保护（间隙保护不投）。

投入 341、342 保护（重合闸不投）；投入 B51 及 10kV 所有出线保护（重合闸不投）；11－7 在合位；1 号主变 110kV 侧中性点接地刀闸 111－9 刀闸在合位；341、342 母线侧刀闸及开关在合位；35kV31－7 刀闸在合位；10kV51－7 刀闸在合位；501－1 刀闸在合位；推进 B51、C51、C52、541、542、543、544、545、546、547、548 小车。合 541、542、543、544、545、546、547、548 开关。

六、启动步骤

1. 孙村站核对方式。

110kV 母线正常方式运行；168 开关冷备用，168 保护已投入（重合闸不投）。核对 110kV 母差保护为“有选择”方式。

2. 孙村站。

合上 168－2－5 刀闸；合 168 开关，用 168 开关向孙宝线充电两次，无误后，168 在断位。

3. 宝丰站。

合上 141—7 刀闸；合上 141—5 刀闸；合 141 开关。

4. 孙村站。

合 168 开关，向孙宝线第三次充电，最后 168 开关在合位。

5. 宝丰站。

合上 B51 开关；确定 B51 站变为正相序，正确报地调；合上 341—5，合 341，向型材车间充电两次，无误后，341 在断位；投上 B341 站变一次侧保险；合 341，向型材车间进行第三次充电及向 B341 站变充电，无误后，宝丰公司负责型材车间定相，正确报地调；B341 站变与 B51 站变二次侧定相，正确报地调；投入其他 35kV 要投出线（342 铸造车间），宝丰公司负责核对相序，正确报地调；投入 C51、C52 保护；分别合 C51 开关、C52 开关，向每组电容器组充电二次，每次停电间隔最少 5mmin（注意电压调整，防止 10kV 电压越限）。

退出 1 号主变差动保护，做 1 号主变保护相量检查，正确报地调并投入。

6. 孙村站。

通知宝丰公司，宝丰 35kV 出线短时停电；断 168 开关；将 168 保护定值改为带宝丰站新定值；合 168 开关；投入 168 保护重合闸。

7. 宝丰站。

分别送出 10kV 要投出线（543 线、544 线、546 线、548 线），新投线路充电三次，宝丰公司负责核对相序，正确报地调。

本次未投入的 10kV 出线开关转冷备用，相应的保护及重合闸解除。

8. 结束。